新工科建设·计算机类系列教材

汇编语言

（基于64位ARMv8体系结构）

◆ 钱晓捷　编著

電子工業出版社
Publishing House of Electronics Industry
北京·BEIJING

内 容 简 介

本书基于 ARMv8 体系结构、在 Linux 平台使用 GCC 编译套件，介绍 64 位 ARM 指令集和汇编语言，内容包括：汇编语言基础知识，AArch64 编程结构，整数处理、存储器访问、分支和调用基础指令，汇编语言分支、循环和子程序结构，以及浮点数据处理指令、SIMD 向量数据处理指令等。

本书主要面向高等学校计算机、电子、通信及自动控制等信息技术类专业学生，可以作为“汇编语言”或“计算机系统原理”等课程的教材或参考书，也适合 ARMv8 体系结构的专业技术人员、应用开发人员，以及希望学习 64 位 ARMv8 体系结构的普通读者和培训班学员。

图书在版编目（CIP）数据

汇编语言：基于 64 位 ARMv8 体系结构 / 钱晓捷编著. -- 北京：电子工业出版社，2022.9

ISBN 978-7-121-44371-8

Ⅰ. ① 汇… Ⅱ. ① 钱… Ⅲ. ① 汇编语言－程序设计－高等学校－教材 Ⅳ. ① TP313

中国版本图书馆 CIP 数据核字（2022）第 182839 号

责任编辑：郝志恒　章海涛　　特约编辑：李松明
印　　刷：三河市鑫金马印装有限公司
装　　订：三河市鑫金马印装有限公司
出版发行：电子工业出版社
　　　　　北京市海淀区万寿路 173 信箱　邮编　100036
开　　本：787×1 092　1/16　印张：15.25　字数：390 千字
版　　次：2022 年 9 月第 1 版
印　　次：2022 年 9 月第 1 次印刷
定　　价：59.80 元

凡所购买电子工业出版社图书有缺损问题，请向购买书店调换。若书店售缺，请与本社发行部联系，联系及邮购电话：（010）88254888，88258888。

质量投诉请发邮件至 zlts@phei.com.cn，盗版侵权举报请发邮件至 dbqq@phei.com.cn。

本书咨询联系方式：192910558（QQ 群）。

前　言

在各种计算机编程语言中，汇编语言是直接使用处理器指令集的低层语言，可以从软件角度让用户更好地掌握处理器体系结构和工作原理，更深入地理解高级语言、编译程序、操作系统以及计算机科学的有关重要概念，也有助于编写与硬件相关、简洁高效的代码。在国内外高等学校计算机及相关专业中，汇编语言知识都是必修内容。

本书基于 ARMv8 体系结构的处理器核心硬件，在 Linux 操作系统平台、使用 GCC 编译套件（包括编译程序 GCC、汇编程序 AS、连接程序 LD、调试程序 GDB 等开发软件），详细讲解 64 位 ARM 体系结构（AArch64）的 A64 指令集及其 64 位汇编语言编程。

主要内容一览表

目　录	主要内容
第 1 章　汇编语言基础	在了解计算机硬件组成的基础上，熟悉通用处理器和 ARM 处理器的发展；重点展开 64 位 ARMv8 体系结构（AArch64）通用寄存器、存储器模型、A64 指令集等编程结构；通过 C 语言信息显示程序详述汇编语言的语句格式、程序结构、开发过程和操作方法
第 2 章　整型数据处理	描述 A64 基础指令集的整数处理和存储器访问指令，包括数据传送、算术运算、逻辑运算、位段操作等指令，以及存储器寻址方式、地址生成指令、载入和存储指令；结合指令举例、程序片段（和调试程序），熟悉各指令的格式、功能和应用
第 3 章　分支和循环程序	首先解释 A64 分支指令的功能，然后以分支和循环程序结构为主线，介绍汇编语言如何实现单分支、双分支、多分支和计数控制循环、条件控制循环、多重循环程序结构，并对比 C 语言相关语句，包括举例字母大小写判断、闰年判断、地址表、求最大最小值、向量点积、字符个数统计、裴波那契数列、最大公约数、矩阵相乘程序的编写
第 4 章　模块化程序设计	讲解 A64 的子程序调用指令和汇编语言子程序编写、调用规范，说明宏、源文件包含、模块连接、静态库和共享库的模块化编程方法，论述汇编语言与 C 语言的模块连接和嵌入汇编的混合编程，介绍汇编语言调用 Linux 系统功能的方法，最后简介 A64 系统类指令
第 5 章　浮点数据处理	在熟悉 IEEE 浮点数据格式的基础上，了解 ARMv8 浮点数据格式和浮点寄存器；配合示例程序，详述 A64 浮点数据处理指令，包括浮点数据的存储器访问、浮点数据的传送和格式转换、浮点数据的加减乘除基本运算和求平方根等复合运算、浮点数据的比较和条件选择等指令
第 6 章　SIMD 数据处理	在介绍 SIMD 数据类型和向量操作的基础上，配合示例程序，讲述 A64 先进 SIMD 数据处理指令，包括 SIMD 数据的存储器访问、SIMD 数据的传送和格式转换、SIMD 整数运算和 SIMD 浮点运算、SIMD 数据比较，以及众多的变体和专用特色指令
附录	介绍调试程序 GDB 的通用操作过程，提供若干汇编语言程序的调试示例、列表 GDB 常用命令，分类罗列 A64 的基础指令和 SIMD 指令，汇总汇编程序 AS 的主要指示符

在 Windows 操作系统与 Intel 80x86 体系结构的教学大环境中，国内高校相关专业多基于 Intel 80x86 处理器讲授汇编语言。Intel 80x86 体系结构作为复杂指令集计算机 CISC 的典型代表，教学内容以 16 位或 32 位通用整数指令系统为主，比较成熟；但较少涉及较复杂的浮点指令和 SIMD 指令，略显陈旧。另一方面，作为精简指令集计算机 RISC 的 ARM 体系结构和汇编语言主要在嵌入式系统及其应用等课程中有所涉及，并没有作为教学重点，国内也只有屈指可数的专门介绍 32 位 ARM 指令系统和汇编语言的教材。因此，本书是国内较为全面详解 64 位 ARMv8 体系结构的指令集和汇编语言教材，包括基础的整数处理指令、复杂的浮点数据处理指令和先进的 SIMD 向量数据处理指令。

ARM 公司提供在线或电子版的产品手册、用户手册、编程指南等第一手资料，尽管内容翔实，是必不可少的参考文献；但没有基础的初学者难免会感到有些繁杂和凌乱，一头雾水。因此，本书结合国内高校教学实际情况、从学习者角度，将相关文档资料合理组织，补充相关基础知识，以清晰的逻辑结构展开教学内容。秉持一贯的写作风格，本书努力做到通俗易懂、图文并茂、由浅入深、循序渐进、内容衔接、前后对照；同时，注重汇编语言的编程实践，不仅说明开发软件的使用、调试程序 GDB 的通用操作，详述验证通过的示例程序，还提供包含编程练习的大量习题让读者巩固所学，特别是展示 GCC 编译 C 语言程序生成的汇编语言代码，通过阅读、对比和分析，让指令集下达体系结构、上抵高级语言，让读者既理解底层计算机系统工作原理，又了解高层编程语言的实质结构，让汇编语言的学习更自然、更实用。

本书作为 64 位 ARM 体系结构、指令集、汇编语言的入门性质教材，从基本概念和原理出发，对读者没有太多的先修知识要求。不过，了解计算机系统原理有助于体系结构的理解，具备一门高级语言（C 语言）的编程经历有利于汇编语言编程的掌握，熟悉 Linux 操作系统则使得开发过程更加快捷顺畅。但是，编程实践需要搭建基于 64 位 ARMv8 体系结构的开发环境，如使用华为、Amazon 等公司生产的物理服务器或提供的云服务器。本书使用华为鲲鹏云服务器提供的轻量级网络集成开发环境（CloudIDE）实践了本书的程序，还使用树莓派 400 开发板（配置 64 位 Ubuntu 桌面版操作系统）进行了程序验证。

本书由郑州大学钱晓捷编写，得到同事穆玲玲等老师的帮助。特别感谢华为公司提供的资料和支持，希望能为教育部—华为“智能基座”贡献绵薄之力。

限于水平，本书难免会有疏漏和不当之处，敬请读者指正（iexjqian@zzu.edu.cn）。

作　者

目　录

第 1 章　汇编语言基础

程序设计语言是人与计算机沟通的语言，程序员利用它进行软件开发。通常，人们习惯使用类似自然语言的高级程序设计语言，如 C、C++、Java 等。高级程序设计语言需要翻译为计算机能够识别的指令（机器语言），才能被计算机硬件直接执行。机器语言是指令代码的二进制形式，由一串 0 和 1 组成，对程序员来说晦涩难懂，称为低级语言。将二进制代码的指令和数据用便于记忆的符号（助记符，Mnemonic）表示就形成汇编语言（Assembly），所以汇编语言是一种面向机器的低级程序设计语言。

不同的程序设计语言各有不同的应用领域，本无高低贵贱之分。汇编语言处于计算机系统结构的底层，与硬件直接相关，被称为低层（Low Level）语言可能更恰当。

1.1　计算机系统概述

数字电子计算机经历了电子管、晶体管、集成电路为主要器件的时代。随着大规模集成电路生产技术的不断提高，计算机系统的功能越来越强大，体积却越来越小，计算机从封闭于机房的庞大服务器机群、置于办公桌面上的个人计算机、随身随时携带的智能手机到嵌入各种各样智能终端内部，计算机系统已经无处不在。

1.1.1　计算机硬件组成

源于冯•诺依曼设计思想的计算机由五大部件组成：控制器、运算器、存储器、输入设备和输出设备。控制器是整个计算机的控制核心，运算器是对信息进行运算处理的部件，存储器是用来存放数据和程序的部件。输入设备将数据和程序变换成计算机内部所能识别和接受的信息方式，送入存储器；输出设备将计算机处理的结果以人们能接受的或其他机器能接受的形式送出。

现代计算机在很多方面都对冯•诺依曼计算机结构进行了改进，五大部件进化为三个硬件子系统：处理器、存储系统和输入/输出系统，相互之间通过总线连接，如图 1-1 所示。其中，处理器（Processor）包括控制器和运算器，是数据处理关键的核心部件，也被称为中央处理单元（Central Processing Unit，CPU）。存储系统由寄存器、高速缓冲存储器、主存储器和辅助存储器构成层次结构。处理器和存储系统在信息处理中起主要作用，是计算机硬件的主体部分，通常被称为“主机”。输入（Input）设备和输出（Output）设备统称为外部设备，简称为外设或 I/O 设备。输入/输出系统的主体是外设，还包括外设与主机之间相互连接的接口电路。

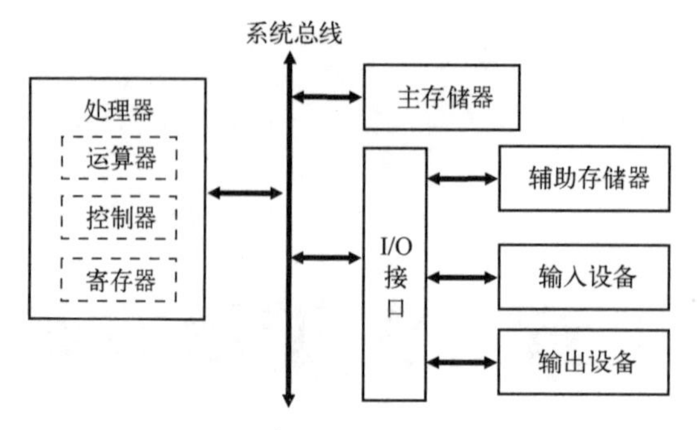

图 1-1　计算机系统的硬件组成

1．处理器

处理器是采用大规模集成电路技术生产的半导体芯片，芯片内集成了控制器、运算器和若干高速存储单元（即寄存器）。高性能处理器内部非常复杂，运算器中不仅有基本的整数运算器，还有浮点处理单元甚至向量数据运算单元，控制器还包括存储管理单元、代码保护机制，并集成一定容量的高速缓冲存储器。处理器及其支持电路构成了计算机系统的处理和控制中心，对系统的各部件进行统一的协调和控制。

处理器芯片体积微小，最初的功能也不强，首先应用于微型计算机，所以也常被称为微处理器（Microprocessor）。目前，世界上有两种最广泛应用的处理器结构，一种是 Intel 公司的 80x86 系列处理器，一种是 ARM 公司的 ARM 处理器。

2．存储器

冯·诺依曼设计思想是将程序和数据存放在存储器（Memory）中，计算机运行时从存储器取出指令加以执行，自动完成计算任务。最初只有一种存储器，用来存放当前正在运行的程序和正待处理的数据，现在则称为主存储器，简称主存、内存或运存。

高性能计算机的存储系统由处理器内部的寄存器、高速缓冲存储器、主存储器和以外设形式出现的辅助存储器构成。寄存器（Register）是与运算器紧密结合、指令直接存取的高速存储单元，高速缓冲存储器（高速缓存，Cache）是为加快主存储器访问速度而设置的缓冲机制，辅助存储器（简称辅存或外存）主要用来长久保存程序和数据。

与处理器一样，存储器也主要采用半导体技术实现。可读可写的随机存取存储器（Random Access Memory，RAM）构成高速缓存和主存储器，但半导体 RAM 在断电后存放的信息会丢失。可读可写、断电后仍可保存信息的闪存（Flash Memory）适合作为辅助存储器，但大容量辅助存储器主要由磁盘、光盘存储器等构成，以外设形态安装在计算机系统上。半导体存储器只要指定位置就可以存取的方式被称为随机存取。

3．外部设备

外部设备是指计算机上配备的输入设备和输出设备，也称为 I/O 设备或外围设备（简称外设，Peripheral），其作用是让用户与计算机实现交互。例如，键盘是个人计算机（Personal Computer，PC）的标准输入设备，显示器是标准输出设备，二者又合称为控制台（Console）。既能书写又能显示的触摸屏、作为外部存储器驱动装置的磁盘驱动器，既是输出设备又是输入设备。常见的外设还有鼠标器、麦克风、扬声器、打印机、扫描仪等。

由于各种外设的工作速度、驱动方式差别很大，无法与处理器直接匹配，因此它们不可能直接连接到主机。这里就需要有一个 I/O 接口（Interface）来充当外设与主机间的桥梁，完成信号变换、数据缓冲、联络控制等工作。

4．总线

总线（Bus）是用于多个部件相互连接、传递信息的公共通道，物理上就是一组公用导线。原始的冯・诺依曼结构计算机并没有总线概念，总线是伴随微型计算机的出现而发展起来的。现代计算机系统普遍采用总线结构，各层次的各功能部件间均可以总线方式相互连接。例如，处理器芯片的对外引脚（Pin）常被称为处理器总线，系统总线（System Bus）则是指计算机系统中主要的总线。

总线的主要功能是实现数据的传输，也就是读取（Read）和写入（Write）数据，简称读写、存取（Access）或访问。控制总线完成数据传输的部件是主控（Master）模块，或称为主模块、主设备，与之相应被动实现数据交换的部件则是被控（Slave）模块，或称为从模块、从设备。例如，对于处理器与存储器、外设，处理器是主模块、存储器和外设是从模块。基于主控模块角度，总线读操作是数据由从模块到主模块的数据传送，写操作是数据由主模块到从模块的数据传送。例如，处理器读取主存数据，也称为载入（Load）；处理器向主存写入数据，也称为存储（Store）。而处理器从外设读取数据，称为输入（Input）；向外设写入数据，称为输出（Output），如图 1-2 所示。

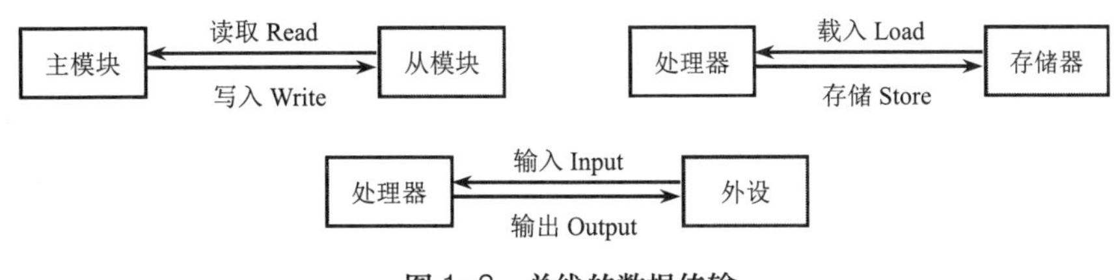

图 1-2　总线的数据传输

对汇编语言程序员来说，处理器、存储器和外设依次被抽象为寄存器、存储器地址和输入/输出地址，因为处理器指令只能通过寄存器和地址实现处理器控制、存储器与外设的数据存取等处理操作。

1.1.2　处理器的发展

微型计算机（Microcomputer）是科学计算、信息管理、自动控制、人工智能等应用领域最常见的一类计算机系统。工作、学习和娱乐中使用的桌面个人计算机（PC）是我们最熟悉、也是最典型的微型机系统，支撑网络的文件服务器、WWW 服务器等各类服务器属于高档微型机系统。生产生活中运用的各种智能化电子设备从计算机系统角度看同样是微型机系统，只不过作为其控制核心的处理器常被封装在电子设备内部，不易被觉察，因此常被称为嵌入式计算机系统。桌面系统、服务器和嵌入式计算机构成现代计算机的主要应用形式，微型机都是其中的主角。

微型机的（微）处理器采用一块大规模集成电路芯片构成，代表整个微型机系统的性能。处理器的性能经常用字长（Word）、时钟频率、集成度等基本的技术参数反映。字长表明处理器每个时间单位可以处理的二进制数据位数，如一次运算、传输的位数。时钟频率表明处理器的处理速度，反映了处理器的基本时间单位。集成度表明处理器的生产工艺水平，通常用集成电路芯片上集成的晶体管数量来表达。晶体管只是一个由电子信号控制的电子开关。

1．通用处理器

1971 年，美国 Intel 公司为日本制造商设计可编程计算器时，将采用多个专用芯片的方案修改成一个通用处理器，于是诞生了世界上第一个微处理器 Intel 4004。Intel 4004 微处理器字长 4 位，集成了约 2300 个晶体管，时钟频率为 108 kHz。以它为核心组成的 MCS-4 计算机是世界上第一台微型计算机。随后，Intel 4004 被改进为 Intel 4040。

1972 年，Intel 公司研制出字长 8 位的微处理器芯片 8008，时钟频率为 500 kHz，集成了约 3500 晶体管。之后的几年中，微处理器开始走向成熟，出现了以 Motorola 公司 M6800、Zilog 公司 Z80 和 Intel 公司 8080/8085 为代表的中高档 8 位微处理器。Apple 公司的 Apple 机就是这一时期著名的个人微型机。

1978 年开始，各公司相继推出一批 16 位字长的微处理器，如 Intel 公司的 8086 和 8088、Motorola 公司的 M68000、Zilog 公司的 Z8000 等。例如，Intel 8086 的时钟频率为 5 MHz，集成了多达 2.9 万晶体管。这一时期的著名微机产品是 IBM 公司采用 Intel 公司的微处理器、Microsoft 公司的操作系统开发的 16 位个人计算机。

1985 年，Intel 公司借助 IBM PC 的巨大成功，推出了 32 位微处理器 Intel 80386，集成了 27.5 万晶体管，时钟频率达 16 MHz。从这时起，微处理器步入快速发展阶段。Intel 公司陆续研制生产了 80486、Pentium（奔腾）、Pentium Pro（高能奔腾）、MMX Pentium（多能奔腾）、Pentium II、Pentium III和 Pentium4 等微处理器。例如，2003 年 Intel 公司生产的 Pentium4 处理器具有 1.25 亿个晶体管，时钟频率达到 3.4 GHz。兼容 IBM PC 的 32 位 PC、Apple 公司的 Macintosh 机，在这个时期得到飞速发展，随着多媒体技术和互联网络的应用，成为工作和生活中不可缺少的一部分。

2000 年，Intel 公司在微型机的高端产品服务器中使用了 64 位字长的新一代处理器 Itanium（安腾）。事实上，其他公司的 64 位处理器在 20 世纪 90 年代已经出现，但是主要应用于服务器产品中，不能与通用 80x86 处理器兼容。2003 年 4 月，AMD 公司推出首款兼容 32 位 80x86 结构的 64 位处理器，称为 x86-64 结构。2004 年 3 月，Intel 公司发布了首款扩展 64 位能力的 32 位处理器，采用扩展 64 位主存技术（Extended Memory 64 Technology，EM64T）。64 位处理器主要将整数运算和主存寻址能力扩大到 64 位，极大地提高了微型机的处理能力，后被称为 Intel 64 结构。2005 年以后，采用 64 位技术的桌面微型机逐渐获得用户青睐。与此同时，生产厂商已经可以在一个半导体芯片上制作两个及以上处理器核心，原来面向高端的并行处理器技术开始走向桌面系统，微型计算机系统也进入了一个全新的 64 位多核处理器阶段。

2．专用处理器

除了安装在台式机、笔记本电脑、工作站、服务器上的通用处理器，其他应用领域多采用需要兼顾性能、功耗、体积和价格等多种因素的专用处理器。

微控制器（Micro Controller）或嵌入式控制器（Embedded Controller）是指通常用于控制领域的处理器芯片，国内习惯称为单片机（Single Chip Microcomputer），其内部除处理器外还集成了计算机的其他一些主要部件，如主存储器、定时器、并行接口、串行接口，有的芯片还集成了模拟/数字、数字/模拟转换电路等。换句话说，一个芯片几乎就是一个计算机，只要配上少量的外部电路和设备，就可以构成具体的应用系统。微控制器的初期阶段（1976—1978 年）

以 Intel 公司的 8 位 MCS-48 系列为代表。1978 年后，微控制器进入普及阶段，以 8 位为主，最著名的是 Intel 公司的 8 位 MCS-51 系列、Atml 公司的 8 位 AVR 系列、Microchip Technology 公司的 PIC 系列。1982 年后出现了高性能的 16 位、32 位微控制器，如 Intel 公司的 MCS-96/98 系列，尤其是基于 ARM 核心的处理器。

数字信号处理器（Digital Signal Processor），简称 DSP 芯片，实际上也是一种微控制器，但更专注于数字信号的高速处理，内部集成有高速乘法器，能够进行快速乘法和加法运算。DSP 芯片自 1979 年 Intel 公司开发 Intel 2920 后也经历了多代发展，其中美国 TI（Texas Instruments，德州仪器）公司 TMS320 各代产品具有代表性，如 1982 年的 TMS32010、1985 年的 TMS320C20、1987 年的 TMS320C30、1991 年的 TMS320C40，以及 TMS320C2000/ TMS320C5000 / TMS320C6000 系列等。DSP 芯片市场主要分布在通信、消费类电子产品和计算机。我国推广和应用较多的是 TI 公司、AD 公司和 Motorola 公司的 DSP 芯片。

利用专用或通用处理器，结合具体应用就可以构成一个控制系统，如当前的主要应用形式：嵌入式系统。嵌入式系统融合了计算机软/硬件技术、通信技术和半导体微电子技术，把计算机直接嵌入应用系统，构造信息技术（Information Technology，IT）的最终产品。

从 20 世纪 70 年代微处理器产生以来，不论是通用处理器还是专用处理器，其基本工作原理一样，但各有特点，技术上不断相互借鉴和交融，应用不尽相同。始于 1985 年的 ARM 处理器采用精简指令集 RISC 结构，具有耗电少、成本低、性能高的特点，因此使用 ARM 核心研制的各种处理器已经广泛应用于 32 位嵌入式系统，如 Cortex-M3、Cortex-M4 微控制器。而面向高性能应用领域的 ARM 核心是 Cortex-A 系列，主要应用于移动通信领域，如智能手机和平板电脑。从 32 位起步的 ARM 体系结构发展迅猛，已支持多核技术，实现了 64 位处理，应用也延伸到个人计算机和网络服务器等更加广泛的通用处理器领域。

3．精简指令集计算机 RISC

通用处理器以 Intel 80x86 系列处理器为典型代表，主要用于通用个人计算机、笔记本和服务器等。为了提高处理器的性能，其指令集功能强大而复杂、指令条数繁多、寻址方式多样、指令编码长短不一，即复杂指令集计算机（Complex Instruction Set Computer，CISC）。

庞大的指令集和功能强大的复杂指令带来了程序设计方便、执行代码短小、执行性能高的优势，但使处理器硬件复杂，不易使用先进的流水线技术，导致其执行速度和性能难以进一步提高。统计分析表明，计算机大部分时间是在执行简单指令，复杂指令的使用频度比较低。对一个 CISC 结构的指令集而言，只有约 20%的指令被经常使用，其使用量约占整个程序的 80%；而该指令集中大约 80%的指令较少使用，其使用量仅占整个程序的 20%。也就是说，使用频度较高的指令通常是简单指令。

于是产生了这样的想法：设计一种指令集很简单的计算机，只有少数简单、常用的指令；指令简单可以使处理器的硬件也简单，能够比较方便地实现优化，使每个时钟周期完成一条指令的执行，并提高时钟频率；这样使整个系统的总性能达到很高，有可能超过指令集庞大复杂的计算机。这就是精简指令集计算机（Reduced Instruction Set Computer，RISC）思想。最新开发的处理器普遍采用了 RISC 设计思想。

相对传统的 CISC 而言，RISC 是处理器结构上的一次重大革新，同时可以包含 CISC 结构特点，以进一步增强性能。

ARM 处理器采用 RISC 结构，具有这种结构的主要特征，如固定长度的机器代码、较多的通用寄存器、简单的寻址方式、面向寄存器的数据处理、仅载入和存储指令访问存储器等，使其具有集成度高、功耗低、价格低廉等优势。同时，高端 ARM 处理器汇集了 CISC 结构的技术特点，支持较为复杂的指令编码和较为庞大的向量处理指令集等；再加上高集成度和多核结构等现代芯片设计、生产工艺的加持，使得 ARM 处理器兼具了高性能和通用性。

1.1.3 ARM 处理器

arm 是英文“臂膀”的意思。在 IT 领域，ARM 是先进精简指令集计算机机器（Advanced RISC Machines）的缩写，具有多重含义。

① ARM 公司。ARM 是一家著名的处理器设计公司，成立于 1990 年，由 Apple 电脑、Acorn 电脑集团和 VLSI Technology 合资创建，总部位于英国剑桥。

② ARM 处理器。ARM 表示由 ARM 公司设计的处理器核心。但是 ARM 公司本身并不制作和销售处理器芯片，而是授权转让设计许可，由与之商业合作的公司开发生产芯片。这种商业模式被称为知识产权（Intellectually Property，IP）许可。ARM 合作公司基于 ARM 处理器核心生产各具特色的芯片，使其获得广泛应用，几乎成为移动通信、便携计算、多媒体数字消费等嵌入式产品的标准解决方案。除了处理器设计，ARM 公司也提供外设、存储器、控制器等系统级 IP 许可（授权），还为使用 ARM 产品的用户提供开发工具、软/硬件支持。

③ ARM 技术。ARM 处理器基于 RISC 思想，使用 32 位固定长度的指令格式，指令编码高效。ARM 公司专注于设计，其 ARM 处理器核心具有体积小、功耗少、成本低、性能高等优点。这些就是富有特色的 ARM 技术。

1. ARM 体系结构

体系结构（Architecture）也称为系统结构，可简称为结构或架构，是低层语言程序员所看到的计算机属性，主要是指其指令集结构（Instruction Set Architecture，ISA）。体系结构定义了处理器的编程模型，给出了指令集（指令系统）、寄存器和存储器结构等。同样的体系结构可以有不同实现的多种处理器，每种处理器性能不尽相同，面对的应用领域也就不同，开发人员需要针对具体的项目需求选择最适合的处理器产品。但是相同体系结构的应用软件是兼容的。

ARM 体系结构可以追溯到 1985 年，现已广泛应用于嵌入式设备、智能手机、微型计算机甚至服务器等。至今，ARM 公司共推出 8 个版本（Version）的体系结构。版本 v1 和 v2 只是原型机，没有商品化，也没有产生大的影响。1991 年，基于版本 v3 推出的 ARM6 处理器得到了普遍应用，版本 v4 则是被开始广泛应用的 ARM 体系结构，目前主要使用 v7 和 v8 结构。除了版本号，还有一些扩展（变种、变形，Variant）版本。例如，版本 4 的扩展版本 v4T，在原来仅使用 32 位 ARM 指令集的基础上引入了 16 位 Thumb 指令集；版本 v5E 增加了数字信号处理（DSP）指令。

基于 ARM 体系结构的不同版本，ARM 授权厂商生产了多种系列（Family）的 ARM 处理器，但是版本号与处理器系列（数字）并不一致。ARM 处理器系列主要有 ARM7 系列、ARM9/9E 系列、ARM10/10E 系列、ARM11 系列、SecureCore 系列，Intel 公司的 StrongARM 和 Xcale 系列，最新的 Cortex 系列等。

ARM 处理器的命名也有些复杂，在其早期即 20 世纪 90 年代，使用数字表示处理器系列、加后缀字母表示其特色。例如，ARM7TDMI 是 ARM 公司最早被普遍认可并广泛应用的处理器核心，但目前已经是低端的 ARM 核心。ARM7TDMI 采用 v4T 结构，属于 ARM7 系列，其中字母 T、D、M 和 I 依次表示支持 Thumb 指令、集成了调试结构用于支持片内调试（Debug）、具有长乘法（Multiplier）指令、内含嵌入式 ICE 逻辑用于支持片上断点和观察点。

后来，ARM 使用后缀数字表示存储器接口、Cache 等变种。例如，使用后缀“26”或“36”表示 ARM 处理器具有高速缓存 Cache 和存储管理单元 MMU（Memory Management Unit），而“46”表示存储保护单元 MPU。例如，发布于 2000 年的 ARM926EJ-S 处理器采用 ARMv5TEJ 体系结构属于 ARM9 系列，数字“26”表示具有 MMU 单元，“E”表示支持 DSP 指令，“J”代表 Jazelle 技术（Java 加速功能）变种，“S”表示可合成（Synthesizable）设计（以硬件描述语言形式，能使用合成软件转化为设计网表）。

2．Cortex 系列处理器

2007 年，随着采用 ARMv7 版本体系结构，ARM 公司不再使用复杂的数字命名方案，统一使用 Cortex 作为整个 ARM 系列处理器商标，面向不同应用领域，其体系结构分为 3 个分支（Profile）。

① Cortex-A 系列：基于 ARMv7-A 体系结构，A 表示应用（Application）。Cortex-A 处理器用于高性能开放应用程序平台，支持嵌入式操作系统（如 iOS、Android、Linux 和 Windows）。这些复杂的应用程序需要强大的处理性能，具有 MMU，用于支持虚拟存储器，可选增强的 Java 支持和安全程序运行环境。产品包括高端智能手机、平板电脑、智能电视、甚至服务器，如 Cortex-A8、Cortex-A9、Cortex-A15 和 Cortex-A17 处理器等。

② Cortex-R 系列：基于 ARMv7-R 体系结构，R 表示实时（Real-time）。Cortex-R 处理器设计用于实时性要求的高端嵌入式系统，如硬盘驱动器、移动通信的基带控制器、汽车控制系统，具备高处理能力、高可靠性和低延迟，如 Cortex-R5 和 Cortex-R8 处理器等。

③ Cortex-M 系列：基于 ARMv7-M 和 ARMv6-M 体系结构，M 表示微控制器（Microcontroller）。Cortex-M 处理器设计用于运行实时控制系统的小规模应用程序，具有成本低、能耗少、中断延迟短等特点，如 Cortex-M3、Cortex-M4 和 Cortex-M7 处理器等。

2011 年，ARM 宣布了 ARMv8 体系结构。所以，目前的 Cortex 系列处理器包括 ARMv7 和 ARMv8 两种版本的体系结构。

ARMv8-A 体系结构支持 32 位（AArch32）和 64 位（AArch64）两种执行状态。其中，32 位执行状态使用 32 位 ARM 指令集（A32）和 32 位 Thumb 指令集（T32），兼容 ARMv7-A 软件。64 位执行状态提供全新的 64 位指令集（A64），使得 ARM 技术进入了 64 位时代。例如，基于 ARMv8-A 体系结构的处理器有 Cortex-A53、Cortex-A57 和 Cortex-A72 等。

ARMv8-R 体系结构继承了 ARMv7-R 结构的丰富资源，还加入了 64 位结构。例如，Cortex-R52 处理器基于 ARMv8-R 体系结构，而 Cortex-R82 是第一个实现 64 位 ARMv8-R 体系结构（兼容 ARMv8.4-A 扩展）的处理器。

ARMv8-M 体系结构则是 ARMv7-M 的改进版，仍然是 32 位结构，仅支持混合了 16 位和 32 位的 Thumb 指令集（现称为 T32 指令集）。ARMv8-M 体系结构最主要的改进是增加了可选的安全机制，在一个处理器中允许多个安全区域，被称为 ARM TrustZone 技术。例如，采用 ARMv8-M 体系结构的有 Cortex-M23、Cortex-M33 和 Cortex-M55 等处理器。

2022 年 2 月，ARMv9-A 发布，是 ARMv8-A 的扩展，旨在提高数字信号处理和机器学习能力，并继续改善系统的安全性和可靠性。目前，Cortex-A 系列最新版本是 ARMv9-A，Cortex-R 和 Cortex-M 系列最新版仍然是 ARMv8-R 和 ARMv8-M 体系结构。有关 ARM 处理器的最新进展请访问 ARM 公司官网。

3．ARMv8-A 处理器

ARM 体系结构只是给出了处理器的功能指标，规范了处理器的运行机制，并没有说明处理器如何实现和具体操作。处理器的设计和实现被称为微结构（Micro-architecture），包括采用的高速缓存 Cache 的个数和容量、流水线技术、可选特性等。

基于 ARMv8-A 体系结构，ARM 公司至今已推出十多种各具特色的 Cortex-A 处理器。例如，树莓派（Raspberry Pi）是一个只有信用卡大小的微型电脑主板，其 4B 型号就采用 ARM Cortex-A72 处理器。

Cortex-A72 处理器是一个实现 ARMv8-A 体系结构的高性能、低功耗处理器，具有第 1 级和第 2 级高速缓存 Cache、支持 1～4 个核，其 4 核配置示意如图 1-3 所示。

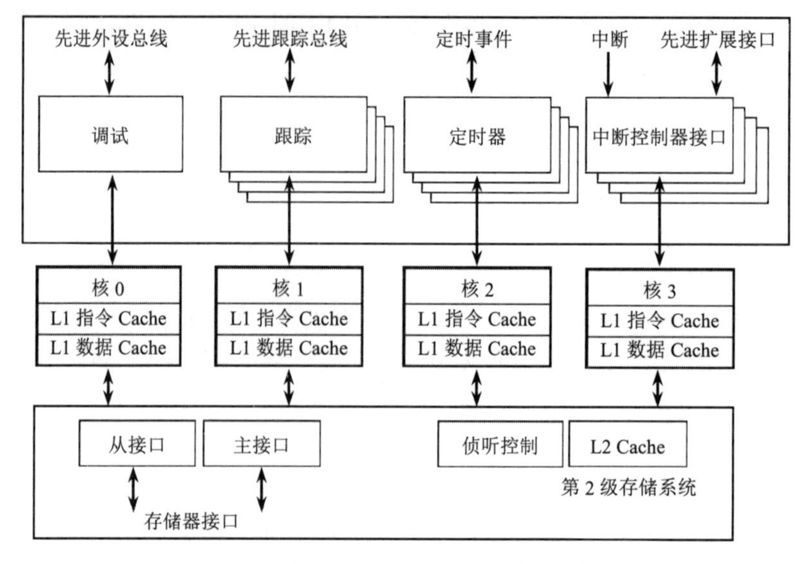

图 1-3　Cortex-A72 处理器 4 核配置示意

Cortex-A72 处理器完全实现了 ARMv8-A 体系结构，支持所有异常层、64 位和 32 位执行状态、以及 A64、A32 和 T32 指令集，支持浮点操作和先进 SIMD 操作，可选加密扩展。具有第 1 级和第 2 级 Cache、通用中断控制器，采用 ARM 先进微控制器总线结构 AMBA，支持多种先进的总线接口连接存储器、外设、调试和跟踪设备等。

ARM 公司并不生产处理器，而是授权于合作商。授权方式有如下 3 种。

- 架构（指令集）授权：按照所授权的体系结构和指令集（如 ARMv8）自行编写代码、设计芯片。
- 处理器授权：提供集成电路的寄存器传输层级 RTL 代码，可以自己配置处理器的核数、缓存，自主设计主频、工艺、代工厂等。
- 处理器优化包（物理 IP 包）授权：只能按照 ARM 设计好的处理器类型、在指定的代工厂进行生产。

尽管与 ARM 合作的厂商很多，但购买架构授权的公司不超过 20 家。华为（Huawei）公司购买了 ARMv8 的架构授权，自行研制了多种处理器，如用于华为泰山（TaiShan）服务器 200 的华为鲲鹏（Kunpeng）920 处理器。

鲲鹏 920 处理器采用片上系统（System-on-Chip，SoC）形式，集成有两个超级 CPU 单元和一个超级 I/O 单元。每个超级 CPU 单元有 6～8 个 CPU 簇（Cluster），每个 CPU 簇由 4 个泰山核（Core）和第 3 级 Cache 标签存储器组成；每个泰山核由 ARM 核、分离结构的第 1 级 Cache 和共享结构的第 2 级 Cache 组成，而 ARM 核是基于完全知识产权的 ARMv8 体系结构，仅支持 64 位执行状态。所以，鲲鹏 920 最多支持 64 核。超级 I/O 单元集成有网络控制器、辅存接口控制器和外设互连接口控制器，提供丰富且强大的 I/O 能力。

1.2　64 位 ARMv8 编程结构

运行于计算机硬件中的软件可以分成应用软件和系统软件。应用软件是解决某个问题的用户应用程序；系统软件则是方便使用、维护和管理计算机系统的程序，其中最主要的是操作系统。为了防止应用程序运行出错，有意无意地导致计算机系统故障，可以设置软件运行的特权层（Privilege Level，PL）进行安全保护。应用程序通常具有最低权限，运行于非特权层；系统程序则运行于具有较高或全部权限的特权层。

本节主要描述开发应用程序需要了解的体系结构信息，ARM 文档称之为应用层（Application Level）体系结构。在操作系统或更高层次系统软件下、用于服务和支持应用程序执行的系统信息则是系统层（System Level）体系结构，对此内容本书略有涉及，但不是重点。

1.2.1　ARMv8 结构基础

ARMv8 体系结构支持多层次执行特权，称为异常层（Exception Level，EL），共 4 层，层级向上依次标记为 EL0、EL1、EL2 和 EL3，数字越大，特权级别越高。其中，EL0 对应最低特权级别，常被称为非特权层，也就是应用程序运行的层次。高于 EL0 特权级别的异常层也常被称为特权层。

ARMv8 体系结构利用 4 个异常层（级），控制存储系统和处理器资源的访问权限，为软件提供层次化的保护。例如，一个典型软件层次可以是如下保护级别：EL0，用于常规用户应用程序；EL1，用于操作系统核心程序（典型的特权层程序）；EL2，用于系统监测、虚拟机管理程序；EL3，用于包含安全监控的底层固件。

1. 异常

通俗地说，异常（Exception）是处理器正常执行指令时发生了意外情况，需要处理器暂停当前程序的执行，转入异常处理程序进行处理，然后返回继续原来的程序流程。意外发生的原因可能是来自处理器外部，即由处理器的中断请求引脚引入，请求处理器实时处理计算机外设的数据传输或硬件故障等紧急事件，这类异常也常被称为中断（Interrupt）。意外发生的原因还可能源于处理器内部，由处理器执行了非法指令、指令调试或系统调用指令等引起，通常用于发现、调试并解决程序执行时的系统事件。因此，异常是处理器需要具备的、非常重要的一种软件处理机制。

在 ARMv8 体系结构中，根据是否与当前执行的指令相关，异常分成同步和异步两种。

（1）同步异常（Synchronous Exception）

同步异常是由刚被执行过的指令引起的，或者与其有关，是与当前执行的指令流同步发生的异常事件，其返回地址也指示了异常的指令位置。例如，试图执行无效指令是同步异常，由于地址未对齐或未通过允许检查的存储器访问也是同步异常。

中止（Abort）是常见的异常事件。取指失败产生指令中止（Instruction Abort），载入和存储指令存取数据失败产生数据中止（Data Abort），这些是同步异常。

有一组异常生成指令在执行时会生成同步异常。例如，执行指令 SVC（Supervisor Call）产生的异常，使得非特权层用户应用程序能够对操作系统的服务进行调用（System Call）。

调试（Debug）异常也是同步的。调试异常通常由软件断点指令 BRK 及断点、观察点、软件单步运行等因素引起。例如，指令 BRK 产生断点（Breakpoint）指令异常，提供了在同一个处理单元中使用调试程序进行软件断点调试的方法。

（2）异步异常（Asynchronous Exception）

有些异常不是因为执行指令引起的，而是产生于外部，因此不与当前指令流同步，也意味着无法确定何时发生，这就是异步异常。而且，异步异常可以被暂时屏蔽（被禁止、不被允许），即在响应前可处于悬挂状态。

异步异常的来源有外部中断请求 IRQ（Interrupt Request）、快速中断请求 FIQ（Fast Interrupt Request）和系统错误 SError（System Error）。

在 ARMv8-A 体系结构中，FIQ 与 IRQ 的优先权相同，而在其他 ARM 版本体系结构中，FIQ 具有更高优先权。

系统错误 SError 有多种原因，典型情况是外部异常中止，如某个存储器访问已经通过存储管理单元 MMU 检查，但遇到了存储总线出错。系统错误 SError 也可能由某些半导体存储器 RAM（如内置高速缓冲 Cache）的校验引起。

另外，所有处理器内核都有一个复位输入，复位后立即产生复位操作。所以，复位（Reset）也是异常，享有最高优先权、不能被屏蔽，用于上电后执行对处理器内核的初始化代码。

系统软件决定了软件运行的特权层（异常层）。异常导致程序流程的改变，在 ARMv8 体系结构中，异常处理程序处于特权层，也就是高于 EL0 层，从事先定义的向量位置开始执行。因此，异常处理的大多数细节对应用层软件是不可见的。

在 AArch64 状态（64 位 ARM 工作模式）执行程序时，只有进入异常处理或者从异常返回时才能够切换异常层次。进入异常处理时，异常层次可以保持不变或者提升，但不允许降低；相反，从异常返回时，异常层次可以保持不变或者降低，但不允许提升。

2．执行状态

执行状态（Execution state）定义了执行环境，包括支持的寄存器字长、支持的指令集，以及异常模型、程序员模型和虚拟存储系统结构等方面。ARMv8 体系结构支持两种执行状态（或称工作模式）：64 位执行状态（AArch64）和 32 位执行状态（AArch32）。

① AArch64：64 位执行状态，地址和指令可以使用 64 位寄存器进行处理，支持 64 位指令集 A64，仍采用 32 位字长的定长指令编码。

② AArch32：32 位执行状态，地址和指令使用 32 位寄存器进行处理，支持 A32 和 T32 指令集。A32 是兼容 ARMv7 的 32 位指令集，过去被称为 ARM 指令集，采用 32 位定长指令编码；T32 采用混合 16 位与 32 位的变长指令编码，过去被称为 Thumb-2 指令集。但 ARMv8

对过去的 ARM 指令集和 Thumb-2 指令集都有所扩展。AArch32 允许向后兼容 ARMv7（和更早）的代码。

ARMv8 体系结构定义的 AArch64 执行状态为 ARM 处理器引入了全新的 64 位结构（在绝大多数 Linux 文档中，AArch64 执行状态常被称为 ARM64，表示 64 位 ARM 结构）。但需要注意，ARM 从 32 位结构转向 64 位结构时完全进行了重新设计，因此两种处理状态具有不同的指令集。AArch64 执行状态主要包括如下特性：

❖ 31 个 64 位通用寄存器，其中 X30 是主要用于过程连接的寄存器。
❖ 一个 64 位程序计数器 PC（Program Counter）、多个堆栈指针 SP（Stack Pointer）和多个异常连接寄存器 ELR（Exception Link Register）等专用寄存器。
❖ 32 个 128 位寄存器用于支持标量浮点指令和 SIMD 向量指令。
❖ 唯一的 A64 指令集。
❖ 具有 4 异常层次（EL0～EL3）的 ARMv8 异常模型。
❖ 支持 64 位虚拟地址。
❖ 定义若干处理状态（PSTATE，Process State），并具有直接操作各种处理状态的指令。
❖ 对系统寄存器使用后缀形式表达其能够访问的最低异常层次。

只有在复位或异常层改变时才能改变执行状态。ARMv8-A 体系结构复位后的执行状态取决于具体的处理器实现。多数实现会通过一个信号控制启动后的执行状态。执行状态在异常层次改变时需要遵循如下规则：当从低异常层次转向高异常层次时，执行状态可以保持不变或者改变为 AArch64 状态；当从高异常层次转向低异常层次时，执行状态可以保持不变或者改变为 AArch32 状态。

ARMv8-A 体系结构允许具体实现处理器时选择是否具有所有异常层，也允许选择在实现的异常层上实现哪个执行状态。但是，EL0 和 EL1 层必须实现，若选择不实现 EL2 和 EL3，则需要关注其重要的影响。例如，Cortex-A55 实现了所有异常层，但只在 EL0 层具有 AArch32 状态，EL0 层也具有 AArch64 状态，其他层 EL1、EL2 和 EL3 则只有 AArch64 状态。

1.2.2 ARMv8 寄存器

处理器内部需要高速存储单元，用于暂时存放程序执行过程中的代码和数据，这些存储单元被称为寄存器（Register）。处理器内部设计有多种寄存器，每种寄存器还可能有多个。有些寄存器对应用人员来说不能直接控制，像不可见的“透明”寄存器。底层编程人员需要掌握具有引用名称、供编程使用的可编程（Programmable）寄存器。

ARMv8 体系结构支持 8、16、32、64 和 128 位整数类型，还支持半精度（Half-precision）、单精度（Single-precision）和双精度（Double-precision）浮点数据类型，以及 8、16、32 位和 64 位为元素的向量数据类型。为方便指令对这些数据类型进行操作，ARMv8 体系结构设计了（整数）通用寄存器和浮点寄存器、向量寄存器，同时配置若干专用寄存器和大量系统寄存器。本节主要描述 AArch64 执行状态在 EL0 层可见的各寄存器及其处理状态。

1. 通用寄存器

通用寄存器（General-purpose Register）一般是指处理器最常使用的整数寄存器，具有多种用途，可用于保存指令要处理的数据、指示数据存储位置的地址等。RISC 技术的处理器通常设计有较多的通用寄存器，便于直接在处理器内部进行数据处理，减少访问存储器的频次。

32 位 ARM 体系结构 AArch32 只有不足 16 个 32 位通用寄存器，而 64 位 ARM 体系结构 AArch64 提供 31 个 64 位通用寄存器。每个寄存器可以作为 64 位访问，名为 X0～X30；也可以只进行低 32 位的访问，名为 W0～W30，如图 1-4 所示（数字表示二进制位数，*n* 为 0～30）。其中 X30 用于过程调用的连接寄存器 LR（Link Register），具有特定的用途（也可以认为并不是通用寄存器，因而也可以说 A64 指令集使用 30 个通用寄存器）。

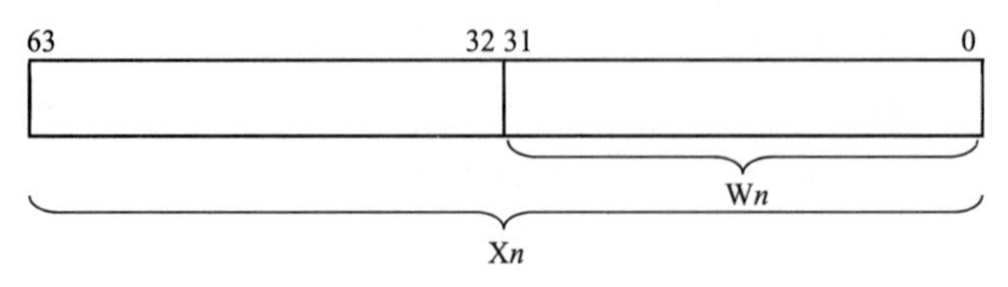

图 1-4　AArch64 通用寄存器

在数据处理指令中，64 位寄存器 X*n* 表示进行 64 位操作，而 W*n* 表示进行 32 位操作。读取 32 位 W*n* 寄存器时，对应 64 位 X*n* 寄存器高 32 位被丢弃，也没有被改变。写入 32 位 W*n* 寄存器时，对应 64 位 X*n* 寄存器高 32 位被设置为 0。整数通用寄存器支持对 8、16、32 和 64 位整数（地址）进行操作。

64 位通用寄存器使用字母 X（Extended）表示 64 位扩展，没有使用字母 D（Double）表示双字，因为字母 D 已经用于 64 位浮点和 SIMD 双精度寄存器名。

2．向量寄存器和浮点寄存器

ARMv8 体系结构支持整数类型，也支持浮点（Floating-point）数据类型和向量（Vector）数据类型。通用寄存器主要处理整数，其他数据类型配置有 SIMD 向量和浮点寄存器，简称为 SIMD&FP 寄存器。单指令多数据（Single Instruction Multiple Data，SIMD）表达了一条指令同时处理多个数据（即向量数据）的特性。

向量寄存器和浮点寄存器公用一套 32 个 128 位寄存器，取名 V0～V31，每个 SIMD&FP 寄存器设计有多种访问形式，对应多种名称，见第 5～6 章。

3．专用寄存器

专用寄存器（Special-purpose Register）是只有特定用途的寄存器。AArch64 提供若干 64 位专用寄存器，如图 1-5 所示。

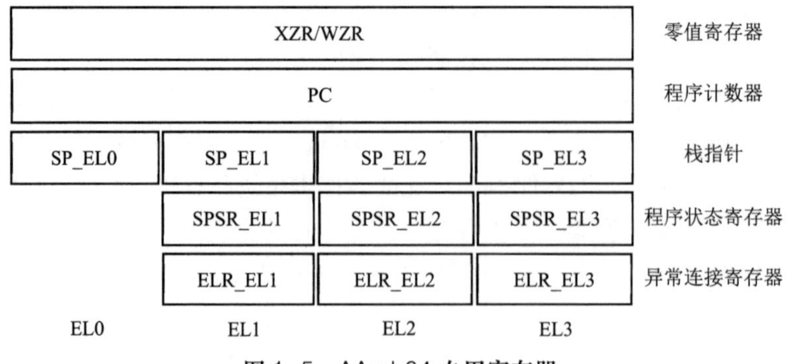

图 1-5　AArch64 专用寄存器

（1）零值寄存器 ZR

5 个二进制位可以有 32 个编码，但 AArch64 并没有一个称为 X31（W31）的寄存器。这个“31”编码在许多指令中代表零值寄存器 ZR（Zero Register），对应有 64 位零值寄存器 XZR 和 32 位零值寄存器 WZR。当 ZR 作为来源操作数时，读得数值 0；当 ZR 作为目的寄存器时，写入的结果被丢弃。大部分（不是所有）指令都可以使用零值寄存器。

（2）程序计数器 PC

AArch64 有一个 64 位的程序计数器 PC（Program Counter），保存当前指令的主存地址。软件不能直接对 PC 进行写入，它只能在分支、异常进入或异常返回时实现间接改变。在原 32 位 ARM 体系结构中，程序计数器 PC 借用了通用寄存器 R15 实现。虽然借用通用寄存器可以实现一些不错的编程技巧，但也导致编译程序和流水线设计复杂化。

（3）栈指针 SP

半导体存储器通常采用随机存取方法，给出存储单元地址即可直接进行访问、读写存储的数据。栈（Stack）则是采用“先进后出”存取原则的存储区域，通常通过栈顶部进行数据存取。高级语言的栈，在汇编语言常被称为“堆栈”。栈指针 SP（Stack Pointer）指示栈区域的当前顶部位置（地址），AArch64 执行状态是一个 64 位寄存器，其低 32 位可以通过 WSP 名称访问。每个异常层有对应的栈指针寄存器，加_EL*n*（*n*=0～3）区别。应用程序所在的非特权层 EL0 只能访问 SP_EL0（指令中使用 SP 或 WSP 名称，不需指出特权层），而其他层次则可以访问本层和 EL0 层的栈指针。大多数指令并不能引用 SP，但有些算术指令使用 SP 作为操作数，可以读写栈指针，以便调整当前栈指针。与零值寄存器 ZR 一样，SP 也是使用通用寄存器“31”编码实现的。

（4）程序状态寄存器 SPSR 和异常连接寄存器 ELR

AArch64 异常发生时，异常返回的地址要保存于异常连接寄存器 ELR（Exception Link Register），处理器状态被保存于程序状态寄存器 SPSR（Saved Program Status Register）。非特权层 EL0 不处理异常，所以只有特权层 EL1、EL2 和 EL3 有相应层的异常连接寄存器 ELR 和程序状态寄存器 SPSR。注意，这些层次不同、功能相同的寄存器是通过不同的硬件实现的、相互独立。

4．系统寄存器

系统寄存器（System Register）保存系统配置和程序状态，提供对系统监控、处理器控制等的支持，主要有系统控制寄存器、调试寄存器、基准定时寄存器、性能监控寄存器等。

常规数据处理和存储器载入/存储指令不能直接对系统寄存器进行操作，需要使用专用指令 MRS（读取）和 MSR（写入）进行访问。

系统寄存器使用寄存器名后加上所在异常层后缀的形式表达：寄存器名_EL*n*。其中，*n* 为 0、1、2 或 3。例如，SCTLR_EL1 是异常层 EL1 的系统控制寄存器（System Control Register）。异常层编号也说明了允许访问的最低异常层，如 EL1 表明只有 EL1 及以上的异常层有访问的权限。未授权的访问将导致指令的无定义（UNDEFINED）行为。

大多数系统寄存器在 EL0 层不能访问。但是，有些系统寄存器经配置允许，可以在 EL0 层访问。EL0 层可访问的系统寄存器有高速缓冲 ID 寄存器、调试寄存器、性能监控寄存器、线程 ID 寄存器和时基寄存器。

在专用寄存器中提及的异常连接寄存器 ELR 和程序状态寄存器 SPSR 用于异常处理过程（如图 1-6 所示），实际上属于系统寄存器。在 AArch64 执行状态下，响应异常前保存返回地址和处理状态 PSTATE；执行 ERET 指令实现从异常返回，保存于程序状态寄存器 SPSR_EL*n* 的内容复制给处理器状态 PSTATE，并从 ELR_EL*n*[1]保存的地址位置继续执行。

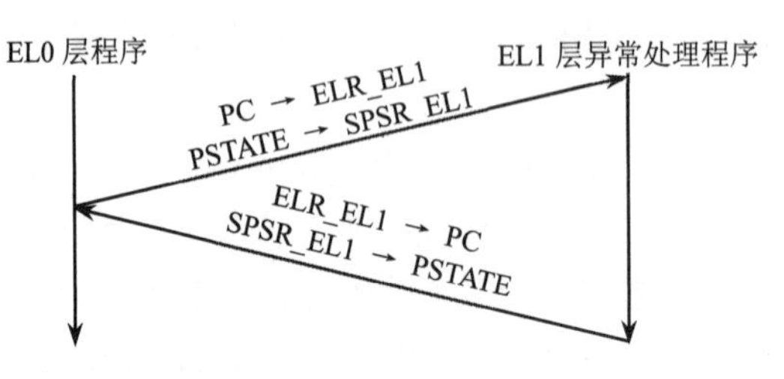

图 1-6　AArch64 **异常处理流程**

AArch64 的程序状态寄存器 SPSR 类似 ARMv7 的程序状态寄存器 CPSR（Current Program Status Register），如图 1-7 所示（AArch64 的 SPSR 是 64 位寄存器，高 32 位保留，图中未画出）。其中，4 位 M[3:0]表示进入异常的异常层或方式。其他各位含义见表 1-1，而图 1-7 的 M 位与表 1-1 的 nRW 含义相同。

31	30	29	28		21	20									9	8	7	6		4	3　　0
N	Z	C	V		SS	IL									A	D	I	F		M	M[3:0]

图 1-7　AArch64 **程序状态寄存器** SPSR

5．处理状态 PSTATE

AArch64 的各处理器状态字段分散保存，可以独立访问，但集中在一起被称为处理状态 PSTATE（Process State），主要字段的定义如表 1-1 所示。

表 1-1　处理状态 PSTATE 字段定义

位	描　述
N	负数（Negative）条件标志。若指令执行结果是补码表达的有符号整数，则结果是负数，N=1，否则 N=0
Z	零（Zero）条件标志。指令执行结果是 0，Z=1，否则 Z=0
C	进位（Carry）条件标志。指令执行结果导致进位（如加法结果导致无符号数溢出），C=1，否则 C=0
V	溢出（Overflow）条件标志。指令执行结果导致溢出（如加法结果导致有符号数溢出），V=1，否则 V=0
D	调试（Debug）屏蔽位。为 1，表示调试被屏蔽；为 0，未被屏蔽
A	系统错误 SError 屏蔽位。为 1，表示系统错误被屏蔽；为 0，未被屏蔽
I	中断请求 IRQ 屏蔽位。为 1，表示中断请求被屏蔽；为 0，未被屏蔽
F	快速中断 FIR 屏蔽位。为 1，表示快速中断被屏蔽；为 0，未被屏蔽
SS	软件单步（Software Step）位。指示进入异常时是否允许单步操作，为 1 是指允许
IL	非法（Illegal）执行状态位。产生非法执行异常时置为 1
EL	当前异常层（2 位表达 4 个异常层次之一的编码）
nRW	当前执行状态。为 0，表示是 64 位（AArch64）；为 1，表示是 32 位（AArch32）
SP	栈指针选择。为 0，表示 SP_EL0；为 1，表示 SP_ELn

PSTATE 是处理器状态信息的抽象集合，可以分成如下 3 类。

[1]　后面为了与汇编程序介绍的一致性，其中的“*n*”一律采用正体表示。

① 条件标志位：有负数 N、零 Z、进位 C 和溢出 V 标志，表达运算结果的辅助信息。条件分支指令可以测试这些条件标志的 0 或 1 状态，进而确定是否进行分支操作。

② 异常屏蔽位：有调试 D、系统错误 A、中断请求 I 和快速中断 F 屏蔽位，控制相应异常是否被允许响应。屏蔽位为 0，表示该异常没有被屏蔽，是允许发生的；屏蔽位为 1，表示该异常被屏蔽，是不允许即禁止发生的。

③ 状态控制位：有软件单步 SS、非法指令 IL、当前执行状态 nRW、当前异常层 EL 和堆栈指针选择 SP 控制位，控制或指示处理器的执行状态。

此外，PSTATE 包括可选实现的扩展功能相关的控制位。

AArch64 状态的 EL0 层下可以访问 4 个条件标志位和 4 个屏蔽位，主要利用条件标志进行条件分支，其他 PSTATE 字段不能在 EL0 层访问。

1.2.3 ARMv8 存储器模型

存储器模型（Memory Model）描述存储器的组织形式、区域属性和访问规则，以便有效地利用存储空间。

计算机存储信息的基本单位是一个二进制位（bit），一般使用小写字母 b 表达。一个二进制位可存储一位二进制数：0 或 1。8 个二进制位组成 1 字节（Byte，B）。数据表达按照书写习惯，高位在左边、最低位在右边，位编号从低到高（由右向左）从 0 开始逐位递增。ARM 处理器定义 32 位（4 字节）为 1 个字（Word），所以 16 位（2 字节）为半字（Halfword），64 位（8 字节）为双字（Doubleword），128 位（16 字节）为 4 字（Quadword）。

处理器支持的主存空间很大，需要划分成许多存储单元。为了区分和识别各存储单元，并按指定位置进行存取，给每个存储单元编排一个顺序号码，称为存储器地址（Memory Address）。在现代处理器中，主存储器空间普遍采用字节编址（Byte Addressable），即主存储器的每个存储单元保存 1 字节数据，具有一个存储器地址。

1. 字节存储顺序

对于字节编址的存储空间，多字节数据需要连续存放在多个存储单元中，占用连续的存储器地址空间。通常采用编号最小的地址（低地址编号）作为这个多字节数据的起始地址。例如，ARM 处理器的一个字数据“0x01020304”有 4 字节，占用 4 个存储单元，其最高字节是 0x01、最低字节是 0x04。将数据低字节保存在低存储地址（编号小）、数据高字节保存在高存储地址（低对低、高对高），被称为数据存储的小端方式（Little Endian）或小尾端方式。而大（尾）端方式（Big Endian）是低字节数据保存在高存储地址（编号大）、高字节数据保存在低存储地址，如图 1-8 所示。

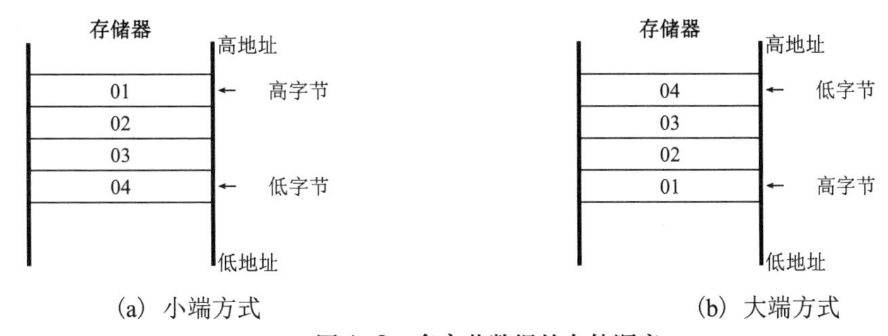

图 1-8　多字节数据的存储顺序

术语“小端”和“大端”来自《格利佛游记》（Gulliver's Travels）的小人国故事，小人儿们为吃鸡蛋从小端打开还是从大端打开发起了一场“战争”。专家在制定网络传输协议时借用了这个词汇，这就是计算机系统的字节顺序（Endianness）问题，在多字节数据的传输、存储和处理中都存在这样的问题。就像吃鸡蛋无所谓小端还是大端，两种字节顺序形式各有特点，有些情况更适合小端方式，有些情况采用大端方式更快。例如，Intel 公司的产品采用小端方式，而大多数 RISC 采用大端方式。

ARMv8-A 体系结构既支持小端方式也支持大端方式，高异常层可以配置 EL0 层采用的数据大端或小端方式，具体实现的处理器可以选择其一。但是，4 字节的 A64 指令字总是采用小端方式存储，所有存储器映射的外设必须采用小端方式。多数 ARM 处理器默认采用小端方式，如 Linux 操作系统的 ARM 处理器。

2. 地址边界对齐

无论小端还是大端存储，多字节数据的起始地址都是所占用的最低存储器地址，源于数据存取的原因，这个起始地址还有一个是否对齐地址边界的问题。

对 N（$N=2^1,2^2,2^3,2^4,\cdots$）字节的数据，若起始于能够被 N 整除的存储器地址位置（也称为模 N 地址）存放，则称为对齐地址边界（Alignment）。例如，16 位、2 字节数据起始于偶地址（模 2 地址，地址最低 1 位为 0），32 位、4 字节数据起始于模 4 地址（地址最低 2 位为 00），64 位、8 字节数据起始于模 8 地址（地址最低 3 位为 000），就是对齐地址边界。

对于地址边界对齐的数据访问，在硬件传输时具有较高的性能。而允许不对齐边界可以使得数据存放更灵活，更节省存储空间，如图 1-9 所示。图 1-9(a)采用对齐边界存放数据，可能存在空间浪费（图中阴影部分）；而图 1-9(b)不要求对齐边界，存储空间更紧凑（图中阴影部分是节省的存储空间）。

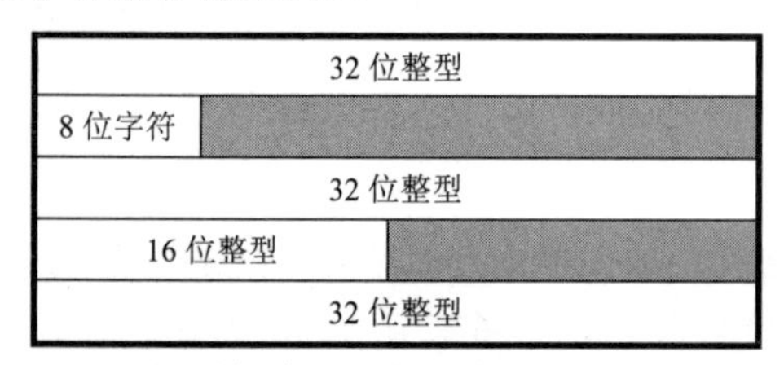

(a) 地址边界对齐的数据存储

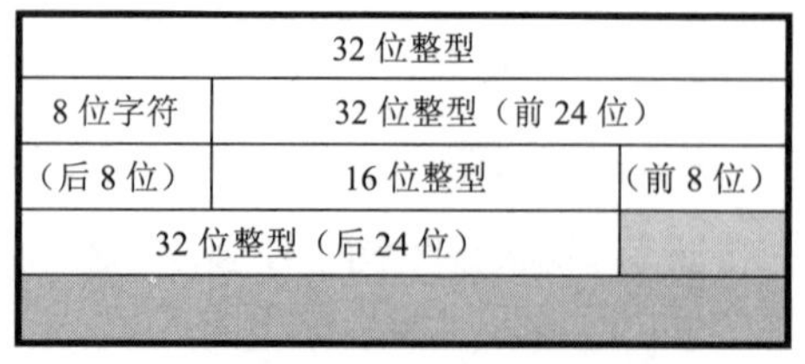

(b) 地址边界不对齐的数据存储

图 1-9 地址边界对齐和不对齐的区别

总之，为了提高性能，存储访问要对齐地址边界，这是绝大多数的情况；为了节省存储空间，可以不要求对齐地址边界。或者说，地址对齐性能好但可能浪费空间，地址不对齐节省空间但性能略差。当然，最好通过适当调整数据结构，既能对齐地址边界，又不浪费空间。

因此，许多处理器要求数据存放必须对齐地址边界，否则会发生非法操作。而有些处理器比较灵活，允许不对齐边界存放数据。对 ARMv8-A 体系结构来说，A64 指令必须字（4 字节）对齐，如果从未对齐地址读取指令，将导致 PC 未对齐失效。访问外设地址也要求对齐地址，否则导致未对齐失效（Alignment Fault）。对存储器的一般数据访问没有要求必须对齐，但如果未对齐访问，仍会产生未对齐失效。有些数据访问要求地址边界对齐，否则产生未对齐失效。

3. 外设统一编址

外设多种多样，往往需要通过 I/O 接口才能连接主机，I/O 接口也有各种寄存器，用于外设与主机之间传输数据。为了区别各外设寄存器，同样采用编号方法，这就是 I/O 地址（I/O 端口，或外设地址）。

外设地址空间相对于存储空间来说比较小，可以独立于存储器地址单独编排 I/O 地址、不占用存储空间，称为 I/O 独立编址，但需要处理器具有 I/O 指令进行数据传输。外设地址也可以与存储器地址统一编排，占用部分存储器地址，或者说，将部分存储器地址映射为 I/O 地址（Memory-Mapped I/O），处理器直接采用存储器访问指令访问外设，不需 I/O 指令。

ARM 处理器采用统一编址方式，将存储器和外设统一编排成一个地址空间。ARMv8 体系结构为此提供两种互斥的存储器类型。

① 常规（Normal）：用于存储器操作，由半导体随机存储器（RAM）、半导体只读存储器（ROM）或者闪存（Flash Memory）构成，支持读写或者只读、执行操作。程序代码只能在常规类型的地址空间存放。

② 设备（Device）：用于外设操作，外设地址空间通常被配置为设备类型，具有附加的属性，如禁止不安全读操作、防止频繁的读写、保持访问顺序和同步需求等。

4．存储管理

物理存储器芯片需要处理器通过总线进行访问，每个存储单元具有唯一的存储器地址，即物理地址（Physical Address）。物理地址从 0 开始顺序编排，直到处理器支持的最大存储单元。为了有效地使用主存空间，几乎所有操作系统和核心程序都具有存储管理功能，借助处理器内部的 MMU，动态地为程序分配存储空间。利用存储管理单元后，程序并不直接寻址物理存储器，而是通过逻辑地址（Logical Address）访问存储空间。

ARMv8-A 配合存储管理单元 MMU 实现了虚拟存储系统，逻辑地址就是虚拟地址（Virtual address）。在 AArch64 状态，A64 指令集支持 64 位虚拟地址。地址转换表将指令提供的虚拟地址转换为物理地址，并实现各种属性控制，如允许读、写、执行等。应用程序面对的都是一样的虚拟存储空间，如图 1-10 所示。

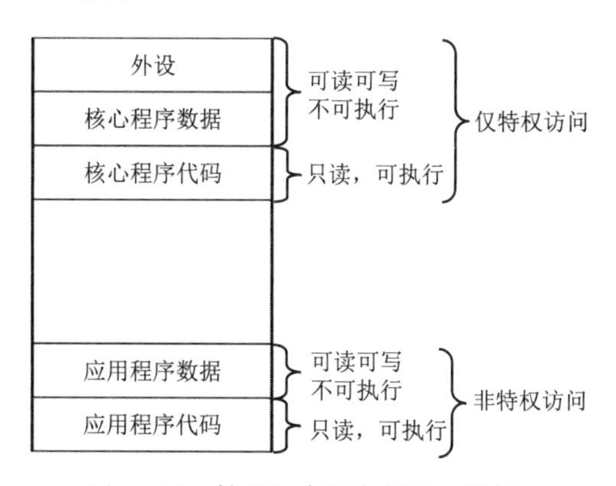

图 1-10　简化的虚拟存储地址空间

1.3　64 位 ARM 汇编语言

大多数情况下，应用程序代码将使用 C 语言或其他高级语言编写，多数软件开发人员没有必要熟悉指令集的细节。但是，了解指令集概况和汇编语言语法仍然有用，如底层的启动代码通常采用汇编语言编写，编写设备驱动程序、操作系统、编译程序、高度优化代码和进行项目调试时，指令集和汇编语言知识也会提供有效的帮助。

为了更好地在不同版本 ARM 体系结构之间进行代码移植，ARM 统一了各种 ARM 体系结构使用的汇编语言语法，即统一汇编语言（Unified Assembly Language，UAL），而过去的语法被称为 pre-UAL。ARM 公司的开发工具（如 ARM 编译工具链和 MDK-ARM）已经更新支持 UAL。pre-UAL 目前仍然被大多数开发工具接受，但推荐使用 UAL 语法。

GCC 已成为 Linux 等许多操作系统的标准编译器套件，也是广泛应用的 GNU 自由软件。GNU 汇编程序 AS 采用 GNU ARM 汇编语言语法，与 UAL 汇编语言语法的细节不同。究竟使用哪种语法，取决于选择的开发工具。本书基于 Linux 平台学习 64 位 ARM 汇编语言，自然选用 GNU ARM 汇编语言语法。不过，虽然 ARM 汇编程序（armasm）使用 UAL 汇编语言语法（所以，UAL 语法也称为 ARMASM 语法或 ARM 汇编程序语法），但其 C 语言编译程序（armclang）集成的汇编器包括其行内汇编使用的是 GNU ARM 汇编语言语法。

1.3.1 ARM 指令集

计算机程序由指令组成，指令是控制处理器的基本命令。处理器支持的所有指令构成处理器的指令集（Instruction Set，也称为指令系统）。

遵循 RISC 思想，早期 ARM 处理器固定使用二进制 32 位长度为 ARM 指令编码（指令代码），称为 ARM 指令集。尽管 32 位 ARM 指令的功能强大、性能优越，但相对 8 位或 16 位指令集结构来说，它的程序代码容量较大，需要占用较多的存储空间。于是，ARM 公司在 1995 年推出的 ARM7TDMI 处理器（ARMv4T 体系结构）中引入了一个新的操作状态，可以运行 16 位编码的指令集。相对于 32 位 ARM 指令集的“粗壮臂膀”，这个 16 位指令集只能算是“纤弱拇指”，故称为 Thumb 指令集。

这样，传统的 ARM 处理器具有两种指令执行状态：32 位 ARM 状态和 16 位 Thumb 状态。ARM 状态使用 32 位指令，支持所有指令，以获得高性能；Thumb 状态使用 16 位指令来提高代码密度，但不能支持所有 ARM 指令的功能。为了取长补短，很多应用程序混合使用 ARM 和 Thumb 代码。不过，ARM 和 Thumb 指令之间的转换需要进行状态切换，带来执行时间和代码数量的额外开销，增加了软件编译的复杂度，使得没有经验的开发人员很难实施软件优化。

为此，2003 年推出的 ARM1156T-2 处理器（ARMv6T2 体系结构）中引入了 Thumb-2 技术。Thumb-2 技术是 Thumb 的超集，使用了许多 32 位编码的指令，实现了原来只能由 ARM 指令集的功能。采用 Thumb-2 技术后，处理器可以支持 16 位和 32 位指令编码，不需状态切换。这样既简化了软件开发，又易于提高代码密度、效率和性能。

ARMv8 推出了全新的 64 位 ARM 指令集，称为 A64，运行于 64 位执行状态 AArch64。原 ARM 指令集和 Thumb 指令集分别改称为 A32 和 T32，运行于 32 位执行状态 AArch32。

1. A64 指令集

ARMv8 体系结构最重要的改进是对 64 位的支持，加入了 64 位指令集。

A64 指令集类似已有的 A32 指令集，仍采用 32 位字长编码，但是与其完全不同，是有别于 A32 的独立指令集。虽然为 ARMv7-A 处理器编写的代码可以在 ARMv8 处理器的 AArch32

状态执行，但是采用 A64 指令集编程的代码不能运行在 ARMv7-A 处理器上，一个应用程序中不能混用 A64 和 A32 两种执行状态的代码。

相对于原来的 A32 和 T32 指令集，A64 指令集在许多方面有所改进，设计更加合理，如支持 64 位操作数、64 位地址，减少了条件指令，不再具有任意长度的载入和存储指令等。所有 A64 指令按其编码结构分成若干功能组（Group），每个功能组又分成若干指令类（Class），一个指令类由一些相关指令组成。一条指令可以只有一种指令语法，也会因为操作数、寻址方式等不同支持多种语法，这称为指令变体（Variant）。为便于表达和反汇编，有些指令还有别名（Alias），即多个助记符表达同一条指令。

在现代处理器体系结构中，指令系统从功能上分为四大类：数据处理（运算）类指令，访问主存的指令，控制程序流程的分支（转移）指令，系统控制等特殊指令。A64 指令集的主要指令如表 1-2 所示，其中未包含浮点和 SIMD 指令（分别在第 5 章和第 6 章介绍），完整的指令列表见附录 B。

表 1-2　AArch64 指令集的主要指令

指令类型	类型说明	典型指令（助记符）举例
数据处理指令	寄存器间操作，实现传送、算术运算、逻辑运算、移位和位段操作	传送：MOV，MOVK 加减：ADD{S}，SUB{S}，CMP 乘除：MUL，MADD，MSUB，UDIV，SDIV 逻辑运算：AND，ORR，EOR，MVN，TST 移位：LSL，LSR，ASR，ROR 位段操作：UXTB，UXTH，SXTB，SXTH，SXTW
存储器访问指令	从存储器载入数据或向存储器存储数据	载入：LDR、LDP 存储：STR、STP 地址生成：ADR、ADRP
流程控制指令	形成分支结构和循环结构，调用函数和返回	无条件跳转：B、BR 调用：BL、BLR 返回：RET 条件分支：B.cond，CBZ/CBNZ，TBZ/TBNZ 条件执行：CSEL 条件设置：CSET，CSETM
系统控制等指令	生成异常并返回，系统寄存器访问等	系统调用：SVC 系统寄存器访问：MRS，MSR 空操作：NOP 调试指令：BRK，HLT

2．A64 的指令编码

指令由操作码（Opcode）和操作数（Operand）组成。指令的操作码表明处理器执行的操作，如数据传送、加减运算、分支跳转等。指令的操作数是参与操作的数据，也就是各种操作的对象，主要以寄存器或地址形式指明数据的来源，所以也称为地址码。例如，数据传送指令的源地址和目的地址，加法指令的加数、被加数及和值，都是操作数。指令通常有 2 个或 3 个操作数，有些指令只有 1 个或者 4 个操作数，个别指令不需要操作数。

在计算机中，处理器指令需要采用若干二进制位按照设计规则进行编码（Encode），也称为指令代码格式（Instruction Code Format）或机器代码（Machine Code）。A64 指令集虽然采用 32 位固定长度的指令格式，有一定的位码规律，但根据操作数的类型和个数，不同指令的操作码和操作数所占用的位数和位置都不一样，编码非常复杂。这里选用一个具有一定典型性的常用指令类——支持寄存器移位（shifted register）的加减法指令（Add/subtract），作为示例说明，其指令编码如图 1-11 所示（表项中的“-”表示任意）。

31	30	29	28~24	23~22	21	20~16	15~10	9~5	4~0
sf	op	S	0 1 0 1 1	shift	0	Rm	imm6	Rn	Rd

sf	op	S	shift	imm6	指令说明
-	-	-	11	-	未分配
0	-	-	-	1xxxxx	未分配
0	0	0	-	-	32 位 ADD（移位寄存器）指令
0	0	1	-	-	32 位 ADDS（移位寄存器）指令
0	1	0	-	-	32 位 SUB（移位寄存器）指令
0	1	1	-	-	32 位 SUBS（移位寄存器）指令
1	0	0	-	-	64 位 ADD（移位寄存器）指令
1	0	1	-	-	64 位 ADDS（移位寄存器）指令
1	1	0	-	-	64 位 SUB（移位寄存器）指令
1	1	1	-	-	64 位 SUBS（移位寄存器）指令

图 1-11　加减法（移位寄存器）的指令编码

支持对寄存器移位操作的加减法指令类编码中，高 11 位部分（位 31～21）属于操作码，低 21 位部分（位 20～0）属于操作数，操作数是 3 个通用寄存器，用 Rm、Rn 和 Rd 表示。每个通用寄存器操作数均由 5 位字段编码，可以从 0～30 数值中选择 31 个之一的通用寄存器（数值 31 用于特殊情况）。

在操作码部分中，最高位 sf 区别 32 位和 64 位操作。sf=0，这类指令进行 32 位加减运算，Rm、Rn 和 Rd 是 32 位通用寄存器 W0～W30；sf=1，这类指令进行 64 位加减运算，Rm、Rn 和 Rd 是 64 位通用寄存器 X0～X30。op 字段区别加法 ADD（op=0）和减法 SUB（op=1）指令。S 字段表示加减运算结果是否影响 NZCV 条件标志，S=0，表示不影响标志；S=1，表示影响标志，其指令助记符最后添加了一个“S”标识。

shift 字段有 2 位 4 个编码，支持 4 种移位操作（见第 2 章），但在这类加减指令中只支持 3 种，其中“11”编码未分配。试图执行一个未分配编码的指令将导致未定义（UNDEFINED）异常，除非另有定义的。imm6 是 6 位立即数字段，表示移位操作进行移位的次数（位数），64 位操作数可以进行 0～63 次移位，32 位操作（sf=0）仅能进行 0～31 次移位，其最高位为“1”时没有意义，也是没有分配的指令编码。

3．A64 的指令格式

汇编语言描述指令时，操作码通常使用表达指令功能的助记符，操作数通常使用寄存器名称、数据本身或者各种地址形式。绝大多数操作数需要显式指明，有些操作数隐含使用。这里以指令集中最基本的数据处理指令为例，典型的 A64 指令格式如下：

```
    opcode    Rd, Rn {, operand2}
```

其中，opcode 表示指令操作码，使用助记符表达。大部分 A64 指令采用三个操作数，即一个目的操作数和两个源操作数。Rd、Rn 和 operand2 都是操作数，其中“{}”表示可选。

Rd 表示目的寄存器，即保存数据处理结果的寄存器。在存储器读指令中，从存储器读出的数据保存入 Rd 寄存器；在存储器写指令中，Rd 寄存器的内容写入存储器。

Rn 是源操作数寄存器，保存进行数据处理的操作数。如果还有第 2 个源操作数（operand2），Rn 就是保存第 1 个源操作数的寄存器。

operand2 是指第 2 个源操作数，可以是立即数、寄存器、存储单元，并具有多种寻址方式（见第 2 章）。

以加减法（移位寄存器）指令类为示例，若干简单指令如下：

```
add     x0, x1, x2            // 对 X1 和 X2 寄存器保存的数据做加法，和值保存入 X0
// 即该指令的功能是 64 位加法：X0 = X1 + X2
// 对照图 1-11，该指令的 32 位编码（机器码）是：100 01011 00 0 00010 000000 00001 00000
// 若使用十六进制表达，则是：0x8B020020
add     w5, w3, w4            // 指令功能是 32 位加法：W5 = W3 + W4
sub     x6, x7, x8            // 指令功能是 64 位减法：X6 = X7 - X8
subs    w9, w11, w12          // 指令功能是 32 位减法：W9 = W11 - W12，更新 NZCV 标志
```

在 ARM 汇编语言中，指令助记符、寄存器名可以全是大写或者全是小写，但不能大小写混用。

本书中介绍指令时，助记符、寄存器名等主要采用大写字母，以示强调；而在汇编语言源程序中，为方便输入和阅读，助记符、寄存器名等主要采用小写字母。

1.3.2 汇编语言程序

不同厂商的汇编程序具有不同的语法。但在多数情况下，汇编语言指令的助记符相同，只是指示符、定义、标号和注释语法不同。本书使用 GNU ARM 汇编程序 AS 的语法，应用于 GCC 开发工具套件中。本节介绍最常用的内容，详细资料参考文献（Using as）。

1. GNU 汇编语言的语句格式

源程序由一条条语句组成，每条汇编语言语句的通用格式如下：

```
标号:     指令|指示符|伪指令                              // 注释
```

英文形式表达则是

```
label:    instruction|directive|pseudo-instruction       // comment
```

其中，“|”表达“或者”，即多个之一。

（1）标号（Label）

一个语句行的开始可以有标号，以“:”结尾，与其他部分在同一行或前一行，是代表指令或数据所在位置（即地址）的符号（Symbol）。

标号是符合汇编程序语法的用户自定义的标识符（Identifier），由英文字母（A～Z、a～z）、数字（0～9）和 3 个字符（“_”“.”和“$”）组成。标识符在其范围内必须唯一，区别英文字母的大小写（即标号是大小写敏感的）。标号除了用于定义局部标号，不能以数字开头，也不能与指令助记符、寄存器名、汇编程序预定义的符号等相同。

用户自定义标识符时应尽量具有描述性，便于理解和记忆。例如，msg、next、again、dvar、var4 都是合法的标号。而 4var 以数字开头，ADD、SUB、MOV 是指令助记符，.data、.global、.word 是汇编程序的指示符，这些都不能作为用户标号。

GNU 汇编语言的标号使用“:”结尾，不要求必须起始于该行的第一列，这与 UAL 语法要求 ASM 标识符必须顶格书写不同。

（2）指令（Instruction）、指示符（Directive）和伪指令（Pseudo-instruction）

这里的指令是 ARM 处理器指令，指示符是控制汇编程序如何进行语句翻译（即汇编）的命令，也称为伪操作（Pseudo-ops）。在 ARM 处理器的汇编语言中，伪指令形式上像指令，但

可能产生处理器指令，也可能生成汇编程序的指示符。因此，可以说有两种类型的汇编语言语句：处理器指令语句、汇编程序指示符语句。而在其他处理器的汇编语言中，通常会把指示符也称为伪指令。

例如，常用的 ARM 处理器传输指令 MOV，类似高级语言的赋值语句：

```
        mov     x15, x16            // 将寄存器 X16 内容传送给 X15，即 X15 = X16
        mov     x0, 0               // 将数值 0 传送给寄存器 X0，即 X0 = 0
```

再如，GNU 汇编程序使用指示符.STRING 定义结尾自动添加“0”的字符串，类似高级语言的变量声明语句：

```
msg:    .string   "Hello, ARMv8!\n"     // 定义字符串（以 0 结尾）
```

其中，msg 就是标号，相当于一个变量名，代表这个字符串在存储器中的起始地址。

指令、指示符和伪指令都使用助记符表示功能，后跟若干操作对象。对指令来说，操作对象就是操作数；对指示符来说，操作对象可以是变量初值、属性值、标号等。指示符均以“.”开头，其助记符不能大小写混用，只能全为大写或全为小写（像指令助记符和寄存器名一样），但 GNU 汇编程序没有要求指令、指示符和伪指令在语句行中缩进书写。

（3）注释（Comment）

注释是对语句、源程序的说明，以方便自己和别人阅读。GNU 汇编语言可以采用“/*　*/”形式括起注释（与 C 语言一样）。针对 AArch64 汇编语言程序，注释还可以以“//”开始（32 位 ARM 汇编语言使用@）。

通常，一个汇编语言语句占用一行，但标号可以单独占一行，还可以使用“\”表示下一行内容与当前行内容是同一个语句。另外，多个操作对象通常使用“,”分隔，助记符与操作对象之间至少需要一个空格或制表符分隔，语句的三部分之间也可以添加空格或制表符，以便阅读。注意，这里的“,”等分隔符都是英文符号，不要误用为中文符号。

汇编语言程序通常一条语句（指令）占一行，表达一个简单的操作；相对结构化的高级语言，其逻辑结构不够明晰、可读性略差。为此，各语句的标号、指令、注释尽量对齐，做到整齐美观；为区别不同功能的程序片段（模块），可以适当添加空行；在语句后添加注释，说明指令作用或程序片段功能，以防遗忘，从而提高汇编语言程序的可读性。

注：为节省篇幅，本书程序在不影响阅读理解的前提下，排版比较紧凑，没有多余空白行。

2．GNU 汇编语言的常量表达

常量是一个确定的数值，在汇编语言程序中有多种表达形式。

（1）常数

这里的常数是指十进制、十六进制和二进制等表达的整型数值，如表 1-3 所示。其中，二进制数和十六进制数分别以 0B（0b）和 0X（0x）开头，字母大小写均可，十六进制使用字母 A～F（a～f）字母依次表示十进制 10～15。注意，十进制数不要以 0 开头，以免被误认为八进制数。

ARM 指令中的数值操作数称为立即数，ARM 汇编语言通常在常数前使用“#”表达。但是，A64 汇编语言并没有要求立即数前必须有“#”字符，所以加或者不加“#”字符均可。

本书中，为了方便表达，立即数前不加“#”字符，但反汇编代码的立即数前常带有“#”字符。

表 1-3 各种进制的整型常数表达

数据进制	表达规则	常数示例
十进制	由 0～9 数字组成，以非 0 数字开头	255
十六进制	由 0～9 数字、A～F（a～f）字母组成，以 0X（0x）开头	0X64，0xff
二进制	由 0、1 两个数字组成，以 0B（b）开头	0B01100100，0b11111111
八进制	由 0～7 数字组成，以数字 0 开头	0144，0377

（2）字符和字符串

单个字符可以使用“'”括起一个字符表达，字符常量对应该字符的 ASCII 值。例如，'A'表达大写字母 A，'a'表达小写字母 a，对应的 ASCII 值分别是 0x41 和 0x61。

字符串是使用“"”括起来的单个或多个字符，其数值是每个字符对应的 ASCII 值。特殊字符可以使用转义符“\”。常用的特殊字符有\b、\t、\n、\r，依次表示退格符、制表符、换行符、回车符，对应的 ACSII 值依次是 0x08、0x09、0x0A、0x0D。例如：

```
        .byte    74, 0x4A, 0X4a, 0112, 0b01001010, 'J'      // 本语句的每个常量具有相同的数值
        .ascii   "Together for a Shared Future!"            // 字符串
```

（3）符号常量

使用“.EQU”（或“.SET”）指示符把一个数值用符号表达，即定义某标识符为一个数值，语句如下：

```
        .equ     标识符，数值表达式
```

也可以使用“=”指示符定义符号常量，格式为

```
        标识符 = 数值表达式
```

例如：

```
        .equ     NULL, 0                                // 使用 NULL 表示数值 0
        null = 0                                        // 使用 null 表示数值 0
```

（4）数值表达式

数值表达式是使用运算符连接各种常量所构成的算式。常用的运算符有+（加）、-（减）、*（乘）、/（除）、%（取余数）等。前置运算符有：-（负）、~（位反）。汇编程序在汇编过程中计算表达式，最终得到一个数值。因此，表达式中的各种常量必须在汇编时就已经具有确定的数值。例如，汇编语言程序经常使用如下方式计算字符串长度：

```
msg:    .string    "Hello, ARMv8!\n"                    // 定义字符串（以 0 结尾）
        len = .-msg                                     // 符号常量 len 定义为字符串长度
```

此处的“.”是汇编程序预定义符号，代表当前地址；msg 具有地址属性，表达该字符串变量的首地址；紧跟着字符串定义语句，表达式“.-msg”就是当前地址减去 msg 标号所在的地址的差值，一个字符占用一个存储单元，所以就是该字符串的长度（字符个数）。常量定义语句又将字符串长度定义为符号常量 len。

3．GNU 汇编语言的主要指示符

汇编语言程序的主体是使用处理器指令语句编写的代码部分，同时需要使用汇编程序指示符声明区段、定义变量、告知汇编程序如何翻译指令语句等，形成完整的汇编语言源程序。

尽管有很多相同或相似的指示符，但每种处理器体系结构都有其汇编语言和汇编程序。GNU ARM 汇编程序支持大部分处理器指令系统，为了尽量接近原体系结构的汇编语言，AS 汇编程序维持很多指示符，有些具有不同的名称。但汇编语言程序员并不需要掌握所有的指示

符，下面介绍本书涉及的主要指示符（详见附录 C）。GNU ARM 汇编程序的指示符均以“.”开头，有若干类。

...
栈（Stack）
堆（Heap）
非初始化的数据 .BSS
只读数据 .RODATA
初始化的数据 .DATA
程序代码 .TEXT
...

0x0

图 1-12　程序的典型存储器布局

（1）区段定义指示符

区段（Section）是一段具有相关性的代码或数据所在的地址空间（区域），也称为段（Segment），如处理器指令序列所在的代码区（也称为文本区），可读可写的变量等所在的数据区等。图 1-12 是一个程序在存储器中的典型布局，其中堆（Heap）是程序运行时动态分配的空间，栈（Stack）用于函数调用、返回地址和局部变量等。

GNU ARM 汇编程序常用如下 3 种区段指示符：

```
.text        // 定义一个可执行、只读的代码（文本）区段
.data        // 定义一个可读可写的数据区段，
.bss         // 定义一个可读可写、但未初始化的数据区段
```

其中，“.TEXT”指示处理器指令组成的代码区域。“.DATA”指示一个可读可写的数据区，在此区段声明的变量，可以有初值，存在于可执行文件中。而“.BSS”指示的可读可写数据区只能声明无初值的变量，并不存在于可执行文件中，只在程序执行时开辟存储空间。另外，“.RODATA”指示一个只读的数据区，“.TEXT”指示的代码区也可以存放只读的变量。程序员还可以使用区段指示符“.SECTION”自定义区段，如下所示：

```
.section      区段名，"标志"
```

其中，区段名是以小数点开头的用户标识符，可选的标志说明该区段的属性。例如，标志“a”“w”和“x”依次表示可分配区段、可写区段和可执行区段。

（2）标号属性指示符

标号在定义时具有地址和类型属性，有时还需要声明具有一些特殊属性。

```
.global      标号                 // 声明函数名或变量名为全局标号，使其允许外部模块调用
.extern      标号                 // 声明函数名或变量名来自外部模块，需要在本模块中使用
```

“.GLOBAL”也可以拼写为“.GLOBL”，以兼容其他汇编程序。同样，为兼容其他汇编程序，AS 支持“.EXTERN”指示符，但实际上忽略该语句；因为 AS 把所有没有在本程序模块定义的符号都作为外部符号。

类型声明“.TPYE”指示符用于强调标识符的对象或函数属性，如下所示：

```
.type        标识符，@object       // 类型声明：该标识符是一个数据对象
.type        标识符，@function     // 类型声明：该标识符是一个函数名
```

（3）数据定义指示符

数据定义指示符为变量申请固定长度的存储空间，并可以进行初始化，一般格式如下：

```
变量名：   数据定义指示符   数值表达式 1，数值表达式 2，…
```

其中，“变量名”就是指示符语句的标号，表示变量值首个数据的地址，可以省略，但数据仍要占用存储空间；“数值表达式”是为变量设置的初值，多个数值用“,”分隔，依次保存在连续的存储单元中，类似数组的各元素；此时的变量相当于高级语言的数组。根据定义的数据类型，数据定义指示符有多个，如表 1-4 所示（浮点数定义指示符见第 5 章）。

注意，AS 汇编程序适用于多种处理器体系结构，因此数据定义指示符定义的数据类型会随体系结构有所不同。表 1-4 给出的是 64 位 ARM（AArch64）体系结构的数据类型。而在多

表 1-4 数据定义指示符（AArch64）

指示符	数据类型	变量定义功能
.BYTE	8 位，1 字节	字节单元，每个数据是 8 位、字节量
.HWORD | .SHORT	16 位，2 字节	半字单元，每个数据是 16 位、半字量
.WORD | .INT	32 位，4 字节	字单元，每个数据是 32 位、字量
.XWORD | .DWORD | .LONG | .QUAD	64 位，8 字节	双字单元，每个数据是 64 位、双字量
.OCTA	128 位，16 字节	4 字单元，每个数据是 128 位、4 字量
.ASCII	字符串	字节单元，每个数据是 8 位字符
.STRING | .ASCIZ	字符串	字节单元，每个数据是 8 位字符，结尾添加 0

数 32 位处理器体系结构中，“.LONG”可能与“.WORD”和“.INT”相同，都是 32 位数据。再如，在 16 位处理器体系结构中，“.WORD”可能定义的是 16 位数据，与“.SHORT”作用相同。

另外，指示符“.SPACE”分配一个连续的存储空间，每个存储单元具有相同的初值，格式如下：

```
变量名:    .space        存储单元数, 数值表达式
```

其中，“数值表达式”可以省略，表示变量值默认为 0。例如：

```
        .space        100, 1                  // 分配 100 个字节存储单元，变量值都是 1
        .space        100                     // 分配 100 个字节存储单元，变量值都是 0
```

（4）地址对齐指示符

由于 ARM 处理器大多数情况下都要求对齐地址边界操作，因此经常需要使用地址对齐指示符“.ALIGN”，以保证数据和代码对齐了适合的地址边界。常用的形式如下：

```
        .align        数值表达式
```

其中，数值表达式（如为 n）表示对齐地址的二进制低 n 位为 0，也就是 2 幂次方（即 2^n）字节边界。例如，数值表达式为 1、2、3、4 依次表示地址对齐于 2（2^1）、4（2^2）、8（2^3）、16（2^4）字节边界。汇编程序使用 0 或者 NOP 指令填充无用的存储单元。

在 Linux 平台，大多数 AArch64 存储器访问没有要求必须对齐边界地址，但对齐了地址边界，处理器硬件执行的速度更快、性能更高。

4．信息显示程序（C 语言）

语言的学习离不开阅读程序代码。汇编语言的学习，可以借鉴 C 语言程序生成的汇编语言代码。通过汇编语言程序与 C 语言程序的对比，我们既可以了解处理器的工作原理，又可以深入理解高级语言的本质。

【例 1-1】 经典的 C 语言信息显示程序（e101_hello.c）。

```
#include <stdio.h>
int main()
{
   printf("Hello, world!\n");
   return 0;
}
```

使用 GCC 编译 C 语言程序可以选择生成汇编语言代码文件（详见后面的开发过程），内容如下所示（不同 GCC 版本生成的代码会略有不同），其中每个语句后的中文注释是本书所添加，用于解释语句的功能。

```
        .arch     armv8-a                          // 指示采用 ARMv8-A 体系结构
        .file     "e101_hello.c"                   // 指示源程序文件名
        .text                                      // 代码区
        .section .rodata                           // 只读数据区
        .align    3                                // 8 字节地址对齐
.LC0:   .string   "Hello, world!"                  // 定义字符串，编译器取名为.LC0
        .text                                      // 代码区
        .align    2                                // 4 字节地址对齐
        .global   main                             // 定义 main 为全局标号
        .type     main, %function                  // 指示 main 为函数
main:                                              // 主函数
.LFB0:                                             // 编译器添加的标号
        .cfi_startproc                             // 指示函数开始，用于初始化一些内部数据结构
        stp       x29, x30, [sp, -16]!             // 存储寄存器对指令：保存 X29 和 X30 寄存器
        .cfi_def_cfa_offset    16                  // 指示修改调用帧的偏移量（16）
        .cfi_offset            29, -16             // 指示原 X29 寄存器内容保存于偏移量（-16）位置
        .cfi_offset            30, -8              // 指示原 X30 寄存器内容保存于偏移量（-8）位置
        add       x29, sp, 0                       // 加法指令：X29 = SP+0，实现赋值功能（MOV  X29, SP）
        .cfi_def_cfa_register  29                  // 指示寄存器 X29 替代 SP 作用
        adrp      x0, .LC0                         // 获取地址指令：X0 = 标号.LC0 高 21 位地址（低 12 位为 0）
        add       x0, x0, :lo12:.LC0               // 加法指令：X0 = X0 + 标号.LC0 低 12 位地址
        bl        puts                             // 调用指令：调用 C 语言函数 puts
        mov       w0, 0                            // 传送指令：W0 = 0（作为函数返回值）
        ldp       x29, x30, [sp], 16               // 载入寄存器对指令：恢复 X29 和 X30 寄存器
        .cfi_restore           30                  // 指示恢复 X30 寄存器的原来作用
        .cfi_restore           29                  // 指示恢复 X29 寄存器的原来作用
        .cfi_def_cfa           31, 0               // 指示从 SP（编码为 31）取得地址
        ret                                        // 返回指令：函数返回
        .cfi_endproc                               // 指示函数结束
.LFE0:                                             // 编译器添加的标号
        .size     main, .-main                     // 设置 main 具有 main 函数的指令字节数
        .ident    "GCC: (GNU) 7.3.0"               // 给出注释信息，表明 GCC 版本
        .section .note.GNU-stack, "", @progbits          // 指示这是包含数据的 GNU 栈区
```

目前，通过注释只是可以大致了解这段汇编语言代码的含义（后续章节逐渐详细展开）。可以看到，C 语言主函数调用 printf()函数显示信息，编译器进行了代码优化，其生成的处理器指令语句直接通过调用 puts()函数进行字符串显示。主函数返回值通过 W0 寄存器返回 0 值。由于涉及函数调用，汇编语言代码中有多个调用帧信息（Call Frame Information，CFI）指示符，说明对函数栈的调用帧地址（Call Frame Address，CFA）如何进行修改，主要用于调试程序跟踪调用过程。

5．信息显示程序（汇编语言）

结合 C 语言程序生成的汇编语言程序，可以剔除调试用指示符等多余语句，形成一个比较简单的 64 位 ARM 汇编语言程序。

【例 1-2】 使用 C 语言函数的汇编语言信息显示程序（e102_hello.s）。

```
        .data                                      // 数据区
msg:    .string   "Hello, ARMv8!\n"                // 定义字符串（以 0 结尾）
```

```
        .text                               // 代码区
        .global main                        // 主函数
main:   stp     x29, x30, [sp, -16]!        // 保护寄存器 X29 和 X30
        adr     x0, msg                     // 获取字符串地址
        bl      printf                      // 调用 C 语言函数 printf 显示
        mov     x0, 0                       // 返回值
        ldp     x29, x30, [sp], 16          // 恢复寄存器 X29 和 X30
        ret                                 // 主函数返回
```

目标文件至少有 3 个区段，即 TEXT、DATA 和 BSS 区。汇编语言程序通常需要至少两部分：代码区和数据区，分别用指示符“.TEXT”和“.DATA”进行区段定义。在代码区编写程序，汇编后形成指令代码序列；在数据区声明使用的数据，还可以提供初始值或常量，汇编后预留存储空间（初值）。开发系统通常还为程序预留了系统堆栈区，设置了栈指针。数据也可以定义在“.TEXT”区，但是代码区中的数据只能读取、不能写入。

汇编语言程序可以像 C 语言程序一样使用 main()函数作为入口函数，main()函数开始就是程序执行的第一条指令。需要了解的是，由于_start 函数已被定义，因此使用 GCC 对汇编语言程序进行汇编（及自动连接）时，不能使用_start 作为入口函数。如果先使用 AS 进行汇编，然后使用连接程序 LD 进行连接时，则入口函数应使用_start 名称，否则连接时将提示找不到起始执行的入口位置。

函数最后执行“RET”返回指令，程序流程返回到调用程序。入口主函数执行完成，也就意味着程序终止执行，将控制权返回操作系统。

汇编语言程序可以使用“.END”汇编结束指示符表示汇编语言源程序代码到此结束，之后的任何内容不再进行汇编。也可以没有汇编结束指示符，则源程序文件结束于一个新行。

这个信息显示程序的主要功能就是调用 printf()函数实现字符串输出（在中文 Linux 平台，printf()函数也支持输出中文字符串）。教学程序一般较小，可以使用 ADR 指令直接获取标号的地址（替代 ADRP 和 ADD 两条指令）。

如果剔除数据区字符串定义语句和代码区主函数中获取字符串地址、调用函数的两条指令，就是一个简单的汇编语言程序框架。后续章节将主要基于这个程序框架文件（e000.s）编写汇编语言程序，读者也可以使用这个程序框架文件编写自己的汇编语言程序。

```
                                            // A64 汇编语言源程序框架
        .data                               // 数据区
        …                                   // 数据定义
        .text                               // 代码区
        .global main                        // 主函数
main:   stp     x29, x30, [sp, -16]!        // 保护寄存器 X29 和 X30
        …                                   // 汇编语言指令
        mov     x0, 0                       // 返回值
        ldp     x29, x30, [sp], 16          // 恢复寄存器 X29 和 X30
        ret                                 // 主函数返回
```

初学汇编语言程序，为聚焦重点内容，本程序框架尽量进行了代码简化。若考虑地址对齐，可在数据区添加“.align 3”语句让变量起始于 8 字节地址，在代码区添加“.align 2”语句让指令对齐 4 字节地址边界。还可以用标号属性指示符“.type main, %function”强调 main 为函数。

1.3.3 汇编语言开发

在 Linux 平台，通常都已经安装好了 GCC 开发工具包，本书使用的程序主要有编译程序 GCC、汇编程序 AS、连接程序 LD、调试程序 GDB 和反汇编程序 OBJDUMP 等。

1. C 语言程序的开发过程

使用 GCC 开发 C 语言程序，使用如下简单的命令即可：

```
gcc -o e101_hello  e101_hello.c
```

其中，选项参数“-o”（小写字母）给出生成的文件名。但实际上，GCC 开发过程需要经过预处理、编译、汇编和连接 4 个步骤（阶段）。这些步骤虽然都可以通过其编译程序 GCC 启动，但实际上用到了多个程序文件，如图 1-13 所示。

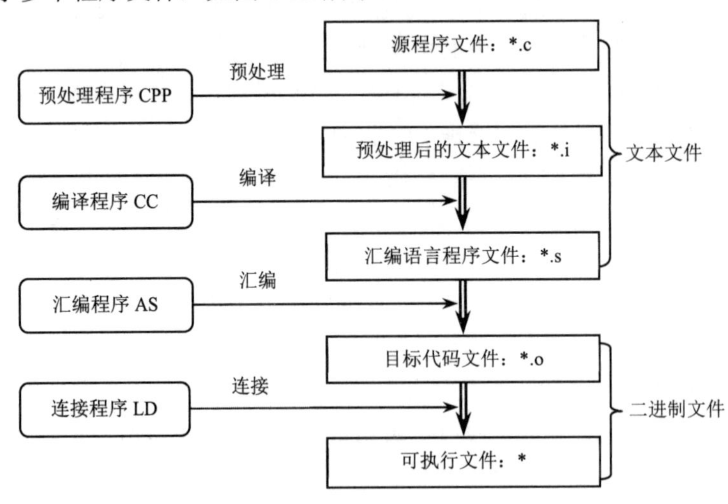

图 1-13　C 语言程序的开发过程

（1）预处理（预编译，Preprocessing）

GCC 的预处理步骤使用 CPP 文件，处理源程序文件（*.c）中以“#”开头的语句（如#include 等），生成预处理后的文本文件（*.i）。

如果使用 GCC 仅进行预处理，需添加选项参数“-E”（大写字母），命令如下：

```
gcc -E -o  e101_hello.i  e101_hello.c
```

其中，参数“-E”表示仅进行预处理、生成预处理后的文本文件（*.i），不进行编译、汇编和连接。

预处理实际上是调用 CPP 文件实现的，所以也可以输入如下命令：

```
cpp -o  e101_hello.i  e101_hello.c
```

（2）编译（Compilation）

GCC 的编译步骤使用 CC 文件，将预处理后的文本文件（*.i）翻译成汇编语言程序（*.s）。命令如下：

```
gcc -S  e101_hello.i
```

其中，选项参数“-S”（大写字母）表示进行编译，生成汇编语言程序（*.s），但不进行汇编和连接。也可以直接针对源程序文件，将预处理和编译步骤一并进行，命令如下：

```
gcc -S  e101_hello.c
```

编译阶段默认生成与源程序文件名相同的汇编语言程序文件，也可以使用参数“-o”指定一个文件名。

（3）汇编（Assembly）

GCC 的汇编步骤使用 AS 文件，将汇编语言程序（*.s）翻译为目标代码文件（*.o）。针对汇编语言程序文件进行汇编的命令如下：

```
gcc -c  e101_hello.s
```

也可以针对预处理文件或者源程序文件进行汇编，命令分别是：

```
gcc -c  e101_hello.i
gcc -c  e101_hello.c
```

选项参数“-c”（小写字母）表示进行（预处理、）编译和汇编，生成目标代码的模块文件（*.o），但不进行连接。默认生成的目标代码主文件名与源程序主文件名相同（扩展名不同）。

汇编步骤需要调用 AS 汇编程序实现，因此也可以直接进行汇编，命令如下：

```
as -o  e101_hello.o  e101_hello.s
```

（4）连接（Linking）

GCC 的连接步骤使用 LD 文件，组合目标代码文件（*.o）和需要的库文件代码等生成操作系统规定格式的可执行文件（Windows 操作系统默认使用扩展名 .exe，UNIX/Linux 操作系统的可执行文件可以没有扩展名）。命令如下：

```
gcc -o  e101_hello  e101_hello.o
```

也可以直接对汇编语言程序、预处理文件和 C 语言源程序文件进行，命令分别如下：

```
gcc -o  e101_hello  e101_hello.s
gcc -o  e101_hello  e101_hello.i
gcc -o  e101_hello  e101_hello.c
```

连接程序 LD 默认标号“_start”是程序起始位置，所以如果使用 LD 进行连接操作，就需要使用“-e main”参数修改程序起始标号为“main”。另外，程序中使用了 C 语言函数，还需要指明动态连接库位置（与系统有关）等，参数较多、较长，不如直接使用 GCC 方便。

生成可执行文件后，在 Linux 平台输入文件名就可以执行，命令如下：

```
./e101_hello
```

2．GCC 常用命令行选项

GCC 实际上是一个驱动程序，调用一系列其他程序完成预处理、编译、汇编和连接工作。除了需要编译的文件名，GCC 还有众多的选项参数。各选项用“-”开始、后跟一个或多个字母或数字，各选项的顺序一般关系不大，但需要区别字母大小写。

GCC 命令行选项非常多，其中整体选项（如-o、-c、-E 等）控制文件输出，其他选项则将参数传递给各处理步骤（阶段）、控制各种语言的选项，以及用于代码优化、调试信息等的选项。表 1-5 列出了本书主要涉及的、也是常用的选项参数。

了解 GCC 支持的选项参数，可以与其他 Linux 命令一样，使用“--help”获得参数信息，命令如下（注意是两个短划线）：

```
gcc --help
```

3．使用 GCC 开发汇编语言程序

将汇编语言程序开发为可执行文件，需要两个步骤：汇编和连接。使用 GCC 可以依次自动进行汇编和连接，并生成可执行文件，命令如下：

```
gcc -o  e102_hello  e102_hello.s
```

表 1-5　常用 GCC 选项参数

选项参数	功　能
-o 文件名	定义输出的文件
-E	预处理后停止，不进行编译
-S	编译后停止，不进行汇编
-c	编译或汇编源程序后停止，不进行连接
-O 或-O1	基础优化：减少代码量和执行时间的优化，不进行需要大量编译时间的优化
-O2	高级优化：执行除需要平衡代码量和执行时间外几乎所有支持的优化
-O3	高级优化：做进一步优化，包含专门的优化技术
-g	生成操作系统固有格式的调试信息
-Wa, 参数	将参数传递给汇编程序（多个参数用“,”分隔）

学习汇编语言，可以借鉴 GCC 编译 C 语言程序生成的汇编语言代码，还可以添加“-O”等优化参数研读优化的汇编语言代码，命令如下：

```
gcc -O -S -o e101_hello1.S e101_hello.c
```

GCC 默认生成与 C 语言源程序文件名相同的汇编语言程序文件名（e101_hello.s），扩展名是“.s”。本书在这里给定了汇编语言程序文件名（e101_hello1.S）并使用“.S”，目的是区别用户直接使用汇编语言编写的源程序文件。事实上，Linux 核心由 C 语言和汇编语言代码组成，为了让定义的常量可以用于两种语言，Linux 核心的汇编语言代码均在“.S”文件中，并包含了各种 C 语言的头文件。注意这个扩展名是“.S”，因为使用 GCC 进行编译，可以预处理所有 C 语言的#include 和#define 指示符，再汇编使用汇编语言的代码和指示符。而使用“.s”表达扩展名的文件则是纯汇编语言代码，GCC 不会先进行预处理。所以，利用“.S”作为汇编语言程序文件的扩展名，使得汇编语言程序可以使用 C 语言的预处理命令。

现代的编译程序通常都具有优化能力，GCC 提供了 3 个级别的优化。GCC 默认不进行优化，使用优化参数则做相应级别的优化，见表 1-5（注意，优化参数是大写字母 O，不是数字 0）。GCC 的优化编译对多数程序都是非常有效的，但是有些优化措施并不一定完全实现或者实现得非常理想。所以，仍然可以利用汇编语言及其优化技巧修改编译程序生成的汇编代码，进一步提高程序性能。

对 GCC 编译生成的汇编语言代码文件，GCC 允许编辑修改形成新的汇编语言程序文件，并继续进行汇编和连接生成可执行文件。

4．使用 AS 开发汇编语言程序

AS 是 GCC 软件开发工具包中的汇编程序，用于汇编 C 语言编译程序 GCC 的输出，不会自动启动连接程序 LD。所以使用 AS 仅进行汇编操作，命令如下：

```
as -o e102_hello.o e102_hello.s
```

AS 命令行包含文件名和选项参数，按照源程序文件名从左到右的顺序依次进行汇编，其中“--”表示从标准输入设备（通常是键盘）输入一个文件进行汇编。除了连续两个连字符，与 GCC 命令行一样，任何以“-”开始后跟一个或多个字母的都是命令行选项参数（注意这些字母的大小写）。选项不区别顺序，可以在文件名前、后或者中间。有些选项需要一个文件名，按照 GNU 标准，文件名应与选项字母之间用空格分隔（但为了兼容过去的汇编程序，也可以紧跟，不用分隔）。

使用 AS 的选项“-a”进行汇编，可以同时生成列表文件（*.l），命令如下：

```
as -a=e102_hello.l -o e102_hello.o e102_hello.s
```

列表（list）文件也是一个文本文件，其中包含汇编语言程序源代码、指令的机器代码和符号信息，内容如下所示：

```
AARCH64 GAS  e102_hello.s               page 1
   1                                    .data
   2 0000 48656C6C      msg:            .string   "Hello, ARMv8!\n"
   2      6F2C2041
   2      524D7638
   2      210A00
   3                                    .text
   4                                    .global main
   5 0000 FD7BBFA9      main:           stp       x29, x30,[sp, -16]!
   6 0004 00000010                      adr       x0, msg
   7 0008 00000094                      bl        printf
   8 000c 000080D2                      mov       x0, 0
   9 0010 FD7BC1A8                      ldp       x29, x30, [sp], 16
  10 0014 C0035FD6                      ret
AARCH64 GAS  e102_hello.s               page 2
DEFINED SYMBOLS
     e102_hello.s:2                     .data:0000000000000000 msg
     e102_hello.s:5                     .text:0000000000000000 main
     e102_hello.s:5                     .text:0000000000000000 $x
UNDEFINED SYMBOLS
printf
```

列表文件分成 2 页（Page）。第 1 页左边是源程序语句行号，最右边是源程序语句，中间是偏移量和机器代码。注意，指令的机器代码是按照“低对低、高对高”小端方式存放、采用十六进制逐字节显示。字符传串依次给出了每个字符的 ASCII 值，换行符“\n”是 0x0A，最后添加有结尾符，其值是 00。第 2 页给出源程序使用的符号，其中“$x”是汇编程序添加的符号，指示指令区域起始。有时，汇编程序还添加“$d”符号，指示数据区域起始。

汇编后生成目标代码文件，需要进一步连接才能生成可执行文件。如果不用 C 语言函数（含主函数形式），就可以采用 LD 程序连接（见本章习题 1.13），否则需要使用 GCC 连接，自动将有关初始化代码、库代码等一并连接到可执行文件中：

```
gcc -o e102_hello e0102_hello.o
```

另外，使用 GCC 汇编和连接同样可以使用 Linux 功能调用，但需要使用 main 作为主程序起始执行指令的标号。而且使用 GCC 也可以生成列表文件，只要加上“-Wa,参数”选项（参数紧跟英文逗号，中间没有空格），说明将参数传递给汇编程序，命令如下：

```
gcc -Wa,-a=e102_hello.l -o e102_hello e102_hello.s
```

GNU 汇编程序 AS 支持大多数处理器体系结构，并试图兼容这些处理器的汇编程序。AS 虽面向不同的体系结构，但目标文件格式、多数指示符和汇编语言语法等类似或相同。针对不同的处理器体系结构，GCC 和 AS 则有专门的选项参数。例如，针对 AArch64 体系结构，主要涉及具体的体系结构（-march）、CPU（-mcpu）、过程调用规则（-mabi）等，这些都可能影响生成的汇编语言代码。一般情况下都可以选择默认值，不需添加这些选项。

5. 反汇编

对目标代码文件或者可执行文件进行反汇编（Disassembly），即将机器代码转换为汇编语言指令代码，也是分析程序的方法之一。GCC 软件开发工具包的 OBJDUMP 程序，可以生成反汇编代码，命令如下：

```
objdump -d  e101_hello.o > e101_hello.txt
objdump -d -s  e101_hello.o > e101_hello4.txt
objdump -d  e101_hello > e101_hello5.txt
```

OBJDUMP 程序的参数“-d”表示对目标代码反汇编为指令代码，再加上“-s”参数，则表示显示所有内容，包括数据区的数据。这里使用了 Linux 平台的重定向“>”字符将反汇编代码保存于指定的文件中（否则默认只显示在屏幕上）。使用“-d”和“-s”选项对目标文件的反汇编内容如下所示：

```
e102_hello.o:  file format elf64-littleaarch64
Contents of section .text:
 0000 fd7bbfa9 00000010 00000094 000080d2  .{.............
 0010 fd7bc1a8 c0035fd6                    .{...._.
Contents of section .data:
 0000 48656c6c 6f2c2041 524d7638 210a00    Hello, ARMv8!..
Disassembly of section .text:
0000000000000000 <main>:
   0: a9bf7bfd             stp      x29, x30, [sp, #-16]!
   4: 10000000             adr      x0, 0 <main>
   8: 94000000             bl       0 <printf>
   c: d2800000             mov      x0, #0x0                  // #0
  10: a8c17bfd             ldp      x29, x30, [sp], #16
  14: d65f03c0             ret
```

前面部分按照从低地址到高地址顺序，采用十六进制显示逐字节的内容（Content），每 4 字节为一组（对应一条指令）。后面是 TEXT 区的反汇编代码，最左侧是偏移量，中间是指令的机器代码，后面则是汇编语言指令。注意，这里的 4 字节机器代码是按照一个 32 位数据进行显示的，与内容部分按小端方式逐字节显示的顺序不同。例如，第一条 STP 指令按小端方式的字节顺序是 FD 7B BF A9，而作为 32 位编码则是 A9BF7BFD。

小 结

本章从学习汇编语言需要熟悉的基础知识入手，逐渐展开 64 位 ARM 编程结构，并在基于 ARMv8 处理器的 64 位 Linux 操作系统平台编写出了第一个汇编语言程序。

程序设计需要编程实践，推崇“汇编、汇编，一定会编”的学习精神。希望读者熟悉开发过程，灵活运用各种工具软件，通过汇编语言更好地理解 64 位 ARM 处理器的工作原理，践行“汇编语言在底层但不低级”的理念。

习 题 1

1.1 对错判断题。

（1）AArch64 是 ARMv8-A 的 64 位执行状态。

（2）A64 是 ARMv8 的 64 位指令集，采用 64 位字长编码指令。

（3）华为鲲鹏处理器基于 ARMv8 体系结构，因此支持 ARMv8 体系结构的 A64、A32 和 T32 指令集。

（4）64 位 ARM 汇编语言指令需要使用英文冒号、逗号等标点符号进行分隔，不能使用中文标点符号。

（5）汇编语言程序中，要执行的处理器指令序列应位于代码（文本）区。

1.2　填空题。

（1）ARMv8 体系结构设计有________级特权层，称为________，其中属于非特权层的是________层，最高特权层是________层。

（2）A64 指令集支持________个________位通用寄存器，名称为________～________。另有一个零值寄存器，64 位名称是________，32 位名称是________。

（3）处理状态 PSTATE 中，有 4 个表达运算结果的辅助信息的条件标志位 N、Z、C、V，它们的含义依次是________、________、________和________标志。

（4）在典型的 A64 指令格式中，opcode 是助记符形式表达的操作码，而 Rd 表示________操作数、Rn 表示________操作数，operand2 表示________操作数。

（5）Linux 操作系统平台，汇编语言程序的文件扩展（类型）名通常是________，目标模块文件扩展（类型）名是________，可执行文件可以没有扩展名。

1.3　单项选择题。

（1）华为鲲鹏处理器基于（　　）体系结构。

A．ARMv4T　　B．ARMv7-A　　C．ARMv8-A　　D．ARMv8-R

（2）AArch64 执行状态的特点不包括（　　）。

A．具有 64 位程序计数器 PC　　B．采用 64 位 A64 指令集

C．兼容 32 位 A32 指令集和 T32 指令集　　D．支持 64 位虚拟地址

（3）AArch64 执行状态的 X30 寄存器用于（　　）。

A．程序计数器 PC（Program Counter）　　B．连接寄存器 LR（Link Register）

C．栈指针寄存器 SP（Stack Pointer）　　D．零值寄存器（Zero Register）

（4）GNU 汇编语言语句中的标号区别字母大小写，其后必须具有（　　）符号。

A．冒号（:）　　B．小数点（.）　　C．逗号（,）　　D．双斜线（//）

（5）（　　）文件的性质属于文本文件。

A．可执行　　B．列表　　C．目标代码　　D．系统库

1.4　简答题。

（1）CISC 和 RISC 的英文原文、中文含义分别各是什么？

（2）什么是通用寄存器、专用寄存器和系统寄存器？

（3）主存地址空间采用字节编址是什么含义？

（4）为什么 ARMv8 体系结构将统一的地址空间分成常规和设备两种互斥的存储器类型？

（5）汇编语言语句主要有哪两种类型、区别是什么？

1.5　解释如下概念：处理器指令、助记符、汇编语言、汇编语言程序和汇编程序。

1.6　什么是多字节数据存储的小端方式和大端方式？假设数据区定义了一个变量：

```
var:     .word  0x12345678
```

若 ARM 处理器采用小端方式保存，请以字节为单位按照地址从低到高的顺序，写出每个存储单元

保存的数据。若处理器采用大端方式保存数据，同样写出各个字节数据。

1.7 什么是N($N=2^1,2^2,2^3,2^4,\cdots$)字节数据的对齐地址边界？地址边界对齐的优势是什么？不对齐地址边界的特点是什么？

1.8 如下7个语句中，与语句1功能完全相同的还有哪几个语句？

```
msg:    .string     "Hello!\n"          // 语句1
msg:    .asciz      "Hello!\n"          // 语句2
msg:    .ascii      "Hello!\n"          // 语句3
msg:    .ascii      "Hello!\n\0"        // 语句4
msg:    .ascii      "Hello!\n0"         // 语句5
msg:    .ascii      "Hello!\n", 0       // 语句6
msg:    .ascii      "Hello!\n", "0"     // 语句7
```

1.9 已知单词Assembly包含8个字符，请给出如下常量（len、count等）的数值。

```
msg1:   .ascii "Assembly"
        len1 =.-msg1                    // （1）len1=______
msg2:   .ascii "Assembly\n"
        len1a = msg2-msg1               // （2）len1a=______
        len2 = .-msg2                   // （3）len2=______
        len2a = .-msg1                  // （4）len2a=______
msg3:   .asciz "Assembly"
        len3 = .-msg3                   // （5）len3=______
msg4:   .asciz "Assembly\n"
        len4 = .-msg4                   // （6）len4=______
var5:   .byte 1,2,3,4,5,6,7,8,9,0
        len5 = .-var5                   // （7）len5=______
        count5 = (.-var5)/1             // （8）count5=______
var6:   .hword 1,2,3,4,5,6,7,8,9,0
        len6 = .-var6                   // （9）len6=______
        count6 = (.-var6)/2             // （10）count6=______
var7:   .word 1,2,3,4,5,6,7,8,9,0
        len7 = .-var7                   // （11）len7=______
        count7 = (.-var7)/4             // （12）count7=______
var8:   .xword 1,2,3,4,5,6,7,8,9,0
        len8 = .-var8                   // （13）len8=______
        count8 = (.-var8)/8             // （14）count8=______
```

1.10 将如下C语言程序的全局变量对应使用ARM64汇编语言实现。

```
        long  xvar = 1234567890;
        int  wvar = 12345678;
        short  hvar = 1234;
        char  bvar = 12;
```

1.11 将如下C语言程序的全局变量对应使用ARM64汇编语言实现。

```
        int  array[] = {1,2,3,4,5,6,7,8};
        char  msg[] = "Let's have a try.\n";
        char  abc[] ={'A','B','C','x','y','z',0};
```

1.12 在实验环境中，编辑本章C语言和汇编语言的信息显示程序，并按1.3.3节所述操作方法生成各种文件（包括目标文件、列表文件和反汇编文件等），熟悉采用GCC进行高级语言和汇编语言的开发过程。将在实践过程中遇到的问题、发现的现象或个人的体会进行简单总结。

1.13 如下是采用 Linux 系统功能调用实现的信息显示汇编语言程序（e151_hello.s），请在实验环境中编辑该程序并进行汇编和连接，生成可执行文件。采用 AS 汇编和 LD 连接的命令是：

```
as -o e151_hello.o e151_hello.s
ld -o e151_hello e151_hello.o
```

如果采用 GCC 进行汇编和连接，需要将源程序中的起始标号“_start”更改为“main”。GCC 还会将有关初始化代码（本程序并不需要）一并加入可执行文件中。如果改为“main”后，仍使用 LD 连接，加上“-e main”参数即可。

```
            .data                              // 数据区
msg:        .ascii    "Hello, ARMv8!\n"        // 定义字符串
            len = .-msg                        // 计算字符串长度，等价给 len 符号
            .text                              // 代码区
            .global _start
_start:     mov       x0, 0                    // X0 = 第 1 个参数（输出设备，0 表示标准输出、即显示器）
            adr       x1, msg                  // X1 = 第 2 个参数（字符串首地址）
            mov       x2, len                  // X2 = 第 3 个参数（字符串长度）
            mov       x8, 64                   // X8 = Linux 系统功能（write）的调用号（64）
            svc       0                        // 调用 Linux 系统功能，显示字符串
            mov       x0, 0                    // X0 = 第 1 个参数（返回值）
            mov       x8, 93                   // X8 = Linux 系统功能（exit）的调用号（93）
            svc       0                        // 调用 Linux 系统，退出程序
```

1.14 将 1.3.1 节指令格式举例的 4 条指令编写成一个汇编语言程序(如文件名是 e152_add.s)，进行汇编，并生成列表文件和反汇编代码，对比指令 1 的机器代码是否正确；给出其他 3 条指令的机器代码，还可以与自己的判断进行比对，看是否一致。

1.15 使用数据定义指示符配合地址对齐指示符，在数据区依次定义 32 位、8 位、32 位、16 位和 32 位各 1 个共 5 个变量，编写汇编语言程序实现图 1-9(a) 地址对齐和图 1-9(b) 地址不对齐的数据结构。

1.16 假设定义一个 C 语言结构的全局变量：

```
struct align{
   int  var1 = 1;                              // 32 位整型
   char  var2 = 2;                             // 8 位字符
   int  var3 = 3;                              // 32 位整型
   short  var4 = 4;                            // 16 位短整型
   int  var5 = 5;                              // 32 位整型
} align1;
```

编译程序会让这个结构变量占用多少字节？

（1）4+1+4+2+4=15，是 15 字节吗？为什么？

（2）如果不是 15 字节，会是多少字节？为什么？

（3）如何调整这个结构中几个变量的定义顺序，使得这个结构变量仅占用 15 字节？

提示：注意变量保存于存储器的地址边界是否对齐，可以编写一个 C 语言程序实现这个数据结构，并生成汇编语言代码对比。

通过对比，你看到 C 语言程序的数据结构采用地址对齐原则了吗？对于这样的数据结构，如何定义才能既对齐边界，又节省存储空间？

第 2 章　整型数据处理

计算机最基本的数据类型是整型数据，即无符号整数和补码表达的有符号整数。本节介绍A64 指令集的数据传送、算术运算和逻辑运算、位操作等整型数据处理指令，以及整型数据的存储器访问指令。

源于 RISC 思想，ARM 处理器设计有大量通用寄存器，数据处理都在寄存器之间进行操作，指令操作数主要涉及通用寄存器和立即数，如表 2-1 所示。存储器操作数则在 2.5 节详述。

表 2-1　主要整型操作数说明

操作数符号	64 位指令形式	32 位指令形式
Rd（含 Rn、Rm 等）	64 位通用寄存器之一：X0～X30	32 位通用寄存器之一：W0～W30
SP	64 位栈指针：SP	32 位栈指针：WSP
ZR	64 位零值寄存器：XZR	32 位零值寄存器：WZR
imm	立即数，后跟立即数的位数，如 imm16 表示支持不大于 16 位的立即数	

其中，Rd 表示目标寄存器，Rn 表示第 1 个源寄存器，Rm 表示第 2 个源寄存器。寄存器 Rd、Rn 和 Rm（以及 Ra、Rt）可以是 64 位通用寄存器 X0～X30 或 32 位通用寄存器 W0～W30，零值寄存器 ZR 可以是 64 位 XZR 或 32 位 WZR，栈指针 SP 也可以是 32 位 WSP。指令使用 64 位寄存器表示进行 64 位数据处理，使用 32 位寄存器则表示进行 32 位数据处理，但不允许 64 位、32 位寄存器混用（特别说明除外）。当使用 32 位指令形式时，做源寄存器的高 32 位被忽略，做目的寄存器的高 32 位被清 0，向右的移位和循环操作从位 31 开始，条件标志也是由低 32 位运算结果设置的。

2.1　数据传送

对应高级语言最常用的赋值语句，A64 的传送（Move）类指令实现寄存器间数据传输和立即数传输给寄存器。寄存器与存储器的数据传输属于存储器访问指令。

2.1.1　寄存器传送指令

寄存器传送指令实现通用寄存器之间、通用寄存器与栈指针之间的数据传送。

1．通用寄存器传送（Move register）

通用寄存器传送指令将源寄存器 Rm 的数据传送给目的寄存器 Rd，指令格式为：

```
mov     Rd, Rm                  // Rd = Rm, 等同于逻辑或指令: orr   Rd, Zr, Rm
```

数据处理指令支持 64 位和 32 位数据操作，所以寄存器传送指令分别如下：

```
mov     Xd, Xm                  // Xd = Xm, 等同于逻辑或指令: orr   Xd, Xzr, Xm
mov     Wd, Wm                  // Wd = Wm, 等同于逻辑或指令: orr   Wd, Wzr, Wm
```

例如：

```
mov     x2, x1                  // 64 位传送: X2 = X1
mov     w4, w3                  // 32 位传送: W4 = W3
mov     x6, w5                  // 非法指令, 源操作数和目的操作数类型不一致
```

2. 栈指针传送（Move to/from SP）

除了通用寄存器，栈指针也可以作为传送指令的源和目的寄存器，格式如下：

```
mov     Rd|Sp, Rn|Sp            // Rd|Sp = Rn|Sp, 等同于加法指令: add   Rd|Sp, Rn|Sp, 0
```

其中，指令格式中的垂直线“|”表示“或者”的含义，即多个之一。如果是 32 位传送操作，那么栈指针名称是 WSP。例如：

```
mov     x29, sp                 // 64 位栈指针传送: X29 = SP
mov     wsp, w29                // 32 位栈指针传送: WSP = W29
```

实际上，助记符 MOV 并不代表真实存在的指令，而只是其他指令形式的别名（Alias）。注释中等同于的指令才是实际的指令，也就是说，这两种指令形式实际上是同一个机器代码。运用别名是为了便于阅读理解和编程应用。因为没有新增机器代码，所以节省了有限的指令编码。后续指令学习也会遇到别名的情况，必要时进行说明。

2.1.2 立即数传送指令

立即数（Immediate）是直接编码在指令机器代码中的数据（操作数），在指令执行时可以立即从机器代码中获得。立即数传送指令将立即数 imm 传送给目的寄存器 Rd。但是，由于指令编码中立即数的位数有限，即能够表达的数据范围有限，因此设计了多种立即数传送指令。

1. 立即数传送 MOV（Move bitmask Immediate）

```
mov     Rd|Sp, imm12            // Rd|Sp = imm12, 等同于指令: orr   Rd|Sp, Zr, imm12
```

立即数传送指令支持将不超过 12 位的立即数（0～4095）传送给 32 位寄存器 Wd 或 WSP，或将不超过 13 位的立即数（0～8192）传送给 64 位寄存器 Xd 或 SP。

2. 立即数移位传送 MOVZ（Move wide with Zero）

```
movz    Rd, imm16{, lsl amount}// Rd = (imm16 左移 amount 位, 其他位为 0)
```

MOVZ 指令将 16 位立即数（0～65535）左移“amount”指定的位数（可选参数，格式中使用“{}”表示），这 16 位所在位置之外的其他位均为 0，然后传送给通用寄存器。“amount”表示移位位数，默认为 0 位（可以不用书写），还可以是 16、32、48 位。但是，32 位传送指令只能将立即数左移 16 位。

当没有移位时，MOVZ 指令实现了 16 位立即数传送，此时也可以使用其别名 MOV。换句话说，MOV 指令支持 16 位立即数传送（Move wide Immediate），即

```
mov     Rd, imm                 // Rd = imm, 等同于指令: movz  Rd, imm16{, lsl amount}
```

3. 立即数保持传送 MOVK（Move wide with Keep）

```
movk    Rd, imm16{, lsl amount}// Rd = (imm16 左移 amount 位, 其他位不变)
```

立即数保持传送指令 MOVK 与 MOVZ 指令一样，可以对 16 位立即数 imm16 左移 0、16、32 和 48 位传送给目的通用寄存器，但保持目的寄存器其他位不变。同样，32 位指令只能左移 16 位。

MOVK 指令的主要作用是实现大于 16 位立即数的数据传送，见例 2-1。

4．立即数求反传送 MOVN（Move wide with NOT）

```
        movn      Rd, imm16{, lsl amount}      // Rd = (imm16 左移 amount 位求反，其他位为 1)
```

立即数求反传送指令 MOVN 对 16 位立即数左移（可选）后，将所有位求反（0 变为 1、1 变为 0），然后传送给通用寄存器。amount 同前面指令一样，64 位传送指令是 0（默认）、16、32 和 48，32 位指令只能是 16。对正数求反，就成为负数，所以 MOVN 的别名 MOV（inverted wide immediate）支持将负整数传送给通用寄存器：

```
        mov       Rd, -imm                   // Rd = -imm，等同于指令：movn  Rd, imm16{, lsl amount}
```

这是 MOVN 指令的主要作用（见例 2-1）。

综上所述，A64 指令集的传送操作似乎比较复杂，为更好地传送立即数不得不设计多种形式（见表 2-2），也反映出设计人员为减少指令编码的良苦用心。不过，编程应用中主要利用 MOV 指令实现通用寄存器（含栈指针）间传送，或将不超过 16 位的正整数和负整数传送给通用寄存器；超过 16 位的正整数传送则运用多条 MOVK 指令实现。其实，对能够传送的立即数也不用过于操心，尽管书写。如果符合要求，汇编程序会自动生成合适的指令；如果不符合要求，也会提示错误信息。还可以借用 LDR 伪指令实现 64 位数据传送（见 2.5.4 节）。

表 2-2　传送指令

指令格式		等同指令		指令功能
MOV	Rd, Rm	ORR	Rd, Zr, Rm	Rd = Rm
MOV	Rd|Sp, Rn|Sp	ADD	Rd|Sp, Rn|Sp, 0	Rd|Sp = Rn|Sp
MOV	Rd|Sp, imm12	ORR	Rd|Sp, Zr, imm12	Rd|Sp = imm12
MOV	Rd, imm	MOVZ	Rd, imm16{, LSL amount}	Rd = imm
MOV	Rd, -imm	MOVN	Rd, imm16{, LSL amount}	Rd = -imm
MOVZ	Rd, imm16{, LSL amount}	Rd = (imm16 左移 0、16、32 或 48 位，其他位为 0)		
MOVK	Rd, imm16{, LSL amount}	Rd = (imm16 左移 0、16、32 或 48 位，其他位不变)		
MOVN	Rd, imm16{, LSL amount}	Rd = (imm16 左移 0、16、32 或 48 位求反，其他位为 1)		

【例 2-1】 立即数传送（e201_imm.s）。

```
        .text                                       // 代码区
        .global   main
main:   stp       x29, x30, [sp, -16]!              // 保护寄存器
        mov       x1, 100                           // 很多时候，程序中只需要不大的数据
        mov       x3, 65535                         // 不超过 16 位的立即数都可以直接传送给寄存器
//      mov       x5, 0X8070605040302010            // 非法指令！64 位立即数，已超过 16 位
        mov       x5, 0x2010                        // 传送 64 位立即数的最低 16 位
        movk      x5, 0x4030, lsl 16                // 传送 64 位立即数的次低 16 位
        movk      x5, 0x6050, lsl 32                // 传送 64 位立即数的次高 16 位
        movk      x5, 0x8070, lsl 48                // 传送 64 位立即数的最高 16 位
        movz      w6, 0x6666, lsl 16                // W6 = 0x66660000
        movn      w7, 0x0
```

```
    mov     w7, -1
    mov     w8, -65000
    movn    w9, 0xffff
    movn    x10, 0xffff, lsl 32
    mov     x0, 0                   // 返回值
    ldp     x29, x30, [sp], 16      // 恢复寄存器
    ret                             // 返回
```

可以参照 1.3.3 节所述的汇编语言开发方法生成可执行文件。虽然程序运行看不到显示效果，但可以用于熟悉指令格式。对生成的目标文件使用 OBJDUMP 进行反汇编，发现后 6 条传送指令为：

```
    mov     w6, #0x66660000         // #1717960704
    mov     w7, #0xffffffff         // #-1
    mov     w7, #0xffffffff         // #-1
    mov     w8, #0xffff0218         // #-65000
    movn    w9, #0xffff
    mov     x10, #0xffff0000ffffffff    // #-281470681743361
```

使用 OBJDUMP 命令时，还可以添加参数“-M no-aliases”，表示不使用别名：

```
    objdump -M no-aliases -d e0201_imm.o > e201_imm6.txt
```

这时会看到真实的指令形式，如下是与源程序语句不同的指令（注释是本书添加）：

```
    movz    x1, #0x64               // 源程序语句：mov   x1, 100
    movz    x3, #0xffff             // 源程序语句：mov   x3, 65535
    movz    x5, #0x2010             // 源程序语句：mov   x5, 0x2010
    movz    w7, #0x0                // 源程序语句：movn  w7, 0x0
    movn    w8, #0xfdef             // 源程序语句：mov   w8, -65000
```

这个示例程序并没有显示结果。为了更好地理解每条指令的执行情况，可以借助 GDB 调试程序（见附录 A）单步执行每条指令，查看寄存器内容。

2.2 加减运算

加减运算指令和逻辑与、逻辑或等指令是最常用的数据处理指令，其指令格式最有代表性，具有典型意义。

2.2.1 加减指令

加法 ADD 和减法 SUB 是典型的、具有 3 个操作数的数据处理指令，目的操作数和第一个源操作数都是寄存器，第二个源操作数（operand2）具有 3 种形式。

1. 立即数加减指令

加减指令可以与一个立即数进行加减，将结果保存于目的寄存器，格式如下：

```
    add     Rd|Sp, Rn|Sp, imm12{, LSL 12}    // 加法：Rd|Sp = Rn|Sp + imm12（可选左移 12 位）
    sub     Rd|Sp, Rn|Sp, imm12{, LSL 12}    // 减法：Rd|Sp = Rn|Sp - imm12（可选左移 12 位）
```

加法 ADD 和减法 SUB 指令可以采用 64 位寄存器进行 64 位运算，也可以采用 32 位寄存器进行 32 位运算。但是，立即数只能是 12 位无符号整数（0～4095）。不过，可以选择把 12 位立即数左移 12 位再参与运算，表达为“LSL　12”。例如：

```
add     x1, x2, 100                 // 64位加法: X1 = X2 + 100
sub     wsp, wsp, 0x10              // 32位减法: WSP = WSP - 0x10
sub     x3, x4, 0x10, LSL 12        // 64位减法: X3 = X4 - 0x10000
```

2．寄存器移位的加减指令

加减运算可以在两个通用寄存器之间进行，将结果保存于目的寄存器，格式如下：

```
add     Rd, Rn, Rm{, shift amount}  // 加法: Rd = Rn + Rm（可选移位）
sub     Rd, Rn, Rm{, shift amount}  // 减法: Rd = Rn - Rm（可选移位）
```

寄存器移位的加减指令中，第二个源操作数寄存器 Rm 的内容可被移位后参与运算。AArch64 具有 4 种寄存器移位操作（但加减指令仅支持前 3 种），如表 2-3 所示。

表 2-3　移位操作

移位操作符	移位功能	功能图示
LSL	逻辑左移：各位向左（高）移动，最低位移入 0、最高位移出（丢弃）	操作数 ← 0
LSR	逻辑右移：各位向右（低）移动，最高位移入 0、最低位移出（丢弃）	0 → 操作数
ASR	算术右移：各位向右（低）移动，最高位保持不变、最低位移出（丢弃）	操作数
ROR	循环右移：各位向右（低）移动，最低位移出循环移入最高位	操作数

逻辑左移 LSL（Logical Shift Left）：逻辑左移 1 位相当于整数乘以 2（当然，结果需要在数据表达范围内才有效）。算术左移与逻辑左移相同，故不需设计算术左移指令。

逻辑右移 LSR（Logical Shift Right）：逻辑右移 1 位相当于实现无符号数除以 2。

算术右移 ASR（Arithmetic Shift Right）：保持最高位不变，也就是有符号数的正负不变。算术右移 1 位相当于实现有符号数除以 2。

循环右移 ROR（Rotate Right）：从最低位移出的位循环进入最高位。循环左移可以由循环右移实现，故不需要设计循环左移指令。

在加减法指令中，移位操作符 shift 仅支持 LSL、LSR 和 ASR 移位，移位次数 amount 对 64 位操作是 0～63，而 32 位操作只能是 0～31（因为对 32 位数据超过 31 次移位的结果全是 0 或 1）。

寄存器移位增强了指令功能，使得在进行加减运算的同时，还能实现移位操作。

例如，某乘数较小的时候，两个整数相乘经常使用移位和加减运算实现。下面 2 条加法指令，将寄存器 X10 的整数乘以 10：

```
add     x10, x10, x10               // X10 = X10 + X10，实现×2
add     x10, x10, x10, LSL 2        // X10 = X10 + X10×4，实现×10（= 2+2×4）
```

再如，利用寄存器移位操作功能，也可以实现 32 位立即数（假设为 0X1FF400）传输：

```
mov     w5, 0xf400                  // 数据低16位
mov     w6, 0x1f                    // 数据高16位
add     w5, w5, w6, LSL 16          // 移位相加，组合成32位数据：W5 = W5 + (W6<<16)
```

负数采用补码表示，对数据进行求补（Negate）也是经常需要的操作，而求补操作就是用

0 减。减法 SUB 指令的第一个源操作数 Rn 为零值寄存器 ZR 就可以实现求补，A64 指令集特别为此设计了 NEG 别名，指令格式如下：

```
neg     Rd, Rm{, shift amount}                  // 求补指令：Rd = 0 - Rm（可选移位）
```

3．寄存器扩展的加减指令

当两个操作数的位数不一致时，加减指令还支持对第 2 个源寄存器内容进行位数扩展，然后进行运算，将结果保存于目的寄存器，格式如下：

```
add     Rd|Sp, Rn|Sp, rm{, extend amount}      // 加法：Rd = Rn + Rm（可选扩展）
sub     Rd|Sp, Rn|Sp, rm{, extend amount}      // 减法：Rd = Rn - Rm（可选扩展）
```

其中，“extend”是对寄存器 Rm 的扩展操作符，扩展后还可以左移 0～4 位（amount）。

根据无符号整数和有符号整数的不同性质，位数扩展分为如下两类。

① 无符号数扩展：扩展的高位全部是 0，也就是零位扩展（Zero Extension）。

② 有符号数扩展：扩展的高位是数据的符号位，正数为全 0、负数为全 1，也称为符号扩展（Sign Extension）。

注意，位数扩展并没有改变数值符号和大小。只有无符号整数采用零位扩展、有符号整数采用符号扩展，才能保持位数扩展（加长），表达的数值不变。

AArch64 支持 8 种寄存器扩展操作，如表 2-4 所示。

表 2-4　寄存器扩展

扩展符	扩展功能
UXTB	Unsigned Extend Byte，把字节数据进行无符号扩展
UXTH	Unsigned Extend Half-word，把半字数据进行无符号扩展
UXTW	Unsigned Extend Word，把字数据进行无符号扩展
UXTX	Unsigned Extend Doubleword，把双字数据进行无符号扩展
SXTB	Signed Extend Byte，把字节数据进行有符号扩展
SXTH	Signed Extend Halfword，把半字数据进行有符号扩展
SXTW	Signed Extend Word，把字数据进行有符号扩展
SXTX	Signed Extend Doubleword，把双字数据进行有符号扩展

显然，对 64 位寄存器 Xm 中的数据扩展为 64 位是无意义的，因此 UXTX 和 SXTX 扩展符是多余的，不过仍可以左移 1～4 位，扩展符可以用 LSL 表示（形式上与寄存器移位一样）。同样，对 32 位寄存器 Wm 中的数据扩展为 32 位（目的寄存器为 Wd）也是无意义的；此时，UXTW 和 SXTW 也是冗余的。注意，使用 UXTX 和 SXTX 扩展符时（建议不用，改为 LSL），Rm 应为 64 位寄存器 Xm；使用其他扩展符时，Rm 应为 32 位寄存器 Wm。

如果参与加减运算的两个数据位数不同，就需要利用寄存器扩展功能将位数较少的数据进行位扩展使两者位数相同，然后才可以加减运算。实际上，A64 指令集还有位扩展指令别名，其助记符与这里的符号一样（详见 2.4.3 节）。

```
add     w11, w12, w13, uxtb      // W11 = W12 + (W13 中最低 8 位无符号扩展为 32 位)
add     x14, x15, w16, sxth      // X14 = X15 + (W16 中最低 16 位符号扩展为 64 位)
add     x17, x18, w19, sxtw      // X17 = X18 + (W19 符号扩展为 64 位)
```

位扩展操作符后可以加 1、2、3 或 4，表示扩展后再左移 1～4 位。例如：

```
mov     x20, 0x40                // X20 = 0x40
mov     x21, 0x8001              // X21 = 0x8001
```

```
add     x22, x20, w21, sxtb 1           // X22 = 0x42 = 0x40 + 0x02
add     x22, x20, w21, uxth 2           // X22 = 0x20044 = 0x40 + 0x20004
add     w22, w20, w21, sxth 3           // W22 = 0xfffc0048 = 0x40 + 0xfffc0008
add     x22, x20, w21, uxtw 4           // X22 = 0x80050 = 0x40 + 0x80010
```

2.2.2 带进位的加减指令

64 位加减指令可以进行 64 位数据的加减，但是对超过 64 位的数据加减，就要用到进位标志了，为此有了带进位的加法指令 ADC 和减法指令 SBC。

```
adc     Rd, Rn, Rm                      // 加法：Rd = Rn + Rm + C
sbc     Rd, Rn, Rm                      // 减法：Rd = Rn - Rm- 1+ C
```

ADC 和 SBC 指令只能在通用寄存器间进行带进位的加法和减法运算，并不支持立即数、寄存器移位或寄存器扩展形式的操作数。注意，做加法时最高位有进位、做减法时最高位无借位，进位标志 C 为 1，否则为 0。所以，SBC 指令仍是在前条减法指令有借位时减 1。

对应求补 NEG 指令，也有带进位的求补指令 NGC，格式为：

```
ngc     Rd, Rm                          // 带进位的求补指令：Rd = 0 - Rm- 1+ C
```

2.2.3 设置标志的加减指令

大部分 A64 指令不影响 4 个条件标志（N、Z、C、V）的状态，也就是说，指令执行后标志状态没有改变。然而，标志状态是运算结果的辅助信息，有时需要直接使用（如 ADC 和 SBC 指令），有时需要通过它们构成条件（见第 3 章）。前面介绍的所有加减指令都有根据运算结果相应设置标志的指令，只要在其助记符后添加字母“S”即可，而且操作数形式也与对应的指令相同，如表 2-5 所示。

表 2-5 加减运算指令

指令助记符		指令格式（操作码助记符以减法为例）		
加法： 减法：	ADD|ADDS SUB|SUBS	12 位立即数： 寄存器移位： 寄存器扩展：	SUB SUB SUB	Rd|SP, Rn|SP, imm12{, LSL 12} Rd, Rn, Rm{, shift amount} Rd|SP, Rn|SP, Rm{, extend amount}
比较（负数）： 比较：	CMN CMP	12 位立即数： 寄存器移位： 寄存器扩展：	CMP CMP CMP	Rn|SP, imm12{, LSL 12} Rn, Rm{, shift amount} Rn|SP, Rm{, extend amount}
求补：	NEG|NEGS	寄存器移位：	NEG	Rd, Rm{, shift amount}
进位加法： 进位减法：	ADC|ADCS SBC|SBCS	寄存器：	SBC	Rd, Rn, Rm
进位求补：	NGC|NGCS	寄存器：	NGC	Rd, Rm

负数标志 N 反映运算结果是正数还是负数。处理器通过符号位可以判断整数的正负，因为符号位是二进制数的最高位，所以运算结果最高位（符号位）就是符号标志的状态，即：运算结果最高位为 1，则 N=1，否则 N=0。

零标志 Z 反映运算结果是否为 0。运算结果为 0，则设置 Z=1，否则 Z=0。注意，零标志 Z=1，反映结果是 0。

进位标志 C 类似十进制数据加减运算中的进位和借位。在 ARMv8 处理器中，当加法运算结果的最高有效位有进位、或减法运算结果的最高有效位无借位，将设置 C=1；若没有进位或减法有借位，则设置 C=0。换句话说，加、减运算后，若 C=1，说明加法有进位或减法无借位；若 C=0，说明加法没有进位或减法有借位。

进位标志针对无符号整数运算设计，反映无符号数据加、减运算结果是否超出范围、是否需要利用进（借）位反映正确结果。n 位无符号整数表达的范围是 $0 \sim 2^n - 1$。如果相应位数的加、减运算结果超出了其能够表达的范围，就是产生了进位或借位。

溢出标志 V 用于表达有符号整数进行加减运算的结果是否超出范围。处理器默认采用补码形式表示有符号整数，n 位补码表达的范围是 $-2^{n-1} \sim 2^{n-1} - 1$。如果有符号整数运算结果超出了这个范围，就是产生溢出，将设置 V=1；没有溢出，那么 V=0。

加、减运算支持 32 位和 64 位整数运算，N、Z、C、V 标志都是反映最高位的状态。例如，进行 32 位运算时，N 和 C 反映的是位 31 的正负和进位，Z 和 V 反映的是 32 位数据是否为 0 或者是否溢出；而对 64 位的加、减运算，则是位 63 和整个 64 位的状态。

注意，溢出标志 V 和进位标志 C 是两个意义不同的标志。进位标志表示无符号整数运算结果是否超出范围，超出范围后考虑进位或借位运算结果仍然正确；而溢出标志表示有符号整数运算结果是否超出范围，超出范围运算结果不正确。处理器对两个操作数进行运算时，按照无符号整数求得结果，并相应设置进位标志 C；同时，根据是否超出有符号整数的范围，设置溢出标志 V。应该利用哪个标志由程序员来决定。也就是说，如果将参加运算的操作数认为是无符号数，就应该关心进位；认为是有符号数，就要注意是否溢出。

处理器利用异或门等电路判断运算结果是否溢出。按照处理器硬件的方法或者前面论述的原则进行判断会比较麻烦，这里给出一个简单规则：只有当两个相同符号数相加（含两个不同符号数相减）而运算结果的符号与原数据符号相反时，产生溢出，因为此时的运算结果显然不正确；其他情况则不会产生溢出。例如：

```
        mov     w2, 0x48                // W2 = 0x48
        adds    w3, w2, 0x27            // W3 = W2 + 0x27 = 0x48 + 0x27 = 0x6F
                                        // 标志状态：NZCV = 0b0000 = 0x0
        subs    w4, w2, 0x27            // W4 = W2 - 0x27=0x48 - 0x27 = 0x21
                                        // 标志状态：NZCV = 0b0010 = 0x2
        mov     x7, -2                  // X7 = -2 = 0xfffffffffffffffe
        adds    x8, x7, x5              // 假设 X5 = 0x8070605040302010
                                        // X8 = 0x807060504030200e，NZCV= 0b1010 = 0xb
        subs    x9, x7, x5              // X9 = 0x7f8f9fafbfcfdfee，NZCV = 0b1000 = 0x8
```

再如，进行两个 128 位数据的加、减运算，需要先进行低 64 位加减法、设置标志，然后带着进位进行高 64 位加减法。假设 X6 和 X5、X4 和 X3 保存有两个 128 位整数，运算结果保存于 X8 和 X7，即 X8.X7 = X6.X5 + X4.X3：

```
        adds    x7, x5, x3              // 低 64 位相加：X7 = X5 + X3，并设置标志
        adc     x8, x6, x4              // 带进位的高 64 位相加：X8 = X6 + X4 + C
```

有时只需两个数据加、减的标志状态，并不要运算结果。因为通过标志状态可以了解两个数据的大小关系，所以用 ZR 作为目的寄存器，对应减法 SUBS 和加法 ADDS 有了比较指令 CMP（等同于 SUBS　ZR, Rn|SP, oprand2）和 CMN（等同于 ADDS　ZR, Rn|SP, oprand2），其第二个源操作数也具有立即数、寄存器移位和寄存器扩展 3 种形式。CMN（Compare Negative）虽然是加法，但可以看作对负数做减法，因此是对负数的比较指令。

【例 2-2】 加、减法指令（e202_add.s）。

为熟悉指令格式，理解指令功能，可以添加汇编语言主函数头尾语句，或直接使用模板文件 e000.s，将（上述）指令或程序片段编辑成一个完整的汇编语言源程序文件。

然后，在汇编时生成列表文件，或反汇编生成的目标文件或可执行文件，通过这些文本文件来静态分析指令。还可以将调试信息加入可执行文件，参考附录 A 调试程序 GDB 的调试示例进行类似操作，单步执行，动态观察指令执行情况。

2.3 乘除运算

ARM 处理器提供硬件支持的乘除法指令，操作数都是通用寄存器，格式和功能都相对容易理解，如表 2-6 所示。

表 2-6 乘除法指令

指令类型	指令格式	指令功能
乘法指令	MUL Rd, Rn, Rm UMULL Xd, Wn, Wm SMULL Xd, Wn, Wm UMULH Xd, Xn, Xm SMULH Xd, Xn, Xm	32 位或 64 位乘法：Rd = Rn×Rm，乘积具有相同位数 32 位无符号数乘法：Xd = Wn×Wm，乘积倍长 32 位有符号数乘法：Xd = Wn×Wm，乘积倍长 64 位无符号数乘法：Xd = (Xn×Xm)的高 64 位 64 位有符号数乘法：Xd = (Xn×Xm)的高 64 位
除法指令	UDIV Rd, Rn, Rm SDIV Rd, Rn, Rm	32 位或 64 位无符号除法：Rd = Rn÷Rm（相同位数） 32 位或 64 位有符号除法：Rd = Rn÷Rm（相同位数）
乘加指令	MADD Rd, Rn, Rm, Ra UMADDL Xd, Wn, Wm, Xa SMADDL Xd, Wn, Wm, Xa	32 位或 64 位乘加指令：Rd = Ra + Rn×Rm（相同位数） 32 位无符号乘加指令：Xd = Xa + Wn×Wm（倍长位数） 32 位有符号乘加指令：Xd = Xa + Wn×Wm（倍长位数）
乘减指令	MSUB Rd, Rn, Rm, Ra UMSUBL Xd, Wn, Wm, Xa SMSUBL Xd, Wn, Wm, Xa MNEG Rd, Rn, Rm UMNEGL Xd, Wn, Wm SMNEGL Xd, Wn, Wm	32 位或 64 位乘减指令：Rd = Ra − Rn×Rm（相同位数） 32 位无符号乘减指令：Xd = Xa − Wn×Wm（倍长位数） 32 位有符号乘减指令：Xd = Xa − Wn×Wm（倍长位数） 32 位或 64 位乘补指令：Rd = 0 − Rn×Rm（相同位数） 32 位无符号乘补指令：Xd = 0 − Wn×Wm（倍长位数） 32 位有符号乘补指令：Xd = 0 − Wn×Wm（倍长位数）

2.3.1 乘法指令

高级语言经常要进行 32 位或 64 位乘法，得到等长的乘积，高位被丢弃。相同位数的操作数相乘、取得相同位数乘积的乘法指令如下：

```
mul     Wd, Wn, Wm              // 32 位乘法：Wd = Wn×Wm，乘积具有相同位数
mul     Xd, Xn, Xm              // 64 位乘法：Xd = Xn×Xm，乘积具有相同位数
```

但实际上，两数相乘会得到倍长的结果，获得相同位数乘积的乘法指令没有报告被丢弃的高位部分是否有效，即不影响条件标志、无法检测到是否溢出。因此，需要 32 位相乘得到 64 位乘积的乘法指令，如下所示：

```
umull   Xd, Wn, Wm              // 32 位无符号数乘法：Xd = Wn×Wm，乘积具有倍长位数
smull   Xd, Wn, Wm              // 32 位有符号数乘法：Xd = Wn×Wm，乘积具有倍长位数
```

无论是无符号数相乘还是有符号数相乘，乘积的低位部分都是相同的。因此，获得相同位数乘积的乘法指令不需区别是无符号数乘法还是有符号数乘法，但倍长乘积的乘法指令就需要区别，因为两者的结果是不同的。

同样，64 位相乘得到 128 位乘积，也需要有获得高 64 位的指令：USMULH 和 SMULH。

```
umulh   Xd, Xn, Xm              // 64 位无符号数乘法：Xd = (Xn×Xm)的高 64 位
smulh   Xd, Xn, Xm              // 64 位有符号数乘法：Xd = (Xn×Xm)的高 64 位
```

例如，64 位无符号数相乘（X3×X4），获得 128 位乘积（X6.X5）的程序片段如下：

```
        mul         x5, x3, x4                     // X5 = (X3×X4)低 64 位乘积
        umulh       x6, x3, x4                     // X6 = (X3×X4)无符号数高 64 位乘积
```

【例 2-3】 128 位乘积 C 语言函数（e203_mul.c）。

编写两个 64 位有符号整数相乘，获得 128 位乘积的 C 语言函数，主函数可以什么也不做，便于阅读编译器生成的汇编语言程序。

```
#include <stdio.h>
__int128_t  longMul(long a, long b)
{
   return  (__int128_t) a * (__int128_t)b;
}
int main() { }
```

在 64 位 ARM 编译环境中，long 声明 64 位有符号整数类型，而__int128_t（和__uint128_t）是 GCC 提供的 128 位有符号（和无符号）整数类型声明符。

利用 GCC 进行二级优化编译，生成汇编语言代码，操作命令如下：

```
        gcc -S -O2 -o  e203_mul2.S  e203_mul.c
```

查看 GCC 生成的汇编语言代码文件（e203_mul2.S，注释是本书添加）：

```
        .type       longMul, %function
longMul:
        smulh       x2, x0, x1                     // X2 = (X0×X1) 128 位乘积的有符号高 64 位结果
        mul         x0, x0, x1                     // X0 = (X0×X1) 128 位乘积的低 64 位结果
        mov         x1, x2                         // X1 = (X0×X1) 128 位乘积的高 64 位结果
        ret
```

64 位 ARM 处理器的调用规则（见第 4 章）是前 8 个参数和返回值依次采用通用寄存器 X0～X7 传递，因此 64 位变量 a 和 b 在寄存器 X0 和 X1 中，128 位返回值则通过 X1（高 64 位）和 X0（低 64 位）返回。

只有进行第二级优化（-O2）才能获得上述代码，没有优化或只是第一级优化（-O1）可能生成比较复杂、性能较低的代码。

2.3.2 除法指令

除法指令支持 32 位除法和 64 位除法，分为无符号数和有符号数除法，被除数 Rn 除以除数 Rm，获得整数的商保存于 Rd。

```
        udiv        Rd, Rn, Rm                     // 无符号数除法：Rd = Rn÷Rm
        sdiv        Rd, Rn, Rm                     // 有符号数除法：Rd = Rn÷Rm
```

例如：

```
        udiv        x7, x5, x3                     // 无符号 64 位除法：X7 = X5÷X3
        sdiv        x8, x6, x4                     // 有符号 64 位除法：X8 = X6÷X4
```

注意，若第二个源操作数 Rm 为 0，则结果 Rd 为 0。数学中，除以 0 是没有意义的，本应导致异常，但 A64 的除法指令却生成 0 结果。这可能让人迷惑，所以实际编程中应该避免除以 0 的情况（如判断除数是否为 0，以避免除数为 0 的情况）。

另外，除法指令仅得到商，没有余数。余数可以使用公式“余数 = 被除数 - 商×除数”求得，而这个求余数的公式可以使用一条乘减指令实现（详见下节）。

【例 2-4】 温度转换程序片段（e204_temp.s）。

摄氏温度 C 转换为华氏温度 F 的公式是

$$F = \frac{9}{5}C + 32$$

假设温度变量都是 32 位有符号整数，C 保存于 W0，转换结果 F 也保存于 W0，汇编语言程序片段可以是：

```
mov     w1, 9                     // W1 = 9
smull   x0, w0, w1                // X0 = W0×9 = 9×C
mov     x1, 5                     // X1 = 5
sdiv    x0, x0, x1                // X0 = 9×C/5
add     w0, w0, 32                // F = W0 = 9×C/5 + 32
```

加、减法有寄存器移位功能，所以前 2 条指令可以用如下 2 条指令替代，改乘法为加法：

```
add     x0, xzr, w0, sxtw         // X0 = W0 符号扩展（相当于指令 sxtw  x0, w0）
add     x0, x0, x0, lsl 3         // X0 = X0 + X0×8 = 9×C
```

2.3.3 乘加和乘减指令

算术运算经常有乘法和加、减法配合的情况，为此设计了 4 个操作数的乘加和乘减指令：

```
madd    Rd, Rn, Rm, Ra            // 乘加指令：Rd = Ra + Rn×Rm（乘积具有相同位数）
msub    Rd, Rn, Rm, Ra            // 乘减指令：Rd = Ra - Rn×Rm（乘积具有相同位数）
```

其功能是第三个源操作数（Ra）加或减，前两个源操作数的乘积（Rn×Rm），结果保存于目的操作数 Rd。Ra 也是通用寄存器之一。同样，32 位乘法分成无符号数和有符号数得到 64 位乘积，然后进行 64 位进行加法或减法运算，对应倍长乘加（UMADDL 和 SMADDL）和乘减（UMSUBL 和 SMSUBL）指令。

如果 Xa 换为 ZR，乘加指令就是前面的乘法指令别名 MUL、UMULL 和 SMULL，乘减指令则衍生出乘补指令别名 MNEG、UMNEGL 和 SMNEGL，见表 2-6。

例如，乘减指令可用于求得除法的余数：

```
udiv    x7, x5, x3                // 求无符号除法的商：X7（商）= X5（被除数）÷X3（除数）
msub    x8, x7, x3, x5            // 求无符号除法的余数：X8（余数）= X5 - X7×X3
```

2.4 位操作

计算机中最基本的数据单位是二进制位，指令集设计有针对二进制位进行操作、实现位控制的指令。当需要进行一位或若干位的处理时，可以采用位操作类指令。

2.4.1 逻辑运算指令

正像数学中的算术运算，逻辑运算是逻辑代数的基本运算。其中，逻辑与（AND）、逻辑或（OR）和逻辑非（NOT）是三种基本的逻辑操作。

逻辑与运算规则是：进行逻辑与运算的两位都是逻辑 1，则结果是 1，否则结果是 0。这个规则类似二进制的乘法，所以也称为逻辑乘。

逻辑或运算规则是：进行逻辑或运算的两位都是逻辑 0，则结果是 0，否则结果是 1。这个规则有点像无进位的二进制加法，所以也称为逻辑加。

逻辑非运算是针对一个位进行求反，规则是：原来为 0 的位变成 1，原来为 1 的位变成 0；所以也称为逻辑反。

在 C 语言中，使用“&”“|”和“~”表达位与、位或和位非逻辑运算符。另外，逻辑异或（XOR）也是常用的逻辑运算，其规则是：进行逻辑异或运算的两位相同，则结果是 0，否则结果是 1。C 语言使用“^”表达异或逻辑运算符。表 2-7 为这些逻辑运算的表达式和结果（其中，两个参与逻辑运算的位 x 和 y 有 4 种组合情况）。

表 2-7　逻辑运算

指令	AND	ORR	EOR	BIC	ORN	EON
x　y	x & y	x | y	x ^ y	x & (~y)	x | (~y)	x ^ (~y)
0　0	0	0	0	0	1	1
0　1	0	1	1	0	0	0
1　0	0	1	1	1	1	0
1　1	1	1	0	0	1	1

A64 指令集的逻辑运算指令及其支持的指令格式如表 2-8 所示。

表 2-8　逻辑运算指令

指令助记符		指令格式（opcode 表示助记符）	
逻辑与： 逻辑或： 逻辑异或：	AND|ANDS ORR EOR	12 位立即数： 寄存器移位：	opcode　Rd|SP, Rn, imm12 opcode　Rd, Rn, Rm{, shift amount}
测试：	TST	12 位立即数： 寄存器移位：	TST　Rn, imm12 TST　Rn, Rm{, shift amount}
逻辑非与： 逻辑非或： 逻辑非异或：	BIC|BICS ORN EON	寄存器移位：	opcode　Rd, Rn, Rm{, shift amount}
逻辑非：	MVN	寄存器移位：	MVN　Rd, Rm{, shift amount}

1．逻辑与、逻辑或、逻辑异或指令

在逻辑与 AND（包括设置标志的逻辑与 ANDS，仅设置标志的测试 TST）、逻辑或 ORR、逻辑异或 EOR 指令中，第二个源操作数与加减指令类似，支持立即数形式和寄存器移位形式（但没有寄存器扩展形式）。例如，逻辑与 AND 指令格式为

```
and     Rd|Sp, Rn, imm12           // Rd|SP = Rn & imm12
and     Rd, Rn, Rm{, shift amount}  // Rd = Rn & Rm（可选移位）
```

其中，imm12 表示一个位屏蔽立即数（bitmask immediate）；shift 表示寄存器移位形式，支持全部 4 种移位：左移 LSL、逻辑右移 LSR、算术右移 ASR 和循环右移操作符 ROR（加减法指令不含 ROR）。amount 是移位位数，32 位指令是 0～31 位，64 位指令是 0～63 位。

逻辑指令仅支持特定编码的位屏蔽立即数。在 32 位操作数的逻辑指令中，imm12 使用 12 位进行编码；而在 64 位操作数逻辑指令中，imm12 使用 13 位进行编码。汇编语言语句使用一个 32 位（对应 32 位指令）或 64 位（对应 64 位指令）模式字表达位屏蔽立即数 imm12。它由相同的 $e=2$、4、8、16、32 或 64 位元素组成，每个元素从低位开始由若干连续的“1”、后跟“0”组成（后续不能再有“1”），但可以在各元素中进行 0～e-1 位的循环移位。

例如，如下逻辑指令使用了符合编码规则的位屏蔽立即数：

```
and     x0, x1, 0b0001          // 1 个 64 位元素，最低位为 1、高位为 0
and     x0, x1, 0b0011          // 1 个 64 位元素，最低若干位为 1、高位为 0
and     w2, w3, 0b00011000      // 1 个 32 位元素，循环移位
```

```
        and     w2, w3, 0x00070007          // 2个16位元素，0x7 = 0b0111
        and     w2, w3, 0x0c0c0c0c          // 4个8位元素，循环移位，0xc = 0b1100
        and     w2, w3, 0x44444444          // 8个4位元素，循环移位，0x4 = 0b0100
        and     w2, w3, 0xaaaaaaaa          // 16个2位元素，循环移位，0xa = 0b1010
```

但是，如下逻辑指令使用的位屏蔽立即数不符合编码规则（汇编程序会提示超出范围）：

```
        and     x0, x1, 0                   // 非法！没有“1”
        and     w2, w3, 0xffffffff          // 非法！没有“0”
        and     w2, w3, 0x0101              // 非法！32位元素，高位只能是“0”
        and     w2, w3, 0x0007008           // 非法！2个位16位元素不相同
```

另外，对整数进行循环移位没有意义，所以加减指令的寄存器移位不支持循环右移 ROR 操作符。但对位串进行循环移位却有用，如用于加解密过程。之所以没有设计循环左移，因为可以通过右移“数据位数减去需要左移的位数”实现。例如：

```
        mov     w2, 0x1234                  // W2 = 0x1234
        mov     w1, wzr                     // W1 = 0
        orr     w0, w1, w2, ror 4           // W0 = 0x40000123（W2循环右移4位）
        orr     w0, w1, w2, ror 28          // W0 = 0x12340（W2循环右移32-4位、即循环左移4位）
```

奇偶校验（Parity）是一种最简单的数据检错方法，可以检测出 1 位（或奇数位）错误，但不能检测出偶数位错误，也不能指示出错位置。由于出现一位错误的概率远大于多位同时出错的概率，而且软/硬件实现都很简单，因此奇偶检验是一种最常用的校验方法。

奇偶校验是在若干有效数据位基础上，再增加一个校验位组成校验码。根据整个校验码中“1”的个数为奇数或偶数，奇偶校验分为如下两种校验方法。

① 偶校验：整个校验码（有效数据位和校验位）中“1”的个数为偶数。若有效数据位中“1”的个数为奇数，则校验位应该是“1”；若有效数据位中“1”的个数为偶数，则校验位应该是“0”；这样校验码“1”的个数是偶数，为合法编码。

② 奇校验：整个校验码（有效数据位和校验位）中“1”的个数为奇数。若有效数据位中“1”的个数为奇数，则校验位应该是“0”；若有效数据位中“1”的个数为偶数，则校验位应该是“1”；这样校验码“1”的个数是奇数，为合法编码。

奇偶检验可以采用逻辑异或实现，因为异或运算的特点是不同（异）则为 1（或）。对多个位进行异或，可以用两两依次运算，或者两两运算的结果再运算，其特点是，若奇数个位是 1，则异或结果是 1；若偶数个位是 1，则异或结果是 0。因此，对数据每一位进行异或，结果就是偶检验位（若采用奇校验，则再进行求反即可）。

在发送端，假设 W0 的最低 7 位是需要传输的数据，将偶校验位设置在位 7，形成一个 8 位偶校验码。汇编语言程序片段可以是：

```
        mov     w0, 0b01011001              // 假设W0 = 0x59（其中位7为0）
        eor     w1, w0, w0, lsl 1           // 左移1位，进行异或
        // W1的位7、5、3、1依次是W0的位7与6、位5与4、位3与2、位1与0进行异或的结果
        eor     w2, w1, w1, lsl 2           // 左移2位，进行异或
        // W2的位7和3依次是W1的位7与5、位3与1进行异或的结果
        eor     w3, w2, w2, lsl 4           // 左移4位，进行异或
        // W3的位7是W2的位7与3进行异或的结果，也就是W0低7位异或的结果
        and     w3, w3, 0x80                // 逻辑与运算：保留位7不变，其他位均为0
        orr     w0, w0, w3                  // 逻辑或运算：在W0的位7添加上校验位
```

在接收端也可以利用上述程序片段进行偶校验：3 次逻辑异或后判断位 7，若结果是 0，

说明是偶校验码，传输可能没有错误；若位 7 结果是 1，则说明不符合偶校验规则，传输有误。

2．逻辑非与、逻辑非或、逻辑非异或指令

逻辑非与 BIC（Bit Clear）（含设置标志的逻辑非与 BICS）、逻辑非或 ORN（Or Not）、逻辑非异或 EON（Exclusive Or Not）指令对第二个源操作数求反后，与第一个源操作数进行逻辑与、逻辑或、逻辑异或操作，仅支持寄存器移位寻址。例如，逻辑非或 ORN 指令格式为

```
orn     Rd, Rn, Rm{, shift amount}        // Rd ← Rn | ~Rm（可选移位）
```

逻辑运算指令具有“位屏蔽”功能，即可以设置某些位为 0、为 1 或求反，但保持其他位不变。逻辑非与 BIC 指令可用于复位某些位（同“1”非与），但不影响其他位（同“0”非与）。逻辑或 ORR 指令可用于置位某些位（同“1”或），而不影响其他位（同“0”或）。逻辑异或 EOR 指令可用于求反某些位（同“1”异或），而不影响其他位（同“0”异或）。例如：

```
mov     x0, 0x1234
mov     x1, 0xf
bic     x5, x0, x1                // X5 = 0x1230（X0 低 4 位被清 0，其余位不变）
orr     x6, x0, 0xf               // X6 = 0x123f（X0 低 4 位被置 1，其余位不变）
eor     x7, x0, 0xf               // X7 = 0x123b（X0 低 4 位被求反，其余位不变）
```

3．逻辑非指令

逻辑非（求反）MVN（Mov Not）指令仅有一个源操作数，格式为：

```
mvn     rd, rm{, shift amount}            // Rd = ~Rm（可选移位）
```

MVN 指令是一个别名，等同于指令“ORN　Rd, ZR, Rm{, shift amount}”，功能类似对立即数求反传送 MOVN 指令（故可称为寄存器求反传送指令）。

另外，逻辑与 ANDS 和逻辑非与 BICS 指令还设置标志 N、Z、C、V。测试 TST 指令进行逻辑与操作，虽没有结果，但依据结果设置标志 N、Z、C、V。逻辑运算指令主要应用零标志 Z 反映结果是否为 0，结果为 0，标志 Z 为 1。负数标志 N 就是逻辑运算最高位的状态。进位 C 和溢出 V 标志没有意义。

2.4.2　移位指令

加减指令和逻辑运算指令支持对第二个源寄存器移位，同样的移位操作还对应有 4 条移位指令：逻辑左移 LSL、逻辑右移 LSR、算术右移 ASR 和循环右移 ROR。移位次数可由立即数或寄存器表达，具有两种指令格式：

```
lsl|lsr|asr|ror    Rd, Rn, amount        // Rd = Rn 移位 amount 位
lsl|lsr|asr|ror    Rd, Rn, Rm            // Rd = Rn 移动 Rm 指定的位数
```

其中，amount 和寄存器 Rm 表示移动的位数，对 32 位数据可以是 0～31，对 64 位数据可以是 0～63。

实际上，4 条移位指令都是便于编程应用的别名。逻辑左移 LSL 别名指令来自 LSLV 和 UBFM 指令，逻辑右移 LSR 别名指令来自 LSRV 和 UBFM 指令，算术右移 ASR 别名指令来自 ASRV 和 SBFM 指令，循环右移 ROR 别名指令则来自 RORV 和 EXTR 指令。

逻辑运算和加、减运算指令支持寄存器移位操作符，所以移位操作指令也可以使用这些指令实现。例如：

```
lsl     w9, w9, 9             // 逻辑左移指令：W9 = W9<<9（左移 9 位）
```

```
add     w9, wzr, w9, lsl 9          // 加法指令：W9 = W9<<9（左移9位）
ror     x10, x9, 45                 // 循环右移指令：X10 = X9 循环右移 45 位
orr     x10, xzr, x9, ror 45        // 逻辑或指令：X10 = X9 循环右移 45 位
```

不过，直接采用移位指令更便于阅读理解，更易于编程应用。

C 语言有左移“<<”和右移“>>”运算符，左移不必区分逻辑左移和算术左移，因为功能相同。但是，C 语言的右移“>>”运算符是逻辑右移还是算术右移呢？C 语言标准并没有明确，然而几乎所有 C 语言编译程序都是对无符号整数采用逻辑右移，对有符号整数则采用算术右移，以保证右移 1 位相当于除以 2 的功能。

【例 2-5】 自然数求和程序片段（e205_sumN.s）。

给定自然数 n，自然数累加求和可以利用等差数列的求和公式：

$$1+2+3+\cdots+n=(1+n)\times n\div 2$$

如果限定自然数累加和值是 64 位整数，只采用 64 位整数运算，可以只用 2 条指令完成（假设 n 值已在 X0 寄存器中）：

```
madd    x0, x0, x0, x0              // 乘加运算：X0 = N + N×N
lsr     x0, x0, 1                   // 逻辑右移：X0 = X0>>1 = (1+N)×N÷2
```

MADD 乘加指令实现增量相乘，LSR 指令逻辑右移 1 位等同于除以 2。

2.4.3 位段操作指令

世间万物在计算机内部都是 0 和 1 的位串，ARM 处理器设计了丰富而灵活的位段操作指令。A64 指令集中有 3 条位段移动指令 BFM（Bitfield Move）、UBFM（Unsigned Bitfield Move）、SBFM（Unsigned Bitfield Move）都是在某种条件下把源寄存器的一段位串移动到目的寄存器特定位置。由于它们功能比较复杂，编程中并不直接使用这些指令，而总是使用其别名。UBFM 指令的别名有 6 个，分别是 LSL（立即数寻址）、LSR（立即数寻址）、UXTB、UXTH、UBFX 和 UBFIZ。SBFM 指令的别名也有 6 个，分别是 ASR（立即数寻址）、SXTB、SXTH、SXTW、SBFX 和 SBFIZ。BFM 的别名有 BFI、BFXIL 和 BFC（ARMv8.2）。

位段操作指令如表 2-9 所示，主要使用通用寄存器作为操作数。

1. 位扩展

位扩展指令与寄存器扩展寻址的符号和含义一样，但删除了无意义的扩展。无符号数的字节扩展 UXTB 和半字扩展 UXTH 指令将源寄存器 Wn 的低 8 位或 16 位进行零位扩展，传递给目的寄存器 Wd（Xd 高 32 位自然为 0，所以相当于零位扩展到 Xd）。

有符号数的字节扩展 SXTB 和半字扩展 SXTH 指令对低 8 位或 16 位进行符号扩展，但需注意，目的寄存器若是 32 位 Wd，则 64 位 Xd 的高 32 位为 0。要实现 64 位符号扩展，应使用 64 位 Xd 目的寄存器。有符号数的字扩展 SXTW 指令将 32 位 Wn 寄存器内容进行符号扩展，传送给 64 位 Xd 寄存器。

A64 指令集能够有效地进行 64 位和 32 位运算操作，对 16、8 位数据则需要位数扩展后进行运算。例如：

```
// 16 位（半字）无符号整数运算，对应 C 语言 unsigned short 类型运算：W3 = W4 + W5
uxth    w3, w4                      // 等效于：and    w3, w4, 0xffff
add     w3, w3, w5, uxth            // 无符号数加法：W3 = W4 + W5
```

表 2-9　位段操作指令

指令类型	指令格式		指令功能
位扩展	UXTB	Wd, Wn	将 Wn 寄存器的低 8 位进行零位扩展，传送给 Wd 寄存器
	UXTH	Wd, Wn	将 Wn 寄存器的低 16 位进行零位扩展，传送给 Wd 寄存器
	SXTB	Rd, Wn	将 Wn 寄存器的低 8 位进行符号扩展，传送给 Rd 寄存器
	SXTH	Rd, Wn	将 Wn 寄存器的低 16 位进行符号扩展，传送给 Rd 寄存器
	SXTW	Xd, Wn	将 Wn 寄存器的 32 位进行符号扩展，传送给 Xd 寄存器
位反转	RBIT	Rd, Rn	将 Rn 各位反转，传送给 Rd
	REV	Rd, Rn	将 Rn 按字节反转，传送给 Rd
	REV16	Rd, Rn	将 Rn 每 16 位按字节反转，传送给 Rd
	REV32	Xd, Xn	将 Xn 每 32 位按字节反转，传送给 Xd
位统计	CLZ	Rd, Rn	统计 Rn 中第一个“1”之前“0”的个数，传送给 Rd
	CLS	Rd, Rn	统计 Rn 中与最高位（符号位）相同的位的个数，传送给 Rd
位复制	BFI	Rd, Rn, lsb, width	将 Rn 最低若干位复制到 Rd 指定位置，其他位不变
	UBFIZ	Rd, Rn, lsb, width	将 Rn 最低若干位复制到 Rd 指定位置，其他位为 0
	SBFIZ	Rd, Rn, lsb, width	将 Rn 最低若干位复制到 Rd 指定位置，该位置低位为 0，该位置高位与复制位串最高位相同
	BFXIL	Rd, Rn, lsb, width	将 Rn 若干位复制到 Rd 最低位，其他位不变
	UBFX	Rd, Rn, lsb, width	将 Rn 若干位复制到 Rd 最低位，高位部分为 0
	SBFX	Rd, Rn, lsb, width	将 Rn 若干位复制到 Rd 最低位，高位部分与复制位段最高位相同
	EXTR	Rd, Rn, Rm, lsb	从 Rn、Rm 两个源寄存器中抽取若干位组合形成 Rd

```
    // 16 位（半字）有符号整数运算，对应 C 语言 short 类型运算：W3 = W4 + W5
    sxth        w3, w4
    add         w3, w3, w5, sxth                // 有符号数加法：W3 = W4 + W5
```

2. 位反转

位反转指令以二进制 1 位或 8 位（字节）为单位在 32 位或 64 位寄存器中进行高低互换，见表 2-9。位反转指令 RBIT（Reverse Bits）高低互换（反转）Rn 寄存器中的各位顺序，传送给目的寄存器 Rd，如图 2-1 所示。网络协议多采用大端方式逐位传输信息包，此时就可以使用位反转 RBIT 指令。

字节反转 REV 指令将 Rn 寄存器数据反转各字节顺序，传送给目的寄存器 Rd，如图 2-2 所示。AArch64 执行状态默认采用小端存储方式，字节反转可以方便地实现小端和大端的互换，为此汇编程序还特别设计有 64 位寄存器的字节反转伪指令 REV64：

```
    rev64       Xd, Xn                          // 将 Xn 按字节进行反转，传送给 Xd，等同于：rev    Xd, Xn
```

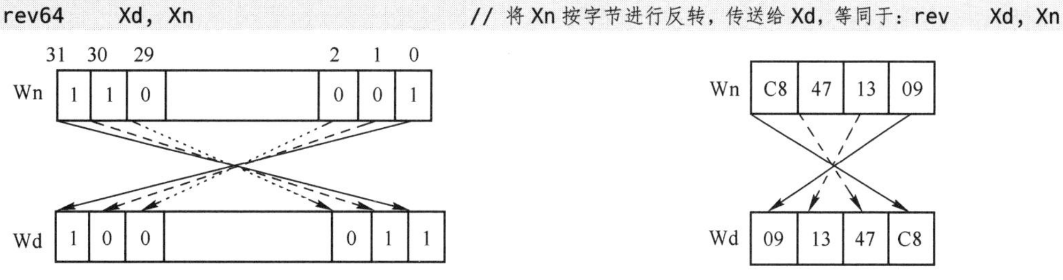

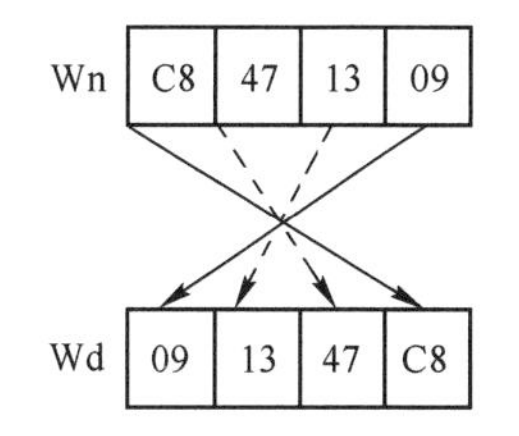

图 2-1　**位反转指令** RBIT　Wd, Wn

图 2-2　**字节反转指令** REV　Wd, Wn

16 位反转 REV16 指令将 Wn 或 Xn 分成 2 个或 4 个 16 位段，互换其中高低字节，如图 2-3 所示。32 位反转 REV32 指令将 Xn 分成 2 个 32 位段，反转其中各字节顺序，如图 2-4 所示。例如：

```
    // 假设 W3 = 0b11001000010001110001001100001001 = 0xC8471309
    rbit        w5, w3              // W5 = 0b10010000110010001110001000010011 = 0x90C8E213
    rev         w6, w3              // W6 = 0x091347C8
    rev16       w7, w3              // W7 = 0x47C80913
```

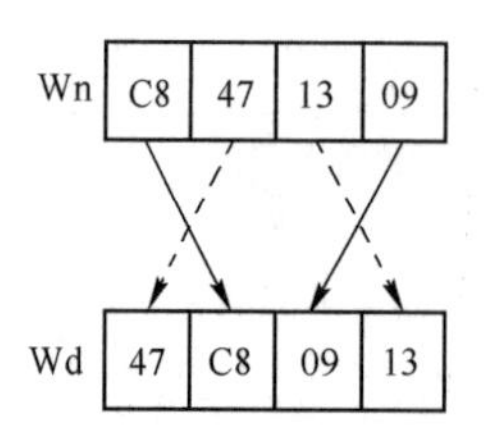

图 2-3　16 位反转指令 REV16　Wd, Wn

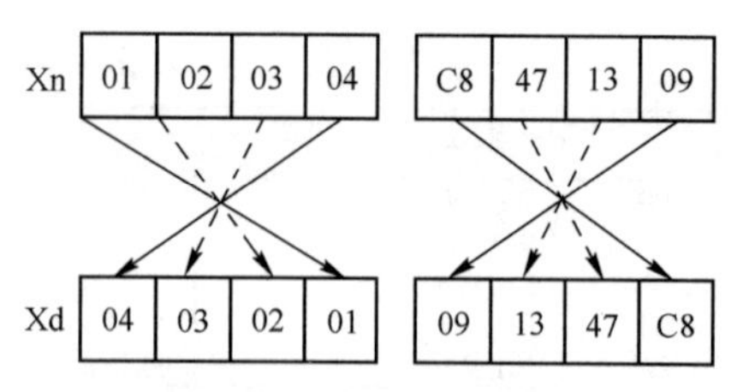

图 2-4　32 位反转指令 REV32　Xd, Xn

```
// 假设 X4 = 0x01020304C8471309
rev32     x8, x4                          // X8 = 0x04030201091347C8
rev64     x9, x4                          // X9 = 0x091347C804030201
```

3．位统计

零位统计指令 CLZ（Count Leading Zeros）从高位开始统计 Rn 中第一个“1”之前“0”（高位）的个数，传送给 Rd。而符号位统计指令 CLS（Count Leading Sign bits）从次高位开始统计 Rn 中与最高位（符号位）相同的位个数（遇到不相同停止计数），即延续最高位状态的位数，传送给 Rd（不包括最高位）。例如：

```
mov       x0, 0x1234                      // X0 = 0x1234
clz       x1, x0                          // X1 = 51（= 64-12）
mvn       x0, x0, lsl 20                  // X0 = 0xfffffffedcbfffff
cls       x2, x0                          // X2 = 30
```

4．位复制

位复制指令从源寄存器抽取若干位插入目的寄存器，实现灵活的位段复制操作，见表 2-9。其中 3 个有代表性的指令是：

```
bfi       rd, rn, lsb, width              // 位段插入：最低若干位复制到指定位置，其他位不变
bfxil     rd, rn, lsb, width              // 位段抽取插入：将若干位复制到最低位，其他位不变
extr      rd, rn, rm, lsb                 // 抽取寄存器：从两个源寄存器中抽取若干位组合而成
```

其中，“lsb”表示位段的起始位（32 位数据是 0～31，64 位数据是 0～63），“width”表示位段的位数（1～64 间合理的数字），如图 2-5～图 2-7 所示。

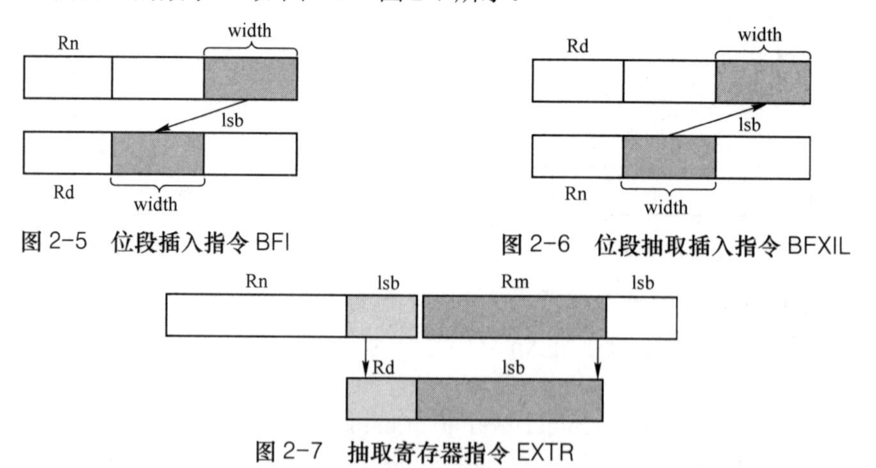

图 2-5　位段插入指令 BFI

图 2-6　位段抽取插入指令 BFXIL

图 2-7　抽取寄存器指令 EXTR

位段插入指令 BFI（Bitfield Insert）将源寄存器最低 width 位插入目的寄存器 lsb 位置，目的寄存器的其他位不变，见图 2-5。无符号位段插入指令 UBFIZ（Unsigned Bitfield Insert in

Zeros）将源寄存器最低 width 位插入目的寄存器 lsb 位置，目的寄存器其他位为 0。有符号位段插入指令 SBFIZ（Signed Bitfield Insert in Zeros）将源寄存器最低 width 位插入目的寄存器 lsb 位置，目的寄存器该位置之下（低位）的其他位为 0，该位置之上（高位）的其他位与复制位段最高位相同。

位段抽取插入指令 BFXIL（Bitfield eXtract and Insert Low）将源寄存器从 lsb 的 width 位复制到目的寄存器最低位，目的寄存器其他位不变，见图 2-6。无符号位段抽取指令 UBFX（Unsigned Bitfield eXtract）将源寄存器从 lsb 的 width 位复制到目的寄存器最低位，目的寄存器高位部分为 0。有符号位段抽取指令 SBFX（Signed Bitfield eXtract）将源寄存器从 lsb 的 width 位复制到目的寄存器最低位，目的寄存器高位部分与复制位段最高位相同。

抽取寄存器指令 EXTR（Extract Register）抽取第一个源寄存器 Rn 最低 lsb 位，组合第二个源寄存器 Rm 除最低 lsb 位的高位部分形成目的寄存器 Rd，见图 2-7。

对于例 2-5 的自然数求和程序，为了能够计算更大的 n 值（设 $n<2^{64}$），应考虑 64 位整数相乘，乘积是 128 位。这时，程序片段如下：

```
add     x1, x0, 1              // X1 = N + 1, X0 = N
mul     x2, x1, x0             // X2 = (1+N)×N 乘积低 64 位
umulh   x3, x1, x0             // X3 = (1+N)×N 乘积高 64 位
lsr     x1, x3, 1              // X1 = 高 64 位逻辑右移 1 位
extr    x0, x3, x2, 1          // X0 = 抽取、组合成低 64 位，实现 128 位逻辑右移 1 位
```

A64 指令集可以使用一条移位指令实现 64 位数据移位操作。但是，超过 64 位的数据移位就需要借助位复制指令，如上述程序片段的最后 1 条指令 EXTR（可以对照图 2-7 理解）。

2.5 存储器访问

CISC 的许多指令都可以访问存储器，而 RISC 采用 Load-Store 结构，即访问存储器操作数的指令只有载入（Load）和存储（Store）指令。ARM 处理器对应的指令是载入存储器操作数 LDR 和存储存储器操作数 STR，一般格式如下：

```
ldr     Rt, [address]          // 载入指令：Rt ← [address]
str     Rt, [address]          // 存储指令：Rt → [address]
```

其中，Rt 表示通用寄存器之一（32 位 Wt 或 64 位 Xt），在载入指令中是目的寄存器，在存储指令中则是源寄存器；[address]表示存储器操作数，具有多种表达形式，但最终合成一个存储器地址 address，数据从该处读出或者写入该处。汇编语言的地址符号“[ ]”对应 C 语言的获取内容运算符“*”，表示取地址处的内容（变量值）。

2.5.1 存储器寻址方式

运行的程序保存于主存储器，需要通过存储器地址访问程序的指令和数据。通过地址访问指令或数据的方法被称为寻址方式（Addressing Mode）。一条指令执行后，确定下一条执行指令的方法是指令寻址（第 3 章介绍）。指令执行过程中，访问所需操作的数据（操作数）的方法是数据寻址（Data-Addressing）。

处理器指令操作的对象是数据，灵活而高效的数据访问（寻址）方法对一个处理器来说非常重要。好在绝大多数指令采用相同的数据寻址方法，主要有 3 类：① 立即数寻址，从指令

的机器代码中获得数据（操作数）；② 寄存器寻址，从处理器的寄存器中访问数据（操作数）；③ 存储器寻址，从主存储器中访问数据（操作数）。

在立即数寻址中，数据（操作数）本身直接编码在指令的机器代码中，指令执行时可以立即从机器代码中获得。因此，这个数据被称为立即数（Immediate），只能是源操作数。汇编语言中，立即数多以常量形式表达。A64 的指令编码只有 32 位，立即数能够表达的范围有限，有时需要配合左移操作扩大数据范围。传送 MOV、加减法 ADD/SUB、逻辑与 AND、逻辑或 ORR、逻辑异或 EOR 等指令都支持立即数作为源操作数之一。

寄存器可以看做是处理器预先定义好的变量。寄存器寻址的数据就是寄存器的内容，其应用最为广泛，既作为目的操作数、也作为源操作数。几乎所有指令都要使用寄存器作为操作数，也就是支持寄存器寻址。A64 指令集中富有特色的寄存器寻址还为第二个源操作数提供了移位和扩展功能，如加、减运算、逻辑运算等指令，不再赘述。

通过存储器地址访问主存单元中的数据就是存储器寻址。A64 指令不支持存储器的直接寻址（Direct Addressing），也就是在指令编码中直接给出存储器地址的方式。因为 A64 指令采用 32 位编码，64 位地址无法直接编码。有些体系结构的处理器指令支持全地址编码，但需要占用较多空间。所以，ARM 处理器采用间接寻址（Indirect Addressing），即通过寄存器间接获得存储器地址，进而访问存储器。A64 指令集的存储器地址由一个 64 位通用寄存器（保存基础地址，称为基址寄存器）和可选的偏移量组成。偏移量可由立即数或者寄存器表达，形成了多种灵活的存储器寻址方式，如表 2-10 所示。

表 2-10　存储器寻址

存储器的间接寻址	指令表达格式
寄存器间接寻址（仅基址寄存器）	[Xn|SP]
带立即数偏移量的寄存器间接寻址	[Xn|SP, imm12]
后索引寻址	[Xn|SP], imm9
前索引寻址	[Xn|SP, imm9]!
带寄存器偏移量的寄存器间接寻址	[Xn|SP, Wm|Xm{, extend 0|2|3}]

1．寄存器间接寻址（Base Register Only）

如果存储器地址仅使用一个寄存器保存，就是存储器访问的寄存器间接寻址。A64 指令集认为这是偏移量为 0，仅利用基址寄存器的间接寻址。基址寄存器只能是 64 位通用寄存器 Xn 或者栈指针 SP，并加“[]”表示间接寻址，即表达为[Xn]或[SP]。一般格式（以载入指令为例，下同）：

```
    ldr     Rt, [Xn|Sp]                    // Rt ← [Xn|Sp]
```

例如，

```
    ldr     w2, [x1]                       // 32 位数据载入：W2 ← [X1]
    ldr     x4, [x3]                       // 64 位数据载入：X4 ← [X3]
```

2．带立即数偏移量的寄存器间接寻址（Base plus immediate offset）

存储器地址由基址寄存器加立即数表达的偏移量组成，称为带立即数偏移量的寄存器间接寻址，一般格式如下：

```
    ldr     Rt, [Xn|Sp, imm12]             // Rt ← [Xn|SP + imm12]
```

其中，imm12 是一个 12 位无符号数表达的地址偏移量，对 32 位指令需是 0～16380（$2^{12}\times4-4$）

之间 4 的倍数，对 64 位指令需是 0～32760（$2^{12}\times8-8$）之间 8 的倍数。只采用 4 或 8 倍数的偏移量是为了保证数据对齐存储器地址。例如：

```
        ldr     w6, [x1, 4]             // 32 位数据载入：W6 ← [X1 + 4]
        ldr     x8, [x1, 240]           // 64 位数据载入：X8 ← [X3 + 240]
//      ldr     x10, [x1, 404]          // 非法指令！64 位载入指令的立即数偏移量不是 8 的倍数
//      ldr     x10, [x1, 32768]        // 非法指令！立即数偏移量超出范围
```

3．后索引寻址（Post-index）

在对数组等数据结构进行操作时，经常需要逐个访问每个元素。这时访问前一个元素后，将基址寄存器加上偏移量，就为访问下一个元素做好了准备。因此，设计后索引寻址方式的指令具有两个功能：先通过[Xn|SP]间接寻址访问存储器内容，再将 Xn|SP 加上偏移量更新 Xn|SP 的地址。指令格式如下：

```
        ldr     Rt, [Xn|Sp], imm9       // Rt ← [Xn|SP], Xn|SP = Xn|SP + imm9
```

其中，偏移量 imm9 是 1 字节的有符号数，数据范围为-256～255。例如：

```
        ldr     x11, [x3], 8            // X11 ← [X3], X3 = X3 + 8
```

4．前索引寻址（Pre-index）

前索引寻址方式的指令也具有两个功能：先将 Xn|SP 加上偏移量更新 Xn|SP 的地址，然后用[Xn|SP]间接寻址访问存储器内容。指令格式如下：

```
        ldr     Rt, [Xn|Sp, imm9]!      // Rt ← [Xn|SP + imm9], Xn|SP = Xn|SP + imm9
```

其中，imm9 是-256～255 之间的偏移量。为了有别于立即数偏移量的寄存器间接寻址，最后添加“!”以示注意。例如：

```
        ldr     x12, [x3, -8]!          // X12 ← [X3 - 8], X3 = X3 - 8
```

5．带寄存器偏移量的寄存器间接寻址（Base plus register offset）

如果地址偏移量保存于通用寄存器，与基址寄存器一起构成存储器地址，这就是带寄存器偏移量的寄存器间接寻址，指令格式如下：

```
        ldr     Rt, [Xn|Sp, Wm|Xm{, extend 0|2|3}]    // Rt ← [Xn|SP + Wm|Xm（可选扩展）]
```

其中，保存偏移量的寄存器也称为索引（index）寄存器，extend 表示对偏移量进行移位或扩展。extend 默认是左移操作符 LSL，对 32 位指令可以左移 0 或 2 位（相当于乘 4），对 64 位指令可以左移 0 或 3 位（相当于乘 8）。例如：

```
        ldr     w15, [x1, x5]           // 32 位载入指令：W15 ← [X1 + X5]
        ldr     x17, [x3, x5]           // 64 位载入指令：X17 ← [X3 + X5]
        ldr     w16, [x1, x5, lsl 2]    // 32 位载入指令：W16 ←[X1 + (X5×4)]
        ldr     x18, [x3, x5, lsl 3]    // 64 位载入指令：X18 ← [X3 + (X5×8)]
```

若索引寄存器是 32 位 Wm，则 extend 需要使用扩展操作符 UXTW 或 SXTW 零位扩展或符号扩展为 64 位，并支持 2 位或 3 位的左移操作。例如：

```
        ldr     w21, [x1, w5, uxtw]     // 32 位载入指令：W21 ← [X1 + 零位扩展 W5]
        ldr     x22, [x3, w5, sxtw]     // 64 位载入指令：X22 ← [X3 + 符号扩展 W5]
        ldr     x23, [x3, w5, uxtw 3]   // 64 位载入指令：X23 ← [X3 + 零位扩展 W5×8]
```

由此可见，ARM 处理器设计了多种存储器寻址，目的是更加灵活、高效地访问高级语言的各种数据结构。

2.5.2 载入和存储指令

载入和存储指令的功能很明确，就是读取存储器数据并输入目的寄存器，或者将寄存器数据传输到存储器中。A64 指令集支持多种存储器地址组合形式，因此有多种存储器寻址方式。

1．载入指令

载入指令 LDR（Load Register）从存储器读取一个字或双字数据，保存于 32 位或 64 位通用寄存器，这是 A64 指令集最常用的载入指令。除此之外，LDRB（Load Register Byte）指令从存储器载入一个字节数据、LDRH（Load Register Halfword）指令从存储器载入一个半字数据，零位扩展，传送给 32 位通用寄存器。高 32 位为 0，相当于传送给 64 位通用寄存器。

另外，LDRSB（Load Register Signed Byte）指令从存储器载入一个字节数据、LDRSH（Load Register Signed Halfword）指令从存储器载入一个半字数据，符号扩展，传送给 32 位或 64 位通用寄存器。LDRSW（Load Register Signed Word）指令从存储器载入一个字数据，符号扩展，传送给 64 位通用寄存器。

这些载入指令（表 2-11 上部）都支持前述的存储器寻址方式（见表 2-10）。

表 2-11　载入和存储指令

指令助记符		指令功能
LDR	Rt, [address]	载入一个字数据到 Wt 或一个双字数据到 Xt 寄存器
LDRB	Wt, [address]	载入一个字节数据，零位扩展为 32 位，传输给 Wt 寄存器
LDRH	Wt, [address]	载入一个半字数据，零位扩展为 32 位，传输给 Wt 寄存器
LDRSB	Rt, [address]	载入一个字节数据，符号扩展为 32 位或 64 位传输给 Wt 或 Xt 寄存器
LDRSH	Rt, [address]	载入一个半字数据，符号扩展为 32 位或 64 位传输给 Wt 或 Xt 寄存器
LDRSW	Xt, [address]	载入一个字数据，符号扩展为 64 位传输给 Xt 寄存器
STR	Rt, [address]	存储 Wt 的字或 Xt 的双字数据到存储器中
STRB	Wt, [address]	存储 Wt 的最低字节数据到存储器中
STRH	Wt, [address]	存储 Wt 的最低半字数据到存储器中

【例 2-6】 C 语言的全局变量（e206_Gvar.c）。

通过对比 C 语言代码和汇编语言代码，理解全局（静态）变量的本质。

```
#include <stdio.h>
long  xvar = 1234567890;            /* 在函数外进行变量声明，定义全局变量 */
int  wvar = 12345678;
short  hvar = 1234;
char  bvar = 12;
int main()
{
   printf("xvar=%ld, wvar=%d, hvar=%hd, bvar=%d", xvar, wvar, hvar, bvar);
   return 0;
}
```

对于 C 语言在函数之外声明的全局变量或使用 static 说明的静态变量，将在数据区分配存储空间，保存其初值：

```
        .data
        .global  xvar, wvar, hvar, bvar
```

```
xvar:     .xword    1234567890
wvar:     .word     12345678
hvar:     .hword    1234
bvar:     .byte     12
.LC0:     .string   "xvar=%ld, wvar=%d, hvar=%hd, bvar=%d"
```

让 GCC 生成汇编语言代码，看如何从存储器读取变量值：

```
        adrp    x0, xvar                // 获得 xvar 变量的地址（详见 2.5.4 节）
        add     x0, x0, :lo12:xvar
        ldr     x1, [x0]                // 载入 64 位变量：X1 ← xvar 变量值
        adrp    x0, wvar                // 获得 wvar 变量的地址
        add     x0, x0, :lo12:wvar
        ldr     w2, [x0]                // 载入 32 位变量：W2 ← wvar 变量值
        adrp    x0, hvar                // 获得 hvar 变量的地址
        add     x0, x0, :lo12:hvar
        ldrsh   w3, [x0]                // 载入 16 位变量，符号扩展：W3 ← hvar 变量值
        adrp    x0, bvar                // 获得 bvar 变量的地址
        add     x0, x0, :lo12:bvar
        ldrb    w4, [x0]                // 载入 8 位变量，零位扩展：W4 ← bvar 变量值
        adrp    x0, .LC0                // 获得显示字符串的地址
        add     x0, x0, :lo12:.LC0
        bl      printf                  // 调用 C 语言 printf 函数，显示变量值
```

本例中，printf()函数有 5 个参数，按照 AArch64 调用规范依次用通用寄存器 X0～X4 传递（详见第 4 章）。对于 16 位有符号整数（short）需要符号扩展（LDRSH 指令）保存于 32 位寄存器。注意，在 ARM64 平台，GCC 对字符变量（char）默认是无符号类型，故 8 位无符号数需要零位扩展（LDRB 指令）保存于 32 位寄存器。可在 GCC 编译时加入“-fsigned-char”选项，则指定 ARM64 平台下的 char 为有符号数。

由于这些变量都是在相邻的存储单元中，不需重复获取地址，故可以优化为：

```
        adrp    x0, xvar                // 获得 xvar 变量的地址（详见第 2.5.4 节）
        add     x0, x0, :lo12:xvar
        ldr     x1, [x0]                // 载入 64 位变量：X1 ← xvar 变量值
        ldr     w2, [x0, 8]             // 载入 32 位变量：W2 ← wvar 变量值
        ldrsh   w3, [x0, 12]            // 载入 16 位变量，符合扩展：W3 ← hvar 变量值
        ldrb    w4, [x0, 14]            // 载入 8 位变量，零位扩展：W4 ← bvar 变量值
        add     x0, x0, 15
        bl      printf                  // 调用 C 语言 printf 函数，显示变量值
```

2. 存储指令

存储指令 STR（Store Register）把 32 位寄存器的一个字或 64 位寄存器的一个双字数据存入存储器，这是 A64 指令集最常用的存储指令。除此之外，STRB（Store Register Byte）指令将 32 位寄存器的最低一个字节数据，STRH（Store Register Halfword）指令将 32 位寄存器的最低半字数据存储到存储单元中。这些存储指令（表 2-11 下部）同样支持上述所有存储器寻址方式（见表 2-10）。

3. 非对齐载入和存储指令

载入 LDR 和存储 STR 指令的存储器地址支持 12 位无符号数作为偏移量，但限定只能是

范围内 4 倍（32 位指令）或 8 倍（64 位指令）的数值，以便对齐地址。不过，汇编程序也允许-256～256 数值作为偏移量。但实际上，这是无比例载入 LDUR（Load Register unscaled）和无比例存储 STUR（Store Register unscaled）指令，格式如下：

```
ldur    Rt, [Xn|Sp, imm9]        // 载入指令：Rt ← [Xn|SP{ + imm9}]
stur    Rt, [Xn|Sp, imm9]        // 存储指令：Rt → [Xn|SP{ + imm9}]
```

其中，imm9 表达有符号数-256～256 偏移量，不支持按 4 或 8 倍比例扩大。所以，LDUR 和 STUR 可以访问不对齐地址边界的存储器单元，常被称为非对齐载入和存储指令。

LDUR 指令载入一个字或双字数据到 32 位 Wt 或 64 位 Xt 寄存器。而 LDURB 和 LDURH 指令从存储器载入一字节或半字数据，零位扩展为 32 位，存入 32 位 Wt 寄存器。同样，LDURSB 和 LDURSH 指令从存储器载入一个字节或半字，但符号扩展为 32 位或 64 位，存入 32 位 Wt 或 64 位 Xt 寄存器。LDURSW 指令从存储器载入一个字，符号扩展为 64 位，存入 Xt 寄存器。

STUR 指令将 32 位 Wt 或 64 位寄存器 Xt 的一个字或双字数据存储到存储器，而 STURB 和 STURH 指令将 32 位通用寄存器的最低一个字节或半字数据，存入存储器。例如：

```
ldr     w25, [x1, -4]            // 等同于指令：ldur  w25, [x1, - 4]
str     x25, [x3, -16]           // 等同于指令：stur  x25, [x3, - 16]
```

2.5.3 成对载入和存储指令

为提高存储器访问效率，ARM 处理器设计有将多个数据载入寄存器和多个寄存器内容存储到存储器的批量载入和存储指令。A64 整数指令集将其简化为寄存器对的载入和存储指令。

1．寄存器对的存储器访问指令

寄存器对的存储器访问指令将任意两个通用寄存器 Rt1 和 Rt2 作为一对，与两个地址连续的存储器空间进行 2 个字数据或 2 个双字数据的载入和存储操作，其指令格式和支持的存储器寻址方式如表 2-12 所示。

表 2-12　寄存器对的存储器访问指令

指令助记符		指令功能	存储器寻址方式（[address]）
LDP	Rt1, Rt2, [address]	载入：Rt1.Rt2 ← [address]	仅基址寄存器：[Xn|SP] 带立即数偏移量：[Xn|SP, imm7] 后索引：[Xn|SP], imm7 前索引：[Xn|SP, imm7]!
STP	Rt1, Rt2, [address]	存储：Rt1.Rt2 → [address]	
LDPSW	Xt1, Xt2, [address]	载入：Rt1.Rt2 ← [address]	

LDP（Load Pair of Registers）指令把地址连续的两个 32 位或 64 位存储器数据分别载入两个 32 位 Wt 或 64 位 Xt 寄存器。

STP（Store Pair of Registers）指令把两个 32 位 Wt 或 64 位 Xt 寄存器的数据存入地址连续的存储器空间。

LDPSW（Load Pair of Registers Signed Word）指令载入两个 32 位存储器数据，符号扩展后，传送给两个 64 位通用寄存器。

这 3 条指令采用相同的存储器寻址方式（表 2-10 前 4 种），支持采用立即数作为偏移量形式，不过立即数只有 7 位（imm7）。对于 32 位指令，偏移量只能是-256～252 间的 4 倍数值；对于 64 位指令，偏移量只能是-512～504 间的 8 倍数值。例如：

```
    ldp      w2, w4, [x3]                     // 32 位成对载入：W2 ←[X3], W4 ←[X3 + 4]
    stp      x6, x8, [x5]                     // 64 位成对存储：X6 →[X5], X8 →[X5 + 8]
```

2．栈操作

利用一对寄存器访问存储器能够更有效地传输存储器数据，也便于栈（Stack）操作。高级语言中，堆（Heap）和栈（Stack）是两个不同的概念，汇编语言不直接支持堆的操作，故常将栈称为堆栈。栈是一个较为特殊的主存区段，用于函数调用等。栈采用“后进先出（LIFO）”原则访问，数据只能从栈顶部压入（Push）或从栈顶部弹出（Pop），栈顶部位置由栈指针 SP 确定。AArch64 的栈使用“向下生长”方式（与 Intel 80x86 处理器一样），压入数据（栈空间增加）、地址减量（SP 减小），弹出数据（栈空间减少）、地址增量（SP 增大），如图 2-8 所示。

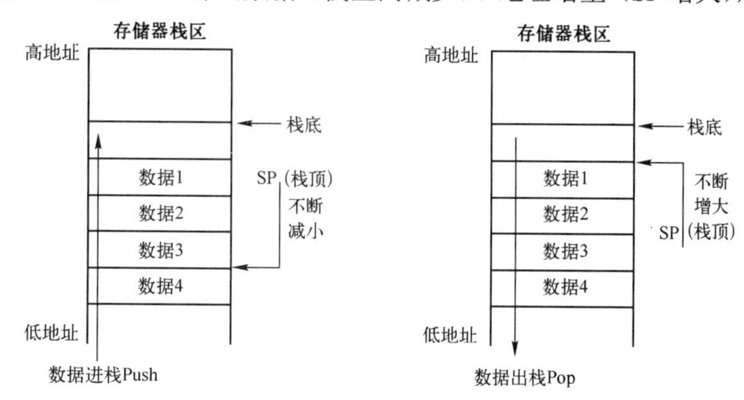

图 2-8　ARMv8 处理器的栈操作

数据压入栈的操作需要先减量 SP 留出存储空间，然后存储数据，故可以使用 SUB 和 STR 指令组合实现。栈数据的弹出操作需要载入存储器数据，然后增量 SP 释放存储空间，故可以使用 LDR 和 ADD 指令组合实现。A64 指令集没有专门的压入和弹出指令，而 SUB 和 STR 指令组合功能对应采用前索引寻址的 STR 指令，LDR 和 ADD 指令组合对应采用后索引寻址的 LDR 指令，可用于堆栈压入和弹出操作。例如：

```
    str      x8, [sp, -16]!              // 数据压入堆栈：X8 →[SP - 16], SP = SP - 16
    ldr      x8, [sp], 16                // 堆栈数据弹出：X8 ← [SP], SP = SP + 16
```

注意，AArch64 的调用规范要求 SP 指向的存储器地址是 16 字节对齐。压入或弹出一个 64 位（8 字节）数据，如果 SP 减或增 8，栈地址就不对齐了。所以，让 SP 减或增 16，使其对齐，但浪费了空间。不过，更有效的方法是每次访问 2 个 64 位数据，就是使用 STP 和 LDP 指令。例如：

```
    stp      x29, x30, [sp, -16]!        // 压入（保护）FP（X29）和 LR（X30），SP = SP - 16
    ldp      x29, x30, [sp], 16          // 弹出（恢复）FP（X29）和 LR（X30），SP = SP + 16
```

这是函数体开始和结束通常需要的两条指令（见 C 语言生成的汇编语言代码）。之所以保护这对寄存器，是因为 X29 通常作为函数的帧指针 FP（Frame Pointer），X30 用于保存返回地址（被称为 LR，即连接寄存器），详见第 4 章。

【例 2-7】 C 语言的局部变量（e207_Lvar.c）。

通过对比 C 语言代码和汇编语言代码，理解局部变量的本质。

```
#include <stdio.h>
```

```
int main()
{
    long  xvar = 1234567890;                        // 在函数内进行变量声明，定义局部变量
    int  wvar = 12345678;
    short  hvar = 1234;
    char  bvar = 12;
    printf("xvar=%ld, wvar=%d, hvar=%hd, bvar=%d", xvar, wvar, hvar, bvar);
    return 0;
}
```

GCC 生成的主函数部分的汇编语言代码如下（删除了调试信息，添加了语句注释）：

```
main:
        stp         x29, x30, [sp, -32]!        // 保护 X29 和 X30，SP 减量 32，为局部变量预留空间
        add         x29, sp, 0                  // X29 = SP，作为该函数的帧指针
        mov         x0, 722
        movk        x0, 0x4996, lsl 16          // X0 = 1234567890 = (0x4996<<16) + 722
        str         x0, [x29, 24]               // 保存 X0，即变量 xvar
        mov         w0, 24910
        movk        w0, 0xbc, lsl 16            // W0 = 12345678 = (0xBC<<16) + 24910
        str         w0, [x29, 20]               // 保存 W0，即变量 wvar
        mov         w0, 1234                    // W0 = 1234
        strh        w0, [x29, 18]               // 保存 W0 低半字，即变量 hvar
        mov         w0, 12                      // W0 = 12
        strb        w0, [x29, 17]               // 保存 W0 低字节，即变量 bvar
        ldrsh       w1, [x29, 18]               // W1 ← hvar
        ldrb        w2, [x29, 17]               // W2 ← bvar
        adrp        x0, .LC0                    // 获取字符串地址高 21 位
        add         x0, x0, :lo12:.LC0          // 组合字符串地址低 12 位，形成 33 位字符串地址保存于 X0
        mov         w4, w2                      // W4 = W2 (←bvar)
        mov         w3, w1                      // W3 = W1 (←hvar)
        ldr         w2, [x29, 20]               // W2 ← wvar
        ldr         x1, [x29, 24]               // X1 ← xvar
        bl          printf                      // 调用 C 语言 printf()函数，显示变量值
        mov         w0, 0
        ldp         x29, x30, [sp], 32          // 恢复 X29 和 X30，SP 增量 32，释放占用的栈空间
        ret                                     // 主函数返回
```

高级语言的局部变量（也称自动变量）保存于函数的栈区，相当于栈区的一帧，被称为栈帧（Stack Frame）。AArch64 使用通用寄存器 X29 作为帧指针 FP 访问栈帧。利用帧指针 FP 访问栈帧，可以避免栈指针 SP 被破坏（而可能导致栈区出错）。

2.5.4 地址生成指令

使用载入和存储指令可以读写存储器数据，但需要首先获得这个数据所在的存储器地址，这就需要使用存储器地址生成指令。或者说，AArch64 执行状态访问存储器数据需要两个步骤。首先利用地址生成指令获得存储单元的地址，并存入某通用寄存器；然后以此地址为基础，使用载入和存储指令读写存储单元的数据。

1. 获取 PC 相对地址指令

64 位存储器地址无法直接获得，所以指令均使用相对于当前指令地址 PC 的偏移量表示

存储器位置。存储器地址如果相对于程序计数器 PC 计算，可以生成位置独立的代码，便于重定位。因为这样的话，为代码分配存储器时，只需确定 PC 位置即可。

ADR 指令获得一个标号相对于当前 PC 的地址，格式如下：

```
    adr      Xd, label                  // Xd = label 的地址（PC + 偏移量）
```

在汇编语言指令中，label 是一个标号，而在 ADR 指令的机器代码中，它是当前指令的存储器地址（PC 值）相对于标号所在位置的偏移量（Offset）。由于 A64 指令字长是 32 位，ADR（Form PC-relative address）指令的偏移量只有 21 位编码，只能表达相对当前 PC 值±1 MB 范围。所以，超出这个范围的位置将无法生成相对地址。

如果要获得更大范围的相对 PC 地址，可以使用 ADRP 指令，格式如下：

```
    adrp     Xd, label                  // Xd = label 的地址（PC + 屏蔽低 12 位的偏移量）
```

ADRP（Form PC-relative address to 4KB page）指令获取的存储器地址是 PC 值加上偏移量高 21 位、低 12 位被屏蔽为 0 的结果，因此其范围可达±4 GB（33 位）。ADRP 指令代码的 21 位编码是偏移量的高 21 位、需左移 12 位再与当前 PC 值相加，或者说，获得的地址是以页（4 KB）为单位的。此时，偏移量低 12 位可以配合 GNU 汇编程序 AS 的地址生成操作符获得。

2．地址生成操作符

为弥补 A64 指令集的不足，AS 汇编程序为 AArch64 的重定位引入若干地址生成操作符。

ADRP、ADD、LDR 和 STR 指令可以在标号前使用“:pg_hi21:”和“:lo12:”操作符，分别表示生成标号地址的高 21 位（位 32～12）和低 12 位（位 11～0）。

例如，生成 label 标号 33 位地址范围的 PC 相对地址保存于 X0 寄存器的指令（见例 2-7 汇编语言代码）：

```
    adrp     x0, :pg_hi21:label         // 等效于：adrp  x0, label，因为“:pg_hi21:”可省略
    add      x0, x0, :lo12:label        // X0 = 地址高 21 位 + 地址低 12 位
```

再如，把 var 变量值载入 X2 寄存器的指令：

```
    adrp     x1, var                    // X1 = 地址高 21 位（低 12 位为 0）
    ldr      x2, [x1, :lo12:var]        // X2 ← [地址高 21 位 + 地址低 12 位]
```

配合 MOVZ 和 MOVK 指令可以在标号前采用“:abs_g0_nc:”“:abs_g1_nc:”和“:abs_g2:”操作符，表示依次获取标号低 16 位（不检测地址溢出）、次低 16 位（不检测地址溢出）和次高 16 位。例如，获取 label 标号 48 位绝对地址、传送给 X3 寄存器的指令：

```
    movz     x3, :abs_g2:label          // 获取次高 16 位（位 47～32）
    movk     x3, :abs_g1_nc:label       // 获取次低 16 位（位 31～16）
    movk     x3, :abs_g0_nc:label       // 获取低 16 位（位 15～位 0）
```

3．载入地址伪指令

汇编程序 AS 为方便获取变量的存储器地址，还为 A64 指令集引入了伪指令 LDR，其格式如下：

```
    ldr      Rd, =label                 // Rd ← label 的地址（数值）
```

注意，LDR 伪指令的“=”必不可少，否则就是 LDR 指令；label 可以是变量名等标号（但实际上表示其存储器地址），还可以是任何数值表达式。伪指令 LDR 的功能是将 label 的地址传输给目的寄存器 Rd，虽与指令 ADR 功能相同，但实现机制不同。对 LDR 伪指令，AS 汇编程序先将 label 的地址保存于最近的数据缓冲区（Literal pool，多译为文字池），然后生成文字池 LDR 指令从该存储器单元载入 label 的地址（数值），如图 2-9 所示（左边的地址是示例）。汇

编程序通常在代码区最后、距离 LDR 指令不超过±1 MB 范围开辟数据缓冲区（文字池），以满足 PC 相对地址的范围要求。

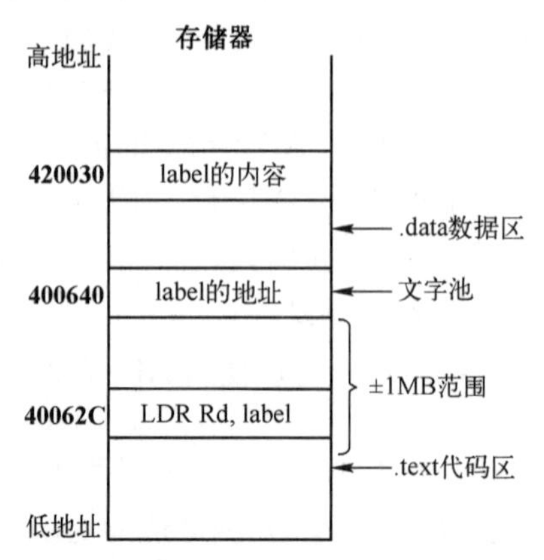

图 2-9 数据缓冲区（文字池）的存储机制

采用 PC 相对寻址，通过数据缓冲区（文字池）载入数据的 LDR 指令格式如下：

```
        ldr     Rt, label                        // Rt ← [label]
```

LDR 指令中的 label 仍表达的是±1 MB 范围的 PC 地址偏移量，LDR 指令执行时从该偏移量位置载入数据。注意，LDR 指令中的标号，并不是 LDR 伪指令中的标号，而是指向 LDR 伪指令设置的数据缓冲区，这个缓冲区内保存了 LDR 伪指令中的标号地址。所以，LDR 指令获取的是 LDR 伪指令中标号的地址。

例如，例 1-2 信息显示汇编语言程序中，ADR 指令可以替换为 LDR 伪指令：

```
        ldr     x0, =msg                         // X0 ← msg 的地址
```

为探究伪指令 LDR 实现的机制，对生成的可执行文件进行反汇编，命令如下：

```
        objdump -s -d  e102_hello > e102_hello6.txt
```

查阅反汇编时生成的文本文件，在 main 代码区，LDR 伪指令生成 LDR 指令（左侧地址与指令在程序中的位置有关，并不固定，这里是一个示例）：

```
40062c:  580000a0      ldr      x0, 400640 <main+0x18>
```

这表示 LDR 指令从地址“400640”（地址默认采用十六进制），即 main 代码区开始 0x18 偏移位置载入数据。查阅此位置，可以看到其紧接着 main 函数返回指令 RET 之后，内容是：

```
400640:  00420030     .word      0x00420030
400644:  00000000     .word      0x00000000
```

表示地址“400640”的存储单元存放了数据“0x00420030”，该数据被赋值给 X0 寄存器。在数据区地址“420030”位置可以发现，这个存储器地址开始保存了字符串“Hello, ARMv8!”。

另外，利用伪指令 LDR 支持数值表达式的特点，可以方便地实现 64 位数据传送（类似 64 位立即数传送）。例如（例 2-1 中的 64 位立即数传送）：

```
//      mov     x5, 0x8070605040302010
        ldr     x5, =0x8070605040302010          // X5 = 0x8070605040302010
```

查阅反汇编代码如下：

```
400634:  580000e5      ldr      x5, 400650 <main+0x28>
...
400650:  40302010      .word    0x40302010
400654:  80706050      .word    0x80706050
```

可见，64 位数据被汇编程序保存于数据缓冲区（文字池），然后利用 LDR 指令获得这个数据。虽然采用伪指令 LDR 编程似乎更简洁方便，但实际上采用 ADRP 指令更加高效，因为 ADRP 指令不需在存储器开辟数据缓冲区，也不需访问存储器，所以 GCC 编译程序采用 ADRP 指令获取存储器地址。

注：为简化代码，本书很多示例程序采用了伪指令 LDR（或指令 ADR）。实际应用中应采用 ADRP 指令，配合“:lo12:”操作符。

【例 2-8】 显示结果的自然数求和程序（e208_sumN.s）。

继续完善例 2-5 自然数求和程序：$1+2+3+\cdots+n=(1+n)\times n\div 2$，调用 C 语言标准库函数加入从键盘输入 n 值，并显示累加和值。C 语言的程序（e208_sumN.c）代码如下：

```
#include <stdio.h>
int main()
{
   unsigned long  N;
   printf("Enter a number: ");
   scanf("%lu",&N);
   printf("The Sum is: %lu\n", (1+N)*N/2);
   return 0;
}
```

汇编语言程序（e208_sumN.s）可以是：

```
         .data
msgin1:  .string  "Enter a number: "
msgin2:  .string  "%lu"
msgout:  .string  "The Sum is: %lu\n"
N:       .xword   0
         .text
         .global  main
main:    stp      x29, x30, [sp, -16]!
         ldr      x0, =msgin1              // X0 = msgin1 的地址
         bl       printf                   // 显示输入一个数值
         ldr      x0, =msgin2              // X0 = msgin2 的地址
         ldr      x1, =N                   // X1 = 变量 N 的地址
         bl       scanf                    // 输入一个数值
         ldr      x1, =N                   // X1 = 变量 N 的地址
         ldr      x1,[x1]                  // 载入数值：X1 = N
         madd     x1, x1, x1, x1           // 乘加运算：X1 = N + N×N
         lsr      x1, x1, 1                // 逻辑右移：X1 = X1>>1 = (1+N)×N÷2
         ldr      x0, =msgout              // X0 = msgout 的地址
         bl       printf                   // 显示自然数求和结果
         mov      x0, 0
         ldp      x29, x30, [sp], 16
         ret
```

输入功能使用 C 语言标准函数 scanf()，有两个参数，数据格式符字符串的地址和变量的地址，分别通过 X0 和 X1 传递。调用 scanf()函数后，需通过变量载入从键盘输入的数值。

小 结

本章介绍了 A64 指令集整数的传输、算术运算、位操作、存储访问等指令，读者可以通过指令示例、汇编语言程序片段、C 语言语句的汇编语言代码等熟悉指令功能，尝试用汇编语言编写一些功能简单的程序掌握指令应用，并借助调试程序深入理解指令执行机理或处理器工作原理。习题可以提供一些帮助，但需要读者在开发环境中亲自实践和领悟。

习 题 2

2.1 判断题。

（1）指令中的立即数在汇编语言常表达为常量，只用作源操作数。

（2）ADD 和 ADDS 都是加法指令，但前者不更新 N、Z、C、V 标志，后者根据加法结果设置 N、Z、C、V 标志。

（3）ANDS 和 TST 都是进行逻辑与操作的指令，且两者都设置 N、Z、C、V 标志，所以两者是同一条指令、但助记符不同。

（4）位扩展指令分成无符号数的零位扩展和有符号数的符号扩展，共 5 条指令，但实际上都是便于编程应用的别名。

（5）仅使用 ADRP 指令就能够获取标号的 33 位地址偏移量。

2.2 填空题。

（1）A64 许多指令的源操作数寄存器 Rn 可以使用零值寄存器 ZR 起到特殊作用。例如，逻辑或指令“ORR Rd, ZR, Rm”和“ORR Rd|SP, ZR, imm12”的别名指令分别是________和________，实现了传送功能。再如，减法指令“SUB Rd, ZR, Rm{, shift imm6}”和“SBC Rd, ZR, Rm”的别名指令分别是________和________，实现了求补功能。

（2）对两个 32 位无符号整数，若相乘的乘积不超过 32 位，可以使用________乘法指令；若相乘的乘积超过了 32 位，可以使用________乘法指令。对两个 32 位有符号整数，若相乘的乘积不超过 32 位，可以使用________乘法指令；若相乘的乘积超过了 32 位，可以使用________乘法指令。

（3）执行“TST W1, 0b1”指令后，若标志 Z = 0，则说明寄存器 W1 最低位是________；若标志 Z = 1，则说明寄存器 W1 最低位是________。

（4）访问主存数据，需要使用寄存器间接寻址。假设数组的每个元素是 32 位整数，数组的地址在 X3 寄存器中，则 LDR 或 STR 指令访问数组首元素的地址表达为________，访问下一个元素的地址表达为________；若希望在访问首元素的同时让 X3 指向下一个元素，则地址表达为________；若要求直接访问下一个元素，并让 X3 指向下一个元素，则地址表达为________。

（5）A64 指令集没有设计专门的栈操作指令，压入栈数据通常使用________或________指令，弹出栈数据通常使用________或________指令，由于 ARM64 要求堆栈对齐 16 字节地址，这些指令的栈指针 SP 应该以________为单位进行减量或增量。

2.3 单项选择题。

（1）立即数传送指令的立即数不符合要求的是（ ）指令。

A．mov w5, 0　　B．mov x5, 0x100

C．mov w5, 0x12345678　　D．mov x5, -0x100

（2）把 W2 内容保存于存储器地址 X3+8 位置，同时 X3 增量 8 的是（ ）指令。

A．str　w2, [x3], 8　　　　B．str　w2, [x3, 8]

C．str　w2, [x3], 8!　　　　D．str　w2, [x3, 8]!

（3）栈指针 SP 是专用寄存器，只有部分数据处理指令可以将其作为操作数，其中有（　　）指令。

A．MADD　　B．SDIV　　C．MUL　　D．SUB

（4）指令 LDR 的源操作数采用（　　）寻址方式。

A．存储器　　B．寄存器　　C．立即数　　D．指令

（5）假设 msg 变量所在的位置距离当前指令的偏移量不超过 1MB，获取 msg 变量的存储器地址，可以使用（　　）指令。

A．mov　x0, msg　　　　B．adr　x0, msg

C．adrp　x0, msg　　　　D．ldr　x0, msg

2.4　简答题。

（1）指令别名有什么作用？

（2）ARM 处理器的寄存器移位寻址，移位操作符有哪 4 种？

（3）ARM 处理器的寄存器扩展寻址，扩展操作符有哪些？

（4）精简指令集计算机 RISC 采用 Load-Store 结构是什么含义？

（5）获取存储器地址使用 ADRP 指令和 LDR 伪指令，那个性能更优、为什么？

2.5　说明如下非法指令的错误原因，并尝试按原意修改正确。

（1）mov　x4, wzr　　　　（2）mov　w6, 0x88664422

（3）add　w5, w3, x4　　　　（4）add　w0, 100, w1

（5）adc　w0, w1, 100

2.6　给如下指令加上注释，说明其实现的功能。

```
mov     x0, x1                    // （1）______
add     w0, w5, 27                // （2）______
add     w0, w1, w2                // （3）______
adds    x0, x1, x2                // （4）______
add     sp, sp, 256               // （5）______
add     w0, w1, w2, lsl 3         // （6）______
add     x0, x0, x0, lsl 2         // （7）______
add     x1, x2, x3, lsr 4         // （8）______
subs    x0, x4, x3, asr 2         // （9）______
cmp     w3, w4                    // （10）______
```

2.7　什么是无符号数的零位扩展和有符号数的符号扩展？给出如下指令的执行结果。

```
mov     w1, 0x18                  // （1）W1 = 0x______
add     w5, wzr, w1 uxtb          // （2）W5 = 0x______
add     w6, wzr, w1 sxtb          // （3）W6 = 0x______
mov     w2, 0x81                  // （4）W2 = 0x______
add     w7, wzr, w2 uxtb          // （5）W7 = 0x______
add     w8, wzr, w2 sxtb          // （6）W8 = 0x______
```

2.8　条件标志 NZCV 各是什么含义？给出如下指令的执行结果和条件标志状态。

```
mov     w1, 0x7c                  // （1）W1 = 0x______
adds    w5, w1, 0x3a              // （2）W5 = 0x______, NZCV = 0b______
adds    w6, w1, 0xaa lsl 24       // （3）W6 = 0x______, NZCV = 0b______
subs    w7, w1, 0x3a              // （4）W7 = 0x______, NZCV = 0b______
```

```
    subs     w8, w1, 0xaa                   // （5）W8 = 0x______, NZCV = 0b______
    subs     w9, w1, 0xaa lsl 24            // （6）W9 = 0x______, NZCV = 0b______
    subs     w10, w1, 0xaa lsl 30           // （7）W10 = 0x______, NZCV = 0b______
```

2.9 书写一条 A64 指令完成如下功能。

（1）复制 X6 寄存器的内容给 X9 寄存器。

（2）为 32 位寄存器 W1 赋值-100。

（3）将 X3 寄存器内的数值减去 X2 寄存器，保存结果在 X1 寄存器。

（4）将 X1 数值乘以 4、然后与 X5 相加，结果仍保存于 X5，同时设置条件标志。

（5）W2 在最低 8 位保存一个有符号数，与 X3 中 64 位有符号数相加，结果存入 X4。

2.10 整数与一个较小整数相乘，经常使用加减运算和移位操作实现。然而，A64 指令集的乘法指令 MUL 也非常高效，所以如果能够使用不超过 2 条指令实现乘法，其性能才优于直接使用乘法指令。仅使用不超过 2 条加减法指令分别实现将 X10 内容乘以 21、35、96 和 255，乘积结果保存 X11 寄存器（假设结果没有溢出）。

2.11 A64 指令集非常灵活，有些指令实际上是其他指令的别名，有些指令的功能也可以使用另外的指令实现。说明如下指令的功能，并使用另一个功能相同的指令替代。

（1）mov w1, w2　　　　（2）neg x2, x3

（3）mul x3, x4, x5　　　　（4）lsr w4, w5, 8

（5）sxtw x5, w5

2.12 图 2-10 展示了位段操作指令的功能，给出实现其功能的指令操作数。

（1）BFI ____________________　　　　（2）UBFX ____________________

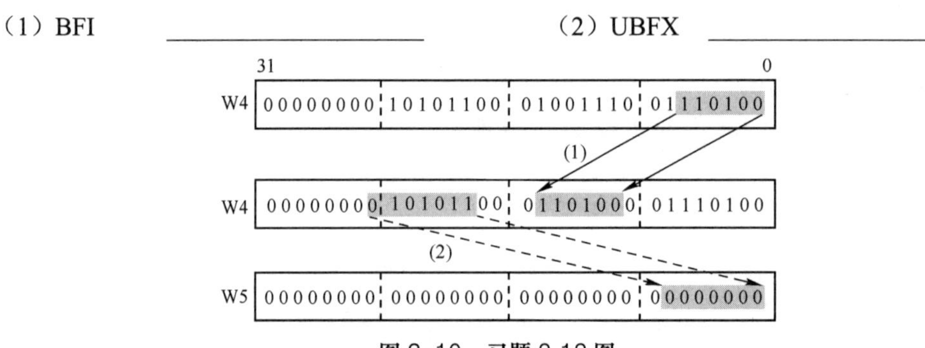

图 2-10 习题 2.12 图

2.13 书写一条 A64 指令，完成如下功能。

（1）将 X4 的数据减去 X3 与 X2 的乘积，结果存入 X1 寄存器。

（2）将 W2 的位 3 和位 0 设置为 1，其他位保持不变。

（3）将 W4 最低字节内容符号扩展 64 位，保存于 X8 寄存器。

（4）统计 X9 寄存器中 64 个二进制位在出现第一个“1”之前高位有多少个 0，个数保存于 X0 寄存器。

（5）当程序需要在大端存储系统和小端存储系统之间切换时，常要进行字节的反转，将 W1 保存的一个 32 位字（如 0x12345678），进行字节反转（如 0x78563412）。

2.14 使用位复制 EXTR 指令、配合 64 位移位指令，可以实现 128 位的移位操作。

（1）使用 2 条位操作指令将 X5.X4 寄存器对组成的 128 位整数算术右移 10 位，保存于 X7.X6 寄存器对中。

（2）使用 2 条位操作指令将 X5.X4 寄存器对组成的 128 位整数左移 4 位，保存于 X7.X6 寄存器对中。

2.15　已知X1～X4寄存器存放的是64位无符号整型数据，编写A64汇编语言程序片段，实现如下功能（假设没有进位、溢出等问题）：X4 = (X1×6) / (X2 − 7) + X3。

2.16　已知X1～X4寄存器存放的是64位有符号整型数据，编写A64汇编语言程序片段，实现如下功能（假设没有进位、溢出等问题）：X1 = (X2×X3) / (X4 +8) − 47。

2.17　什么是断点调试和单步调试？单步执行又有哪两种形式？简述在GDB调试程序中进行断点调试和单步执行的一般方法。

2.18　将自然数求和的程序片段编辑为一个完整的源程序文件，进行GDB调试。在开始运行前给定一个华氏温度，运行后显示出对应的摄氏温度。简述操作过程和调试结果。

2.19　A64整数除法指令只能求得整数商，余数则可以使用乘减指令、将被除数减去商与除数的乘积求得。使用汇编语言编写一个对某个整数做除法（如除以10）求余数，可以添加调用printf( )函数显示结果，以便验证。

2.20　C语言有右移操作符“>>”，但并未说明是逻辑右移还是算术右移。实际上，编译器通常对无符号整数采用逻辑右移，而对有符号整数采用算术右移。为了证实这个结论，编写一个简单的C语言程序，分别对无符号数和有符号数进行右移操作。研读编译这个C语言程序生成的汇编语言代码，指出右移操作相关的处理器指令，说明GCC编译程序是否遵循了这个规则。

2.21　研读C语言程序编译过程中生成的汇编语言代码，是一个较好的学习处理器指令和汇编语言编程的方法，也可以了解一些实际的编译技术。当然，由于会涉及编译原理等很多较深入的内容，有时需要补充知识才能理解。

例如，对例2-4的温度转换程序片段，如果用C语言编写计算表达式很简单，如下所示：

```
int temp(int C)
{
   return 9*C/5+32;
}
```

对其进行优化编译，生成的汇编语言代码如下：

```
temp:   add     w0, w0, w0, lsl 3
        mov     w1, 26215
        movk    w1, 0x6666, lsl 16
        smull   x1, w0, w1
        asr     x1, x1, 33
        sub     w0, w1, w0, asr 31
        add     w0, w0, 32
        ret
```

这里，除法操作实际上使用了乘法等指令实现。因为除法操作比较复杂，除法指令需要较多时钟周期执行完成，所以进行除法运算时，如果除数是一个常量，常采用相乘的方法：被除数乘以X，再右移N位，即

$$\frac{a}{b}=\frac{a\times X}{b\times X}=\frac{a\times X}{2^N}$$

即求$a\div b$，先找到X，使得$b\times X=2^N$，这样$a\div b$的结果就是$a\times X$后二进制右移N位。

N和X的计算基于公式$N=s+\lfloor \log_2 b \rfloor-1$，其中$s$是进行运算的精度（位数）。

$$X=\begin{cases}\dfrac{2^N}{b}+1, & b>0\\[2mm] \dfrac{2^N}{b}, & b<0\end{cases}$$

例 2-4 中是 b=5，用 s=32 位进行运算，$N = 32 + [2.3] - 1 = 33$，$X = (2^{33} \div 5) + 1 = 1717986919.4 \approx 1717986919$。

另外，如果被除数 a 是负数，还需要对上述方法求得的商做符号调整（加 1）。

结合上述算法原理，尝试为汇编语言代码的每条指令添加注释，理解编译程序如何实现除以 5 的功能。

2.22　什么是数据寻址方式？什么是立即数寻址、寄存器寻址和存储器寻址？

2.23　什么是存储器直接寻址？为什么 A64 指令集不设计存储器直接寻址？

2.24　说明 A64 指令集对于存储器操作数的带立即数偏移量寄存器间接寻址、后索引寻址和前索引寻址的区别。

2.25　什么是栈（Stack）？它的工作原理是什么？基本操作有哪两个？为什么说 A64 的栈是“向下生长（增长）”的？

2.26　说明如下指令功能：

（1）ldrsb　x1, [x3]

（2）strh　w2, [x3], 4

（3）stp　x19, x20, [sp, -16]!

（4）str　xzr, [x5]

（5）adr　x5, .

2.27　有一个 C 语言数组声明语句如下：

```
int array[] = {9, -23, 6, 10}
```

使用 A64 汇编语言在数据区定义同样的变量，并在代码区使用 4 条 LDR 指令或 2 条 LDP 将这 4 个元素依次载入 W3、W4、W5 和 W6 寄存器中。

2.28　假设 F 是一个整型数组，将如下 C 语言赋值语句使用 A64 汇编语言编程实现。

```
F[8] = 100;
F[10] = F[0];
F[9] = F[3];
```

2.29　已知数字 0～9 对应的格雷码依次是：0x18、0x34、0x05、0x06、0x09、0x0A、0x0C、0x11、0x12、0x14，使用 A64 汇编语言在数据区定义这个格雷码表，代码区调用 scanf( )函数输入一个 0～9 的数字，替换为格雷码后，调用 printf( )显示这个格雷码。

2.30　不要仅满足于例 2-8 程序的正确执行，希望进一步研讨。

（1）使用调试程序 GDB 进行动态分析自然数求和程序，查看变量值、变量地址，给出伪指令 LDR 使用数据缓冲区（文字池）传输地址的相关指令和地址，深入理解其机制。如果将伪指令 LDR 的功能采用 ADRP 指令实现，应怎样修改汇编语言程序？

（2）计算表达式需要关注输入变量的定义域和表达式输出的值域，也就是要注意输入变量和输出变量的取值范围。假设限定自然数求和结果是 64 位无符号数，能估算例 2-8 程序最大 n 值是多少吗？为了能够支持更大的 n 值，需要考虑 64 位相乘、乘积为 128 位的情况（除以 2 后为 64 位，仍满足限定的条件）。提示：可以借鉴 2.4 节最后的程序片段，最大 n 值将在第 4 章习题获得。

第 3 章　分支和循环程序

程序可以按照书写顺序执行，也常需要根据情况选择不同的分支，或者循环进行相同的处理，所以程序具有顺序、分支和循环三种基本程序结构。前 2 章的示例程序均采用顺序程序结构，本章将在学习 A64 流程控制指令的基础上，介绍分支程序结构和循环程序结构。

3.1　分支指令

实现程序分支、循环和调用需要使用无条件跳转（Jump）、条件分支（Branch）和调用（Call）、返回（Return）等指令，ARM 处理器均使用助记符 B（Branch）表达，可统称为分支指令，也就是实现分支、循环、调用的流程控制指令。

3.1.1　无条件分支

程序代码由处理器指令组成，被安排在代码区。程序计数器 PC 保存将要执行指令的存储器地址，即指向当前指令。程序顺序执行时，PC 自动增量（增量值是指令字的字节数，ARM 处理器是 4）；程序流程发生转移时，PC 指向新的存储器地址。换句话说，改变 PC 值就可以控制程序执行流程，实现程序分支。

无条件分支就是在没有任何前提条件下必须发生的程序流程转移。

1. 指令寻址

一条指令执行后，确定下一条指令的方法称为指令寻址。程序顺序执行，下一条指令在存储器中紧邻前一条指令，程序计数器 PC 自动增量，这是指令的顺序寻址。程序流程发生转移，下一条指令在另外一个位置，PC 值被强行改变为新的存储器地址，这是指令的跳转寻址。程序流程转移到的新位置，可称为转移地址、目的地址、目标地址。指令寻址也称为目的地址的寻址，主要指跳转寻址，有相对寻址、直接寻址和间接寻址等方式。A64 使用指令的相对寻址和寄存器间接寻址，如图 3-1 所示。

（1）相对寻址

指令的相对寻址是指令代码提供目的地址相对于当前指令地址的偏移量（Offset），目的地址就是当前 PC 加上偏移量（也称位移量，Displacement）。当同一个程序被操作系统分配到不同的存储区域执行时，指令间的位移量并不会改变，采用相对寻址也就不需改变转移地址，方便操作系统灵活调度。

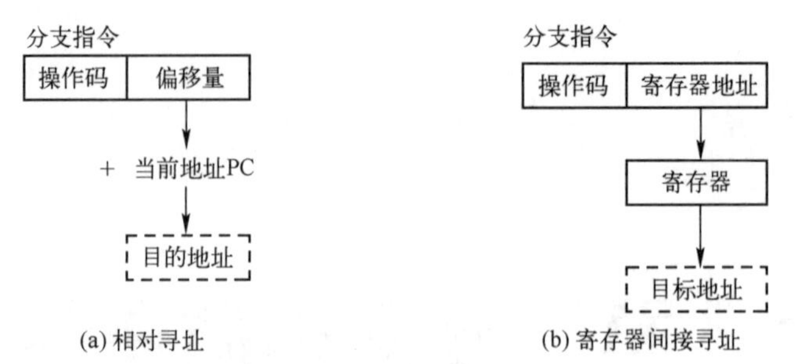

图 3-1　A64 的指令寻址

（2）寄存器间接寻址

缘于指令字长的原因，A64 指令集无法将 64 位地址直接编码到指令代码中，因此与数据寻址一样，也不支持指令的直接寻址。但是，目的地址可以保存于 64 位寄存器中，指令代码中只需给出寄存器名称，由此间接获得目的地址，这就是寄存器间接寻址。

2. 无条件分支指令

A64 指令集的无条件分支指令有 2 条：B 和 BR，其功能类似 C 语言中的 goto 语句。

B 指令无条件跳转到标号 label 指定的位置，格式为：

```
        b    label                         // 跳转到 label（PC = PC + imm26）
```

其中，标号 label 采用 PC 相对寻址，是当前指令 PC 值与目的地址之间偏移量（26 位立即数 imm26 表达），范围为±128 MB 存储器地址。因为每条指令是 4 字节，所以 B 指令跳转的范围是±32M （2^{25}）条指令之间。

更大的跳转范围可以使用 BR（Branch to Register）指令，无条件转移到 64 位寄存器指定的存储器地址位置，指令格式为：

```
        br      Xn                         // 跳转到 Xn 寄存器保存的地址（PC = Xn）
```

B 和 BR 指令的区别是目的地址寻址不同。B 指令通过标号（label）获得相对 PC 的偏移量（相对寻址），而 BR 指令是通过一个寄存器获得目的地址（寄存器间接寻址）。

3.1.2　条件分支

条件分支是指只有指定的条件满足才会发生的程序流程转移。

1. 条件分支指令

条件分支指令 B.cond 在条件成立时才进行跳转，如图 3-2 所示，指令格式如下：

```
    b.cond    label     // 条件 cond 成立，则跳转到 label，否则顺序执行
```

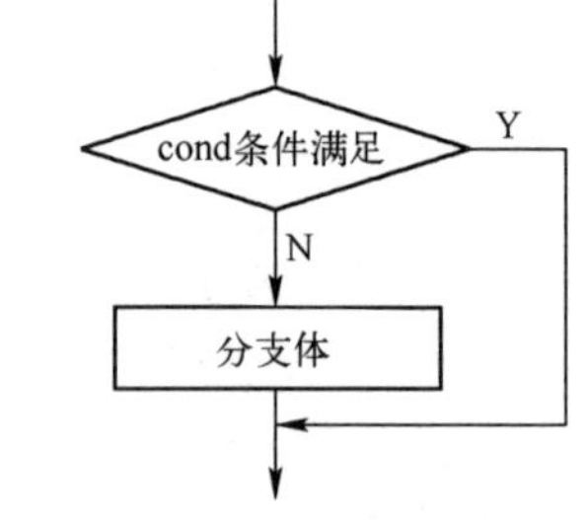

图 3-2　条件分支指令 B.cond 的执行流程

其中，标号 label 采用相对寻址，表达的偏移量是±1 MB 地址、即±256K 条指令范围；cond 是 N、Z、C、V 标志的当前状态组合形成的 14 种条件，如表 3-1 所示。另外，条件符号还有 AL 和 NV，但它们是任何条件都满足，其实相当于无条件，表 3-1 没有列出。表 3-1 所列这些条件可以简单分成如下两组。

（1）单个标志状态作为条件

单独判断每个标志为 0 或 1 作为条件，4 个标志 8 种状态对应 8 个条件：

表 3-1　条件 cond 及其含义

条件符号	标志状态	含　义
EQ	Z = 1	Equal，相等（零）
NE	Z = 0	Not Equal，不相等（非零）
MI	N = 1	Minus, negative，负数
PL	N = 0	Plus, positive or zero，正数或零
VS	V = 1	oVerflow Set，溢出
VC	V = 0	oVerflow Clear，未溢出
CS | HS	C = 1	Carry Set | Higher or Same，进位、无符号高于或等于
CC | LO	C = 0	Carry Clear | Lower，无进位，无符号低于
HI	C = 1 与 Z = 0	unsigned Higher，无符号高于
LS	C = 0 或 Z = 1	unsigned Lower or Same，无符号低于或等于
GE	N = V	signed Greater than or Equal，有符号大于或等于
LT	N ≠ V	signed Less Than，有符号小于
GT	Z = 0 与 N = V	signed Greater Than，有符号大于
LE	Z = 1 或 N ≠ V	signed Less than or Equal，有符号小于或等于

❖ EQ 和 NE 利用零标志 Z，形成结果是相等（为零）还是不相等（非零）的条件。

❖ MI 和 PL 利用负数标志 N，形成结果是负还是正或零的条件。

❖ VS 和 VC 利用溢出标志 V，形成结果是溢出还是没有溢出的条件。

❖ CS 和 CC 利用进位标志 C，形成结果是有进位（为 1）还是无进位（为 0）的条件。

（2）两数大小关系作为条件

C 语言关系运算符有 6 个：相等（==）和不等（!=）对应利用零标志 Z 的 EQ 和 NE 条件符号，其余 4 个是大于等于（>=）、小于（<）、大于（>）和小于等于（<=）。整型数据分为无符号整数和有符号整数，大小关系要利用不同的标志组合，各具有 4 个共 8 个条件（但其中 2 个与单个标志形成的条件相同，故实际共 14 个）。

无符号整数的大小关系用高（Higher）、低（Lower）表示，利用进位标志确定高低、利用零标志确定相等（Same），分成 4 种关系：高于或等于、低于、高于、低于或等于，依次对应 4 个条件符号：HS、LO、HI、LS。

有符号整数的大（Greater）小（Less）关系，需要组合溢出和负数标志，并利用零标志确定相等（Equal），也分成 4 种关系：大于或等于、小于、大于、小于或等于，依次对应 4 个条件符号：GE、LT、GT、LE。

A64 只有少量指令能够设置标志，主要应用的是比较 CMP（CMN）和测试 TST 指令，还有加减指令（如 ADDS、SUBS）和逻辑与指令（ANDS 和 BICS）。执行条件分支指令前，通常需要先执行这些指令设置标志状态。例如，对于 C 语言的 if 语句：

```
    if(u<100)
        v = 0;
```

假设 u 和 v 都是 long 整型变量，已保存于 X5 和 X6 寄存器，则汇编语言代码可以是：

```
        cmp      x5, 100                  // 比较 X5 和 100
        b.hs     next                     // X5 >= 100，转移到标号 next
        mov      x6, 0                    // X5（u）<100，则 X6（v）= 0
next:
```

需要注意的是，C 语言的 if 语句是条件成立执行分支体，而 B.cond 条件指令是条件成立跳过分支体（或者说条件不成立顺序执行，顺序执行的代码则是分支体），所以汇编语言选择的条件通常与高级语言相反。

说明：条件分支指令 B.cond 的 B 与条件符号之间可以省略“.”，如 GCC 生成的汇编语言代码中就没有小数点。不过，为了表达更清晰，建议用“.”分隔。

条件分支指令只支持相对寻址，如果希望能够有寄存器间接寻址的效果，就可以采用如下类似方法：

```
        cmp     x5, 0                   // 比较 X5 和 0
        b.ne    next                    // X5 不等于 0，转移到标号
        br      x6                      // X5 等于 0，转移到 X6 指定的地址
next:                                   // 类似“B.EQ X6”指令（但实际上不存在这条指令）
```

2．比较数据是否为 0 的分支指令

编程应用中，是否为 0（相等）是最常见的条件，为此 A64 特别设计有比较、并判断是否为 0（是否相等）两个功能于一体的条件分支指令 CBZ 和 CBNZ，常用于循环结构。

```
        cbz     Rt, label               // Rt 等于 0，则跳转到 label，否则顺序执行
        cbnz    Rt, label               // Rt 不等于 0，则跳转到 label，否则顺序执行
```

其中，标号 label 是 ±1 MB 地址偏移量，即 ±256K 条指令范围。

CBZ（Compare and Branch on Zero）指令先比较寄存器 Rt 内容是否为 0（但不改变条件标志），若等于 0，则转移到标号 label 指定的目的地址，与如下 2 条指令功能相当：

```
        cmp     Rt, 0                   // 比较是否为 0
        b.eq    label                   // 为 0 转移
```

CBNZ（Compare and Branch on Non-Zero）指令则是，若 Rt 不等于 0，则转移到标号 label 位置，相当于如下 2 条指令功能：

```
        cmp     Rt, 0                   // 比较是否为 0
        b.ne    label                   // 不为 0 转移
```

所以，CBZ 和 CBNZ 指令用于将寄存器为 0 和非 0 作为条件且比较操作不能更新标志时。

3．测试某位是否为 0 的分支指令

同样，A64 特别设计有位测试并判断某位为 0 或为 1 两个功能于一体的条件分支指令 TBZ 和 TBNZ，格式如下：

```
        tbz     Rt, imm6, label         // Rt 第 imm6 位为 0，则跳转到 label，否则顺序执行
        tbnz    Rt, imm6, label         // Rt 第 imm6 位不为 0，则跳转到 label，否则顺序执行
```

其中，imm6 指明要测试的位，可以是 0～31（32 位指令）或 0～63（64 位指令）；标号 label 是 ±32 KB 地址偏移量，即 ±8K 条指令范围。

TBZ（Test bit and Branch if Zero）指令在指定的测试位为 0 时发生跳转，TBNZ（Test bit and Branch if Nonzero）指令在测试位非 0（为 1）时发生跳转。例如：

```
        tbz     w1, 0, again            // W1 最低位为 0，转移到标号 again
        tbnz    w1, 31, done            // W1 最高位为 1，转移到标号 done
```

3.1.3 条件选择

条件选择（Conditional Select）指令根据当前标志状态判断给定的条件是否成立，条件成立，则目的寄存器获得一个源操作数，否则目的寄存器获得另一个源操作数。条件选择指令有

4 条指令、9 个助记符（后 5 个是别名），如表 3-2 所示。

表 3-2　条件选择指令

指　令	指令格式		条件成立	条件不成立
条件选择 CSEL	CSEL	Rd, Rn, Rm, cond	Rd = Rn	Rd = Rm
条件选择增量 CSINC	CSINC	Rd, Rn, Rm, cond	Rd = Rn	Rd = Rm + 1
条件选择求反 CSINV	CSINV	Rd, Rn, Rm, cond	Rd = Rn	Rd = ~Rm（求反）
条件选择求补 CSNEG	CSNEG	Rd, Rn, Rm, cond	Rd = Rn	Rd = -Rm（求补）
条件增量 CINC	CINC	Rd, Rn, cond	Rd = Rn + 1	Rd = Rn
条件求反 CINV	CINV	Rd, Rn, cond	Rd = ~Rn（求反）	Rd = Rn
条件求补 CNEG	CNEG	Rd, Rn, cond	Rd = -Rn（求补）	Rd = Rn
条件置位 CSET	CSET	Rd, cond	Rd = 1	Rd = 0
条件屏蔽 CSETM	CSETM	Rd, cond	Rd = -1（各位全为 1）	Rd = 0

单纯的条件选择指令 CSEL 的功能是，若给定的条件成立，则第一个源操作数 Rn 赋值给目的寄存器 Rd，否则第二个源操作数 Rm 赋值给目的寄存器 Rd。条件选择增量指令 CSINC、条件选择求反指令 CSINV 和条件选择求补指令 CSNEG，则是在条件不成立时先将第二个源操作数 Rm 加 1、求反或求补后，再传送给目的寄存器 Rd。而别名指令 CINC（条件增量）和 CSET（条件置位）等同于特定情形的 CSINC 指令，别名指令 CINV（条件求反）和 CSETM（条件屏蔽）等同于特定情形的 CSINV 指令，别名指令 CNEG（条件求补）同于特定情形的 CSENG 指令。

频繁的条件分支会降低处理器指令流水线的效率，影响处理器性能。灵活选用条件选择指令可以减少条件分支。例如，对应下条求较大值的 C 语言语句：

```
m = a > b ? a : b;
```

其功能用 C 语言的 if 语句表达是：

```
if(a > b)
    m = a;
else
    m = b;
```

假设 m、a 和 b 都是整型变量（int），在处理器内部依次由通用寄存器 W5、W1 和 W2 保存变量值，采用条件分支指令的汇编语言程序片段：

```
        cmp     w1, w2                          // 比较 W1（a）和 W2（b）
        b.gt    else                            // 条件分支
        mov     w5, w2                          // W1 <= W2，则 W5（m）= W2（b）
        b       done                            // 无条件分支
else:   mov     w5, w1                          // W1 > W2，则 W5（m）= W1（a）
done:
```

条件选择指令类似 C 语言的条件运算符，使用 CSEL 指令的汇编语言程序片段是：

```
        cmp     w1, w2                          // 比较 W1（a）和 W2（b）
        csel    w5, w1, w2, gt                  // W1 > W2，则 W5 = W1，否则 W5 = W2
```

不仅消除了分支，还减少了指令条数。

再如，你会怎样编写判断求和是否溢出的 C 语言函数？

```
int saddok(int x, int y);                       // 若 x + y 有溢出，则返回 1，否则返回 0
```

这可能需要依据溢出概念才能理出一个算法。实际上，处理器设计有溢出标志，可以直接用指令设置，所以使用汇编语言会更简洁高效，指令代码可以是：

```
        cmn     w0, w1                              // x + y
        mov     w0, 0                               // 假设无溢出，则 W0 = 0
        b.vc    done                                // 条件分支：确为无溢出，则跳转
        mov     w0, 1                               // 有溢出，则 W0 = 1
done:
```

如果利用条件置位指令 CSET 消除分支，就更加简单，可以是：

```
        cmn     w0, w1                              // x + y
        cset    w0, vs                              // 有溢出，则 W0 = 1，否则 W0 = 0
```

3.1.4 条件比较

条件比较（Conditional Compare）指令根据当前标志状态判断给定的条件是否成立，条件成立，则 NZCV 标志由两个操作数比较的结果设置，否则 NZCV 标志由一个数值直接设置。条件比较指令有 CCMP 和 CCMN 两条，第二个操作数可以是立即数或寄存器两种寻址，如表 3-3 所示。其中，“imm5”是一个 5 位无符号整数（0～31），“nzcv”表示条件不成立时设置标志状态的数值（0～15，对应 4 个标志 16 种状态组合）。CCMP 指令用 Rn 减去立即数 imm5 或 Rm 进行比较，设置标志状态（类似比较 CMP 指令）。CCMN 指令用 Rn 加上立即数 imm5 或 Rm 进行负数比较，设置标志状态（类似负数比较 CMN 指令）。

表 3-3 条件比较指令

指令名称	指令格式	条件成立	条件不成立
条件比较（立即数）	CCMP Rn, imm5, nzcv, cond	由 Rn−imm5 设置 NZCV	NZCV = nzcv
条件比较（寄存器）	CCMP Rn, Rm, nzcv, cond	由 Rn−Rm 设置 NZCV	NZCV = nzcv
条件负数比较（立即数）	CCMN Rn, imm5, nzcv, cond	由 Rn+imm5 设置 NZCV	NZCV = nzcv
条件负数比较（寄存器）	CCMN Rn, Rm, nzcv, cond	由 Rn+Rm 设置 NZCV	NZCV = nzcv

例如：

```
        cmp     x5, 100                     // 若 X5≥100，则 NZCV 由 X5-10 的结果设置
        ccmp    x5, 10, 0b1001, ge          // 否则，NZCV = 0b1001，即 N = 1，Z = 0，C = 0，V = 1
```

3.2 分支程序

基本程序块是只有一个入口和一个出口、不含分支的顺序执行程序片段。在汇编语言（机器语言）中，这样的基本程序块通常只有若干条指令。改变程序执行顺序，形成分支、循环和调用的程序流程是很常见的程序设计问题。

高级语言采用 if 等语句表达条件，根据条件是否满足转向不同的分支体。汇编语言需要首先利用比较、测试等指令设置标志状态，然后利用条件分支指令判断标志表达的条件是否满足，并根据标志状态控制程序转移到不同的程序片段。

3.2.1 单分支结构

程序的单分支结构只有一个分支体，对应 C 语言的 if 语句（不带 else 分支）：

```
if(表达式)    分支体;                      // 表达式成立，执行分支体，否则不执行
```

【例 3-1】 求绝对值程序（e301_abs.s）。

求有符号整数绝对值是一个简单的单分支结构，正数不需处理，负数则需求补得到正数。

本例程序从键盘输入一个有符号整数，输出其绝对值。虽然 C 语言有绝对值函数，但本例程序使用一个简单的单分支结构直接求出。C 语言程序（e301_abs.c）可以是：

```
#include <stdio.h>
int main()
{
    long  svar;
    printf("Enter an signed integer: ");
    scanf("%ld", &svar);
    if(svar<0)
        svar = 0-svar;
    printf("The absolute value is: %lu\n", svar);
    return 0;
}
```

汇编语言程序（e301_abs.s）可以是：

```
         .data
msgin1:  .string  "Enter an signed integer: "
msgin2:  .string  "%ld"
msgout:  .string  "The absolute value is: %lu\n"
svar:    .xword   0
         .text
         .global  main
main:    stp      x29, x30, [sp, -16]!
         ldr      x0, =msgin1              // X0 = msgin1 的地址
         bl       printf                   // 显示信息：输入一个有符号整数
         ldr      x0, =msgin2              // X0 = msgin2 的地址
         ldr      x1, =svar                // X1 = 变量 svar 的地址
         bl       scanf                    // 输入一个有符号整数
         ldr      x1, =svar                // X1 = 变量 svar 的地址
         ldr      x1, [x1]                 // 载入数值：X1 ← svar
         cmp      x1, 0                    // 与 0 比较
         b.ge     done                     // X1 ≥ 0，跳转，不需处理
         neg      x1, x1                   // X1 < 0，负数求补，得到正值
done:    ldr      x0, =msgout              // X0 = msgout 的地址
         bl       printf                   // 显示绝对值
         mov      x0, 0
         ldp      x29, x30, [sp], 16
         ret
```

为了具有交互性，本例程序调用 scanf()和 printf()函数进行输入和输出，而关键的单分支结构（if 语句）只有 3 条指令。再次提醒，C 语言 if 语句的分支体是表达式成立时执行，而条件分支指令 B.cond 是条件成立跳转，顺序执行的才是分支体，所以条件 cond 应与 C 语言表达式相反。

如果沿用 C 语言表达式思维，那么单分支结构是：

```
         cmp      x1, 0                    // 与 0 比较
         b.lt     next                     // X1 < 0，跳转
         b        done
next:    neg      x1, x1                   // X1 < 0，负数求补，得到正值
done:    ldr      x0, =msgout              // X0 = msgout 的地址
```

实际上，B.LT 和 B 两条指令的功能与 B.GE 指令功能相同，自然应该“合二为一”。所以，单分支结构要避免错用条件分支指令，否则常导致分支混乱，如图 3-3 所示。对比图 3-3(a)正确选用条件的执行流程，图 3-3(b)按 B.cond 指令执行形式绘制的流程图就显得别扭，并需要增加一条无条件分支 B 指令，才能保证程序正确。

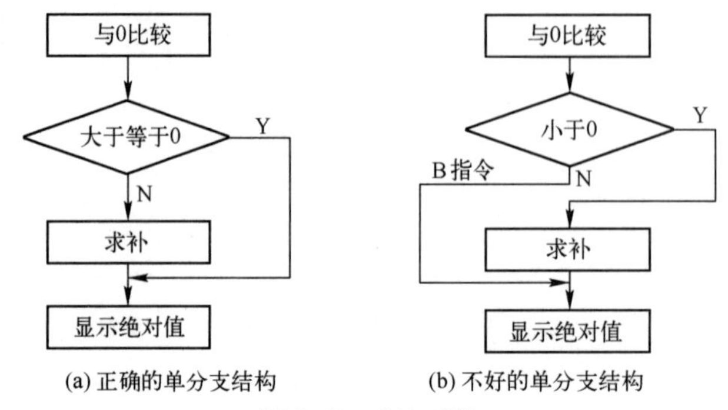

(a) 正确的单分支结构　　(b) 不好的单分支结构

图 3-3　求绝对值

如果进行程序优化，可以使用条件求补指令 CNEG 消除分支，成为简单的顺序结构：

```
          cmp       x1, 0                        // 与 0 比较
          cneg      x1, x1, lt                   // X1 < 0, X1 = 0 - X1, 否则 X1 = X1
```

【例 3-2】 字母判断程序（e302_toupper.s）。

从键盘输入一个字符，判断是否为小写字母，是小写字母，则转换为大写字母显示，否则退出。字符输入和输出可以利用 C 语言函数：

```
     getchar();                                  // 字符输入函数，无参数，返回从键盘输入的字符变量
     putchar(c);                                 // 字符输出函数，参数 c 是字符变量、常量或整型表达式
```

汇编语言程序（e302_toupper.s）可以是：

```
          .text
          .global main
main:     stp       x29, x30, [sp, -16]!
          bl        getchar                      // 输入一个字符，返回值在 X0
          cmp       x0, 'a'                      // 与小写字母 a 比较
          b.lo      done                         // 小于 'a'，不是小写字母，结束
          cmp       x0, 'z'                      // 与小写字母 z 比较
          b.hi      done                         // 大于 'z'，不是小写字母，结束
          sub       x0, x0, 'a'- 'A'             // 'a'与'z'之间的是小写字母，转换为大写字母
          bl        putchar                      // 显示大写字母
          mov       x0, '\n'
          bl        putchar                      // 换行
done:     mov       x0, 0
          ldp       x29, x30, [sp], 16
          ret
```

本例没有提示输入的功能，程序运行后直接输入字符就可以了。程序给出了判断数据是否在给定范围的一般方法，即分别与最小值和最大值比较，小于最小值和大于最大值的数据不在范围内，不予处理。由于小写字母比对应大写字母在 ASCII 表中大 0x20（= 'a'- 'A'），所以小写字母减去 0x20 就是大写字母。同样，如果是大写字母转换为小写字母，加上 0x20 即可。

这种范围判断的问题可以先减去最小值（本例是字符 'a'），再判断大于等于 0 和小于等于

范围长度（本例是 'z' - 'a'，即 25）。小于字母 a 的字符减法后为负值，补码表达最高位是 1，这种字节编码作为无符号数大于 127，所以不需判断大于等于 0 的情况，这样就可以把两次判断优化为一次，只判断小于等于范围长度即可，程序片段可以是：

```
        sub     x0, x0, 'a'                     // 减去小写字母 a
        cmp     x0, 'z'- 'a'                    // 与范围比较
        b.hi    done                            // 范围之外，不是小写字母，结束
        add     x0, x0, 'A'                     // 范围之内，是小写字母，转换为大写字母
        bl      putchar                         // 显示大写字母
```

3.2.2 双分支结构

程序的双分支结构有两个分支，条件为真执行一个分支体，条件为假执行另一个分支体，对应 C 语言带 else 的 if 语句：

```
    if(表达式)
        分支体 1;
    else
        分支体 2;                               // 表达式成立，执行分支体 1；否则，执行分支体 2
```

【例 3-3】 位测试程序（e303_bit.s）。

进行底层程序设计，经常需要测试数据的某个位是 0 还是 1，如进行打印前要测试打印机状态。假设待测试的状态数据保存于某寄存器，其位 5（可表达为 bit5）为 0，反映打印机没有处于联机打印的正常状态（显示“Not Ready!”）；位 5 为 1，可以进行打印（显示“Ready to Go!”）。所以，这是一个非此即彼的双分支结构程序。

根据某位为 0 或 1 进行分支，使用 TBZ 或 TBNZ 指令最简单。

```
          .data
no_msg:   .string  "Not Ready!\n"
yes_msg:  .string  "Ready to Go!\n"
          .text
          .global main
main:     stp      x29, x30, [sp, -16]!
          mov      x5, 0x8050                   // X5 = 假设一个状态数据
          tbz      x5, 5, nomsg                 // 位 5 是 0 时，转移到 nomsg 标号
          ldr      x0, =yes_msg                 // 位 5 是 1 时，X0 = yes_msg 的地址
          b        done                         // 无条件跳转到 done 标号
nomsg:    ldr      x0, =no_msg                  // X0 = no_msg 的地址
done:     bl       printf                       // 显示信息
          mov      x0, 0
          ldp      x29, x30, [sp], 16
          ret
```

请留意双分支结构中的无条件分支指令 B。该指令必不可少，因为没有的话程序将顺序执行，会在执行完一个分支后又进入另一个分支执行，产生错误，如图 3-4 所示。图 3-4 左边是常规的流程图，右边是按照条件分支指令执行形式特别绘制的，以便看出顺序执行的分支体后必须有一条无条件分支 B 指令，才能将流程转移到双分支结构的汇合点。

上面使用 TBZ 进行分支，也可以使用 TBNZ 进行分支，但分支体需要相应调整位置：

```
          tbnz     x5, 5, yesmsg                // 位 5 是 1 时，转移到 yesmsg 标号
          ldr      x0, =no_msg                  // 位 5 是 0 时，X0 = no_msg 的地址
```

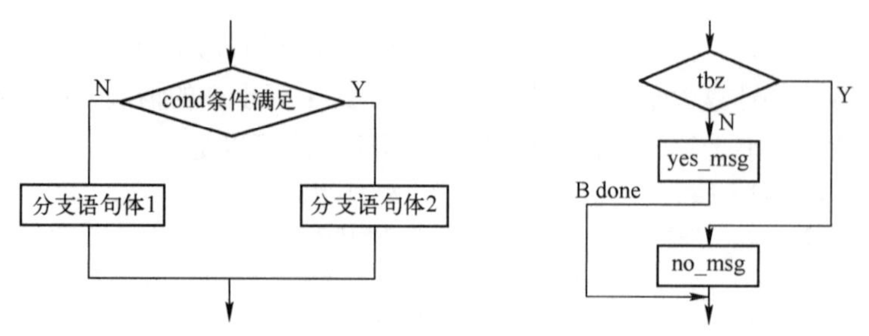

图 3-4　双分支结构

```
        b       done                // 无条件跳转到 done 标号
yesmsg: ldr     x0, =yes_msg        // X0 = yes_msg 的地址
done:   bl      printf              // 显示信息
```

双分支结构有时可以修改为单分支结构，即先执行某个分支体（选择多数情况下需要执行的分支体），再判断是否要执行另外一个分支体，例如：

```
        ldr     x0, =yes_msg        // 假设位 5 是 1，X0 = yes_msg 的地址
        tbnz    x5, 5, done         // 位 5 确实是 1，转移
        ldr     x0, =no_msg         // 位 5 是 0，则 X0 = no_msg 的地址
done:   bl      printf              // 显示信息
```

如果指令集不存在 TBZ 和 TBNZ 指令，就需要使用逻辑与指令（TST、ANDS 或 BICS）指令，把除该位外的其他位都设置为 0，然后使用 B.EQ 或 B.NE 指令进行分支：

```
        tst     x5, 0x20            // 位 5 与 1 逻辑与，结果不变；其他位与 0 逻辑与，结果为 0
        b.eq    nomsg               // 位 5 是 0 时，转移到 nomsg 标号
```

进一步优化，可以使用条件选择 CSEL 指令消除分支，更改为顺序结构：

```
        ldr     x0, =no_msg         // bit5 是 0 时，X0 = no_msg 的地址
        ldr     x1, =yes_msg        // bit5 是 1 时，X1 = yes_msg 的地址
        tst     x5, 0x20            // 测试 bit5
        csel    x0, x0, x1, eq      // bit5 = 0，X0 = X0，否则 X0 = X1
        bl      printf              // 显示信息
```

【例 3-4】 闰年判断程序（e304_leap.s）。

输入一个年号，判断是闰年（Leap year）还是平年（Common year），输出判断的结果。闰年的条件是：① 能被 400 整除的年份是闰年；② 能被 4 整除但不能被 100 整除的年份是闰年。其他情况是平年。例如，2000 年和 2012 年是闰年，2013 年和 2100 年是平年。

```
        .data
msgin1: .string "Year "
msgin2: .string "%u"
lyearmsg:.string "is a leap year.\n"
cyearmsg:.string "is a common year.\n"
year:   .word   0
        .text
        .global main
main:   stp     x29, x30, [sp, -16]!
        ldr     x0, =msgin1         // X0 = msgin1 的地址
        bl      printf              // 显示信息：输入一个年号
        ldr     x0, =msgin2         // X0 = msgin2 的地址
        ldr     x1, =year           // X1 = 变量 year 的地址
        bl      scanf               // 输入一个年号
```

```
        ldr     x1, =year              // X1 = 变量 year 的地址
        ldr     w2, [x1]               // 载入年号：W2 ← year
        mov     w3, 400
        udiv    w4, w2, w3             // W4 = W2÷400
        mul     w4, w4, w3             // W4 = W4×400
        cmp     w4, w2                 // 除 400 的商与 400 相乘后，与被除数比较
        b.eq    lyear                  // 相等，说明能被 400 整除，则跳转，显示闰年
        tst     w2, 0x3                // 测试最低 2 位
        b.ne    cyear                  // 不能被 4 整除，则跳转，显示平年
        mov     w3, 100                // 能被 4 整除，继续判断能否被 100 整除
        udiv    w4, w2, w3             // W4 = W2÷100
        mul     w4, w4, w3             // W4 = W4×100
        cmp     w4, w2                 // 除 100 的商与 100 相乘后，与被除数比较
        b.eq    cyear                  // 相等，说明能倍 100 整除，则跳转，显示平年
lyear:  ldr     x0, =lyearmsg          // X0 = 显示闰年的地址
        b       done
cyear:  ldr     x0, =cyearmsg          // X0 = 显示平年的地址
done:   bl      printf                 // 显示信息
        mov     x0, 0
        ldp     x29, x30, [sp], 16
        ret
```

整数除法指令的结果只有商、没有余数，无法利用余数判断整除与否，所以采用将商与除数的乘积，同被除数比较，看是否相等进行判断的方法。其实，获得余数可以使用乘减指令，这样可以用 CBZ 指令替代 B.EQ 指令，节省一条比较指令，如下所示：

```
        msub    w4, w4, w3, w2         // 乘减指令：W4 = W2 - W4×W3，获得除法余数
        cbz     w4, lyear              // 余数为 0，说明能被 400 整除，跳转，显示闰年
```

对于 4 这样比较特殊的除数进行整除判断，可以通过判断其低 2 位。低 2 位都为 0，说明被除数是 4 的倍数，能被 4 整除。

尽管需要判断的条件相对比较复杂，但仍然是典型的双分支结构。只要事先假设为更多的平年情况，最后的双分支也可以更改为单分支。

3.2.3 多分支结构

程序的多分支结构是由多个分支组成的程序片段。C 语言 if 语句可以嵌套形成多个分支；对于 C 语言比较复杂的条件表达式，汇编语言往往需要拆解为多个简单的条件，也就是需要多个条件分支指令，这也是多分支结构。一般情况下，利用单分支和双分支就可以处理多分支问题。实际应用中的具体问题也可以考虑技巧性方法，如 C 语言有 switch 多分支选择语句（开关语句），对应汇编语言可以是地址（跳转）表方法。

【例 3-5】 地址表程序（e305_table.s）。

假设有若干信息（字符串），由编号区别，编程显示指定的信息。程序的功能是：① 提示输入要检索的信息编号，并输入整数；② 判断输入的整数是否在规定的范围内；③ 在范围内，显示编号对应的信息，退出，不在范围内，则显示错误提示，退出。

上述功能的流程和对应的 C 语言 switch 语句如图 3-5 所示。

GCC 命令行中，若加入“-fno-jump-tables”选项，则表示 switch 语句不使用地址表形式，而是将被编译为级联跳转形式，也就是说，对各分支（即 case1、case2 等）采用逐个比较的方

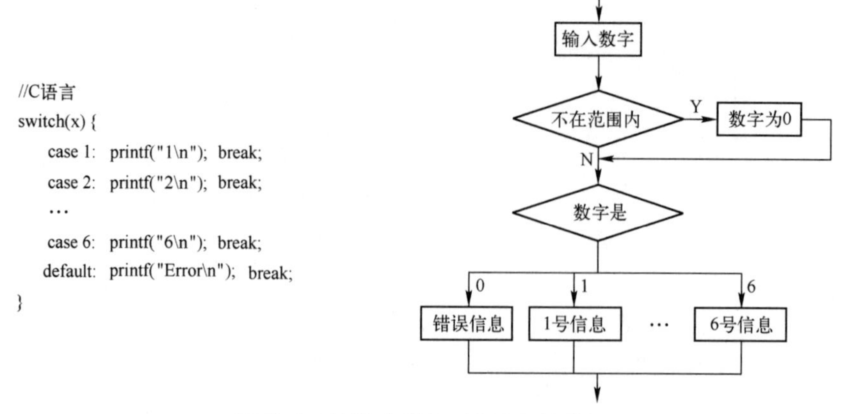

图 3-5　地址表程序（多分支结构）

法。程序片段汇编语言可以是：

```
        cmp     x0, 1                   // 判断是否为 case1
        b.eq    case1                   // 是，则跳转处理 case1
        cmp     x0, 2                   // 判断是否为 case2
        b.eq    case2                   // 是，则跳转处理 case2
        …
case1:  …
        b       done                    // case1 处理结束
case2:  …
        b       done                    // case2 处理结束
```

如果利用地址表方法，完整的汇编语言程序可以是：

```
        .data
msg1:   .string "1-You CAN do it!\n"      // 给出若干信息
msg2:   .string "2-Why not have a try?\n"
msg3:   .string "3-Just do it.\n"
msg4:   .string "4-Do you have fun with Assembly?\n"
msg5:   .string "5-My style is simple and elegant.\n"
msg6:   .string "6-The devil is always in the details.\n"
msge:   .string "Error!\n"                // 错误提示
msgin:  .string "Input a number(1-6): "   // 输入提示
        .text
        .global main
main:   stp     x29, x30, [sp, -16]!
        ldr     x0, =msgin
        bl      printf                    // 提示输入编号
        bl      getchar                   // 输入一个字符
        cmp     x0, '1'
        b.lo    error                     // 小于'1'，不在范围
        cmp     x0, '6'
        b.le    next                      // （大于'0'）但小于或等于'6'，在范围内
error:  mov     x0, '0'                   // 不在范围内，赋值错误处理程序的编号
next:   sub     x0, x0, '0'               // 将数字字符（如'2'）转换为数字（如 2）
        adr     x1, table                 // X1 ← 表地址
        ldr     x0, [x1, x0, lsl 3]       // X0 ← 对应编号（含错误提示）的转移地址
        br      x0
disp1:  ldr     x0, =msg1                 // X0 = 信息 1 的地址
        b       disp
```

```
disp2:  ldr     x0, =msg2                   // X0 = 信息 2 的地址
        b       disp
disp3:  ldr     x0, =msg3                   // X0 = 信息 3 的地址
        b       disp
disp4:  ldr     x0, =msg4                   // X0 = 信息 4 的地址
        b       disp
disp5:  ldr     x0, =msg5                   // X0 = 信息 5 的地址
        b       disp
disp6:  ldr     x0, =msg6                   // X0 = 信息 6 的地址
        b       disp
dispe:  ldr     x0, =msge                   // X0 = 错误提示的地址
disp:   bl      printf                      // 显示信息
        mov     x0, 0
        ldp     x29, x30, [sp], 16
        ret
table:  .xword  dispe, disp1, disp2, disp3, disp4, disp5, disp6
```

地址表只读，不允许修改，所以可以定义在代码区最后。由于信息编号较小，本例使用了简单的字符输入函数。获得编号字符后需要转换为数字，而左移 3 位（乘 8），是为了对应到表中的标号地址。例如，输入字符“2”（=0x32），转换为数字 2，乘 8 得 16，正是 disp2 在表中的位移量（64 位地址占 8 个字节单元）。错误提示信息被编号为 0。

为了说明地址表方法，本例的各处理程序都很简单，仅获得信息地址，最后进行显示。当然，这样的简单问题可以进行优化，直接将信息地址安排到地址表（不过，程序不再是多分支结构了），程序最后部分简化为：

```
        …                                   // 同上，此处省略
        ldr     x0, [x1, x0, lsl 3]         // X0 ← 对应编号的信息地址
        bl      printf                      // 显示信息
        mov     x0, 0
        ldp     x29, x30, [sp], 16
        ret
table:  .xword  msge, msg1, msg2, msg3, msg4, msg5, msg6
```

不妨编写一个 C 语言 switch 语句，通过其生成的汇编语言代码看看是否采用了上述方法，或者是其他更好方法。

3.3 循环程序

机器最适合完成重复性工作。程序设计中的许多问题需要重复操作，如对字符串、数组等操作。为了进行重复操作，需要做好准备并安排好退出的方法。所以，完整的循环（Loop）结构通常由三部分组成：① 循环初始，为开始循环准备必要的条件，如循环次数、循环体需要的初始值等；② 循环体，重复执行的程序代码，包括对循环条件的修改等；③ 循环控制，判断循环条件是否成立，决定是否继续循环。其中，循环控制部分是编程的关键和难点。循环控制可以在进入循环前进行，则形成“先判断后循环”的循环程序结构，对应高级语言的 while 语句（如图 3-6 所示）。若循环后进行循环条件判断，则形成“先循环后判断”的循环程序结构，对应高级语言的 do 语句（如图 3-7 所示）。如果没有特殊原因，就不要形成循环条件永远成立或无任何约束条件的死循环（永真循环、无条件循环）。

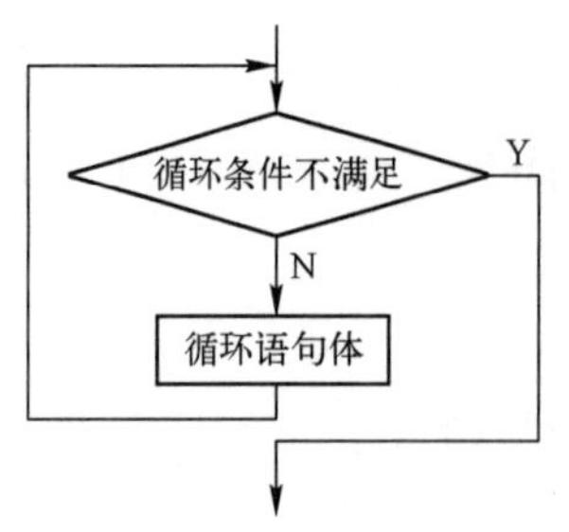

图 3-6　**循环结构：先判断后循环结构**

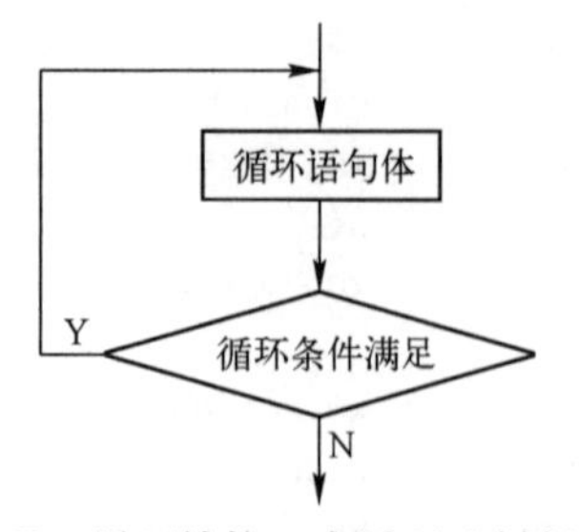

图 3-7　**循环结构：先循环后判断结构**

A64 指令集使用条件分支等指令实现循环条件的判断，并没有专门的循环控制指令。

3.3.1　计数控制循环

循环结构的关键是如何控制循环。比较简单的循环程序是通过次数控制循环，即计数控制循环，类似 C 语言的 for 语句最简单和常见的形式。例如：

```
for(i = 100; i > 0; i--)
    循环体;                                          // 减量计数循环
for(i = 1; i <= 100; i++)
    循环体;                                          // 增量计数循环
```

A64 指令集没有专门的循环指令，需要使用加减指令进行计数、条件分支指令进行计数判断，对应的汇编语言语句可以是：

```
        mov     w1, 100                         // W1 = i
again:  …                                       // 循环体
        subs    w1, w1, 1                       // i--
        b.ne    again                           // i > 0，循环
```

或

```
        mov     w1, 1                           // W1 = i
again:  …                                       // 循环体
        add     w1, w1, 1                       // i++
        cmp     w1, 100
        b.ls    again                           // i <= 100，循环
```

【例 3-6】 求最大值程序（e306_max.s）。

假设数组 array 由 32 位有符号整数组成，元素个数已知，没有排序，要求编程获得其中的最大值。求最大值（最小值）的基本方法就是逐个元素比较。由于数组元素个数已知，因此可以采用计数控制循环，每次循环完成一个元素的比较。循环体中包含有分支结构。

```
        .data
array:  .word   -3, 0, 20, 900, 587, -632, 777, 234, -34, -56       // 假设一个数组
        count   = (.- array)/4                  // 数组的元素个数
max:    .word   0                               // 存放最大值
        .text
        .global main
main:   stp     x29, x30, [sp, -16]!
        adr     x2, array                       // X2 = 数组首地址
        ldr     w0, [x2]                        // 取出第一个元素给 W0，用于暂存最大值
        mov     x3, count-1                     // X3 = 元素个数减 1 是循环次数
again:  ldr     w1, [x2, 4]!                    // 取出下一个元素给 W1
```

```
        cmp     w0, w1                      // 与下一个数据比较
        b.ge    next                        // W0 已经是较大值，继续下一个循环比较
        mov     w0, w1                      // W0 取得更大的数据
next:   subs    x3, x3, 1                   // 循环次数减 1，并设置标志
        b.ne    again                       // 循环次数不为 0，继续循环
        adr     x1, max
        str     w0, [x1]                    // 保存最大值
        mov     x0, 0
        ldp     x29, x30, [sp], 16
        ret
```

循环初始设置 X2 指向数组首地址，取出首个元素，并将剩余的元素个数赋值 X3，作为计数器。每次循环，载入下一个数组元素进行比较，获得较大值。然后减量计数器，计数值不为 0，就继续循环，形成先循环后判定的减量计数循环结构。利用前索引寻址，先更新地址指针，方便载入下一个数组元素。

计数可以采用增量控制循环，数组元素也可以通过其他存储器寻址访问，获得较大值也可以采用条件选择指令消除分支，循环结构部分修改如下：

```
        mov     x3, 1                       // X3 = 1，指向下一个元素
again:  ldr     w1, [x2, x3, lsl 2]         // 取出下一个元素给 W1
        cmp     w0, w1                      // 与下一个数据比较
        csel    w0, w0, w1, ge              // X0 取得是较大值
        add     x3, x3, 1                   // X3 增量，指向下一个元素
        cmp     x3, count                   // 是否为最后一个元素
        b.lo    again                       // 不是最后一个元素，继续循环
```

为了验证程序是否正确，或者方便观察运行结果，可以在最后添加显示功能。也可以通过调试程序动态查阅 max 变量，动态观察循环过程。

【例 3-7】 16 个元素的向量点积程序（e307_dotp.s）。

两个向量（矢量）$\boldsymbol{A}=[a_1,a_2,\cdots,a_n]$ 和 $\boldsymbol{B}=[b_1,b_2,\cdots,b_n]$ 的点积（乘积）是对应各元素相乘，然后乘积累加求和，计算公式为：$\boldsymbol{A}\bullet\boldsymbol{B}=[a_1\times b_1,a_2\times b_2,\cdots,a_n\times b_n]$。

假设数据区有两个向量，每个向量由 16 个 16 位有符号数组成，现计算这两个向量的点积，结果仍保存于数据区。本例有 16 个乘法运算和 15 个加法运算，显然适合进行计数控制循环。乘加指令 MADD 可以将乘法和加法运算使用一条指令实现，提高效率。

```
        .data
vectorA: .hword  1, 3, 5, 7, 9, 2, 4, 6, 8, 10, 11, 12, 13, 14, 15, 16    // 向量 A
vectorB: .hword  1, 3, 5, 7, 9, 2, 4, 6, 8, 10, 11, 12, 13, 14, 15, 16    // 向量 B
dotpAB: .xword  0                           // 存放点积结果
        .text
        .global main
main:   stp     x29, x30, [sp, -16]!
        ldr     x2, =vectorA                // X2 = 向量 A 地址
        ldr     x3, =vectorB                // X3 = 向量 B 地址
        mov     x0, 0                       // X0 保存点积，初值为 0
        mov     x1, 16                      // X1 = 循环次数，即元素个数
again:  ldrsh   x4, [x2], 2                 // 取出向量 A 的一个元素给 X4，并更新 X2，指向下个元素
        ldrsh   x5, [x3], 2                 // 取出向量 B 的一个元素给 X5，并更新 X3，指向下个元素
        madd    x0, x4, x5, x0              // 乘加，计算一个元素
```

```
next:   subs    x1, x1, 1                       // X1 减量，更新标志状态
        b.ne    again                           // 不为 0，继续循环
        adr     x2, dotpAB
        str     x0, [x2]                        // 保存点积结果
        mov     x0, 0
        ldp     x29, x30, [sp], 16
        ret
```

本例按照从前到后的顺序获得每个乘积并进行累加，采用了减量计数控制循环的方法，当然也可以更改为增量计数方法。

另外，对于不超过 64 次的计数循环，也可以将 1 存于某通用寄存器某位，然后将其左移，判断移位到指定位置或为 0 的方法进行计数控制。

3.3.2 条件控制循环

复杂的循环结构需要利用条件分支指令，根据条件决定是否进行循环，这就是所谓的条件控制循环。根据应用问题，条件可以在循环开始前判断，也可以在一次循环后进行判断。

1．先判断后循环（Pre-test loop）结构

先判断后循环结构类似 C 语言的 while 语句，在进入循环前先判断表达式（条件）是否成立，成立时执行循环体，否则跳过循环体。例如：

```
    while(a <= b)
        循环体                                  // 先判断后循环
```

对应的汇编语言语句可以是：

```
again:  cmp     w1, w2                          // W1 = a, W2 = b
        b.hi    next                            // a > b，退出循环
        …                                       // 循环体
        b       again
next:
```

先行判断的条件控制循环程序有些像双分支结构。判断条件不成立，顺序执行的分支体实际上是循环体（故无条件分支指令 B 的目的地址是循环开始，不是跳过另一个分支，到达双分支的汇合地）；条件成立，则跳出顺序执行的循环。

【例 3-8】 字符个数统计程序（e308_strlen.s）。

已知某字符串以 0 结尾，统计其包含的字符个数，即计算字符串长度。这是一个循环次数不定的循环结构程序，宜用条件分支指令决定是否循环结束，并应该先判断后循环（避免字符串为空，仅有一个结尾字符）。循环体仅进行简单的个数加 1 操作。其实本例程序实现 C 语言字符串长度函数 strlen()相同的功能，使用 C 语言的 while 语句也可以实现：

```
    while(str[i] != '\0')
        i++;
```

汇编语言程序可以是：

```
        .data
msg:    .string "Do you have fun with Assembly?"        // 以 0 结尾的字符串
        .text
        .global main
main:   stp     x29, x30, [sp, -16]!
```

```
        mov     x0, xzr                         // X0 用于记录字符个数，同时也用于指向字符的指针
        ldr     x1, =msg                        // X1 获得字符串地址
again:  ldrb    w2, [x1, x0]                    // 载入一个字符
        cbz     w2, done                        // W2 为 0，字符串结尾，结束计数
        add     x0, x0, 1                       // 个数加 1
        b       again                           // 继续循环
done:                                           // 个数统计的结果保存于 X0 寄存器
        ldp     x29, x30, [sp], 16
        ret
```

本例统计的字符串长度保存于 X0 寄存器，并作为本程序执行结束提供给 Linux 操作系统的返回码。在 Linux 外壳（Shell）命令行下，输入“echo $?”命令，可以显示刚执行程序的返回码，本例就是 msg 字符串的字符个数。

计算机中表达字符串时常用三种方法标识结束。最简单的方法是固定长度，但不够灵活。二是保存字符串长度，如在 Pascal 等语言中，字符串最开始的单元存放该字符串的长度。而比较常用的方法是使用结尾字符，也就是字符串最后使用一个特殊的标识符号。结尾字符曾使用过字符“$”、回车字符 CR（ASCII 值是 13）、换行字符 LF（ASCII 值是 10）等，现在多使用 0（即 ASCII 表的第一个字符，常表达为 NULL 或 NUL 常量）。用 0 作为字符串结尾是 C/C++ 和 Java 语言的规定，也可以避免在字符串中出现结尾字符的情况，应该说是比较理想的方法。

2．先循环后判断（Post-test loop）结构

先判断循环结构可能一次循环体都没有执行，而先循环后判断结构总是要执行一次循环体，再判断是否继续循环，类似 C 语言的 do-while 语句：

```
do
   循环体
while(a <= b);                                  // 先循环后判断
```

对应的汇编语言语句可以是：

```
again:  …                                       // 循环体
        cmp     w1, w2                          // W1 = a, W2 = b
        b.ls    again                           // a <= b，循环
```

如果对比单分支和先循环后判断结构的流程图，就会发现先行循环的条件控制循环程序类似单分支结构。但条件成立时，不是向后跳过顺序执行的分支体，而是向前跳转到循环体；条件不成立时，顺序执行结束循环。

从汇编语言角度比较“先判断后循环”与“先循环后判断”结构，两者很多时候是可以转换的，但后判断结构更有效。这是因为，后判断结构的每次循环只有一次条件分支，而先判断结构的每次循环还在最后多了一次无条件分支。所以，如果能够使得循环体至少执行一次，先判断结构应修改为更高效的后判断结构。另外，计数控制循环实际上可看做计数值是否达到要求的条件控制循环，也应尽量采用后判断结构。

【例 3-9】 斐波那契数列程序（e309_fibo.s）。

斐波那契（Fibonacci）数列（1，1，2，3，5，8，13，…）是用递推方法生成的一系列自然数：

$$F(n)=\begin{cases}1, & n=1,2\\ f(n-1)+f(n-2), & n\geqslant 3\end{cases}$$

也就是“从第 3 个数开始，每一个数是前两个数的和”规律生成的数列。如果 $F(n)$ 只能用 64 位变量（寄存器）表达，求出最大值 $F(n)$ 和对应的 n 值。本例采用累加方法求 $F(n)$，超出 64 位表达范围是出现 64 位无符号数相加出现了进位（不是有符号整数的溢出），所以判断 C 标志，利用条件分支指令 B.CC 控制继续循环。

```
        .data
maxN:   .ascii   "The maximum N is: %lu\n"          // 注意，本字符串没有结尾字符
maxF:   .string  "The maximum F(N) is: %lu\n"       // printf 语句的输出格式符
        .text
        .global  main
main:   stp      x29, x30, [sp, -16]!
        mov      x1, 3                        // X1 保存 N 值（从 N = 3 开始循环）
        mov      x2, 1                        // X2 保存 F(N-1)：F(2) = 1
        mov      x3, 1                        // X3 保存 F(N-2)：F(1) = 1
again:  adds     x4, x2, x3                   // X4 = F(N) = F(N-1) + F(N-2)，设置标志
        add      x1, x1, 1                    // N 增量，为下一次循环准备
        mov      x3, x2                       // 上次 F(N-1)成为下次的 F(N-2)：X3 = F(N-2)
        mov      x2, x4                       // 上次 F(N)成为下次的 F(N-1)：X2 = F(N-1)
        b.cc     again                        // 没有超出范围继续循环（条件标志由 adds 指令设置）
done:   ldr      x0, =maxN
        sub      x1, x1, 2                    // F(N)超过 64 位，故 X1（= N+1）减 2 才是最大值 N
        mov      x2, x3                       // F(N)超过 64 位，F(N-1)为最大
        bl       printf                       // 显示最大 N 值（X1）和最大 F(N)值（X2）
        mov      x0, 0
        ldp      x29, x30, [sp], 16
        ret
```

注意本例的字符串定义，maxN 最后没有添加结尾字符，只在 maxF 才有结尾字符，所以只需要调用一次 printf()函数。循环体第 1 条指令 ADDS 设置标志，随后的多条指令并不影响标志，所以条件分支指令仍然利用的是 ADDS 加法指令的进位标志，反映 F(N)是否超出 64 位无符号整数范围。程序运行显示的最大 N 值是 93 吗？这个结果是否出乎你的所料？

3．循环的提前中止

实际的应用问题，不会只有单纯的分支或循环，两者可能同时存在，即循环体中具有分支结构，分支体中含有循环结构程序。在有些情况下，某次循环可能不需要执行所有循环体中的语句（类似在 C 语言循环结构中使用 continue 语句提前中止此次循环，开始下一次循环），还可能在满足特定条件下提前中止整个循环（类似 C 语言循环结构中执行了 break 语句）。

【例 3-10】 求最大公约数程序（e310_gcd.s）。

输入两个自然数，求其最大公约数（Greatest Common Divisor）。公约数是两个（或多个）整数均能整除的除数（约数），最大公约数则是其中最大的一个。

求两数的最大公约数有多种算法，本例采用一种简单直观的方法。对两个整数（如 8 和 12），最大公约数是在较小数（如 8）到 1 之间的整数。所以，求解的循环过程是：

① 用较小数（8）从大到小依次除以这些整数（8、7、…2、1）。

② 若某个整数（如 7）不能够整除，则直接跳转到第①步，开始下一次循环。

③ 若某个整数（如 4）能够整除，再判断能否被较大数（12）整除。

④ 若不能被较大数整除，则继续下一次循环；

⑤ 若能够被较大数整除，则这个整数就是最大公约数，跳出循环（循环结束）。

```
        .data
msgin1:  .string  "Enter two natural numbers: "
msgin2:  .string  "%lu,%lu"                        // 逗号分隔输入两个数
msgout:  .string  "The Greatest Common Divisor is: %lu\n"
num:     .xword   0, 0
         .text
         .global  main
main:    stp      x29, x30, [sp, -16]!
         ldr      x0, =msgin1                      // X0 = msgin1 的地址
         bl       printf                           // 显示输入两个自然数（逗号分隔）
         ldr      x0, =msgin2                      // X0 = msgin2 的地址
         ldr      x1, =num                         // X1 = 第 1 个数的地址
         add      x2, x1, 8                        // X2 = 第 2 个数的地址
         bl       scanf                            // 输入一个有符号整数
         ldr      x1, =num                         // X1 = 数据的存储器地址
         ldp      x1, x2, [x1]                     // 载入 2 个数，暂存于 X1 和 X2
         cmp      x1, x2                           // 比较两个数
         csel     x3, x1, x2, lo                   // X3 为较小数
         csel     x4, x1, x2, hi                   // X4 为较大数
         mov      x1, x3                           // X1 保存除数
again:   udiv     x2, x3, x1                       // 判断较小数能否整除，X2（商）= X3÷X1
         msub     x5, x2, x1, x3                   // X5（余数）= X3 - X2×X1
         cbnz     x5, next                         // 较小数不能整除，跳转，继续（continue）下次循环
         udiv     x2, x4, x1                       // 较小数能够整数，判断较大数能否整除，X2 = X4÷X1
         msub     x5, x2, x1, x4                   // X5 = X4 - X2×X1
         cbz      x5, done                         // 较大数能够整除，获得最大公约数，跳出（break）循环
next:    subs     x1, x1, 1                        // 除数减 1
         b.ne     again                            // （不为 0）继续循环
done:    ldr      x0, =msgout                      // 较小数和较大数都能整数，X1 就是最大公约数
         bl       printf                           // 显示最大公约数
         mov      x0, 0
         ldp      x29, x30, [sp], 16
         ret
```

本例用条件选择指令 CSEL 区别较小数和较大数，分别存入 X3 和 X4 寄存器，用 X1 保存逐次减 1 的除数。在循环体中，先用除法指令得到商（X2），再用乘减指令得到余数（X5），判断余数是否为 0 确定能否整除，不能整除就继续循环判断下一个除数。初看本例是一个减量计数控制循环结构，可以对比 for 语句实现的 C 语言循环结构（a 和 b 是两个整数，min 是其中较小数）：

```
for(i = min; i >= 1; i--)
    if(a%i == 0 && b%i == 0)
        break;
```

但实际上，这是能否整除的条件控制循环结构，因为除数减量为 1 时，任何整数都能够整除。所以，条件分支指令“CBNZ　again”可以用无条件分支指令“B again”替换，甚至可以把除数减量指令移动到循环体开始（当然，还需要修改有关的指令），取消最后的跳转。

本例求最大公约数的方法较直观，但除法次数较多，更好的算法参见习题。

3.3.3 多重循环

有时循环体中嵌套有循环，即形成程序的多重循环结构。在多重循环中，如果内外循环之间没有关系，相当于两个独立的程序块，比较容易处理；但如果需要传递参数或利用相同的数据，问题就复杂些。

【例 3-11】 冒泡法排序程序（e311_bubble.s）。

实际的排序算法很多，“冒泡法”是一种易于理解和实现的方法，但并不是最优的算法。冒泡法从第一个元素开始，依次对相邻的两个元素进行比较，使前一个元素不大于后一个元素；将所有元素比较完之后，最大的元素排到了最后；然后，除最后一个元素之外的元素依上述方法再进行比较，得到次大的元素排在后面；如此重复，直至完成就实现元素从小到大的排序，如图 3-8 所示。

比较遍数 →

数据	1	2	3	4
587	–632	–632	–632	–632
–632	587	234	–34	–34
777	234	–34	234	234
234	–34	587	587	587
–34	777	777	777	777

从小到大排序 ↓

图 3-8　冒泡法的排序过程

可见，这是一个计数控制的双重循环程序结构，外循环次数是比较的遍数、即元素个数减 1，内循环次数是两两比较的次数、恰好等于外循环次数。比较一遍，外循环次数减 1，内循环次数也要减 1，还是等于外循环次数。循环体比较两个元素大小，又是一个分支结构。

```
        .data
array:  .word    587, -632, 777, 234, -34    // 假设一个数组
        count    = (.-array)/4               // 数组的元素个数
        .text
        .global  main
main:   stp      x29, x30, [sp, -16]!
        mov      x5, count-1                 // 外循环计数器 X5 = 数组元素个数 - 1
outlp:  mov      x4, x5                      // 内循环计数器 X4 = X5
        ldr      x3, =array                  // X3 = 数组首地址
inlp:   ldr      w1, [x3]                    // 取前一个元素
        ldr      w2, [x3, 4]                 // 取后一个元素
        cmp      w1, w2                      // 前后两个元素比较
        b.le     next                        // 前一个不大于后一个元素，则不进行交换
        str      w2, [x3]                    // 否则，交换 W1 和 W2 保存的位置
        str      w1, [x3, 4]
next:   add      x3, x3, 4                   // 指向下一个元素
        subs     x4, x4, 1                   // 内循环次数减 1
        b.ne     inlp                        // 内循环尾
        subs     x5, x5, 1                   // 外循环次数减 1
        b.ne     outlp                       // 外循环尾
```

```
        mov     x0, 0
        ldp     x29, x30, [sp], 16
        ret
```

为验证排序结果，可以增加逐个显示数组元素的功能，这还是一个计数控制循环结构。在数据区添加一个输出格式符：

```
form:   .string   "%d\n"
```

调用 printf()函数循环输出的程序片段可以是：

```
        mov     x5, count              // X5 = 数组元素个数
        ldr     x3, =array             // X3 = 数组首地址
again:  ldr     w1, [x3], 4            // 取出一个元素，并指向下一个元素
        stp     x5, x3, [sp, -16]!     // 把 X5 和 X3 内容保存在堆栈
        ldr     x0, =form
        bl      printf                 // 显示一个元素
        ldp     x5, x3, [sp], 16       // 恢复 X5 和 X3 内容
        subs    x5, x5, 1
        b.ne    again                  // 不为 0，继续循环
```

注意，因为调用 printf()函数后，程序仍需要 X5 和 X3 寄存器内容，所以按照 A64 的调用规则（详见第 4 章）需要进行保护，调用后再恢复原值。

【例 3-12】 矩阵乘法程序（e312_matrices.s）。

矩阵是一个两维表，矩阵相乘是 3D 图像、神经网络等许多应用的基本运算。假设有两个 3×3 矩阵相乘 ***A•B***，形成新的矩阵 ***C***，计算公式如下：

$$\begin{vmatrix} a_{11} & a_{12} & a_{13} \\ a_{21} & a_{22} & a_{23} \\ a_{31} & a_{32} & a_{33} \end{vmatrix} \bullet \begin{vmatrix} b_{11} & b_{12} & b_{13} \\ b_{21} & b_{22} & b_{23} \\ b_{31} & b_{32} & b_{33} \end{vmatrix} = \begin{vmatrix} a_{11}b_{11}+a_{12}b_{21}+a_{13}b_{31} & a_{11}b_{12}+a_{12}b_{22}+a_{13}b_{32} & a_{11}b_{13}+a_{12}b_{23}+a_{13}b_{33} \\ a_{21}b_{11}+a_{22}b_{21}+a_{23}b_{31} & a_{21}b_{12}+a_{22}b_{22}+a_{23}b_{32} & a_{21}b_{13}+a_{22}b_{23}+a_{23}b_{33} \\ a_{31}b_{11}+a_{32}b_{21}+a_{33}b_{31} & a_{31}b_{12}+a_{32}b_{22}+a_{33}b_{32} & a_{31}b_{13}+a_{32}b_{23}+a_{33}b_{33} \end{vmatrix}$$

这是一个 3 重循环程序，逐行、逐列计算每个元素构成外循环，而内循环是两个向量的点积。如果采用 C 语言 for 语句表达，可以是：

```
for(row = 1; row <= 3; row++) {
   for(col = 1; col <= 3; col++) {
      dotp = 0;
      for(i = 1; i <= 3; i++)
         dotp = dotp + a(row, i)*b(i, col);
      c(row,col) = dotp;
   }
}
```

汇编语言不支持两维数组，矩阵元素先行后列依次存放（只能认为是一维数组）。设 3×3 矩阵的每个元素是 32 位数据，则地址增量 4 就是（同行）下一列元素，增量 12（3×4）就是（同列）下一行元素。因此，矩阵维数（3）和数据字节数（4）是关键的常量数值，可以分别用常量符号 num 和 size 表示。同时，需要明确每个元素进行点积的矩阵 ***A*** 和 ***B*** 的元素，即需要关注矩阵元素的地址。同一行中，完成一个元素的点积，下一个元素仍从矩阵 ***A*** 的同一行首和下一列首开始进行点积。新的一行开始时，总是从矩阵 ***B*** 首行首列元素开始。

```
        .data
        .equ    num, 3                 // 矩阵的维数（num = 3）
        .equ    size, 4                // 元素的字节数（size = 4）
```

```
        // 矩阵 A
matA:   .word    1, 3, 5                   // a11, a12, a13
        .word    7, 9, 2                   // a21, a22, a23
        .word    4, 6, 8                   // a31, a32, a33
        // 矩阵 B
matB:   .word    1, 3, 5                   // b11, b12, b13
        .word    7, 9, 2                   // b21, b22, b23
        .word    4, 6, 8                   // b31, b32, b33
matC:   .space   num*num*size              // 为矩阵 C 预留存储空间
        .text
        .global  main
main:   stp      x29, x30, [sp, -16]!
        ldr      x2, =matA                 // X2 = 矩阵 A 地址
        ldr      x3, =matB                 // X3 = 矩阵 B 地址
        ldr      x4, =matC                 // X4 = 矩阵 C 地址
        mov      x5, num                   // X5 = 行控制，共 num 行
row:    mov      x6, x3                    // X6 = 矩阵 B 地址
        mov      x7, num                   // X7 = 列控制，共 num 列
col:    mov      x0, 0                     // X0 保存点积，初值为 0
        mov      x1, num                   // X1 = 点积控制，num 个乘加运算
again:  ldr      w11, [x2], size           // 取出矩阵 A 的一个元素，并更新地址指向同行下列元素
        ldr      w12, [x6], num*size       // 取出矩阵 B 的一个元素，并更新地址指向同列下行元素
        smaddl   x0, w11, w12, x0          // 乘加，计算一个元素
        subs     x1, x1, 1                 // X1 减量，更新标志状态
        b.ne     again                     // 不为 0，继续循环，计算下一个乘加运算
        str      w0, [x4], size            // 保存点积结果到矩阵 C，并更新地址指向下个元素
        sub      x2, x2, num*size          // 回到矩阵 A 同一行首
        sub      x6, x6, num*num*size-size           // 指向矩阵 B 下一列首
        subs     x7, x7, 1                 // X7 减量，更新标志状态
        b.ne     col                       // 不为 0，继续循环，计算同一行下一列元素
        add      x2, x2, num*size          // 指向矩阵 A 下一行首
        subs     x5, x5, 1                 // X5 减量，更新标志状态
        b.ne     row                       // 不为 0，继续循环，计算下一行
        mov      x0, 0
        ldp      x29, x30, [sp], 16
        ret
```

程序中有较多变量需要使用通用寄存器，因此一定要添加注释，明确每个寄存器的作用，不要重复，也不要混淆。矩阵乘法的结果（矩阵 ***C***）可以调用 printf()函数进行显示，详见第 4 章的例 4-3。

小　结

本章结合若干简单的应用程序，介绍了使用 64 位 ARM 基本指令集（汇编语言）如何编写分支和循环程序，并对比了高级语言（C 语言）的分支和循环语句。汇编语言的编程实践既可以让读者深入掌握处理器指令功能和综合应用，也可以给读者揭示程序结构的实质，进而理解处理器的工作机理。如果读者还有使用 CISC 复杂指令集进行汇编语言编程的经历，相信也能体会出 RISC 精简指令集 A64 的简洁高效。

习 题 3

3.1 对错判断题。

（1）指令寻址是指一条指令执行后，确定执行下一条指令位置的方式。

（2）虽然设计有无条件分支指令 B，功能对应高级语言 goto 语句，所以一般不能使用 B 指令。

（3）无条件分支指令 BR 采用寄存器间接的指令寻址，其目的地址来自通用寄存器。

（4）条件选择指令的主要目的是为了消除或减少分支。

（5）双分支结构就是由两个独立的单分支结构组成的程序片段。

3.2 填空题。

（1）ARM 处理器指示当前执行指令的专用寄存器是________，顺序执行下条指令时其值增量________，这是因为 ARM 指令是________位编码长度。

（2）A64 指令集中，各种分支指令的目的地址与分支指令之间的距离是有限制的。无条件分支指令 B 限制偏移量在________地址内、即________条指令范围，条件分支指令 B.cond（含比较分支指令 CBZ 和 CBNZ）限制偏移量在________地址内、即________条指令范围，而测试分支指令 TBZ 和 TBNZ 限制偏移量在________地址内、即________条指令范围。

（3）假设 X1 = 20，X2 = 80，则执行指令“cmp　x1, x2”后，条件标志 NZCV = 0b________；若接着执行条件分支指令 B.cond，则条件 cond 成立的符号（见表 3-1）有________。

（4）对于比较分支指令“cbz　x5, again”，如果使用条件分支指令 B.cond 实现分支，应是________，而在该指令前需要设置标志，使用比较指令的话是________。

（5）程序的循环结构通常由 3 部分组成，它们是________、循环体和________。

3.3 单项选择题。

（1）条件分支指令 B.cond 的指令寻址方式是（　　）。

A．相对　　B．直接　　C．寄存器间接　　D．存储器间接

（2）要使用 B.cond 指令，可以通过（　　）指令设置条件状态。

A．ADD　　B．SUB　　C．AND　　D．CMP

（3）要在两个有符号整数比较后，在“大于”条件下发生流程转移，应使用（　　）指令。

A．B.GE　　B．B.GT　　C．B.HI　　D．B.GE

（4）将 W1 最低字节表达的大写字母转换为小写字母的指令，可以是（　　）。

A．mov　w1, 0x20　　B．add　w1, w1, 0x20　　C．and　w1, w1, 0x20　　D. sub　w1, w1, 0x20

（5）执行指令“cmp　x1, x2”后，接着执行指令“b.eq　next”且发生了流程转移，说明（　　）。

A．X1 < X2　　B．X1 > X2　　C．X1 = X2　　D．X1 ⩾ X2

3.4 简答题。

（1）ARM 处理器怎样使指令顺序执行？B 和 BR 指令的指令寻址方式有什么不同？

（2）条件分支指令的条件中，为什么进位（CS）与无符号数的高于或等于（HS）是相同的？

（3）对同一个分支结构，为什么说高级语言 if 语句的条件与条件分支指令 B.cond 的条件相反？

（4）“先循环后判断”结构与“先判断后循环”结构有什么不同？

（5）什么是计数控制循环和条件控制循环？

3.5 假设 C 语言的 int 类型变量 x 和 y 保存于 W4 和 W5 中，用汇编语言实现如下 C 语言分支语句。

（1）if(x >100)　　y=x+50;

（2）if(x <100)　　y=x;

（3）if(x ==100)　　y=50;

（4）if(x ==0)　　y=y-50;

（5）if(x !=0)　　y=y-x;

3.6　假设 X1=100，X2=200，执行“cmp　x1, x2”指令后，接着执行如下指令，给出每条指令执行后的结果。

（1）csel　x0, x3, x4, ge　　　　（2）csneg　x0, x3, x4, eq

（3）cinv　x0, x4, lt　　　　（4）cset x0, ne

（5）ccmp x1, 31, 0b0100, mi

3.7　对如下 C 语言分支语句，分别使用条件分支指令和条件选择指令实现。

（1）if(a!=0)　　b=b+1;　　　　（2）if(a==0)　　y=y+1;　　else　　y=y-1;

（3）if(a==0)　　y=y+5;　　else　　y=y-1;

3.8　参考附录 A 调试示例，选择例 3-4 闰年判断程序采用调试程序 GDB 跟踪程序流程，简述调试过程，给出分别是闰年和平年的执行流程（语句执行的顺序编号）。

3.9　编写 A64 汇编语言程序，计算如下数学函数值 $y = f(x)$：

$$y = \begin{cases} 1, & x > 0 \\ 0, & x = 0 \\ -1, & x < 0 \end{cases}$$

即当输入 x 为正整数，y 输出 1；输入 x 为负整数，y 输出−1；输入 x 为 0，y 输出 0。

3.10　使用 A64 汇编语言编程，调用 scanf()函数输入 3 个有符号整型数据，调用 printf()函数输出最小值。逐个比较求最小值可以使用（1）条件分支指令或（2）条件选择指令分别实现。

3.11　编写汇编语言程序，假设某城市出租车计费标准是：起步里程为 3 公里、起步费 10 元；超过起步里程后 30 公里内，每公里 3 元；超过 30 公里的部分加收每公里 2 元的回空补贴费。车辆营运过程中，因堵车或临时停车的等待时间，按每 5 分钟 1 元收取空驶费（不足 5 分钟不收费）。编程输入行驶里程和等待时间，输出应支付的车费（元）。

3.12　编写汇编语言程序，输入 1、2、3、4、5、6 和 7（表示依次对应星期一到星期日）之一数字，输出对应的英文星期名称；若输入不是 1～7，则提示出错、重新输入。例如，输入 1，显示 Monday。建议使用地址表方法，也可以编写一个 C 语言程序进行对比。

3.13　参考附录 A 调试示例，选择例 3-8 字符个数统计程序采用调试程序 GDB 动态跟踪循环结构的执行流程，简述调试操作过程。

3.14　将例 3-7 向量点积程序，更改为增量计数控制循环结构。

3.15　已知某字符串以 0 结尾，使用汇编语言编程统计其中特定字符，如空格的个数。

3.16　编写汇编语言程序，把一个字符串从一个（源）位置复制到另一个（目的）位置，如果字符串中的字符是小写字母，则转换为大写字母后再复制。

3.17　编程实现输入 n 值，输出其斐波那契数 $F(n)$。

3.18　自然数累加（$1+2+3+\cdots+N$），若累加和值限制于一个 64 位无符号整数，使用循环结构编程求出最大 N 值及其对应的和值。

3.19　自然数相减（$-1-2-3-\cdots-N$），若累计差值限制于一个 64 位有符号整数，使用循环结构编程求出最大 N 值及其对应的差值。

3.20　编程实现输入两个自然数，输出其最大公约数。要求使用辗转相除法（也称为欧几里得算法），其基本原理是：用较大数除以较小数；如果不能整除，取余数作为较小数，原较小数作为较大数，继续上一步除法；如果能够整除，较小数就是两数的最大公约数。

例如，求$(319, 377)$最大公约数：

$$377 \div 319 = 1 \text{（余 58）}$$

$$(377,319)=(319,58)$$
$$319 \div 58 = 5 \text{（余 29）}$$
$$(319,58)=(58,29)$$
$$58 \div 29 = 2 \text{（余 0）}$$
$$(377,319)=29$$

故(319, 377)的最大公约数是 29。

3.21　已知数据区有两个等长的字符串，编程比较两者是否相等，若相等，则显示该字符串；不相等，则显示这两个字符串。

3.22　对数据区的一个字符串，编程查找是否存在关键单词或子字符串"value"。若存在，则显示 Y，否则显示 N。

3.23　在没有乘法指令或乘法指令执行时间较长的指令系统中，两个任意的无符号整数相乘可以使用加法和移位指令实现。编写汇编语言程序片段，不使用 A64 的乘法指令，而是使用加法和移位等指令实现两个 64 位无符号整数相乘，假设乘积结果也不超过 64 位。

算法的基本依据是任意一个无符号整数都是由 2 的指数相加而成，如 $21 = 16 + 4 + 1 = 2^4 + 2^2 + 2^0$。这样，某个整数 A 乘以 21 就是：$A\times21 = A\times2^4 + A\times2^2 + A\times2^0 = (A<<4) + (A<<20) + (A<<0)$。也就是说，乘法变成了左移和加法。为减少循环次数、提高效率，算法流程可以是：

（a）比较两个整数，确定较大值和较小值。

（b）判断较小值最低位，为 1，乘积要加上较大值；为 0，则乘积不需要加法。

（c）较小值逻辑右移 1 位，较大值左移 1 位。

（d）判断较小值是否为 0，不为 0，继续循环到（b）；为 0，结束。

为了练习和对比，编写本程序片段（a）和（b）时：（1）首先使用条件分支指令实现（不使用条件选择指令）；（2）然后使用条件选择指令减少分支、优化代码。

3.24　素数判断程序。编程提示用户输入一个自然数，经判断显示信息说明该数字是否为素数。素数（Prime）是只能被自身和 1 整除的自然数，判断方法可以采用如下算法。

直接简单的算法：假设输入自然数 N，将其逐个除以 2～N-1，只要能整除（即余数为 0）说明不是素数，只有都不能整除才是素数。

只对奇数整除的算法：1、2、3 是素数，所有大于 3 的偶数不是素数，从 5 开始的数字只需除以从 3 开始的奇数，只有都不能整除才是素数。

3.25　计算素数个数程序。

使用 Eratosthenes 筛法编程，求 1～100 000 之间共多少个素数。Eratosthenes 筛法是希腊数学家 Eratosthenes 发明的算法，给出了一种找出给定范围内所有素数的快速方法。

该算法要求创建一个字节数组，以如下方式将不是素数的位置标记出来：2 是一个素数，从位置 2 开始，把所有 2 的倍数的位置标记 1；2 之后的素数 3，同样将 3 的倍数的位置标记 1；3 之后下一个素数是 5，同样将 5 的倍数的位置标记 1；如此重复，直到标记所有非素数的位置。处理结束，数组中没有被标记的位置都对应一个素数。

（1）在数据区（.DATA）定义字节数组，并赋初值 0，实现 Eratosthenes 筛法，求出素数个数。一维数组的顺序编号对应数组的位置。

（2）将数组事先定义在数据区，则生成的可执行文件中将包括这个数组，形成很大的一个文件。AS 汇编程序提供一个定义无初始化数据区的指示符（.BSS），在其下定义的变量不能有初值，因为它们在程序执行时才被分配存储空间。但可以利用一段循环程序将初值 0 全部填入其中。优化程序，在.BSS 数据区定义无初值数组，求出素数个数。

第 4 章　模块化程序设计

当程序功能相对复杂、所有语句序列都写到一起时，程序结构将显得零乱，特别是由于汇编语言的语句功能简单，源程序更显得冗长，这将降低程序的可阅读性和可维护性。所以，编写较大型程序时，常会单独编写和调试功能相对独立的程序片段，使其作为一个程序模块供系统调用（Call），这就是模块化程序设计。高级语言常称这种程序模块为函数（Function）或过程（Procedure），汇编语言中则称为子程序（Subroutine）。

4.1　子程序及其调用

子程序（函数）通常是程序中通用或共用的部分，可以实现源程序的模块化，简化源程序结构；如果被多次调用，还可以得到复用，进而提高编程效率。调用程序（主程序，调用者 Caller）调用子程序（函数）时，需要使用调用指令控制程序流程转移到被调用程序（子程序、函数，被调用者 Callee）。被调用程序执行结果，使用返回指令，将程序流程再转移到原来的调用程序，如图 4-1 所示。

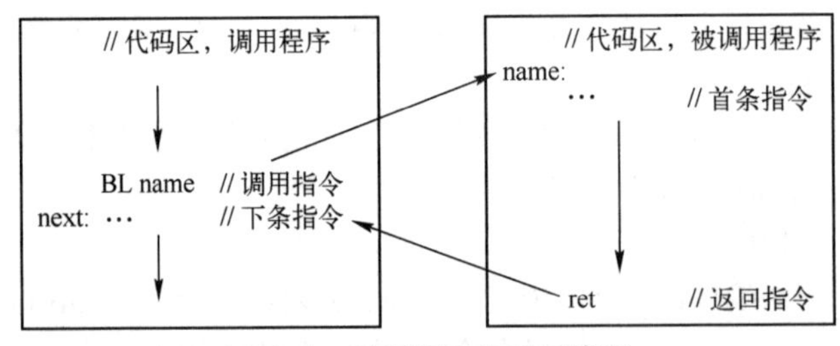

图 4-1　函数调用和返回流程

4.1.1　调用与返回指令

调用与返回指令也属于流程控制类指令，A64 指令集称为分支指令。

1．调用指令

调用指令用在主程序中，实现子程序的调用。在执行无条件转移指令 B 和 BR 前，把下条指令的存储器地址（当前 PC+4）存入连接寄存器 LR（即 X30，两者通常在汇编语言程序通用），就是调用指令 BL 和 BLR。其格式为：

```
bl      label           // X30 = PC + 4，跳转到 label（PC = PC + imm26）
blr     Xn              // X30 = PC + 4，跳转到 Xn 寄存器保存的地址（PC = Xn）
```

与 B 指令一样，BL 指令采用相对寻址得到目的地址，其跳转范围是±32M 条指令之间。与 BR 指令一样，BLR 采用寄存器间接寻址，不限制地址范围。

2．返回指令

子程序执行结束，需要使用返回指令 RET 将程序流程转移回主程序，以便返回主程序继续执行。这只需将返回地址传送给程序计数器 PC 即可：

```
        ret       {Xn}                        // 跳转到Xn寄存器保存的地址（PC = Xn）
```

X30 寄存器是处理器设计用于保存返回地址的连接寄存器 LR，所以通常不需给出 Xn，默认从 X30 获取返回地址，跳转到调用指令的下条指令，实现返回。实际上，返回指令 RET 与寄存器跳转指令“BR　X30”的功能相同。但是，使用 RET 指令可以让处理器明确这是子程序返回，使得分支预测机制更好地进行判断，提高指令流水线效率。

3．子程序设计

子程序也是一段程序，其编写方法与主程序一样，可以采用顺序、分支、循环结构。但是，作为相对独立和通用的一段程序，子程序具有一定的特殊性，需要留意以下若干问题。

① 子程序要有一个标识符作为子程序名，并作为第一条可执行指令的标号。为了便于外部模块调用，AS 汇编程序通常需要将其声明为外部可调用（使用.global 语句），应强调其函数类型（使用.type 语句）。

② 子程序应安排在代码区的主程序之外，可以放在主程序执行终止后的位置，也可以放在主程序开始执行前的位置。子程序最后利用 RET 指令返回主程序。

③ 主程序与子程序之间要遵循相同的调用规范，也就是使用一致的参数传递方法、寄存器使用约定等。例如，由于主程序和子程序共用一套通用寄存器，需要明确哪些寄存器用于传递参数和返回值，哪些寄存器必须由子程序保护和恢复，或者需要主程序进行保护。

当汇编语言程序与高级语言进行混合编程时，还需要关注高级语言的调用规范（要求）。

④ 关注子程序的栈帧，保持栈的平衡。子程序通常需要利用栈区暂存数据，包括返回地址、寄存器内容、参数、局部变量等，这个区域被称为子程序的栈帧。子程序中对栈区的压入和弹出操作要成对使用，即一个子程序压入栈多少字节数据，最终应该弹出多少字节，这样才能在子程序调用前后，保持栈指针 SP 不变，即栈平衡。

另外，为了使子程序调用更加方便，编写子程序时有必要提供适当的注释。完整的注释应该包括子程序名、子程序功能、参数和返回值、调用注意事项和其他说明等。这样，程序员只要阅读了子程序的说明就可以调用该子程序，而不必关心子程序是如何编程实现该功能的。

【例 4-1】 汇编语言的大小写字母转换程序（e401_tolower.s）。

很多应用问题（如自然语言处理）需要首先把文件中的英文字母全部转换为小写（或大写）。本例假设由主程序提供待处理的字符串（以 0 结尾），X0 寄存器传递字符串地址参数给子程序。子程序把字符串中大写字母全部转换为小写字母，保存于原处，同时仍用 X0 寄存器返回字符串长度（字符个数）。

```
        .data
msg:    .string   "DREAM it POSSIBLE!\n"
form:   .string   "The message is: %sThe length is %lu\n"
        .text
        // 主程序（主函数）
```

```
        .global main
main:   stp     x29, x30, [sp, -16]!
        ldr     x0, =msg                    // 子程序的参数（字符串地址）
        bl      tolower                     // 调用子程序，将字符串处理为小写字母
        mov     x2, x0                      // 子程序返回值保存于 X2，作为 printf 的参数 2
        ldr     x1, =msg                    // X1 = printf 的参数 1
        ldr     x0, =form                   // X0 = printf 的参数 0
        bl      printf                      // 显示字符串
        mov     x0, 0
        ldp     x29, x30, [sp], 16
        ret
        // 子程序
        .global tolower                     // 子程序：将指定字符串的大写字母全部转换为小写
        .type   tolower, %function          // 参数：X0 = 字符串地址，返回值：X0 = 字符串长度
tolower:                                    // 子程序标号，即子程序名
        mov     x2, 0                       // 用于统计字符个数（初值为 0）
tol1:   ldrb    w1, [x0, x2]                // W1 载入一个字符
        cbz     w1, tol3                    // W1 为 0，字符串结尾，结束计数
        cmp     w1, 'A'                     // 与大写字母 A 比较
        b.lo    tol2                        // 小于'A'，不是大写字母，结束
        cmp     w1, 'Z'                     // 与大写字母 Z 比较
        b.hi    tol2                        // 大于'Z'，不是大写字母，结束
        orr     w1, w1, 0x20                // 大写字母转换为小写字母
        strb    w1, [x0, x2]                // 存入原位置
tol2:   add     x2, x2, 1                   // 指向下一个字符
        b       tol1                        // 继续循环
tol3:   mov     x0, x2                      // 返回值 X0 = X2（字符串长度）
        ret
```

本书主要利用 GCC 进行汇编和连接，借鉴 C 语言程序结构，其主程序 main 本质上也是一个函数（称为主函数）。字母转换算法可以参考第 3 章字母判断和字符个数统计程序，大写字母转换为小写字母使用逻辑或指令 ORR 将二进制位 5 设置为 1 即可（与使用加法指令 ADD 作用相同）。

本例子程序功能比较简单，仅使用 X0、X1 和 X2 寄存器，也仅用于本例主程序调用，没有调用其他子程序，因此可以不用保护 X30 连接寄存器。

另外，大写字母判断和转换部分可以优化为一次判断：

```
        sub     w3, w1, 'A'                 // 减去大写字母 A
        cmp     w3, 'Z'-'A'                 // 与'Z'-'A'（=25）比较，看是否在大写字母范围内
        b.hi    tol2                        // 不是大写字母，结束
        orr     w1, w1, 0x20                // 大写字母转换为小写字母
        strb    w1, [x0, x2]                // 存入原位置
```

4.1.2 调用规范

应用程序接口（Application Binary Interface，ABI）是为了保证所有可执行代码模块间二进制兼容性所共用遵循的基本原则，是一套所有代码相关工具软件遵循的运行时规范。工具软件包括编译程序、汇编程序、连接程序、运行支持等。例如，C/C++编译程序实施的应用程序

接口 ABI，包括数据类型的大小和对齐原则、结构类型的布局、调用规范、寄存器使用规范、运行时算术运算支持的接口、目标文件格式等。

调用规范（Calling convention）是应用程序接口 ABI 的一个子集，说明参数传递和结果返回的规则。

1．调用规范

编写功能相对独立的子程序（函数）需要处理好与调用程序的耦合关系，也就是调用参数和返回值等的传递方法。由于 A64 指令集支持较多的通用寄存器，子程序（函数）的参数、返回值和返回地址等通常都使用通用寄存器，使得其调用规则相对简单。

虽然可以使用任何技术可行（甚至自创）的方法进行参数和返回值传递，但为了更好地相互调用，AArch64 制订了一个过程调用标准 AAPCS64（Procedure Call Standard for the ARM 64-bit Architecture），其中主要规则是将子程序（函数）调用的通用寄存器分成 4 组。

（1）参数寄存器（X0～X7）

这 8 个通用寄存器用于给子程序（函数）传递参数和从子程序（函数）返回结果，子程序（函数）的前 8 个参数依次通过 X0～X7 传递，返回值通过 X0 传递。超过 8 个参数则需要通过栈传递。32 位参数和返回值只使用低 32 位部分，即 W0～W7。128 位返回值通过 X0 和 X1 传递，其中 X0 是低 64 位，X1 保存高 64 位。

（2）调用者保存的临时寄存器（X9～X15）

调用者保存（Caller-saved）寄存器是指如果调用程序在调用某个子程序（函数）后，还要使用这些寄存器内容，需要事先进行保存。因为这些寄存器可以被调用程序任意修改，无法保证在返回后仍保留其原值。另一方面，编写子程序（函数）时，这些寄存器都是可破坏寄存器（Corruptible Register），表示被调用程序可以改变其内容而不需恢复。

事实上，X0～X18 都属于调用者保存寄存器（可破坏寄存器），即使寄存器 X0～X7 未用于传递参数和返回值。

（3）被调用者保存的寄存器（X19～X29）

被调用者保存（Callee-saved）寄存器是指如果编写子程序（函数）时使用这些寄存器，需要先保护起来（通常保存于栈区、即函数的栈帧中）、返回前恢复原值。

（4）特殊用途的寄存器（X8、X16～X18、X29 和 X30）

寄存器 X8 可作为间接结果寄存器 XR（Indirect Result Register）。当函数使用结构数据类型（struct）的变量作为返回值时，调用程序将为结构变量分配存储空间，X8 用作结构变量的存储器地址指针。

寄存器 X16 和 X17 是两个过程调用间临时寄存器（Intra-procedure-call temporary register），可用于在调用程序和被调用程序之间插入跳板（Veneer）代码或中间值。它们也是函数可破坏寄存器，因为在函数被调用与开始执行函数首条指令之间的时间段可能被破坏（改变）。例如，这两个寄存器可被连接程序插入一小段代码作为跳板，用于扩展分支范围。因为分支指令的转移范围有限，如果目的地址超过这个范围，连接程序就需要生成一个跳板扩展分支范围。

寄存器 X18 是为平台保留的临时寄存器 PR（Platform Register），未分配特别含义。

寄存器 X29 用作函数的帧指针 FP（Frame Pointer）。栈帧是函数执行过程中，在主存堆栈区段建立的临时存储空间。

寄存器 X30 是连接寄存器 LR，其值必须保存直到使用 RET 指令返回调用程序。

简单来说，寄存器 X0～X7 用于参数传递和返回值。编写子程序（函数）时，可以使用 X0～X18 而不需保护，而使用 X19～X30 前需要保护、使用后恢复原值；尤其是 X30 必须保护，通常 X29 也一并保护。对于调用程序来说，如果 X0～X18 需要在调用子程序（函数）前后保持一致，就需要保护。另外，子程序（函数）调用不需保存条件标志。

2．栈帧

栈在函数编程中起着重要的作用。不仅是返回地址、参数、保护寄存器使用栈，高级语言的局部变量也使用栈。栈在函数调用中为传递参数、返回地址、局部变量和保护寄存器所保留的栈空间，被称为栈帧（Stack Frame），如图 4-2 所示。

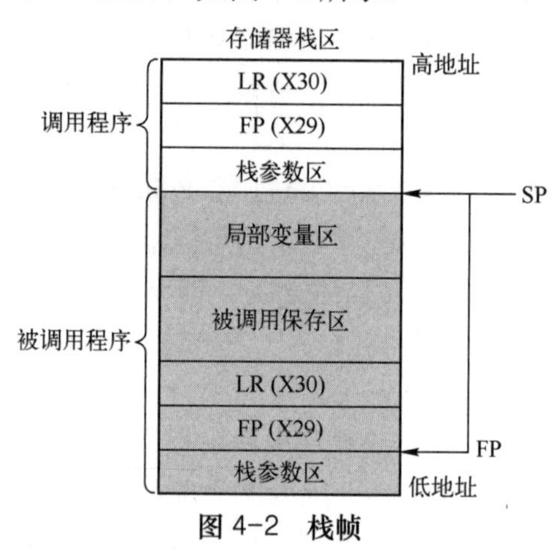

图 4-2　栈帧

Linux 系统运行一个程序时会创建一个 8 MB 空间的栈区域，调用函数时也会创建栈帧，一般步骤如下：

① 调用程序把传递的参数压入栈，栈指针 SP 指向调用程序的栈帧顶部。

② 被调用程序（函数）减量 SP 为其栈帧预留空间，包括 FP 和 LR 保护、函数使用的通用寄存器保护、局部变量的存储空间，并将 FP 和 LR 存储到栈帧（保护）。

③ 为帧指针 FP（X29）赋值，设置为当前 SP 值，并以 FP 作为基址寄存器访问栈帧（参数和局部变量）。

④ 函数要保护的寄存器存储到栈帧。

⑤ 函数的局部变量存储到栈帧。

栈帧在函数调用时建立、返回后丢弃，因此局部变量在时间和空间上都只局限于函数内部。程序运行进行函数调用时，局部变量才通过栈创建，只有函数内的语句可以访问这个局部变量，函数调用结束局部变量随之消失。

ARM 处理器硬件要求 SP 必须对齐 16 字节边界，但并没有对 FP（X29）有这样的要求。设置 FP（X29）作为帧指针访问栈帧，就可以不用遵循这个对齐 16 字节的原则，方便栈数据存取，也避免破坏栈指针 SP。但是，程序进行优化时，局部变量常由寄存器替代，以减少访问存储器的次数；还可以直接利用 SP 访问栈帧，以省去函数进入后、退出前对 FP 寄存器的操作。C 语言声明变量时，可以使用“register”修饰符强制采用寄存器作为局部变量。GCC 的编译规则是将 X29 作为 FP 使用，而其命令行选项“-fomit-frame-pointer”则告知 GCC 将 X29

用作通用寄存器。GCC 编译时，尤其是进行优化编译时，则可能不使用 FP 而是直接使用 SP 访问栈帧，其命令行选项“-fno-omit-frame-pointer”则强制 GCC 使用 FP 寄存器访问栈帧。

直接使用汇编语言编写子程序，如果不与其他程序相互调用，完全可以自行定义栈帧的使用，不必按照 C 语言编译程序的规则（如改变局部变量和寄存器保护区域的顺序）。但是，要编写通用的子程序（函数）应注意对 X19～X29、X30 寄存器的保护和恢复（如果子程序不调用其他子程序，X30 也可以不用保护），子程序（函数）处理后的返回值存于 X0，最后使用 RET 指令返回。而对于调用程序来说，一般的流程是：调用子程序（函数）后，仍要使用寄存器 X0～X18 内容，则需要保护；前 8 个参数依次存入 X0～X7，更多的参数压入栈；使用 BL（或 BLR）指令调用子程序（函数）；处理 X0 的返回值；恢复保存的 X0～X18 寄存器。

【例 4-2】 C 语言的大小写字母转换程序（e402_tolower.c）。

采用 C 语言编写例 4-1 一样要求的大写字母转换为小写字母程序，查阅其汇编语言代码，了解 ARM64 的调用规范 AAPCS64。

```
#include <stdio.h>
unsigned long tolowerc(char *str)                 // 转换函数，并统计字符串长度
{
   unsigned long  i = 0;
   while(str[i] != '\0'){
      if(str[i]>='A' && str[i]<='Z')
         str[i] = str[i] + ('a' - 'A');
      i++;
   }
   return i;
}
int main()
{
   unsigned long  len;
   char  msg[] = "DREAM it POSSIBLE!\n";
   len = tolowerc(msg);                           // 调用转换函数
   printf("The message is:  %sThe length is %lu\n", msg, len);
   return 0;
}
```

C 语言有名为 tolower 的标准库函数，这些字符（串）标准库函数是在 ctype.h 和 string.h 头文件中声明的，故本例函数名最后添加一个字母“c”表示 C 语言书写，避免重名冲突。

读者应该已经多次阅读过 GCC 生成的汇编语言代码，并随着教学内容逐渐理解其内容。本章我们可以多关注函数调用方面的问题。

首先，使用如下命令生成未优化的汇编语言代码文件：

```
gcc -S -o e402_tolower0.S e402_tolower.c
```

没有进行优化的 GCC 汇编语言代码如下（删除了用于调试的指示性语句，添加了中文注释。不同版本的 GCC 生成的代码会有细节不同）。首先关注函数（子程序）tolowerc 部分：

```
        .arch     armv8-a
        .file     "e402_tolower.c"
        .text
        .align    2
        .global   tolowerc
```

```
        .type   tolowerc, %function
tolowerc:
.LFB0:
        sub     sp, sp, #32                    // 预留堆栈空间
        str     x0, [sp, 8]                    // [SP + 8]保存参数：字符串地址
        str     xzr, [sp, 24]                  // [SP + 24]保存局部变量 i，初值为 0
        b       .L2                            // 跳转，进行循环条件的判断
.L4:
        ldr     x1, [sp, 8]                    // X1 = 从栈[SP + 8]取出字符串地址
        ldr     x0, [sp, 24]                   // X0 = 从栈[SP + 24]取出局部变量 i 值
        add     x0, x1, x0                     // X0 = 指向字符串中要处理的字符（str[i]）
        ldrb    w0, [x0]                       // W0 = 取出的字符（str[i]）
        cmp     w0, 64                         // 'A' = 65 = 0x41
        bls     .L3                            // 判读是否大于等于字母 A（str[i]>='A'）
        ldr     x1, [sp, 8]                    // X1 = 从栈[SP + 8]取出字符串地址
        ldr     x0, [sp, 24]                   // X0 = 从栈[SP + 24]取出局部变量 i 值
        add     x0, x1, x0                     // X0 = 指向字符串中要处理的字符（str[i]）
        ldrb    w0, [x0]                       // W0 = 取出的字符（str[i]）
        cmp     w0, 90                         // 'Z'= 90
        bhi     .L3                            // 判读是否小于等于字母 Z（str[i]<='Z'）
        ldr     x1, [sp, 8]                    // 是大写字母，转换为小写
        ldr     x0, [sp, 24]
        add     x0, x1, x0
        ldrb    w1, [x0]                       // W1 = 取出的字符（str[i]）
        ldr     x2, [sp, 8]
        ldr     x0, [sp, 24]
        add     x0, x2, x0                     // X0 再次指向该字符位置
        add     w1, w1, 32                     // 转换为小写字母
        and     w1, w1, 255                    // 高位部分清 0，只保留最低字节
        strb    w1, [x0]                       // 保存于原位置
.L3:
        ldr     x0, [sp, 24]                   // X0 = 从栈[SP + 24]取出局部变量 i 值
        add     x0, x0, 1                      // 局部变量 i 增量（i++）
        str     x0, [sp, 24]                   // i 值仍保存于原处
.L2:
        ldr     x1, [sp, 8]                    // X1 = 从栈[SP + 8]取出字符串地址
        ldr     x0, [sp, 24]                   // X0 = 从栈[SP + 24]取出局部变量 i 值
        add     x0, x1, x0                     // X0 = 指向字符串中要处理的字符（str[i]）
        ldrb    w0, [x0]                       // W0 = 取出的字符（str[i]）
        cmp     w0, 0                          // 比较是否为字符串结尾字符（0）
        bne     .L4                            // 不是结尾字符，跳转去执行循环体
        ldr     x0, [sp, 24]                   // 是结尾字符，从栈中取出此时的 i 值作为长度通过 X0 返回
        add     sp, sp, 32                     // 平衡栈
        ret                                    // 返回
.LFE0:
        .size   tolowerc, .-tolowerc
```

不做优化编译处理时，GCC 会比较忠实地翻译每个 C 语言语句的含义，通常就是逐句编译。首先，编译程序 GCC 为函数建立了栈帧，并预留空间（32 字节），将主函数传递的字符

串地址（参数通过 X0 传递）存入栈帧[SP+8]，再将 0 填入栈帧[SP+24]作为局部变量 i 初值。由于这是最基本的函数，没有再调用其他函数，只使用了 3 个可破坏寄存器（X0、X1 和 X2），因此没有保护任何寄存器。而且，函数的栈帧没有使用 X29（FP）访问，而是直接使用 SP（加适当偏移量）访问。

然后，程序流程首先跳转到.L2 标号，实现循环语句 while 的判断功能。不是结尾字符，就跳转开始执行循环体。如果完成字符串处理，则通过 X0 返回字符串长度，平衡栈，并返回调用函数。

由于参数和局部变量采用栈保存，因此每次计算指向字符（str[i]）的地址时，都使用了相同的 3 条指令：

```
        ldr     x1, [sp, 8]                 // X1 = 从栈[SP + 8]取出字符串地址
        ldr     x0, [sp, 24]                // X0 = 从栈[SP + 24]取出局部变量 i 值
        add     x0, x1, x0                  // X0 = 指向字符串中要处理的字符（str[i]）
```

循环体第一条 if 语句从.L4 开始，判断字符并实现大小写转换。其中，逻辑与指令是为了将高位部分清除为 0，以保证只有一个有效字节的数据：

```
        and     w1, w1, 255                 // 255 = 0xFF
```

这是为了维持 C 语言 char 类型的正确性。ARM64 环境中，C 语言字符类型默认是 8 位无符号数。如果做减法的话，有可能成为负值，使得高位部分为 1。这条指令可以使其保持为无符号数。如果没有做减法等导致可能为负数的操作，这条指令就是多余的。

从.L3 开始的 3 条指令实现局部变量 i 增量。

因此，可以看到 GCC 不进行优化，就是逐句编译，利用标号区别各语句部分。

再来看主函数 main 的未优化汇编语言代码：

```
        .section .rodata
        .align  3
.LC1:
        .string "The message is: %sThe length is %lu\n"
        .text
        .align  2
        .global main
        .type   main, %function
main:
.LFB1:
        stp     x29, x30, [sp, -48]!
        add     x29, sp, 0                  // X29 作为帧指针
        adrp    x0, .LC0
        add     x0, x0, :lo12:.LC0          // X0 获得数据区字符串地址
        add     x2, x29, 16                 // X2 = X29 + 16，指向栈帧
        mov     x3, x0                      // X3 = X0
        ldp     x0, x1, [x3]                // 将数据区字符串的前 16 个字符取出
        stp     x0, x1, [x2]                // 转存于栈帧[X29 + 16]
        ldr     w0, [x3, 16]                // 将数据区字符串的剩余 4 个字符（含结尾字符）取出
        str     w0, [x2, 16]                // 转存于栈帧
        add     x0, x29, 16                 // X0 = X29 + 16，将栈帧的字符串地址作为参数传递
        bl      tolowerc                    // 调用大小写字母转换函数（子程序）
        str     x0, [x29, 40]               // 返回值 X0 存于局部变量 len（在栈帧中）
```

```
        add     x1, x29, 16             // X1 = X29 + 16，栈帧的字符串地址作为第 2 个参数
        adrp    x0, .LC1
        add     x0, x0, :lo12:.LC1      // X0 获得数据区字符串地址，作为第 1 个参数
        ldr     x2, [x29, 40]           // 取出字符串长度，作为第 3 个参数
        bl      printf                  // 调用显示函数
        mov     w0, 0
        ldp     x29, x30, [sp], 48
        ret
.LFE1:
        .size   main, .-main
        .section .rodata
        .align  3
.LC0:
        .string "DREAM it POSSIBLE!\n"
        .text
        .ident  "GCC: (GNU) 7.3.0"
        .section .note.GNU-stack,"",@progbits
```

编译程序 GCC 同样为主函数建立了栈帧，为局部变量预留了空间（32 字节），并使用 X29 作为帧指针，程序的栈区域如图 4-3 所示。由于需要调用其他函数，但只使用了可破坏寄存器（X0～X3），因此只保护 X29 和 X30 寄存器。

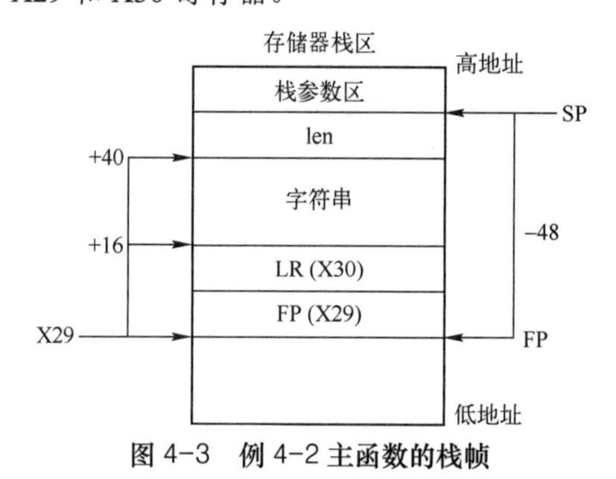

图 4-3　例 4-2 主函数的栈帧

主函数首先将位于只读数据区的字符串转存于堆栈帧[X29+16]，作为可读写的局部变量，并将其地址作为参数传递给函数（tolowerc）。调用大小写字母转换函数后，把返回值存于栈帧的局部变量（len）位置[X29+40]。然后，在 X0、X1 和 X2 中存放调用显示函数需要的 3 个参数，最后调用显示函数，完成程序功能。

接着来研读优化的汇编语言代码，一级优化的命令是：

```
gcc -O1 -S -o e402_tolower1.S e402_tolower.c
```

函数（子程序）部分的一级优化汇编语言代码（删除了调试等指示语句，但添加了中文注释）：

```
tolowerc:
.LFB11: mov     x3, x0                  // X3 存入字符串地址
        ldrb    w1, [x0]                // W1 = 取出的字符（str[i]）
        cbz     w1, .L5                 // 循环条件判断：是结尾字符，跳转到结束
        mov     x0, 0                   // 不是结尾字符，X0 作为字符个数（对应变量 i），初值为 0
        b       .L4
.L3:
```

```
        add     x0, x0, 1                       // 实现语句：i++
        ldrb    w1, [x3, x0]                    // W1 = 取出的字符（str[i]）
        cbz     w1, .L1                         // 循环条件判断：是结尾字符，跳转到结束
.L4:
        sub     w2, w1, #65                     // 字符处理大写字母转换为小写字母
        and     w2, w2, 255
        cmp     w2, 25
        bhi     .L3
        add     w1, w1, 32                      // 大写字母转换为小写字母
        strb    w1, [x3, x0]                    // 存于原位置
        b       .L3
.L5:
        mov     x0, 0
.L1:
        ret
```

在优化的汇编语言代码中，局部变量不再使用栈帧，而是使用通用寄存器替代，避免了对主存的频繁读写。大写字母的判断采用了优化算法，将两次比较、判断和分支减少为1次（算法说明详见例4-1）。使用CBZ（CBNZ）指令替代比较和条件分支指令，删除了冗余的指令。

主函数部分的一级优化汇编语言代码（删除调试等指示语句，添加中文注释）：

```
main:
.LFB12:
        stp     x29, x30, [sp, -48]!
        add     x29, sp, 0
        adrp    x0, .LC0                        // X0 = 数据区字符串地址
        add     x0, x0, :lo12:.LC0
        ldp     x2, x3, [x0]                    // 将数据区字符串转存于堆栈帧
        stp     x2, x3, [x29, 24]
        ldr     w0, [x0, 16]
        str     w0, [x29, 40]
        add     x0, x29, 24                     // X0 = X29 + 24，将堆栈帧的字符串地址作为参数传递
        bl      tolowerc                        // 调用大小写字母转换函数（子程序）
        mov     x2, x0
        add     x1, x29, 24
        adrp    x0, .LC1
        add     x0, x0, :lo12:.LC1
        bl      printf                          // 调用显示函数
        mov     w0, 0
        ldp     x29, x30, [sp], 48
        ret
```

主函数流程比较简单，一级优化主要是简化了寄存器使用，避免了冗余，并将字符串转存于堆栈帧[SP+24]位置（未优化代码则是[SP+16]）。

如果认真研读一级优化的tolowerc函数代码，也许会发现其分支有些混乱。对比进一步的二级优化函数（子程序）代码，可以发现纠正了这个问题，分支更加简洁、清晰：

```
tolowerc:
.LFB11:
        ldrb    w1, [x0]                        // W1 = 取出的字符（str[i]）
```

```
        mov     x3, x0                      // X3 存入字符串地址
        mov     x0, 0X0                     // 作为字符个数（对应变量 i），初值为 0
        cbz     w1, .L1                     // 循环条件判断：是结尾字符，跳转到结束
.L4:
        sub     w2, w1, #65                 // 字符处理大写字母转换为小写字母
        add     w1, w1, 32
        and     w2, w2, 255
        cmp     w2, 25
        bhi     .L3
        strb    w1, [x3, x0]                // 存于原位置
.L3:
        add     x0, x0, 1                   // 实现语句：i++
        ldrb    w1, [x3, x0]
        cbnz    w1, .L4
.L1:
        ret
```

由此可见，GCC 支持很多算法，其优化编译还是非常有效的，所以通过阅读 GCC 生成的优化汇编语言代码是很好的学习方法。但是，编译器也不是完美的，对于复杂的算法或程序结构，即使是优化的代码也可能仍有冗余指令。尤其是编译程序有时并不能很好地利用新型指令，例如向量指令等。因此，程序还可以从汇编语言层次继续优化。

3．函数的参数传递

主程序在调用子程序（函数）时，通常需要向其提供一些数据，对于子程序来说就是入口参数（输入参数），简称参数；同样，子程序执行结束也要返回给主程序必要的处理结果，这就是子程序的出口参数（输出参数），也称为返回值。主程序与子程序间通过参数传递建立联系，相互配合完成任务。

传递参数的多少反映程序模块间的耦合程度。根据实际情况，子程序可以没有参数、可以只有入口参数或只有出口参数，也可以入口和出口参数都有。汇编语言中参数传递可通过寄存器、全局变量或栈来实现，参数的具体内容可以是数据本身（传递数值，By Value），也可以是数据的存储地址（传递地址 By Location）。传递数值是传递参数的一个副本，被调用程序改变这个参数不影响调用程序。传递地址时，被调用程序可能修改通过地址引用的变量内容，也被称为传递引用（By Reference）。

（1）寄存器传递参数

汇编语言频繁使用寄存器，所以利用寄存器参数传递是最常用也是最自然和最简单的方法，只要把参数存于约定的寄存器就可以了。由于通用寄存器个数有限，这种方法对少量数据可以直接传递数值，而对大量数据只能传递地址。

（2）全局变量传递参数

在数据区定义的变量，子程序和主程序都可以访问，属于全局变量（共享变量），可以用于参数传递。如果变量定义和使用不在同一个程序模块中，需要利用.GLOBAL 声明外部可用，使用.EXTERN 声明来自外部（AS 汇编程序下，虽然支持.EXTERN 指示符，但实际上忽略该语句，因为 AS 把所有本模块未定义符号都作为外部符号）。

利用全局变量传递参数，子程序的通用性较差；如果主程序还要利用原来的变量值，就需要保护和恢复。另外，这种方法不能递归，也不适用于多线程环境。所以，虽然这是主程序与

子程序之间或者多个子程序之间一种方便的数据传递方法，但是在现代编程技术中，全局共享变量方法已较少使用。

（3）栈传递参数

参数传递还可以通过栈这个临时存储区，即为子程序建立的栈帧，在调用时建立、返回后消失。主程序将入口参数压入栈，子程序从栈中取出参数；返回值较少，通常不使用栈传递。这个方法可以进行递归和应用于多线程，参数较多或寄存器缺少时比较有效。

在 RISC 结构中常用混合方法，首先使用若干寄存器传递参数；如果参数较多，寄存器不够，再使用栈。例如，在 ARM64 中，遵循 AAPCS64 过程调用标准，前 8 个参数通过寄存器传递，更多的参数则通过栈，依次是[SP]、[SP+8]、[SP+2*8]、[SP+3*8]、……

【例 4-3】 矩阵乘法程序（e403_matrices.s）。

将 *N*×*N* 矩阵相乘（见例 3-12）编写成子程序以便重复调用。主程序提供 5 个参数，依次是输入矩阵（***A*** 和 ***B***）的存储器地址、输出矩阵（***C***）的存储器地址、矩阵维数（N）、元素的字节数（size）。主程序调用后，显示输出矩阵的结果。

```
        .data
        .equ      num, 3                        // 矩阵的维数（num = 3）
        .equ      size, 4                       // 元素的字节数（size = 4）
        // 矩阵 A
matA:   .word     1, 3, 5                       // a11, a12, a13
        .word     7, 9, 2                       // a21, a22, a23
        .word     4, 6, 8                       // a31, a32, a33
        // 矩阵 B
matB:   .word     1, 3, 5                       // b11, b12, b13
        .word     7, 9, 2                       // b21, b22, b23
        .word     4, 6, 8                       // b31, b32, b33
matC:   .space    num*num*size                  // 为矩阵 C 预留存储空间
form:   .string   "%5d\t %5d\t %5d\n"           // 输出格式，显示矩阵的一行（3 个元素）
        .text
        .global   main
main:   stp       x29, x30, [sp, -16]!          // 保护寄存器 X29、X30
        stp       x19, x20, [sp, -16]!          // 保护寄存器 X19、X20
        adrp      x0, matA                      // X0 = 矩阵 A 地址高 21 位
        add       x0, x0, :lo12:matA            // 参数 1：X0 = 矩阵 A 地址（高 21 位 + 低 12 位）
        adrp      x1, matB                      // X1 = 矩阵 B 地址高 21 位
        add       x1, x1, :lo12:matB            // 参数 2：X1 = 矩阵 B 地址（高 21 位 + 低 12 位）
        adrp      x2, matC                      // X2 = 矩阵 C 地址高 21 位
        add       x2, x2, :lo12:matC            // 参数 3：X2 = 矩阵 C 地址（高 21 位 + 低 12 位）
        mov       x20, x2                       // 矩阵 C 地址转存 X20，用于显示
        mov       x3, num                       // 参数 4：X3 = 矩阵维数
        mov       x4, size                      // 参数 5：X4 = 元素的字节数
        bl        matNN                         // 调用矩阵相乘的子程序
        // 逐行显示矩阵
        mov       x19, num                      // X19 = 行数
        adrp      x29, form
        add       x29, x29, :lo12:form          // X29 = 显示格式字符串地址
again:  mov       x0, x29                       // X0 指向显示格式，作为首个参数
```

```
        ldp     w1, w2, [x20], 2*size       // 取出一行 3 个元素，作为 3 个参数
        ldr     w3, [x20], size
        bl      printf                      // 显示矩阵一行
        subs    x19, x19, 1                 // X19 减量，更新标志状态
        b.ne    again                       // 不为零，继续显示下一行
        mov     x0, 0
        ldp     x19, x20, [sp], 16          // 恢复寄存器 X19、X20
        ldp     x29, x30, [sp], 16          // 恢复寄存器 X29、X30
        ret
        .global matNN                       // 子程序
        .type   matNN, %function
matNN:
        mov     x5, x3                      // X5 = 行控制，共 num 行
row:    mov     x6, x1                      // X6 = 矩阵 B 地址
        mov     x7, x3                      // X7 = 列控制，共 num 列
col:    mov     x8, 0                       // X8 保存点积，初值为 0
        mov     x9, x3                      // X9 = 点积控制，num 个乘加运算
mat1:   ldr     w11, [x0]                   // 取出矩阵 A 的一个元素，
        add     x0, x0, x4                  // 更新地址指向同行下列元素
        ldr     w12, [x6]                   // 取出矩阵 B 的一个元素，
        madd    x6, x3, x4, x6              // 更新地址指向同列下行元素
        smaddl  x8, w11, w12, x8            // 乘加，计算一个元素
        subs    x9, x9, 1                   // X9 减量，更新标志状态
        b.ne    mat1                        // 不为 0，继续循环，计算下一个乘加运算
        str     w8, [x2]                    // 保存点积结果到矩阵 C，
        add     x2, x2, x4                  // 更新地址指向下个元素
        msub    x0, x3, x4, x0              // 回到矩阵 A 同一行首
        mul     x10, x3, x3
        sub     x10, x10, 1                 // X10 = num*num - 1
        msub    x6, x10, x4, x6             // 指向矩阵 B 下一列首
        subs    x7, x7, 1                   // X7 减量，更新标志状态
        b.ne    col                         // 不为 0，继续循环，计算同一行下一列元素
        madd    x0, x3, x4, x0              // 指向矩阵 A 下一行首
        subs    x5, x5, 1                   // X5 减量，更新标志状态
        b.ne    row                         // 不为 0，继续循环，计算下一行
        ret
```

矩阵逐行显示部分之所以使用 X19、X20 和 X29 寄存器，是因为按照调用规范，X19～X29 属于被调用的子程序保存，在调用 printf()函数后不会更改它们的内容。若使用 X0～X18 寄存器，就会因为调用函数后，其内容被改变而出错。调用规范中，调用程序不用保存 X19～X29，所以本例若仅作为调用其他函数的主函数，其实可以不用保存和恢复 X19、X20 和 X29。

矩阵相乘子程序参照了例 3-12 算法进行编程，但因为矩阵维数和元素字节数不是立即数，需要使用加、减和乘加、乘减等指令进行地址调整，以便访问正确的矩阵元素。为了减少对地址的频繁调整运算，可以采用直接赋值的方法，矩阵相乘子程序可以改进，其中加粗语句是主要修改的指令部分：

```
        .global matNN
        .type   matNN, %function
```

```
matNN:
        mov     x5, x3              // X5 = 行控制，共 num 行
row:    mov     x6, x1              // X6 = 矩阵 B 地址
        mov     x7, x3              // X7 = 列控制，共 num 列
col:    mov     x8, 0               // X8 保存点积，初值为 0
        mov     x9, x3              // X9 = 点积控制，num 个乘加运算
        mov     x10, x0             // X10 = 矩阵 A 元素地址
        mov     x13, x6             // X13 = 矩阵 B 元素地址
mat1:   ldr     w11, [x10]          // 取出矩阵 A 的一个元素
        add     x10, x10, x4        // 更新地址指向同行下列元素
        ldr     w12, [x13]          // 取出矩阵 B 的一个元素
        madd    x13, x3, x4, x13    // 更新地址指向同列下行元素
        smaddl  x8, w11, w12, x8    // 乘加，计算一个元素
        subs    x9, x9, 1           // X9 减量，更新标志状态
        b.ne    mat1                // 不为 0，继续循环，计算下一个乘加运算
        str     w8, [x2]            // 保存点积结果到矩阵 C
        add     x2, x2, x4          // 更新地址指向下个元素
        add     x6, x6, x4          // 指向矩阵 B 下一列首
        subs    x7, x7, 1           // X7 减量，更新标志状态
        b.ne    col                 // 不为 0，继续循环，计算同一行下一列元素
        madd    x0, x3, x4, x0      // 指向矩阵 A 下一行首
        subs    x5, x5, 1           // X5 减量，更新标志状态
        b.ne    row                 // 不为 0，继续循环，计算下一行
        ret
```

本例子程序按照调用标准，使用寄存器传递参数，其中前 3 个是传递地址（引用）、后 2 个传递数值，没有返回值，没有建立栈帧。在本例给定的数据下，程序显示的结果是：

```
        42    60    51
        78    114   69
        78    114   96
```

矩阵乘法子程序似乎比较复杂，不过传递的参数没有超过 8 个，因此仅使用寄存器传递参数显得比较自然。若参数超过 8 个，则需要使用栈区，参见本章习题。

4．递归子程序

子程序允许嵌套和递归。子程序内包含有子程序的调用，这就是子程序嵌套。嵌套深度（层次）逻辑上没有限制，但受限于开设的栈空间。相对于没有嵌套的子程序，设计嵌套子程序并没有什么特殊要求；只是有些问题更要小心，如正确的调用和返回、寄存器的保护与恢复等。

当子程序直接或间接地嵌套调用自身时称为递归调用，含有递归调用的子程序称为递归子程序。递归子程序的设计有一定难度，但能设计出很精巧的程序，因为不少数学问题都有递归属性。

注意，AArch64 执行状态使用 X30（LR）寄存器保存返回地址，如果子程序没有嵌套或递归（例如，前面例题的子程序），可以不用保护（和恢复）X30。但是，子程序有嵌套或递归调用时，则必须保护（和恢复）X30，否则返回地址会被嵌套或递归调用所破坏。如果使用栈区保存临时数据（如局部变量等），子程序开头部分（Prologue）还要减量 SP 预留空间，而子程序结尾部分（Epilogue）则要相应增量 SP 回收空间，保持栈平衡。所以，一个比较完整的子程序结构如下所示：

```
        .global   subname                    // 子程序名 subname
        .type     subname, %function
subname:                                     // 子程序入口
        stp       x29, x30, [sp, -16]!       // 保护寄存器 X29、X30
        …                                    // 保护其他寄存器，减量 SP、预留空间
        …                                    // 实现子程序功能
        …                                    // 恢复其他寄存器，增量 SP、释放空间
        ldp       x29, x30, [sp], 16         // 恢复寄存器 X29、X30
        ret                                  // 子程序返回
```

【例 4-4】 求阶乘程序（e404_factorial.s）。

阶乘 $n! = 1\times2\times3\times\cdots\times n$ 可以采用递归定义：

$$n! = \begin{cases} 1, & n \leqslant 1 \\ n\times(n-1)!, & n \geqslant 2 \end{cases}$$

所以，求 $n!$ 可以编写成一个典型的递归函数，如 C 语言的函数可以是：

```
unsigned long factorial(unsigned int  n)      // 递归求阶乘 n!
{
   if(n < 2)
      return 1;
   return n*factorial(n-1);
}
```

读者可以参考 GCC 编译程序生成的汇编语言代码，也可以尝试直接使用汇编语言编写一个类似的递归子程序。注意，按照调用规范，参数 n 值和返回值阶乘（$n!$）都通过 X0 传递；递归调用前需要将 X0 暂存起来。为了验证，配合一个主程序进行 n 值输入和阶乘 $n!$输出。

```
        .text
        .global   factorial                  // 子程序：求阶乘 n!
        .type     factorial, %function       // 参数：X0 = n，返回值：X0 = n!
factorial:
        cmp       w0, 2
        b.lo      fact2                      // n < 2，转移
        stp       x29, x30, [sp, -16]!
        mov       w29, w0                    // W29 = n，使用 W29 暂存 N 值
        sub       w0, w0, 1                  // W0 = n-1
        bl        factorial                  // 递归调用，返回值：X0 = (n-1)!
        uxtw      x29, w29
        mul       x0, x29, x0                // X0 = n×(n-1)!
        ldp       x29, x30, [sp], 16
        ret                                  // 子程序返回
fact2:  mov       x0, 1                      // n 为 0 或 1，返回值 X0 = n! = 1
        ret                                  // 子程序返回
        .data
msg:    .string   "Enter N: "
form1:  .string   "%u"
form2:  .string   "%u! = %lu\n"
N:      .word     0
        .text
        .global   main                       // 主程序
```

```
main:   stp     x29, x30, [sp, -16]!
        ldr     x0, =msg
        bl      printf                  // 提示输入
        ldr     x0, =form1
        ldr     x1, =N
        bl      scanf                   // 输入n值
        ldr     x1, =N
        ldr     w0, [x1]                // 载入n值，作为子程序参数
        bl      factorial               // 调用阶乘子程序
        mov     x2, x0                  // X2 = n!
        ldr     x0, =N
        ldr     w1, [x0]                // W1 = n
        ldr     x0, =form2              // X0 = 显示格式字符串的地址
done:   bl      printf                  // 显示信息
        mov     x0, 0
        ldp     x29, x30, [sp], 16
        ret
```

递归子程序虽然很简单，但当 n 值较大时需要 n-1 次递归调用，效率较低。反复的子程序调用还会让有限的栈空间用尽，导致程序出错。

当然，求阶乘也可不用递归方式，而是直接循环相乘：$n!=n\times(n-1)\times(n-2)\times\cdots\times3\times2\times1$。此时，子程序可以修改为：

```
factorial:
        cmp     w0, 2
        b.lo    fact1                   // n < 2，转移
        uxtw    x0, w0                  // X0 = n
        sub     x1, x0, 1               // X1 = n-1
fact2:  mul     x0, x0, x1              // X0 = n×(n-1)
        sub     x1, x1, 1               // X1 再减 1
        cbnz    x1, fact2               // X1 不为 0，继续乘法
        ret                             // 子程序返回
fact1:  mov     x0, 1                   // n 为 0 或 1，返回值 X0 = n! = 1
        ret                             // 子程序返回
```

注意，本例程序只能输出 64 位无符号数阶乘，n 值不能超过 20。

4.1.3 模块化方法

经常使用的应用问题可以编写一个通用的子程序在需要时调用；看似无法入手的大型处理过程可以逐步分解，划分成一个个能够解决的模块。子程序实现了程序的模块化和重用，也使得程序结构简洁清晰。类似地，可以将一段程序编写成宏指令进行调用，还可以单独编辑、汇编子程序，或进一步生成目的代码文件、创建子程序库，使用多种方法进行模块化程序设计。

1. 宏

宏（Macro）是具有宏名的一段汇编语句序列。宏需要先定义，然后在程序中进行宏调用。由于调用形式类似其他指令，因此常称其为宏指令。但宏指令实际上是一段语句序列的缩写，汇编程序将用对应的语句序列替代宏指令、即展开宏指令。因为宏指令是在汇编过程中实现的

宏展开，所以常称为宏汇编。

宏定义由一对宏指示符“.MACRO”和“.ENDM”来完成，其格式如下：

```
.macro    宏名  参数 1, 参数 2, …
…                                      // 宏定义体
.endm
```

其中，宏名是符合语法的标识符，同一源程序中该名字定义唯一。宏定义体中不仅可以是处理器指令组成的执行性语句序列，还可以是汇编程序指示符组成的指示性语句序列。宏定义时可以有参数，多个参数之间用“,”分隔。宏定义体的汇编语言语句使用参数时，需要在其前面加上“\”作为前缀。

例如，A64 指令集没有专门的栈操作指令，通常使用成对寄存器存储和载入实现压入操作和弹出操作。不妨使用宏的方法定义压入（Push）和弹出（Pop）宏指令：

```
.macro    push  reg1, reg2              // 堆栈压入操作
stp       \reg1, \reg2, [sp, -16]!
.endm
.macro    pop  reg1, reg2               // 堆栈弹出操作
ldp       \reg1, \reg2, [sp], 16
.endm
```

宏定义之后就可以使用它，即宏调用。在使用宏指令的位置写下宏名，后跟实际参数；如果有多个参数，应按定义顺序填入，也用“,”分隔。格式如下：

```
宏名      参数 1, 参数 2, 参数 3, …
```

例如，使用上面宏定义的宏调用指令是：

```
push      x29, x30                     // X29 和 X30 压入栈
pop       x29, x30                     // X29 和 X30 弹出栈
```

这样使用很方便，阅读起来也清晰明了。在汇编时，宏指令被汇编程序用宏定义的代码序列替代，上述宏调用分别被宏展开为：

```
stp       x29, x30, [sp, -16]!
ldp       x29, x30, [sp], 16
```

宏需先定义后使用，不必在任何区段中，所以宏定义通常书写在源程序的开头。为了使宏定义为多个源程序使用，可以将常用的宏定义单独写成一个宏定义文件，类似 C 语言的头文件。要使用这些宏时，只要采用源文件包含伪指令“.INCLUDE”将它们结合成一体。如果程序中并没有使用定义的宏，那么汇编后的程序中也不会包含宏定义的语句。

需要注意的是，宏定义体中的标号应该使用局部标号。如果还是与程序中一样使用标号，当多次调用宏时，就会出现标号重复定义的错误。

局部标号直接使用数字形式“N:”（N 是任意无符号整数，当然 0～9 这 10 个数字最方便），分支指令引用时需在数字后加一个“B”（Backwards）表示向后引用（程序按语句书写先后顺序向前执行，回到先前出现的指令标号）、或一个“F”（Forwards）表示向前引用（即将在顺序执行后面出现的标号）。局部标号是一种可以重复出现的特殊标号。每次调用它，编译器会生成一个唯一的符号。例如，对第一次调用标号“1:”生成符号“.L1C-B1”，对第 23 次调用符号“5:”生成符号“.L5C-B23”。

【例 4-5】 宏定义的大小写字母转换程序（e405_tolower.s）。

本例使用宏方法，把字符串中大写字母转换为小写字母，并返回字符串长度。大小写字母转换的宏定义中，标号前添加了一个数字，表明这是一个局部变量。为了演示多次调用宏，本

例假设了两个字符串。

```
        // 宏定义
        .macro   push  reg1, reg2               // 堆栈压入操作
        stp      \reg1, \reg2, [sp, -16]!
        .endm
        .macro   pop  reg1, reg2                // 堆栈弹出操作
        ldp      \reg1, \reg2, [sp], 16
        .endm
        .macro   tolower  reg                   // 字符串的大写字母转换为小写字母，使用X1和X2
        mov      x2, 0                          // 用于统计字符个数（初值为0）
01:     ldrb     w1, [\reg, x2]                 // 载入一个字符
        cbz      w1, 03f                        // W1为0，字符串结尾，结束计数
        cmp      w1, 'A'                        // 与大写字母A比较
        b.lo     02f                            // 小于'A'，不是大写字母，结束
        cmp      w1, 'Z'                        // 与大写字母Z比较
        b.hi     02f                            // 大于'Z'，不是大写字母，结束
        orr      w1, w1, 0x20                   // 大写字母转换为小写字母
        strb     w1, [\reg, x2]                 // 存入原位置
02:     add      x2, x2, 1                      // 指向下一个字符
        b        01b                            // 继续循环
03:
        .endm                                   // X2返回字符串长度
        // 数据区
        .data
msg1:   .string  "DREAM it POSSIBLE!\n"
msg2:   .string  "Never QUIT and never STOP!\n"
form:   .string  "The message is: %sThe length is %lu\n"
        .text
        // 主程序（主函数）
        .global  main
main:   push     x29, x30
        ldr      x0, =msg1                      // X0 = 字符串1地址
        tolower  x0                             // 宏调用，将字符串处理为小写字母
        // X2返回长度，作为printf的参数2
        ldr      x1, =msg1                      // X1 = printf的参数1
        ldr      x0, =form                      // X0 = printf的参数0
        bl       printf                         // 显示字符串1
        ldr      x0, =msg2                      // X0 = 字符串2地址
        tolower  x0                             // 宏调用，将字符串处理为小写字母
        // X2返回长度，作为printf的参数2
        ldr      x1, =msg2                      // X1 = printf的参数1
        ldr      x0, =form                      // X0 = printf的参数0
        bl       printf                         // 显示字符串2
        mov      x0, 0
        pop      x29, x30
        ret
```

宏与子程序都可以把一段程序用一个名字定义，简化源程序的结构和设计。一般，子程序能实现的功能用宏也可以实现；但是，宏与子程序有着本质不同，主要反映在调用方式，而且

在传递参数和使用细节上也有很多不同。

① 宏调用在汇编时进行程序语句的展开，不需要返回；仅是源程序级的简化，并不减小目标程序，因此执行速度没有改变。宏调用的参数传递也比较简捷直观，参数传递错误通常是语法错误，会由汇编程序发现。

② 子程序调用在执行时由调用指令转向子程序体，子程序需要执行返回指令控制流程重新转向主程序；它不仅简化了源程序，还简化了目标程序，即形成的目标代码较短。另外，子程序形成的目标模块可以进一步整理为库文件，以方便调用。不过，虽然高级语言调用函数显得很自然，但从汇编语言角度看，为了调用子程序，程序流程需要来回转移，还需要按照调用规范提供参数、建立栈帧，调用后处理返回值。这些都要占用一定的时空开销；特别是当子程序较短时，这种额外开销所占比例较大。

因此，宏与子程序具有各自的特点，程序员应该根据具体问题选择使用那种方法。通常，当程序代码较短或要求较快执行时，应选用宏；当程序代码较长或为减小目标代码，以及子程序比较通用、需要多次重用时，可选用子程序。

2. 源文件包含

为了方便编辑大型源程序，可以将整个源程序合理地分放在若干个文本文件中。例如，可以将各种常量定义、声明语句等组织在包含文件；也可以把一些常用的或有价值的宏定义存放在宏定义文件；还可以将常用的子程序编辑成汇编语言源文件。

这样，主体源程序文件只要使用源文件包含指示符“.INCLUDE”，就能将它们结合成一体，按照一个源程序文件进行汇编连接、形成可执行文件。其格式为：

```
        .include        "源文件名"
```

文件名要符合操作系统规范，必要时含有路径，用于指明文件的存储位置；如果没有路径名，汇编程序将在默认目录、当前目录和指定目录下寻找。

源文件包含的一定是文本文件，汇编程序在对“.INCLUDE”指示符进行汇编时将它指定的文本文件内容插入该指示符所在位置，与其他部分同时汇编。但是需要明确，利用包含指示符包含其他文件，其实质仍然是一个源程序，只不过是分在了几个文件书写；被包含的文件是依附主程序而存在的。所以，合并的源程序之间的各种标识符，如标号和名字等，应该统一规定，不能发生冲突。

汇编程序的包含指示符，类似 C 语言的包含语句“#include”的功能。例如，把例 4-5 的宏定义单独编写成一个文本文件（例如，e405_macro.s）。主函数只需要使用一条包含语句：

```
        .include        "e405_macro.s"
```

这样，主函数文件（e405_main.s）简洁了，使用 GCC 也只需要针对主函数文件进行汇编连接。而且，宏定义文件还可以被其他文件包含，得到重用。

3. 模块连接

为了使子程序更加通用和便于复用，可以将子程序单独编写成一个源程序文件，经过汇编之后形成目标模块 OBJ 文件，这就是子程序模块。这样，某个程序使用到该子程序，只要在连接时输入子程序模块文件名就可以了。

注意，独立汇编的子程序模块，子程序名要使用全局指示符.GLOBAL 声明。

例如，把例 4-1 大小写字母转换子程序单独编写为一个文件（设文件名是 e401_sub.s），注意添加代码区和外部函数声明语句：

```
// 子程序 e401_sub.s
.text
.global   tolower
.type     tolower, %function
…                                           // 下同例 4-1 子程序代码
```

主文件（e401_main.s）则只有数据区和代码区的主函数部分。

可以先将子程序文件进行汇编，生成目标模块文件（e401_sub.o），命令如下：

```
gcc -c e401_sub.s
```

然后，在汇编连接主文件时，添加目标文件，命令如下：

```
gcc -o e401_tolower e401_main.s e401_sub.o
```

其实，GCC 也支持直接汇编连接多个源程序文件，命令如下：

```
gcc -o e401_tolower e401_main.s e401_sub.s
```

也可以使用源文件包含的方法，直接在主函数文件包含子程序源文件。

4．静态库

当子程序模块很多时，可以把它们统一管理起来，存入一个或多个子程序库中。子程序库文件就是子程序模块的集合，其中存放着各子程序的名称、目标代码、有关定位信息等。这样可以更方便地使用子程序（函数）。

编写存入库的子程序与子程序模块中的要求一样，只是为方便调用，更要严格遵循调用规范。子程序文件编写完成、汇编形成目标模块；然后利用库管理工具程序，把子程序模块逐个加入库，连接时就可以使用了。

在 Linux 平台，这种子程序（函数）库被称为静态库（Static Library）。使用 Linux 的 AR 命令，可以将若干目标文件（*.o）组合归档（archive）为一个静态库文件，文件名以“lib”开头、扩展名是“.a”。例如：

```
   ar r libstring.a e401_sub.o
或 ar -cvq libstring.a e401_sub.o
```

AR 命令支持多种命令行参数，如“r”表示在静态库中插入或替换文件、“q”表示快速向静态库中添加一个文件、“d”从静态库中删除文件、“x”从静态库中抽取文件。这些基本选项还可以使用修饰符，如“-c”表示创建一个新的归档文件、“-v”表示使用详细模式。

生成静态库文件后，使用 GCC 汇编连接主文件时，只要在命令行添加库文件就可以：

```
gcc -o e401_tolower e401_main.s libstring.a
```

静态库中相应代码将添加到可执行文件中。

5．共享库

为了避免重复编写代码，程序员常把需要重复使用的子程序（过程、函数、模块、代码）放到一个或多个库文件中。在需要使用这些子程序时，只要把这些库文件和目标文件相连即可。连接程序会自动从这些库文件中抽取需要的子程序插入到最终的可执行代码中，这个过程称为静态连接，Linux 平台称这样的文件库为静态库。应用程序运行时不再需要这些库文件。这种方法的主要缺点是同一个子程序将被所有使用它的应用程序所包含，浪费存储空间。

为了弥补静态库的不足，提出了动态连接库（Dynamic Link Library，DLL）方法，Linux 平台称为是共享库（Shared Library）。

共享库也是保存需要重复使用的代码的文件。但只有运行程序使用它们的时候，操作系统才会将其加载到主存，同时有多个程序使用或者同一个程序多次使用时，主存也只有一份副本。不过，因为应用程序并不包含共享库中的代码，所以运行时系统中必须具有该共享库，且必须在当前目录或可以搜索到的目录中，否则程序将提示没有找到共享库文件而无法运行。如果是程序员自己开发的共享库，应用程序安装时必须将该共享库文件复制到用户机器中。

使用 GCC 编译程序，添加“-shared”命令行选项，就可以将若干目标文件创建成为共享库，文件名仍以“lib”开头但扩展名是“.so”，命令是：

```
gcc -shared -o libstring.so e401_sub.o
```

有些系统可能不支持“-shared”选项。另外，可在编译生成目标文件和生成共享库时，添加“-fpic”或“-fPIC”选项，表明生成位置无关的代码。

生成共享库文件后，使用 GCC 汇编连接主文件时，可以类似连接静态库一样，给出共享库文件名，命令可以是：

```
gcc -o e401_tolower e401_main.s libstring.so
```

如果对比前述使用模块连接、静态库的方法生成的可执行文件，会发现连接共享库的可执行文件容量更小。这是因为可执行文件并没有动态库的程序代码，只是包含了其连接信息，在运行时才调用共享库的程序代码。所以，如果删除了该共享库，执行程序时就会出现找不到共享库的提示信息：

```
./e401_tolower: error while loading shared libraries: libstring.so: cannot open shared object file: No such file or directory
```

若静态库和共享库均存在时，GCC 默认连接共享库，除非使用“-static”选项。在命令行使用 GCC 连接共享库，通常的做法是用“-L”指明共享库位置（如后跟“.”，表示当前目录）、用“-l”（小写字母，不是数字）指明共享库文件（后跟的文件名不含 lib 和扩展名.so）。注意，连接程序按照文件名书写的先后顺序搜索、处理目标文件和库文件，“-L”和“-l”选项通常在后面（否则可能无法连接库代码）。命令可以是：

```
gcc -o e401_tolower e401_main.s  -L. -lstring
```

此时，即使没有删除共享库文件，当运行程序时，仍会出现找不到共享库的提示信息（同上一样）。这是因为我们生成的共享库保存于当前目录，还不是系统搜索共享库的位置。需要利用 EXPORT 命令将搜索路径加入系统，命令是：

```
export LD_LIBRARY_PATH="LD_LIBRARY_PATH:."
```

其中的“.”就是表示当前目录。利用 LDD 命令可以查看程序所调用的共享库，如

```
ldd e401_tolower
```

该命令显示的内容如下：

```
linux-vdso.so.1 (0x0000ffff8fa14000)
libstring.so => ./libstring.so (0x0000ffff8f9b5000)
libc.so.6 => /lib64/libc.so.6 (0x0000ffff8f82f000)
/lib64/ld-linux-aarch64.so.1 => /lib/ld-linux-aarch64.so.1 (0x0000ffff8f9d6000)
```

表明共享库“libstring.so”已经加入搜索路径（否则提示“Not found”）。这时，再运行程序就没有问题了。

Linux 系统中在“/etc”目录的 ld.so.conf 文件配置了搜索路径，可以使用 CAT 命令查看：

```
cat /etc/ld.so.conf
```

例如，某 Linux 系统显示的内容如下：

```
include ld.so.conf.d/*.conf
/usr/local/lib/
```

也就是说，Linux 系统将“/usr/local/lib/”目录用于保存用户的共享库，并被纳入搜索路径。所以，用户可以将其生成的共享库文件复制到该目录中（需要首先获得根权限，如使用 sudo 命令登录），就不需要添加搜索路径了。

4.2 与C语言的混合编程

用汇编语言开发的程序虽然有占用存储空间小、运行速度快、能直接控制硬件等优点，但与机器密切相关、移植性差，而且编程烦琐、对汇编语言程序员要求较高。所以，软件开发通常采用高级语言，以提高开发效率；但在有些实际的开发问题中，高级语言无法完全替代汇编语言，如机器启动代码、程序运行次数很多或运行速度要求很高的部分、直接访问硬件的部分等，这时可以利用汇编语言编写，以提高程序的运行效率。汇编语言与高级语言或不同的高级语言间，通过相互调用、参数传递、共享数据结构和数据信息而形成程序的过程就是混合编程。混合编程常常是有些软件项目最佳的开发方式。

4.2.1 模块连接

模块连接方式是不同编程语言之间混合编程经常使用的方法。各种语言的程序分别编写，利用各自的开发环境编译形成目标代码模块文件，然后将它们连接在一起，最终生成可执行文件。但要相互调用，需要遵循一致的调用规则。

汇编语言程序可以调用 C 语言函数，之前举例有调用 printf()、scanf()和 putchar()、getchar()等函数，实际上使用了 C 语言标准库函数，本质是模块连接。在 Linux 系统中使用“man 3 函数名”命令，可以查阅在线手册第 3 部分对 C 语言标准函数的描述。

同样，C 语言程序可以采用模块连接方式调用汇编语言编写的子程序模块。而且，由于 C 语言程序和汇编语言子程序都采用 GCC 编译（汇编），因此源程序编译（汇编）与模块连接可以一并进行，但实质还是模块连接。

【例 4-6】 字符串复制程序（e406_strcpy.c 和 e406_strcpy.s）。

使用汇编语言编写一个子程序（函数）将源字符串复制给目的字符串。C 语言主函数调用该子程序，并显示字符串，注意要使用 extern 声明外部函数。

```
// C语言主函数文件（e406_strcpy.c）
#include <stdio.h>
extern void strcpya(char *, char *);                // 声明函数来自外部模块
int main()
{
   char  srcmsg[] = "Dream it Possible!\n";
   char  dstmsg[20];
   strcpya(dstmsg, srcmsg);
   printf("%s%s", srcmsg, dstmsg);
   return 0;
}
// 汇编语言子程序文件（e406_strcpy.s）
```

```
        .text
        .global  strcpya                        // 子程序
        .type    strcpya, %function
strcpya: ldrb    w2, [x1], 1                    // 载入源字符串一个字符，并指向下一个字符
        strb     w2, [x0], 1                    // 存入目的字符串，并指向下一个位置
        cbnz     w2, strcpya                    // 不是 0（结尾），继续复制
        ret
```

由于 C 语言运行库中有 strcpy()函数，因此本例程序的子程序名加了字母 a 以示区别。字符串复制过程也很简单，从源字符串载入一个字符，存储到目的字符串即可。

直接对源程序文件进行编译连接的操作命令如下：

```
gcc -o e406_strcpy e406_strcpy.c e4046strcpy.s
```

当然，使用 GCC 也可以先进行编译（汇编），再进行模块连接。另外，可以把子程序模块加入库文件，主函数从静态库或共享库调用该模块，这也属于模块连接。

如果字符串长度已知，子程序复制部分可以进行优化。对于字符数大于等于 16，则用 LDP 和 STP 一次进行 16 个字符复制；小于 16 个字符，还可以用 LDR 和 STR 一次进行 8 或 4 个字符复制，剩余部分一次一个字符，这样可以减少循环次数，提高程序性能。对字符串很大（如大型文本文件）的复制更有效（见本章习题）。

4.2.2 嵌入汇编

嵌入汇编（Inline Assembly）是指直接在 C 语言的源程序中插入汇编语言语句，也译为内嵌汇编、内联汇编或行内汇编。嵌入汇编可以直接在 C 语言程序中使用汇编语言代码，似乎比模块连接更简单方便。但是，嵌入汇编的主要缺点是可移植性较差，GCC 嵌入的汇编语言语句格式也略显烦琐。

GCC 在 C 语言程序中嵌入汇编语言语句，主要采用 asm 扩展格式：

```
__asm__ __volatile__ (
    "汇编语言语句"
    : 输出操作数列表
    [: 输入操作数列表
    [: 破坏列表]]
);
```

其中，asm 是声明嵌入汇编语言语句必不可少的关键字，为避免受有关编译选项的影响，在其前后各加有两个“_”，并且两个“_”之间没有空格；同样，关键字 volatile 前后也各有两个“_”(无空格分隔)，告诉编译程序不要优化嵌入的汇编语言语句，因为编译程序的优化有可能修改汇编语言代码而导致不可预期的结果。如果确认可以优化而没有副作用，就可以不加 volatile 关键字。

括号内包括 4 部分：汇编语言语句（AssemblerTemplate）、输出操作数列表（OutputOperands）、输入操作数列表（InputOperands）和破坏列表（Clobbers），使用英文“:”分隔。其中，输入操作数列表和破坏列表可选，若仅没有输入操作数列表，则“:”不能省，形如

```
__asm__ __volatile__ ("AssemblerTemplate" : OutputOperands :: Clobbers);
```

另外，可以使用 asm 的基本格式仅嵌入汇编语言语句，没有任何列表（和修饰符 volatile），主要书写在 C 语言函数之外，可用于文件之前的汇编程序指示符声明、汇编语言宏定义甚至整个汇编语言书写的函数。

【例 4-7】 嵌入汇编的大小写字母转换程序（e407_tolower.c）。

在 C 语言程序中，直接采用嵌入汇编的方法实现字符串中大写字母全部转换为小写字母，并统计字符串字符个数的功能。

```
#include <stdio.h>
int main()
{
    unsigned long  len;
    char  msg[] = "DREAM it POSSIBLE!\n";
    __asm__ __volatile__(                                   // 嵌入汇编语言代码
            "mov      x2, 0\n"                              // x2 初值为 0，用作字符串的计数寄存器
        "tol1: ldrb      w1, [%[inp], x2]\n"                // 载入一个字符，并指向下一个字符
            "cbz      w1, tol3\n"                           // W1 为 0，字符串结尾，结束计数
            "cmp      w1, 'A'\n"                            // 与大写字母 A 比较
            "b.lo     tol2\n"                               // 小于'A'，不是大写字母，结束
            "cmp      w1, 'Z'\n"                            // 与大写字母 Z 比较
            "b.hi     tol2\n"                               // 大于'Z'，不是大写字母，结束
            "orr      w1, w1, 0x20\n"                       // 大写字母转换为小写字母
            "strb     w1, [%[inp], x2]\n"                   // 存入原位置
        "tol2: add       x2, x2, 1\n"                       // 字符个数增量
            "b        tol1\n"                               // 继续循环
        "tol3: mov       %0, x2\n"                          // W1 为 0，字符串结尾，结束计数
          : "=r"(len)
          : [inp]"r"(msg)
          : "x1", "x2", "cc", "memory"
    );
    printf("The message is:  %sThe length is %lu\n", msg, len);
    return 0;
}
```

通过上述示例程序，进一步对嵌入汇编的格式进行说明。

① 汇编语言语句：这是由汇编语言语句（包括指示符）构成的文本字符串，但 GCC 并不对这些语句进行分析。多条汇编语言语句可以书写在一个 asm 字符串中，但最好每个语句一行，并在语句最后添加新行“\n”字符，还可以再加上指标符“\t”，以便对齐。嵌入的汇编语言语句中要使用 C 语言变量等作为输入或输出操作数，需要添加“%”前缀。

② 输出操作数列表：可以认为是汇编语言代码给 C 语言程序的返回值，即在嵌入的汇编语言语句中被修改的 C 语言变量列表。多个变量用“,”分隔，列表可以为空。每个变量的形式为：

```
        [汇编语言符号名]  "约束符"(C 语言变量)
```

其中，“汇编语言符号名”是汇编语言语句中操作数使用的符号（如符号名是 dest，汇编语言使用形式为%[dset]）。若不使用符号名，则汇编语言语句按先后顺序依次为%0、%1、%2、%3、…

“约束符”说明变量存放位置操作数的类型，主要应用的有“r”（表示通用寄存器）、“m”（表示存储单元）等。输出操作数的约束符前必须有前缀“=”（表示只写）或“+”（表示可读可写），并可以再跟一个“&”修饰符（表示不能使用输入操作数）。例如：

```
        "=r"(len)                          // 使用寄存器保存输出给 C 语言的变量 len，没有符号名
        [dest]"=&r"(result)                // 符号名 dest 用寄存器表示 C 语言的 result 变量
```

③ 输入操作数列表：在嵌入的汇编语言语句中被读取的C语言表达式列表。多个表达式用“,”分隔，列表可以为空。每个表达式的形式与输出操作数一样：

```
        [汇编语言符号名] "约束符"(C语言表达式)
```

其中，“汇编语言符号名”也是汇编语言语句中操作数使用的符号。若不使用符号名，则与输出操作数一起按照先后顺序依次为%0、%1、%2、%3、…。例如，嵌入的汇编语言代码中有1个输出操作数和2个输入操作数没有符号名，则这个输出操作数在汇编语言语句中使用“%0”表示，这2个输入操作数则依次使用“%1”和“%2”表示。

约束符有“r”和“m”，还常用“i”表示整型立即数（具有常量值，包括符号常量），且不能有前缀“=”或“+”。注意，输入操作数只读、不能写入，通用寄存器只能是64位Xn。另外，约束符还可以是输出操作数列表中的汇编语言符号名，若没有符号名，则用对应的数字，这样的约束符表示这个输入操作数与对应的输出操作数保存于同一个位置。例如：

```
        [inp]"r"(msg)                       // 汇编语言符号名inp，使用通用寄存器保存C语言msg变量
```

④ 破坏列表：被嵌入的汇编语言代码改变的寄存器或其他值（不包括输出列表）。每个被改变的寄存器或值用“""”括起，多个用“,”分隔，列表可以为空。另外，破坏列表支持两个特殊的参数“cc”和“memory”，前者表明汇编语言代码修改了条件标志的状态，后者告知编译程序汇编语言代码读或写除输入和输出操作数之外的存储单元（访问了输入参数指向的存储单元）。例如：

```
        "x1", "x2", "cc", "memory"          // 破坏了X1和X2，以及标志状态和存储单元
```

编译程序进行细致优化时，可能重新排列代码顺序，导致寄存器和存储单元访问顺序被预料之外的改变，进而产生错误。通过破坏列表通知编译程序，以防意外改变。

使用GCC编译连接本例程序时，可以生成汇编语言代码，或者反汇编可执行文件，查看GCC编译程序对嵌入汇编的处理。例如，如下是进行二级优化编译生成的嵌入汇编语言代码：

```
#APP
// 6 "e407_tolower.c" 1
        mov     x2, 0
tol1:   ldrb    w1, [x3, x2]
        cbz     w1, tol3
        …                               // 同原汇编语言语句，省略
        strb    w1, [x3, x2]
tol2:   add     x2, x2, 1
        b       tol1
tol3:   mov     x4, x2
// 0 "" 2
#NO_APP
```

其中，输入操作数“inp”使用了X3寄存器（作为C语言字符串msg指针），输出操作数“%0”使用了X4寄存器（作为返回值输出给C语言变量len），其他部分没有改变。如果是一级优化编译或者未优化编译，输入和输出操作数可能使用不同的寄存器（如X0，但不会使用X1和X2），同样其他部分没有改变。

4.3 Linux系统功能调用

使用编程语言进行程序设计，程序员可以利用其开发环境提供的各种功能，如函数、程序

库等。如果仍无法满足要求，还可以直接调用操作系统提供的功能，否则只有自行编写特定的程序。汇编语言作为一种底层语言，汇编程序通常并没有提供函数或程序库供用户调用，所以需要利用操作系统或其他方面的编程资源。Linux 操作系统面向程序员提供超过 400 个系统函数，A64 汇编语言可以使用异常处理指令 SVC 调用。

4.3.1 调用方法

Linux 核心的基本服务以操作系统函数形式供程序员调用，64 位 ARMv8 体系结构采用汇编语言进行 Linux 系统函数调用的规则是：① 使用 X0～X7 寄存器依次提供系统函数的前 8 个参数；② 赋值 X8 寄存器为系统函数的调用号；③ 用“SVC 0”指令调用 0 号异常处理程序（即 Linux 操作系统函数）；④ 系统函数调用后的返回代码（值）使用 X0 寄存器传递回来。

Linux 系统含有丰富的文档，可以查阅其支持的系统函数。函数声明使用 C 语言语法规则，但 Linux 并没有完全照搬 ARM64 的调用规则。例如，对于不作为参数和返回值的寄存器都会保持不变（即进行了保护和恢复）；如果参数很多，通常使用一块存储区域保存，而仅传递其地址指针。

Linux 操作系统内核的每个系统函数都被分配了一个整数编号，称为调用号。但是，调用号在不同的体系结构（指令系统）并不统一。也就是说，同一个系统函数在不同的体系结构中，调用号并不相同。Linux 系统函数调用号定义在 C 头（包含）文件中：

```
/usr/include/asm-generic/unistd.h
```

注：Linux 源代码的压缩包（linux-master.zip）中，则是

```
linux-master\include\uapi\asm-generic\unistd.h
```

例如，有如下定义语句：

```
    #define   __NR_write    64
    #define   __NR_exit     93
```

表示 write 系统函数的调用号是 64，exit 系统函数的调用号是 93。

当成功进行了系统调用，返回值是 0 或正数；若调用失败，则返回负数。

第 1 章习题中引用了两个最基本的 Linux 系统函数：写 write 和退出 exit。使用 Linux 命令“man 2 系统函数名”，可以查阅在线手册第 2 部分对系统函数的描述。例如，

```
man 2 write
```

给出 write 函数的声明、返回值等描述：

```
WRITE(2)    Linux Programmer's Manual    WRITE(2)
NAME
      write - write to a file descriptor
SYNOPSIS
      #include <unistd.h>
      ssize_t write(int fd, const void *buf, size_t count);
DESCRIPTION
      write() writes up to count bytes from the buffer starting at buf to the
      file referred to by the file descriptor fd.
      ...
RETURN VALUE
      On success, the number of bytes written is returned.  On error,  -1  is
      returned, and errno is set to indicate the cause of the error.
```

```
...
```

使用汇编语言调用字符串输出 write()函数的方法：

```
// X0 = 第 1 个参数（输出设备，0 表示标准输出、即显示器）
// X1 = 第 2 个参数（字符串首地址）
// X2 = 第 3 个参数（字符串长度）
// X8 = 64（调用号）
```

程序退出 exit()函数的声明是：

```
void _exit(int status);
```

使用汇编语言调用 exit()函数的方法：

```
// X0 = 第 1 个参数（操作系统返回代码）
// X8 = 93（调用号）
```

4.3.2 调用示例

利用字符串输出和程序退出这两个最基本的 Linux 系统功能，编写十六进制和十进制数据的显示程序，实现 C 语言标准函数 printf 部分功能。

【例 4-8】 十六进制显示程序（e408_disphx.s）。

编写一个十六进制数输出子程序，使用 X0 寄存器输入一个二进制 64 位的参数，调用 Linux 字符串输出功能，以 16 位十六进制形式显示这个数据。二进制数转换为十六进制数的算法比较简单，就是从二进制数据最高 4 位开始，移位到最低 4 位加 0x30 转换为字符“0”～“9”（对应十进制 0～9），若是“A”～“F”（对应十进制 10～15），则再加 7。

```
          .data
wbuf:     .space    16                      // 预留 16 个字节存储空间，保存转换后的字符串
cr:       .ascii    "\n"                    // 换行符
          .text
          .global   _start                  // 主程序
_start:
          ldr       x0, =0x0123456789abcdef // X0 = 假设一个要显示的数据（输入参数）
          bl        disphx                  // 调用十六进制显示的子程序
          mov       x0, 0                   // 输入参数：X0 = 第 1 个参数（0 表示显示器）
          ldr       x1, =cr                 // X1 = 第 2 个参数（字符串首地址）
          mov       x2, 1                   // X2 = 第 3 个参数（字符串长度）
          mov       x8, 64                  // X8 = 系统功能（write）的调用号（64）
          svc       0                       // 调用 Linux 系统功能，实现回车功能
          mov       x0, 0                   // X0 = 返回值（通常 0 表示无错误）
          mov       x8, 93                  // Linux 系统功能（exit）
          svc       0                       // 调用 Linux 系统，返回
          .global   disphx                  // 子程序
          .type     disphx, %function
disphx:   adrp      x1, wbuf
          add       x1, x1,:lo12:wbuf       // X1 指向存储器缓冲区
          mov       x2, 0                   // X2 用于循环计数和字符指针
dphx1:    ror       x0, x0, 64-4            // 循环右移 64-4 位、即循环左移 4 位（高位先显示）
          and       w3, w0, 0xf             // 仅保留二进制低 4 位，对应十六进制 1 位
          orr       w3, w3, 0x30            // 加 0X30，转换为 ASCII 字符
          cmp       w3, 0x39                // 判断是字符'0'～'9'还是'A'～'F'
```

```
        b.ls     dphx2
        add      w3, w3, 7                  // 是'A'～'F'，其ASCII值需再加7
dphx2:  strb     w3, [x1, x2]               // 存入缓冲区
        add      x2, x2, 1                  // 下一个十六进制位
        cmp      x2, 16
        b.lo     dphx1                      // 循环控制
        mov      x0, 0                      // 输入参数：X0 = 第1个参数（0表示显示器）
        // （已赋值）X1 = 第2个参数（字符串首地址），（已赋值）X2 = 第3个参数（字符串长度）
        mov      x8, 64                     // X8 = 系统功能（write）的调用号（64）
        svc      0                          // 调用Linux系统功能
        ret                                 // 子程序返回
```

本例汇编语言程序没有采用C语言标准函数，可以采用AS命令进行汇编、LD命令进行连接（起始标号是“_start”），命令依次是：

```
as -o e408_disphx.o e408_disphx.s
ld -o e408_disphx e408_disphx.o
```

本子程序按照ARM64调用规范，没有对其使用的X0～X4和X8通用寄存器进行保护。但如果遵循Linux调用规则，应将不作为参数和返回值的寄存器进行保护和恢复。

【例4-9】 十进制显示程序（e409_dispsix.s）。

编写有符号十进制数输出子程序，使用X0寄存器输入一个有符号整数，调用Linux字符串输出功能，以十进制形式显示这个数据。

二进制数转换为十进制数的流程是：先判断数据是否为0，是0，则显示0后退出；不是0，再判断是否为负数，是负数，则显示一个负号，并对数据求其绝对值，继续按照正数进行处理；若不是负数，则直接跳转到正数处理流程。正数除以10取余获得各位数字，具体算法是：数据除以10，取余数，转换余数为ASCII字符，从显示缓冲区尾部开始保存低位（即个位、十位、百位、千位……从低位到高位的顺序）。判断除以10的商是否为0，为0结束、进行显示，否则继续进行除以10存余数的处理过程。显示时，调整存储器地址指向数据最高位。

```
        .data
wbuf:   .space   20                         // 预留20字节存储空间：二进制64位对应十进制20位
cr:     .ascii   "\n"                       // 换行符
        .text
        .global  _start                     // 主程序
_start:
        ldr      x0, =-123456789            // X0 = 假设一个要显示的数据（输入参数）
        bl       dispsix                    // 调用十进制显示的子程序
        mov      x0, 0                      // 输入参数：X0 = 第1个参数（0表示显示器）
        ldr      x1, =cr                    // X1 = 第2个参数（字符串首地址）
        mov      x2, 1                      // X2 = 第3个参数（字符串长度）
        mov      x8, 64                     // X8 = 系统功能（write）的调用号（64）
        svc      0                          // 调用Linux系统功能，实现回车功能
        mov      x0, 0                      // X0 = 系统返回代码（通常0表示无错误）
        mov      x8, 93                     // Linux系统功能（exit）
        svc      0                          // 调用Linux系统，返回
        .global  dispsix                    // 子程序
        .type    dispsix, %function
dispsix: adrp    x1, wbuf
```

```
        add     x1, x1,:lo12:wbuf           // X1 指向存储器缓冲区
        cbnz    x0, minus                   // 不是 0，跳转
        mov     w3, '0'                     // 数据是 0
        strb    w3, [x1]                    // 存储字符'0'
        mov     x2, 1                       // X2 = 第 3 个参数（字符串长度）
        b       dpsx3                       // 转向显示
minus:  mov     x4, x0
        tbz     x4, 63, plus                // 最高位为 0（正数），跳转
        neg     x4, x4                      // 最高位为 1（负数），求补为绝对值
        mov     w3, '-'
        strb    w3, [x1]                    // 存储一个负号，表示负数
        mov     x0, 0                       // 输入参数：X0 = 第 1 个参数（0 表示显示器）
        // （已赋值）X1 = 第 2 个参数（字符串首地址）
        mov     x2, 1                       // X2 = 第 3 个参数（字符串长度）
        mov     x8, 64                      // X8 = 系统功能（write）的调用号（64）
        svc     0                           // 调用 Linux 系统功能，显示负号
plus:   mov     x2, 19                      // X2 指向缓冲区尾部，因为先求得低位，但显示在后面
        mov     x5, 10                      // X5 作为除数（10）
dpsx1:  udiv    x6, x4, x5                  // X6 是数据（X4）除以 10 的商
        msub    x3, x6, x5, x4              // 取余数：X3 = X4 - X6×X5
        orr     w3, w3, 0x30                // 余数加 0x30，转换为 ASCII 字符
        strb    w3, [x1, x2]                // 存入缓冲区
        cbz     x6, dpsx2                   // 商为 0，结束除法，转向显示
        sub     x2, x2, 1                   // X2 指向前一个字符位置
        mov     x4, x6                      // 本次除法的商作为下次的被除数（数据）
        b       dpsx1                       // 继续做除法
dpsx2:  add     x1, x1, x2                  // X1 = 第 2 个参数（字符串首地址）
        mov     x3, 20
        sub     x2, x3, x2                  // X2 = 第 3 个参数（字符串长度）
dpsx3:  mov     x0, 0                       // 输入参数：X0 = 第 1 个参数（0 表示显示器）
        mov     x8, 64                      // X8 = 系统功能（write）的调用号（64）
        svc     0                           // 调用 Linux 系统功能，显示数据
        ret                                 // 子程序返回
```

Linux 操作系统支持 GCC 开发环境，由于 C 语言标准库的函数功能更加全面，因此更好的方法是调用 C 语言标准函数，通常比直接用汇编语言调用 Linux 系统函数更有效。

4.4 A64 系统类指令

前面介绍了 A64 指令集的整型数据处理和存储访问指令，以及构成分支、循环和子程序结构的各种流程控制指令，这些构成了 A64 的通用指令。除此之外，A64 指令集还有一些系统类指令（System instruction class），用于访问系统寄存器进行系统控制和提供系统状态、维护高速缓存 Cache、实现虚拟地址转换、建立存储器屏障等。系统类指令主要用在特权层（系统层）编写系统程序，但有些指令也可以在应用层（非特权层，即 EL0）使用。本节简单介绍这些系统类指令。

4.4.1 A64 系统控制指令

A64 系统控制指令主要包括系统寄存器访问、异常生成、调试控制等指令。

1. 系统寄存器访问指令

多数系统寄存器只能在特权层访问，主要使用 MRS（Move System Register）将系统寄存器内容传送给通用寄存器，或者使用 MSR（Move general-purpose register to System Register）把通用寄存器内容传送给系统寄存器。

```
mrs     Xt, 系统寄存器                  // 复制系统寄存器到通用寄存器
msr     系统寄存器, Xt                  // 复制通用寄存器到系统寄存器
```

例如：

```
mrs     x4, elr_el1                    // 复制 ELR_EL1 器（异常层 1 的异常连接寄存器）到 X4
msr     spsr_el1, x0                   // 复制 X0 到 SPSR_EL1（异常层 1 的程序状态寄存器）
```

其中，系统寄存器后的异常层号表明了能够访问该系统寄存器的最小特权层。

在 EL0 层有部分系统寄存器可以使用 MRS 和 MSR 访问。例如，条件标志 NZCV（位于 64 位程序状态寄存器 SPSR 的位 31～位 28，即 32 位寄存器的高 4 位）可以与通用寄存器进行内容传送：

```
mrs     Xt, NZCV                       // 条件标志传送给通用寄存器
msr     NZCV, Xt                       // 通用寄存器传送给条件标志
```

例如：

```
mrs     x1, NZCV                       // 读取 NZCV 标志状态到 X1
and     x1, xzr, x1                    // 清除标志
msr     NZCV, x1                       // 将 NZCV 标志写回
```

另外，还可以使用 MSR 指令将一个立即数传送给某个处理状态 PSTATE，例如用于清除或设置某个异常屏蔽位。

```
msr     处理状态, imm4                  // 用立即数设置处理状态
```

例如：

```
msr     SPSel, 0                       // 切换到 SP_EL0（异常层 0 的堆栈指针）
msr     SPSel, 1                       // 切换到 SP_EL1（异常层 1 的堆栈指针）
```

2. 异常生成指令

A64 有 3 条异常生成指令用于系统调用。执行这些指令时产生异常，并调用更高异常层的程序。其中，在应用层（EL0）可以使用管理员调用 SVC（Supervisor Call）指令，可使处理器产生 EL1 层次的异常，用于应用程序调用操作系统功能，指令如下：

```
svc     imm16                          // 产生 EL1 异常，允许应用程序调用操作系统核心
```

另外，EL1（操作系统层）可以使用虚拟管理调用 HVC（Hypervisor call）指令，产生 EL2 层异常，用于操作系统调用虚拟管理程序。EL1 或 EL2（虚拟管理层）可以使用安全监控调用 HVC（Secure Monitor call）指令，产生 EL3 层异常，用于操作系统或虚拟操作管理程序调用安全监控层固件。

```
hvc     imm16                          // 产生 EL2 异常，允许操作系统调用虚拟操作层
smc     imm16                          // 产生 EL3 异常，允许虚拟操作层调用安全监控固件
```

立即数 imm16 通过异常综合寄存器（Exception Syndrome Register）传递给异常处理程序，决定请求的服务。从异常程序返回应使用异常返回指令 ERET（Exception Return），该指令仅

能在特权层使用，EL0 层没有定义。

例如，在 Linux 操作系统中，应用程序使用“SVC　0”指令调用系统函数。

3．调试指令

ARMv8 提供对程序的调试能力，包括支持外部硬件调试特性。软件中，可以使用 A64 调试生成指令，分别是断点指令 BRK（Breakpoint）和暂停指令 HLT（Halt）。

```
brk     imm16                    // 生成断点指令同步调试异常
hlt     imm16                    // 生成暂停指令调试事件，并进入调试状态
```

在调试状态，DCPS1、DCPS2、DCPS3（Debug Change PE State to exception level 1、2、3）指令可以更改执行的异常层次。DRPS（Debug Restore Processor State）指令可以恢复处理器状态。

4．暗示（Hint）指令

暗示指令 HINT 执行时让处理核心进入低功耗状态，即意味着处理核心不需采取特定行动。HINT 指令总是使用其别名，分别是 NOP、WFI、WFE、SEV、SEVL 和 YIELD。

```
nop                              // 空操作
wfe                              // 等待事件
wfi                              // 等待中断
sev                              // 发送事件
sevl                             // 局部发送事件
yield                            // 放弃线程
```

例如，不做实质性操作的 NOP（No Operation，空操作）指令，可用于在代码区段中填充多余单元（以便后续开发填入代码等），但并不保证会花费时间执行这条指令。

WFI（Wait For Interrupt，等待中断）和 WFE（Wait For Event，等待事件）指令都可以让处理核心进入待机（Standby）模式。WFI 指令让处理器暂停执行直到中断产生或者出现异步中止才被唤醒。例如，移动终端进入待机模式，等待用户按键唤醒。WFE 指令由事件唤醒，如处理核心执行 SEV 指令发送的事件。SEV（Send Event，发送事件）指令在多处理器系统给所有处理核心发送事件信号，SEVL（Send Event Local，局部发送事件）指令则只给当前（不含其他）处理核心发送事件信号。

在多线程软件中，YIELD（放弃）指令可用于暗含当前线程正在执行一个可被交换出去的任务（如自旋锁 spin-lock），处理核心可利用这个暗示挂起当前线程，并恢复其他软件线程。

5．系统指令

SYS（System instruction）指令用于地址转换、维护高速缓存（Cache）和快表（TLB），总是使用其别名，分别是 AT、DC、IC 和 TLBI。

AT（Address Translate，地址转换）指令执行地址转换，含有对各异常层下对给定虚拟地址进行读或写的多种操作。

DC（Data Cache operation，数据高速缓冲操作）指令用于数据高速缓存的维护，含有多个操作，例如对高速缓存行（或路）的数据清空、无效设置等。

IC（Instruction cache operation，指令高速缓存操作）指令用于指令高速缓冲的维护，如无效设置。

快表是转换后备缓冲器（Translation Lookaside Buffer，TLB）的俗称，是虚拟地址转换为

物理地址过程中保存最近存取页面的一个高速缓冲存储器。TLBI（TLB Invalidate operation，TLB 无效操作）指令用于 TLB 的维护，含有多种操作，如设置所有项目或特定项目为无效。

还有系统指令 SYSL（System instruction with result），用于返回结果。

4.4.2 A64 特殊存储器访问指令

主存是计算机系统的核心部件，其容量和速度是影响系统性能的关键因素之一。高速缓冲存储器 Cache 用于提高主存存取速度，基于存储管理单元 MMU 的虚拟存储器旨在扩大存储容量和增强保护能力。在 A64 指令集中，除常规的载入和存储指令访问主存，为提升访问效能，还支持特殊应用场景的存储器访问指令。

1. 非特权存储器访问指令

非特权载入和存储指令 LDTR 和 STTR（Load/Store Unprivileged）可用于在 EL1 特权异常层执行非特权的存储访问，在其他异常层则如同其在相应异常层执行正常的载入和存储。

```
        ldtr|sttr     Rt, [Xn|Sp, imm9]              // 仅支持带立即数偏移量的寄存器间接寻址
```

处于异常层的操作系统有时需要访问非特权层区域（如应用程序拥有的缓冲区），就可以使用 LDTR 或 STTR 指令。这也使得操作系统能够区别哪些存储器访问是对特权数据，哪些存储器访问是非特权数据。

另外，与常规存储访问指令 LDR 和 STR 一样，非特权存储访问指令也支持以字节、半字和字为单位存取，含有无符号字节载入 LDTRB、无符号半字载入 LDTRH、有符号字节载入 LDTRSB、有符号半字载入 LDTRSH、有符号字载入 LDTRSW、字节存储 STTRB 和半字存储 STTRH 指令，只支持带立即数偏移量-256～255 的寄存器间接寻址。

2. 存储器预取指令

相对其他指令，因为可能需要通过总线读写主存数据，主存访问指令的执行通常需要较多时间。为了能够及时获得主存数据，避免在需要时等待，可以提前将需要的数据读取到或先行写入高速缓存 Cache。存储器预取指令 PRFM（Prefetch From Memory）暗示存储系统某个存储器地址不久将被程序访问。虽然该指令执行时的操作与具体的实现有关，但通常都会导致数据或指令被载入某级高速缓存 Cache。

```
        prfm      prfop, [address]
```

其中，prfop 是如下选项组合：PLD | PST | PLI 表示操作类型，依次是预取数据、预存数据和预取指令；L1 | L2 | L3 表示操作目标，依次是指 L1、L2 或 L3 级高速缓存 Cache；KEEP | STRM 表示操作形式，分别是保留在 Cache 或者作为流数据（只使用一次的数据）。例如，选项组合"PLDL1KEEP"是将数据从存储器预取到 L1 级高速缓存，并保留以后使用。

存储器预取指令支持的地址[address]形式有带立即数偏移量和寄存器偏移量的寄存器间接寻址以及文字池 PC 相对寻址。为方便预取，另有非对齐地址预取指令 PRFUM，即带立即数偏移量的寄存器间接寻址中，立即数偏移量为-256～255，不需要是数据字节倍数。

3. 非局部性成对载入和存储指令

由于程序和数据通常连续存放，处理器访问存储器时，无论是读取指令还是存取数据，所访问的存储单元在一段时间内都趋向于一个较小的连续区域，这就是存储器访问的局部特性。

局部特性有两方面的含义：一是空间局部（Spatial Locality），即紧邻被访问单元的地方也将被访问；二是时间局部（Temporal Locality），即刚被访问的单元很快被再次被访问。但是，也有些场景的数据不具备局部特性，如音/视频的流媒体数据（Streaming Data）。

非局部性成对载入和存储指令 LDNP 和 STNP（Load and Store Pair Non-temporal）执行一对寄存器的读写，但暗示存储系统这些数据不具有时间局部特性，未来可能不会再用到。

```
ldnp|stnp      Rt1, Rt2, [Xn|Sp, imm7]          // 仅支持基址寄存器间接寻址
```

虽然暗示把这些数据进行缓存可能无用，但并没有禁止存储系统的地址缓存、预取等活动，只是说明对这些数据缓存很可能不会提高性能。不过，这两条指令的有效应用与具体的微结构有关。

4．排他性存储器访问指令

在多处理系统设计中，ARMv8 为共享存储器提供同步原语（Synchronization Primitive）。操作系统的原语（Primitive）是指执行过程不可被打断的基本操作，也就是存储访问的原子性。例如，使用一个通用寄存器进行地址边界对齐的存储器访问，可以保证是原子性的。而使用一对寄存器访问地址边界对齐的存储器，则是两个原子访问。但是，地址未对齐的存储器访问则不是原子性的，因为通常需要两次分开的访问。另外，浮点数据和 SIMD 存储访问也不保证是原子的。

为方便对存储器共享变量（如信号量、互斥量、自旋锁）实现原子性的“读取－修改－写入”操作，ARMv8-A 提供排他性存储访问指令 LDXR 和 STXR（Load/Store eXclusive Register）。排他性载入指令 LDXR 标记被访问的物理地址是排他性存取，而排他性存储指令 STXR 则要检测这个排他性标记。

```
ldxr|stxr      Rt, [Xn|Sp]              // 仅支持基址寄存器间接寻址
```

LDXR 指令从存储器地址载入一个数值，并声明了对该地址的独占锁。然后，只有在正确获取锁并保有这个锁时，STXR 指令才能对该位置写入一个新值。

LDXR 和 STXR 指令也支持字节、半字和两个寄存器为单位访问，具有字节、半字和寄存器对排他性载入指令 LDXRB（Load eXclusive Register Byte）、LDXRH（Load eXclusive Register Halfword）和 LDXP（Load eXclusive Pair of registers），字节、半字和寄存器对排他性存储指令 STXRB（Store eXclusive Register Byte）、STXRH（Store eXclusive Register Halfword）和 STXP（Store eXclusive Pair of registers）。

排他性存储器访问指令依赖局部监视器（Local Monitor）标记地址。排他监视器清除指令 CLREX（Clear eXclusive）用于清空执行单元的局部监视器。另外，异常进入或退出也会清除监控器。监控器还可能被不合逻辑地清除，如 Cache 清除或不与应用程序直接相关的其他原因。在 LDXR 和 STXR 指令对之间，软件必须避免具有任何显式的存储访问、系统控制寄存器更新、或 Cache 维护指令。

5．存储器屏障指令

ARMv8 是一个弱顺序（Weakly ordered）的存储器结构，支持指令流水线、乱序完成等提高并行处理指令能力的先进技术。由于其微结构可以设置多个指令执行单元，虽然处理器仍按顺序（In order）取指、译码，但可能重新排列执行顺序或并行执行多个操作，并不一定仍按原始指令顺序完成执行，即乱序完成（Out of order completion）。为了保障存储器访问的正确顺

序，A64 指令集提供了若干存储器屏障（Barrier）指令。

① 指令同步屏障指令 ISB（Instruction Synchronization Barrier）用于保障本指令后的所有指令是在本指令执行完成后才从高速缓存或主存读取。也就是说，指令 ISB 会清洗处理器流水线和预取缓冲区，使得按程序顺序在其后的指令需从高速缓存或主存读取（或重新读取）。例如，上下文切换时需要完成高速缓存和快表 TLB 维护指令或者切换为系统寄存器，此时可以插入指令同步屏障指令 ISB，以保证在其后的上下文切换操作是执行 ISB 后才起作用。

② 数据存储器屏障指令 DMB（Data Memory Barrier）用于保障本指令前后访问存储器的相对先后顺序不变，但并不保证仍按顺序完成存储器访问。DMB 指令只会影响到存储器访问和高速缓存维护指令的操作。

在如下程序片段中，第 2 条非局部性载入指令 LDNP 使用 X0 作为基址寄存器，但 X0 内容需要第 1 条载入指令 LDR 执行完成才能获得。而第 2 条 LDNP 指令可能在第 1 条 LDR 指令之前被观察到，若提前执行则可能从错误的地址（X0）读取数据。

```
ldr     x0, [x3]
ldnp    x2, x1, [x0]                    // 指令执行时，X0 可能还没有载入
```

为了纠正这个问题，就需要添加一个显式的存储器屏障，如下所示：

```
ldr     x0, [x3]
dmb     nshld                           // 数据存储器屏障指令，其中 nshld 是众多选项之一
ldnp    x2, x1, [x0]
```

③ 数据同步屏障指令 DSB（Data Synchronization Barrier）用于保障本指令前的存储器访问都执行完成。也就是说，DSB 指令后的程序要继续执行，需先执行完成所有未完成的载入和存储、高速缓存维护和快表 TLB 维护指令。数据同步屏障指令 DSB 比数据存储器屏障指令 DMB 具有更强的顺序保障作用。

6．获取载入和释放存储指令

并发程序设计的特征是包含有两个特殊的同步操作：释放（Release）和获取（Acquire）。在对一个存储器对象写入前，程序节点必须先获取该对象，写入后再释放。A64 提供获取载入 LDAR（Load-Acquire Register）和释放存储 STLR（Store-Release Register）指令。

```
ldar|stlr     Rt, [Xn|Sp]                 // 仅支持基址寄存器间接寻址
```

LDAR 指令在从存储器读取数据的同时，执行获取语义；而 STLR 指令在将数据写入存储器的同时，执行释放语义。这些指令只支持基址寄存器寻址，还可以字节或半字为单位访问，含有字节获取载入指令 LDARB（Load-Acquire Register Byte）、半字获取载入指令 LDARH（Load-Acquire Register Halfword），以及字节释放存储指令 STLRB（Store-Release Register Byte）和半字释放存储指令 STLRH（Store-Release Register Halfword）。

另外，LDAR 和 STLR 指令还支持排他性操作，即含有排他性获取载入指令 LDAXR（Load-Acquire eXclusive Register）和排他性释放存储指令 STLXR（Store-Release eXclusive Register），同样支持字节、半字和寄存器对为单位的存储器访问指令（助记符依次是 LDAXRB、LDAXRH、LDAXP，STLXRB、STLXRH、STLXP）。

由于层次结构的存储系统含有写入缓冲器和高速缓存等机制，即使指令按顺序访问存储器，但相关存储器访问并不一定按顺序执行。获取载入和释放存储指令也可用于支持存储器访问顺序，移除显式使用数据存储器屏障指令 DMB 的必要性。

小　结

前 4 章主要围绕整型数据类型论述 A64 指令及其汇编语言编程，内容包括数据传输、算术运算、存储访问、程序结构、调用规范等，这些指令（包括系统类指令）属于 A64 基础指令（Base Instructions）。而实际上，浮点处理单元和向量处理单元已经是 AArch64 执行状态的基本配置，所以，第 5 章和第 6 章将介绍浮点数据处理指令和 SIMD 数据处理指令，以及汇编语言层次的编程方法。

习 题 4

4.1　对错判断题。

（1）主程序调用子程序，前者是调用程序（Caller），后者是被调用程序（Callee）。

（2）返回指令 RET 与寄存器跳转指令“BR X30”的功能相同。

（3）宏类似子程序，都要使用 BL 指令实现调用和流程转移，但前者不需返回。

（4）模块连接中的“模块”是指汇编（编译）后形成的目标模块文件（.o）。

（5）嵌入汇编只是形式上将汇编语言语句融入 C 语言程序中，其本质仍是模块连接。

4.2　填空题。

（1）子程序调用指令 BL 将返回地址保存于________，子程序使用________指令返回主程序，后者功能与寄存器间接寻址的分支指令________相同。

（2）编写一个通用的子程序，通常需要使用指示符________指明其外部可调用。将子程序汇编为一个模块文件后，在 Linux 平台可以加入静态库（其文件扩展名通常为________），也可以加入共享库（其文件扩展名通常为________）。

（3）A64 的调用规范使用________传递前 8 个参数，使用________传递返回值。子程序中如果使用________通用寄存器，需要进行保护和恢复。

（4）宏需要使用一对指示符________和________先进行定义，然后调用。宏定义通常出现在源程序文件最开始；也可以单独编辑为一个文件，然后在主程序中使用指示符________将其包含到主程序中。

（5）使用 Linux 系统函数，其参数通过________寄存器传递，调用号赋值给________寄存器，使用________指令实现调用。

4.3　单项选择题。

（1）A64 使用 BL 指令进行子程序调用，其返回地址被保存于（　　）。

A．X0　　B．X8　　C．X29　　D．X30

（2）函数建立的栈帧，通常使用（　　）寄存器作为帧指针。

A．X0　　B．X8　　C．X29　　D．X30

（3）模块化编程中，使用 GCC 将主程序文件与子程序文件一起进行汇编连接形成可执行文件的方法是（　　）。

A．宏　　B．模块连接　　C．共享库　　D．静态库

（4）在 C 语言程序中嵌入汇编语言语句的关键字是（　　）。

A．asm　　B．#include　　C．#define　　D．macro/endm

（5）嵌入汇编使用关键字 volatile 表示（　　）。

A．没有参数　　B．没有返回值　　C．不使用寄存器　　D．不进行编译优化

4.4　简答题。

（1）调用规范为什么分别设计有调用程序和被调用程序保护的寄存器，而不是规定仅调用程序或被调用程序保护（以简化保护规则）？

（2）参数传递的“传值（By Value）”和“传址（By Location）”有什么区别？

（3）子程序调用，为什么要注意栈平衡问题？

（4）宏调用和子程序调用有什么本质的不同？

（5）静态库和共享库有什么不同？

4.5　参考附录A调试示例，使用调试程序GDB对例4-6字符串复制程序进行调试。可以先用列表命令查看C语言主程序，并在调用字符串复制子程序前设置断点，并注意使用单步进入“step”命令进入子程序。在子程序中，再用列表命令查看汇编语言子程序，查看栈帧等信息，简述调试操作过程。

4.6　参考第3章的例3-4，编程实现输入年号，判读是平年或闰年。现要求主函数实现输入年号和显示平年或闰年信息，求平年或闰年的判断编写成为子程序。

4.7　用汇编语言编写一个计算字节校验和的子程序。所谓“校验和”是指不记进位的累加，常用于检查信息的正确性。主程序提供入口参数，有数据个数和数据缓冲区的首地址。子程序回送求和结果这个返回值。

4.8　使用汇编语言编写一个存储器数据复制子程序，C语言函数声明如下：

```
void memcpya(char *src, char *dst, unsigned int size)
```

也就是将具有size字节的源存储器内容复制到目的存储器，src和dst分别是源地址和目的地址的指针。

（1）使用字节逐个复制的方法。

（2）尽量优化代码，使用一次多字节复制方法，减少循环次数（和传送次数）。

可以编写一个C语言主函数，也可以编写一个汇编语言主函数进行调用验证。

4.9　为了探究超过8个参数如何使用栈传递参数，编写一个简单的C语言程序：

```
#include <stdio.h>
int  p1=1, p2=2, p3=3, p4=4, p5=5, p6=6, p7=7, p8=8, p9=9;
int main()
{
   printf("Parameters: %d, %d, %d, %d, %d, %d, %d, %d, %d\n", p1, p2, p3, p4, p5, p6, p7, p8, p9);
   return 0;
}
```

利用GCC编译程序生成汇编语言代码，给出调用printf()函数时，传递第9和10个参数的汇编语言指令。并编写一个同样功能的汇编语言程序。

4.10　采用汇编语言编写如下C语言函数。注意，局部变量x和y需分配在栈帧中，可以使用SP或者FP访问栈帧中的局部变量，且将格式字符串存储于子程序代码最后。

```
int sum(){
   int  x, y;
   scanf("%d,%d", &x, &y);
   return x+y;
}
```

4.11　参考第3章的例3-9编程实现与习题3.17同样的功能：输入N值，输出其斐波那契数$F(N)$。现要求主函数输入N值和输出$F(N)$，求斐波那契数$F(N)$编写成为子程序（函数）。

（1）全部采用 C 语言编写程序，包括主函数和子程序（函数）。

（2）全部采用汇编语言编写程序，包括主函数和子程序（函数）。

（3）求斐波那契数 $F(N)$的子程序（函数）改造为宏，注意标号问题。

（4）采用 C 语言编写主函数，采用汇编语言编写子程序（函数）。

（5）使用递归调用方法，采用汇编语言编写子程序（函数）。

4.12　参考第 3 章的例 3-10 或习题 3.20，编程实现输入两个自然数，输出其最大公约数。要求采用 C 语言编写主函数实现输入自然数和显示最大公约数，使用汇编语言编写子程序实现求两个自然数的最大公约数功能。

（1）将子程序汇编为目标模块文件，主函数利用模块连接实现要求。

（2）将子程序的目标模块加入某个静态库，主函数连接静态库实现要求。

（3）将子程序的目标模块加入某个共享库，主函数连接共享库实现要求。

（4）将子程序功能以嵌入汇编形式编入主函数，实现要求。

4.13　采用汇编语言，利用 Linux 系统函数（输出 write 和退出 exit），编写一个以二进制形式显示 64 位数据的子程序。可以编写一个提供参数的主程序进行验证。

4.14　采用汇编语言，利用 Linux 系统函数（输出 write 和退出 exit），首先编写将 1 字节（8 个二进制位）数据以十六进制形式显示的子程序 DISPHB。然后，调用 DISPHB 子程序，再编写一个从低地址到高地址逐字节显示某主存区域内容的子程序 DISPMEM，其输入参数有主存区域的首地址和长度（字节个数）。同时编写一个主程序进行验证。

4.15　将本章大小写字母转换（例 4-1）、十进制数显示（例 4-9）、存储器显示（习题 4.14）等子程序生成一个静态库（或共享库），然后数据区提供一个字符串，编写一个主程序调用库中的子程序实现将该字符串转换为小写、显示每个字符串的 ASCII 值和字符串长度。注意，主程序可以调用 Linux 系统函数（write 和 exit），但不能调用 C 库标准函数，应采用 AS 汇编和 LD 连接。

4.16　反汇编静态库代码。

通过阅读他人尤其是专业人士编写的程序，有助于编程语言的学习和编程技巧的提升。本书各章中已经阅读了一些通过 GCC 编译 C 语言程序生成的汇编语言代码，还可以进一步阅读 C 语言标准库函数、Linux 核心代码等。例如，在 Linux 平台“/usr/lib/aarch64-linux-gnu/”有 C 语言的标准静态库 libc.a，可以将其中的 C 库标准函数代码抽取出来，然后进行反汇编。

了解静态库文件中有什么目标模块，可以使用如下命令将模块名等导入到某文件（假设为 libcobj.txt），以便提取：

```
ar t /usr/lib/arrch64-linux-gnu/libc.a > libcobj.txt
```

然后，提取库中某函数模块（如求绝对值函数 abs），形成目标模块文件，命令是：

```
ar x /usr/lib/arrch64-linux-gnu/libc.a abs.o
```

接着，进行反汇编，形成汇编语言程序代码，命令可以是：

```
objdump -d abs.o > abs.txt
```

静态库文件所在目录较长，为便于操作，可以先将其复制到当前目录，这样前 2 个命令就不用指明所在目录了。

请给出求绝对值 abs()函数的 ARM64 汇编语言库代码，并比较例 3-1 代码。当然，这个函数是一个比较简单的代码。绝大多数的库代码都比较复杂，还需要许多 Linux 系统核心的知识才能真正理解。

第 5 章　浮点数据处理

简单的数据处理、实时控制等领域一般使用整数，所以功能简单的处理器只有整数处理单元，前面主要论述了 AArch64 整型数据的处理指令及其汇编语言编程。但实际应用中还要使用实数（Real Number），尤其是在科学计算等工程领域。有些实数经过移动小数点位置，可以用整数编码表达和处理，但可能要损失精度。实数也可以经过一定格式转换后，完全用整数指令仿真，但处理速度难尽如人意。在计算机中，表达实数采用浮点（Floating Point）数据格式，简称浮点数。

在 ARMv8 之前的结构中，浮点数据处理单元是一个可选的向量浮点（Vector Floating Point，VFP）协处理器，很多 ARMv7 处理器还支持 NEON 扩展（扩展了单指令多数据 SIMD 指令）。而在 ARMv8-A 结构中，浮点处理不再只是选项，而是必须支持的功能。本章介绍 AArch64 执行状态支持的浮点数据处理指令及其汇编语言编程。

5.1　浮点数据类型

标准的 ARMv8 实现中，浮点处理单元和 SIMD 处理单元都是必需的（但针对特定市场的实现可以没有 SIMD 或浮点支持）。AArch64 执行状态支持 IEEE 标准的单精度（Single-precision）和双精度（Double-precision）浮点数（对应 C 语言的 float 和 double 数据类型），还支持半精度、BFloat16 和定点格式的浮点数，配合 32 个 128 位向量和浮点（SIMD&FP）寄存器。

5.1.1　IEEE 浮点数据格式

在计算机中，实数如果直接使用类似整数编码的二进制形式表达有其局限。例如，在位数有限的情况下，一个关键是确定小数点的位置，若小数点偏左（高），则整数部分能够表达的数据范围小；若小数点偏右（低），即小数部分位数少，则表达的数据精度可能不够。所以，计算机中的实数采用浮点格式，也就是小数点可以浮动，以兼顾表达实数的数值大小和精度。

数学上，实数常采用科学表示法表达。例如，-123.456 可表示为 -1.23456×10^2，包括三部分：指数、有效数字两个域，以及一个符号位。指数用来描述数据的幂，反映数据的大小或量级；有效数字反映数据的精度；符号位表达数据的正负。

计算机中，表达实数的浮点格式采用科学表达法，只是指数和有效数字要用二进制数表示，指数是 2 的幂（而不是 10 的幂），正负符号也只能用 0 或 1 区别。

数值表达有表达范围和精度（准确度）问题。对于定点整数的表达来说，尽管表达数值的范围有限，但范围内的每个数值都是准确无误的。实数则是一个连续系统，理论上，任意大小和精度的数据都可以表示。但在计算机中，由于处理器的字长和寄存器位数有限，实际上所表达的数值是离散的，其精度和大小都是有限的。显而易见，有效数字位数越多，能表达数值的精度就越高；指数位数越多，能表达数值的范围就越大。所以，浮点格式表达的数值只是实数系统的一个子集。

1．浮点数据格式

20 世纪 80 年代初之前，浮点数据格式并没有统一标准。不同格式的浮点数在程序移植时需要进行格式转换，还可能导致运算结果不一致。为此，IEEE 成立委员会制定了 IEEE754 标准（1985 年），目前几乎所有计算机都采用 IEEE 754 标准表示浮点数。

计算机中的浮点数据格式如图 5-1 所示，分为指数、有效数字和符号位三部分，IEEE 754 标准制定了 32 位（4 字节）编码的单精度浮点数和 64 位（8 字节）编码的双精度浮点数格式。

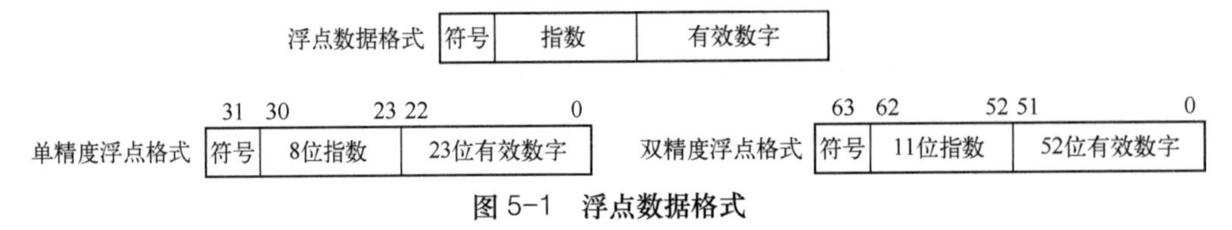

图 5-1　浮点数据格式

符号（Sign）：表示数据的正负，在最高位。负数的符号位为 1，正数的符号为 0。

指数（Exponent）：也称为阶码，表示数据以 2 为底的幂，恒为整数，使用偏移码（Biased Exponent）表达。单精度浮点数用 8 位表达指数，双精度浮点数用 11 位表达指数。

有效数字（Significand）：表示数据的有效数字，反映数据的精度。单精度浮点数用最低 23 位表达有效数字，双精度浮点数用最低 52 位表达有效数字。有效数字一般采用规格化（Normalized）形式，是一个纯小数，所以也被称为尾数（Mantissa）、小数或分数（Fraction）。

例如，IEEE 单精度浮点数据最高位（位 31）是符号位，随后的 8 位（位 30～23）是指数部分，最低 23 位（位 22～0）是有效数字。

2．浮点阶码

类似补码、反码等编码，偏移码（简称移码）也是表达有符号整数的一种编码。标准偏移码选择从全 0 到全 1 编码中间的编码作为 0，也就是从无符号整数的全 0 编码开始向上偏移一半后得到的编码作为偏移码的 0（对 8 位就是 128=0b10000000）。以这个 0 编码为基准，向上的编码为正数，向下的编码为负数。于是，N 位偏移码=真值+ 2^{N-1} 。

例如，对 8 位编码，真值 0 的无符号整数编码是全 0，采用标准偏移码，则表示为 0+128=0b00000000+0b10000000=0b10000000，恰好是中间的编码。真值 127 的无符号整数编码是 0b01111111，标准偏移码则表示 127+128=0b01111111+0b10000000=0b11111111。

反之，采用标准偏移码的真值=偏移码 -2^{N-1} 。例如，对于偏移码全 0 编码，其真值=0b00000000−0b10000000=0−128=−128。对比补码，偏移码仅与之符号位相反，如表 5-1 所示。

为了便于进行浮点数据运算，指数采用偏移码。但是在 IEEE 754 标准中，全 0、全 1 两个编码用作特殊目的，其余编码表示阶码数值，这称为 IEEE 偏移码，即浮点阶码。所以,单精度浮点数据格式中的 8 位指数的偏移基数为 127，用二进制编码 0000001～11111110 表达−126～+127。双精度浮点数的偏移基数为 1023。相互转换的公式如下。

表 5-1　8 位二进制数的补码、标准偏移码、浮点阶码

十进制真值	补　码	标准偏移码	浮点阶码
+127	01111111	11111111	11111110
+126	01111110	11111110	11111101
+2	00000010	10000010	10000001
+1	00000001	10000001	10000000
0	00000000	10000000	01111111
-1	11111111	01111111	01111110
-2	11111110	01111110	01111101
-126	10000010	00000010	00000001
-127	10000001	00000001	11111110
-128	10000000	00000000	—
+127	01111111	11111111	—

❖ 单精度浮点数据的指数部分：真值=浮点阶码−127，浮点阶码=真值+127。

❖ 双精度浮点数据的指数部分：真值=浮点阶码−1023，浮点阶码=真值+1023。

3．规格化浮点数

十进制科学表示法的实数可以有多个形式，如 $-1.23456\times10^2=-0.123456\times10^3$ 。此时，小数点左移或右移，对应着进行指数增量或减量。在浮点格式中，数据也会出现同样的情况。为了避免多样性，同时为了能够表达更多的有效位数，浮点数据格式的有效数字一般采用规格化形式，表达的数值是 1.XXX…XX。由于去除了前导 0，它的最高位恒为 1，随后都是小数部分。这样，有效数字只需要表达小数部分，其小数点在最左端（不需表达），并隐含一个整数 1（没有表达），表达的数值范围是：1≤有效数值<2。规格化浮点数的指数为 00…01～11…10 编码。这就是通常使用的浮点数据，被称为规格化有限数（Normalized Finite）。

所以，一个规格化浮点数的真值可以利用如下公式计算，其中 S 是符号位：

$$\text{单精度浮点数的真值}=(-1)^S\times(1+0.\text{尾数})\times2^{\text{阶码}-127}$$

$$\text{双精度浮点数的真值}=(-1)^S\times(1+0.\text{尾数})\times2^{\text{阶码}-1023}$$

IEEE 754 标准带有一个隐含位，则尾数可表达的位数就多 1 位，使得数据精度更高。

【例 5-1】 把浮点格式数据转换为实数表达。

某单精度浮点数的编码如下：

$$\text{0xBE580000} = \text{0b1011 1110 0101 1000 0000 0000 0000 0000}$$

将它分成 1 位符号、8 位阶码和 23 位有效数字的 3 部分：

$$\text{0xBE580000} = \text{0b 1 01111100 10110000000000000000000}$$

符号位为 1，表示负数。

指数编码是 01111100，表示指数=124−127=−3。

有效数字部分是 1011000000000000000，表示有效数 = 0b 1.1011=1.6875。

所以，编码 0xBE580000 表达的实数为 $-1.6875\times2^{-3}=-1.6875\times0.125=-0.2109375$ 。

【例 5-2】 把实数转换成浮点数据格式。

首先，将十进制表达的实数 100.25 转换为二进制：

$$100.25=\text{0b 0110 0100.01}=\text{0b 1.10010001}\times2^6$$

因为是正数，于是符号位为 0。指数部分是 6，8 位浮点阶码表达是 10000101（=6+127=133）。有效数字部分是 10010001000000000000000。这样，100.25 表示成单精度浮点数为：

0b 0 10000101 10010001000000000000000

= 0b 0100 0010 1100 1000 1000 0000 0000 0000

= 0x42C88000

即，实数 100.25 采用单精度浮点格式是 0x42C88000。

4．非规格化浮点数和零

浮点规格化数所表达的实数是有限的。例如，对单精度规格化浮点数，其最接近 0 的情况是：指数最小（-126）、有效数字最小（1.0），即数值 $\pm 2^{-126}$（$\approx \pm 1.18 \times 10^{-38}$）。当数据比这个最小数还要小、还要接近 0 时，规格化浮点格式无法表示，这就是下溢（Underflow）。

为了能够表达更小的实数，制定了浮点数的非规格化有限数（Denormalized Finite），也称为非规格化浮点数，用指数编码为全 0 表示-126；有效数字仅表示小数部分，但不能是全 0，表示的数值是 0.XXX…XX。这时，有效数字最小编码是仅有最低位为 1、其他为 0，表示数值 2^{-23}。这样非规格化浮点数能够表示到 $\pm 2^{-126} \times 2^{-23}$（$\approx \pm 1.40 \times 10^{-45}$）。

非规格化浮点数表示了下溢，程序员可以在下溢异常处理程序中利用它。

如果数据比非规格化浮点数所能表达的（绝对值）最小数还要接近 0，就只能使用机器零（有符号零，Signed Zero）表示。机器零的指数和有效数字的编码都是全 0，符号位可以是 0 或 1，所以分成+0 和-0。机器零用浮点数据格式表达了真值 0，以及小于规格化浮点数或非规格化浮点数（绝对值）最小值的、无法表达的实数。

5．无穷大

对单精度规格化浮点数，其最大数的情况是：指数最大（127）、有效数字最大（编码为全 1，表达数值 $1+1-2^{-23}$），即数值 $\pm(2-2^{-23}) \times 2^{127}$（$\approx \pm 3.40 \times 10^{38}$）。当数据比这个最大数还大时，规格化浮点格式无法表示，这就是上溢（Overflow）。

大于规格化浮点数所能表达的（绝对值）最大数的真值，浮点格式用无穷大（Signed Infinity）表达，根据符号位分为正无穷大（+∞）和负无穷大（-∞），指数编码为全 1，有效数字编码为全 0。

正无穷大在数值上大于所有有限数，负无穷大小于所有有限数。无穷大既可能是操作数，也可能是运算结果。例如，$1.0/-0.0 = -\infty$，$1.0/0.0 = -1.0/-0.0 = +\infty$ 等。

浮点格式通过组合指数和有效数字的不同编码，可以表达规格化有限数、非规格化有限数、有符号零、有符号无穷大，如表 5-2 和图 5-2 所示（X 表示任意，可为 0 或 1）。

除此之外，标准浮点格式还支持一类特殊的编码：指数编码是全 1、有效数字编码不是全 0，被称为非数 NaN（Not a Number）。NaN 用于表达无法确定的数值，如 $\sqrt{-1}$、$\infty-\infty$、$\infty \times 0$、0/0 等。因为 NaN 不是实数的一部分，程序员可以利用 NaN 进行特殊情况的处理，也使得浮点运算可以继续而不致程序崩溃。

非数 NaN 又分成静态（Quiet）非数（QNaN）和信号（Signal）非数（SNaN）。QNaN 通常不指示无效操作异常，被高级程序员用于加速调试过程；SNaN 在算术运算中用作操作数时会产生异常，被高级程序员用于特殊情况的处理。另外，QNaN 包括一个特殊的编码，用于表示不定数（Indefinite），其编码是：符号和指数部分全为 1，有效数字部分是 100…0。

表 5-2　IEEE 754 标准的数据分类

阶　码	有效数字	数据类型
00…00	00…00	机器零
	00…01～11…11	非规格化数
00…01～11…10	00…00～11…11	规格化数
11…11	00…00	无穷大
	非全 0	非数 NaN

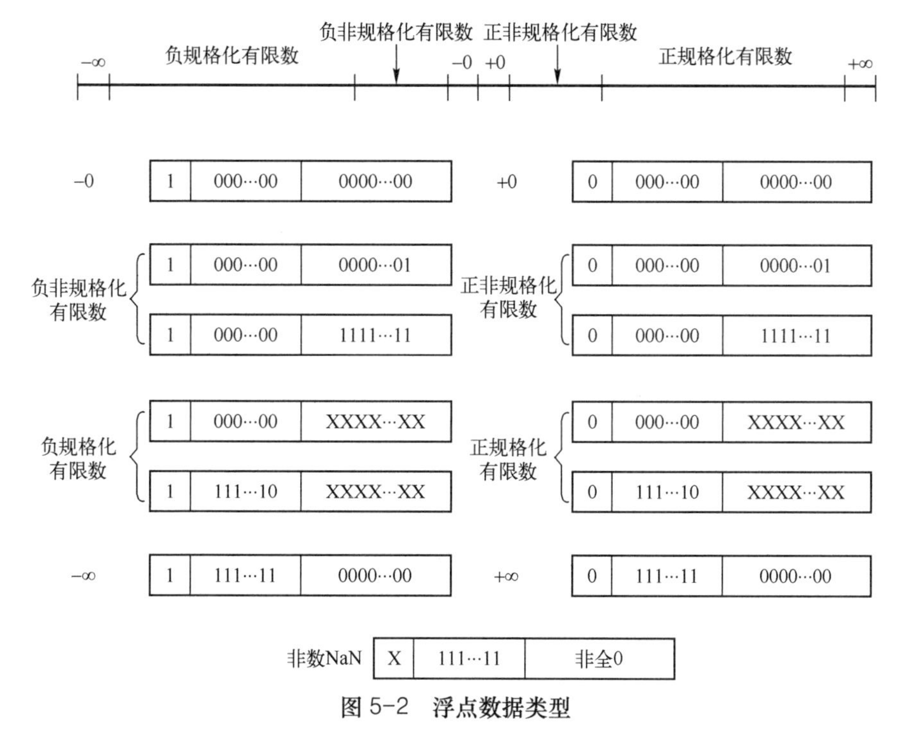

图 5-2　**浮点数据类型**

6．舍入模式

只要可能，浮点处理单元就会按照单精度或双精度浮点数格式产生一个精确值；但是使用浮点格式表达实数和进行浮点数据运算时，经常会出现精确值无法用要求的格式编码的情况，这时需要进行舍入（Round）操作。IEEE 754 标准支持 4 种舍入模式（类型），如表 5-3 所示。

表 5-3　舍入模式

舍入类型	舍入原则
就近舍入（偶）	舍入结果最接近准确值。若上下两个值一样接近，则取偶数结果（最低位为 0）
向正舍入（趋向+∞）	舍入结果接近但不小于准确值
向负舍入（趋向−∞）	舍入结果接近但不大于准确值
向零舍入（趋向 0）	舍入结果接近但绝对值不大于准确值

“就近舍入”（Round to Nearest，RN）是默认的舍入方法，提供了最接近准确值的近似值，类似十进制的“四舍五入”原则，适合大多数应用程序。例如，有效数字超出规定数位的多余数字是 1001，大于超出规定最低位的一半（1000，即 0.5），故最低位进 1。若多余数字是 0111，它小于最低位的一半，则舍掉多余数字（截断尾数、截尾）即可。对于多余数字是 1000、正好

是最低位一半的特殊情况，最低位为 0，则舍掉多余位，最低位为 1，则进位 1，使得最低位仍为 0（偶数）。所以，就近舍入也称为向偶舍入（Round Ties to Even）。在大多数的实际应用中，向偶舍入可以避免统计误差（因为进位或者不进位的情况可能各占一半）。

“向正舍入”（Round towards Plus Infinity，RP），也称为向上舍入（Round Up），用于得到运算结果的下界，对负数，就是截尾；对正数，只要多余位不全为 0，则最低位进 1。

“向负舍入”（Round towards Minus Infinity，RM），也称为向下舍入（Round Down），用于得到运算结果的上界，对正数就是截尾；对负数，只要多余位不全为 0，则最低位进 1。

“向零舍入”（Round towards Zero，RZ）就是向数轴原点舍入，不论是正数还是负数，都是截尾，使绝对值小于准确值，所以也称为截断舍入（Truncate），常用于浮点处理单元进行整数运算。

【例 5-3】 把实数 0.2 转换成浮点数据格式。

许多浮点数处理时都存在舍入问题，有时会出现规格化有限数外的情况。例如，将十进制实数“0.2”转换为二进制数，但它是二进制数 0011 的无限循环数据：

$$0.2 = 0\text{b}\ 0.00110011\dot{0}\dot{0}\dot{1}\dot{1} = 0\text{b}\ 1.100110011001100110011\dot{0}\dot{0}\dot{1}\dot{1}\times 2^{-3}$$

于是，符号位为 0；指数部分是−3，8 位阶码为 01111100（=−3+127=124）；有效数字是无限循环数，按照单精度要求取前 23 位是 10011001100110011001100；后面是 11$\dot{0}\dot{0}\dot{1}\dot{1}$，需要进行舍入处理。按照默认的最近舍入方法，应该进位 1。所以，有效数字的二进制编码是 10011001100110011001101。这样，0.2 表示成单精度浮点数为：

$$\begin{aligned} &0\text{b}\ 0\ 01111100\ 10011001100110011001101 \\ =\ &0\text{b}\ 0011\ 1110\ 0100\ 1100\ 1100\ 1100\ 1100\ 1101 \\ =\ &0\text{x}3\text{E}4\text{CCCCD} \end{aligned}$$

即，实数 0.2 采用单精度浮点格式是 0x3E4CCCCD。

由此可知，计算机把一个简单的“0.2”都表达不准确，可见浮点格式数据只能表达精度有限的近似值。有些实数由于无法精确表达，必然带来误差。尽管误差很小，但必须保证在允许的范围。因为当这个误差充分累积时，就有可能导致出错。所以，许多金融计算的应用程序会使用基于整数的定点运算，以避免加减运算产生的舍入误差。

5.1.2 ARMv8 浮点数据格式

AArch64 执行状态除支持 IEEE 754 标准的单精度和双精度浮点数外，还支持半精度浮点数（包括兼容 IEEE 754—2008 标准的半精度浮点数）、BFloat16 浮点格式和定点格式。

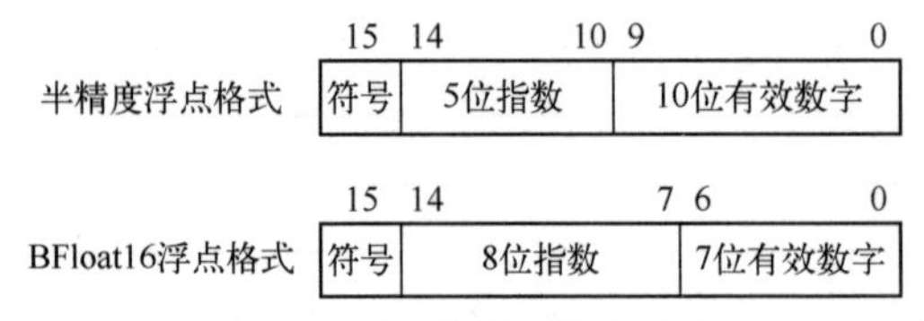

图 5-3 16 位浮点数据格式

1. 半精度浮点数

半精度（Half-precision）浮点数采用 16 位编码，是 32 位单精度浮点数的一半位长，如图 5-3 所示。其中，最高位（位 15）是符号位，中间 5 位（位 14～10）是指数，最低 10 位是有效数字。ARMv8 支持两种半精度浮点格式：定义在 IEEE 754—2008 标准中的 IEEE 半精度格式、ARM 半精度格式（可选）。

（1）半精度规格化浮点数（指数编码不是全 0 或全 1，即 0 <指数< 0x1F）

半精度浮点格式的指数采用 IEEE 偏移码，全 0 和全 1（0x1F）作为特殊用途，5 位指数的偏移基数为 15，用二进制编码 00001～11110 表达-14～+15，即

半精度浮点数据的指数部分：真值=浮点阶码-15，浮点阶码=真值+15

半精度规格化浮点数的真值则可以利用如下公式计算，其中 S 是符号位：

$$半精度浮点数的真值=(-1)^S\times(1+0.尾数)\times2^{阶码-15}$$

其中，最接近零的规格化数是 $\pm2^{-14}$（$\approx\pm6.104\times10^{-5}$），最大正规格化数是 $\pm(2-2^{-10})\times2^{15}$，即 ±65504。

（2）半精度非规格化浮点数（指数编码全 0）

半精度非规格化浮点数的指数编码为全 0 表示-14，有效数字仅表示小数部分但不能是全 0，表示的真值是

$$半精度非规格化浮点数的真值=(-1)^S\times(1+0.尾数)\times2^{阶码-14}$$

其中，最接近零的单精度非规格化浮点数是 $\pm2^{-24}$（$\approx\pm5.96\times10^{-8}$）。指数和尾数都是 0，则表示机器零。

（3）无穷大和 NaN（指数编码全 1，IEEE 半精度格式）

指数编码为全 1（0x1F）时，IEEE 半精度浮点格式与单精度和双精度一样，表达无穷大（尾数为全 0）或非数 NaN（尾数不为全 0）。

（4）规格化数（指数编码全 1，ARM 半精度格式）

指数编码为全 1（0x1F）时，ARM 半精度格式提供了对规格化数的扩展，指数编码表达真值 16，则数据真值是

$$\text{ARM}半精度浮点数的扩展规格化真值=(-1)^S\times(1+0.尾数)\times2^{16}$$

其中，最大扩展规格化数是：$\pm(2-2^{-10})\times2^{16}$，即 ±131008。

半精度浮点数的典型应用是人工智能领域，因为人工智能应用程序更关注速度和存储容量，而不是精度。或者说，人工智能应用程序的运行速度和存储容量比数据精度更重要。

2．BFloat16 浮点格式

ARMv8 支持 16 位半精度浮点格式，但是从 ARMv8.2 结构开始浮点数据处理指令才支持半精度浮点数据。16 位半精度浮点格式由于指数部分只有 5 位，所以其表达的数据范围不大。因此，ARMv8.2 结构提供了另一种 16 位浮点数据格式，称为 BFloat16（简称 BF16）。BFloat16 虽然也是 16 位，但指数部分与单精度浮点格式一样都是 8 位，因此表达数据的范围也与单精度浮点数类同。当然，尾数部分就只能有 7 位了，表达数据的精度不高，见图 5-3。

除了尾数部分的位数较少，BFloat16 浮点数与单精度浮点数的各种表达类同。例如，规格化数（指数不为全 0 和全 1）表达的真值使用同样的公式：

$$\text{BFloat}浮点数的真值=(-1)^S\times(1+0.尾数)\times2^{阶码-127}$$

相对于 4 字节的单精度浮点数，2 字节的 BFloat16 和半精度浮点数都减少了存储容量，但 BFloat16 保持了相似的数据范围，不过数据精度不高。另外，BFloat16 与单精度浮点数相互转换比较简单，在 BFloat16 后添加 16 个 0 位，就是单精度浮点数，就可以使用单精度算术运算指令。而单精度浮点数转换为 BFloat16 格式，简单截尾（最低 16 位）即可。

3．定点格式

实数的定点格式是把整数寄存器中的一部分高位作为整数部分，剩余低位部分作为小数部分，小数点位置固定在两者之间（只需指定位置，不需表达），构成实数，如图 5-4 所示。用定点格式表达实数便于利用整数处理指令进行实数的仿真处理。定点格式有 32 位和 64 位两种，还分为有符号或无符号数值。定点格式数值保存于整数通用寄存器，仅用于与浮点数相互转换的指令中，转换指令有一个指明定点数小数点位置的参数，详见 5.3.2 节的浮点格式转换指令。

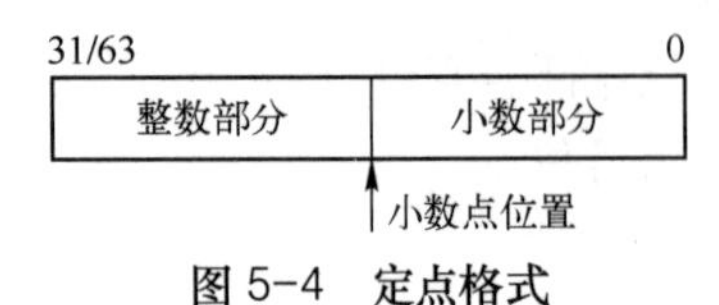

图 5-4　定点格式

5.1.3　浮点寄存器

基于精简指令集计算机 RISC 思想，与整数处理单元一样，AArch64 执行状态也设计了很多浮点寄存器进行浮点数处理。同样，只有载入和存储指令才能访问主存中的浮点数据。

1．浮点数据寄存器

ARMv8 的浮点处理单元和 SIMD 处理单元共用一套寄存器，称为向量和浮点寄存器（简称 SIMD&FP 寄存器），共有 32 个，标记为 V0～V31。每个 SIMD&FP 寄存器有二进制 128 位，用于保存浮点操作数，也用于保存 SIMD 操作的标量和向量操作数。在 A64 指令集中，SIMD&FP 寄存器任何时候都可以访问使用，并不需要操作状态的切换。

为便于编程应用和支持多种数据类型，AArch64 对使用 SIMD&FP 寄存器的不同部分标记不同的寄存器名称，如图 5-5 所示。例如，使用整个 128 位寄存器内容参与操作，被称为 Qn；仅使用其中低 64 位、低 32 位、低 16 位或低 8 位部分，则依次称为 Dn、Sn、Hn 和 Bn；其中 n 是 0～31。在 SIMD 标量操作和浮点操作指令中，SIMD&FP 寄存器类似整数通用寄存器 Xn，只有低位部分被访问时，没有使用的高位部分在读操作时被忽略，在写操作时被清 0。

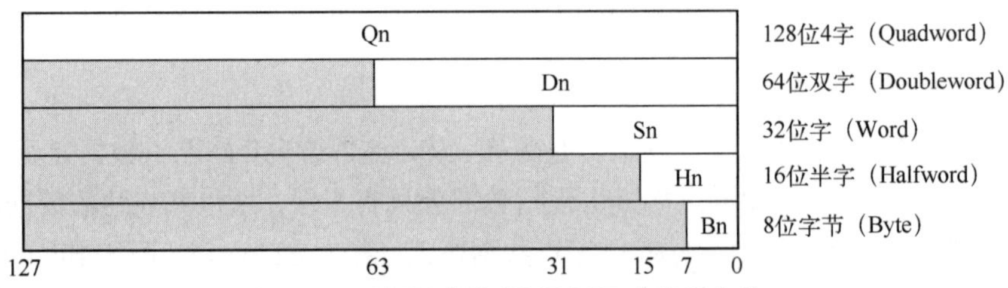

图 5-5　不同部分的 SIMD&FP 寄存器名称

A64 浮点处理指令支持半精度、单精度和双精度 3 种浮点数据类型，寄存器名称依次为 Hn、Sn 和 Dn（n 是 0～31），依次对应 SIMD&FP 寄存器最低的 16、32 和 64 位。本章将这 3 种寄存器统称为浮点寄存器，即 A64 指令集具有 32 个 64 位双精度浮点寄存器、32 位单精度浮点寄存器、16 位半精度浮点寄存器，或者它们的组合。

类似整数通用寄存器，在浮点处理指令（含有“F”前缀）中，也由浮点寄存器名称指明操作数精度。例如：

```
        fadd    Sd, Sn, Sm                  // 单精度浮点数加法
        fadd    Dd, Dn, Dm                  // 双精度浮点数加法
```

2. 浮点控制寄存器

浮点控制寄存器 FPCR（Floating-Point Control Register）用于控制浮点操作，如选用 ARM 半精度格式、配置舍入方式、选择默认 NaN 行为、确定非规格化数是否采用 0 替代等。浮点控制寄存器有 64 位，但其高 32 等位保留，AArch64 中有意义的各位如表 5-4 所示（位编号是指该控制位在寄存器的位置，最低位编号为 0），其中 FZ16 是 ARMv8.2 才开始支持的。

表 5-4 浮点控制寄存器

控制位	位编号	含 义
AHP	26	可选半精度控制：1 = 选用 ARM 半精度格式，0 = 选用 IEEE 半精度格式
DN	25	默认 NaN：1 = 允许，含有 NaN 的任何操作均返回默认 NaN；0 = 禁止，NaN 操作数传输到浮点操作的输出
FZ	24	非规格化数值清零：1 = 允许（即将非规格化数用 0 替代，虽然不兼容 IEEE 754 标准，但可以提高性能），0 = 禁止
Rmode	23:22	舍入模式：00 = 就近舍入 RN，01 = 向正舍入 RP，10 = 向负舍入 RM，11 = 向零舍入
FZ16	19	半精度非规格化数值清零：1 = 允许（有些指令中，半精度格式的非格式化数值用 0 替代），0 = 禁止
IDE	15	输入非规格化浮点异常：1 = 允许，0 = 禁止
IXE	12	非精确浮点异常：1 = 允许，0 = 禁止
UFE	11	下溢浮点异常：1 = 允许，0 = 禁止
OFE	10	上溢浮点异常：1 = 允许，0 = 禁止
DZE	9	除以 0 浮点异常：1 = 允许，0 = 禁止
IOE	8	无效操作浮点异常：1 = 允许，0 = 禁止

浮点数据处理指令（包括执行浮点操作的 SIMD 指令）的执行后可能生成一种或多种浮点异常，ARMv8 支持 6 种浮点操作异常。

- ❖ 输入非规范化 ID（Input Denormal）异常：若输入的非规格化数被清零（Flush to zero），会发生 ID 异常。
- ❖ 非精确 IX（Inexact）异常：若产生的非规格化数结果被清零，或者结果与不限制指数或尾数范围情况下计算的结果不同，则会发生 IX 异常。
- ❖ 下溢 UF（Underflow）异常：若出现非规格化数（没有被清零），则会发生 UF 异常。
- ❖ 上溢 OF（Overflow）异常：若指令输出结果超过输出精度的最大规格化数值，则会发生 OF 异常。
- ❖ 除以零 DZ（Divide by Zero）异常：若浮点操作出现有限非零数值除以 0 的情况，则会发生 DZ 异常。
- ❖ 无效操作 IO（Invalid Operation）异常：若操作数是信号 NaN 或无穷大、零除以零、对小于 0 的负值求平方根等，则会发生 IO 异常。

浮点控制寄存器可以设置这些异常是允许（Enable）发生，还是禁止（Disable）发生。在允许发生的情况下，如果浮点指令执行后条件满足，则将在浮点状态寄存器中设置相应的状态位。实现这些异常的处理器在发生浮点异常更高的异常层进行异常处理。

如果某个具体的处理器没有实现浮点异常，也就不会生成浮点异常了。这 6 个异常控制位则是“读为 0/写忽略”RAZ/WI（Read-As-Zero/Writes Ignored），即读取是 0、写入无效。

3．浮点状态寄存器

浮点状态寄存器 FPSR（Floating-Point Status Register）反馈浮点操作的状态信息。浮点状态寄存器有 64 位，但其高 32 位等保留，有意义的各位如表 5-5 所示（位编号是指该状态位在寄存器的位置，最低位编号为 0）。

表 5-5　浮点状态寄存器

控制位	位编号	含　义
N	31	负值标志，由 A64 浮点比较指令设置
Z	30	零值标志，由 A64 浮点比较指令设置
C	29	进位标志，由 A64 浮点比较指令设置
V	28	溢出标志，由 A64 浮点比较指令设置
QC	27	饱和标志：饱和运算指令产生饱和结果时设置为 1（详见第 6 章）
IDC	7	输入非规格化浮点数异常位：输入发生了非规格化浮点数异常设置为 1
IXC	4	非精确浮点异常位：发生非精确浮点异常设置为 1
UFC	3	下溢浮点异常位：发生下溢浮点异常设置为 1
OFC	2	上溢浮点异常位：发生上溢浮点异常设置为 1
DZC	1	除以 0 浮点异常位：发生除以 0 浮点异常设置为 1
IOC	0	无效操作浮点异常位：发生无效操作浮点异常设置为 1

浮点状态寄存器有类似整数运算的标志 NZCV 位，浮点比较指令根据比较结果设置它们的状态，但它们的含义与整数标志 NZCV 略有不同（详见 5.2 节）。低位是 6 个异常状态位，当发生浮点异常时，相应的异常状态位被置位。或者说，某异常状态位为 1 反映从上次被写入 0 后，发生了相应的浮点异常。另外，浮点状态寄存器还有一个 SIMD 饱和运算指令是否发生饱和的标志位 QC。

浮点控制和浮点状态寄存器属于系统专用寄存器，只能使用系统寄存器访问指令与通用寄存器进行内容传送，格式如下：

```
        mrs     Xt, fpcr|fpsr               // 传送浮点控制或状态寄存器到通用寄存器
        msr     fpcr|fpsr, Xt               // 传送通用寄存器到浮点控制或状态寄存器
```

5.2　浮点数据的存储器访问

与整数一样，主存的浮点数只能通过载入和存储指令访问。

1．浮点数定义

GNU AS 汇编程序声明单精度和双精度浮点数类型的变量，分别使用“.float”（或“.single”）和“.double”指示符。例如：

```
        .single  1.343, 4.343e20, -0.4343, -0.444e-10          // 单精度浮点数
        .double  -4.24322322332e-10, 3.141592653589793        // 双精度浮点数
```

其中，实数常量可以有小数点，符号“e”引导十进制指数部分。

AS 汇编程序没有定义半精度浮点数的通用指示符，不过可以定义为单精度浮点数变量，使用载入指令读取单精度浮点数，再做精度转换。但是 AS 特别针对 AArch64 执行状态增加了半精度浮点数定义指示符“.float16”，用于声明 IEEE 754—2008 标准格式的半精度浮点数。例如：

```
.float16      -12.3, 280.56          // IEEE 半精度浮点数
```

2. 存储器访问指令

A64 基础指令集的载入 LDR 和存储 STR 指令可以通过整数寄存器 Xn（Wn）访问存储器数据（整数），同样也可以通过 SIMD&FP 寄存器访问存储器数据（向量或浮点数），如表 5-6 所示。其中，存储器的数据量由 SIMD&FP 寄存器（Vt）名称确定，可以是 8 位 Bt、16 位 Ht、32 位 St、64 位 Dt 和 128 位 Qt（t 是 0～31），而存储器地址[address]仍在 64 位通用寄存器 Xn 中，其支持的寻址方式也与载入和存储整数寄存器指令一样。

表 5-6　浮点数据的存储器访问指令

存储器访问指令			存储器地址[address]	
对齐载入： 对齐存储：	LDR STR	Vt, [address] Vt, [address]	带立即数偏移量： 后索引寻址： 前索引寻址： 带寄存器偏移量：	[Xn|SP{, imm12}] [Xn|SP], imm9 [Xn|SP, imm9]! [Xn|SP, Wm|Xm{, extend 0|1|2|3|4}]
非对齐载入： 非对齐存储：	LDUR STUR	Vt, [address] Vt, [address]	带立即数偏移量：	[Xn|SP{, imm9}]
成对载入： 成对存储：	LDP STP	Vt1,Vt2, [address] Vt1,Vt2, [address]	带立即数偏移量： 后索引： 前索引：	[Xn|SP{, imm7}] [Xn|SP], imm7 [Xn|SP, imm7]!
成对载入： 成对存储：	LDNP STNP	Vt1,Vt2, [address] Vt1,Vt2, [address]	带立即数偏移量：	[Xn|SP{, imm7}]

不过，LDR 和 STR 指令在带立即数偏移量的寻址中，为了保持存储器地址对齐，指令代码虽然是 12 位立即数 imm12，但实际表达的偏移量仍然是倍数值，即：对 8、16、32、64 和 128 位寄存器依次是 1、2、4、8 和 16 倍数，imm12 表达的偏移量是 0～4096（2^{12}）乘以倍数的数值。而在带寄存器偏移量的寻址中，extend 表示可选的零位扩展符 UXTW 或符号扩展符 SXTW，并支持 0～4 位的左移（LSL）操作。不对齐地址的存储器访问可以使用 LDUR 和 STUR 指令，其 imm9 表达有符号数-256～256 偏移量，不支持按比例扩大。

寄存器对载入 LDP（LDNP）和存储 STP（STNP）指令使用两个 SIMD&FP 寄存器，仅支持位数相同的 32 位（St）、64 位（Dt）和 128 位（Qt）寄存器，偏移量 imm7 表达的依次是-64（-2^6）～63（2^6-1）乘以 4、8 和 16 的数值。LDP 和 STP 指令与 LDNP 和 STNP 指令的功能相同，只是后者暗示这些存储器数据不具有时间局部性（Non-Temporal），即短时间不再使用，如流媒体数据。例如：

```
ldr     d1, [x0]                // 从[X0]载入 64 位双精度浮点数到 D1 寄存器
str     q0, [x0, x1]            // 将 Q0 寄存器的 128 位数据存储到[X0 + X1]
ldp     q1, q3, [x5], 256       // 从[X5]载入一对 128 位数据到 Q1 和 Q3，并将 X5 增加 256
```

同样，可以使用 SP 从栈区载入浮点数到 SIMD&FP 寄存器，或者将 SIMD&FP 寄存器的浮点数保存于栈：

```
ldr     q10, [sp], 16           // 从栈区取出一个 16 字节数据，载入 Q10 寄存器
ldp     q8, q9, [sp], 32        // 从栈区取出 2 个 16 字节数据，分别载入 Q8 和 Q9 寄存器
str     q10, [sp, -16]!         // 将 16 个字节的 Q10 寄存器内容存储到栈顶
stp     q8,q9, [sp, -32]!       // 将 Q8 和 Q9 一对寄存器内容依次存储到栈顶
```

128 位 Qt 寄存器包含 16 字节的数据，成对载入或存储时可以一条指令实现 32 字节的主存数据存取，效率比较高。因此，SIMD&FP 寄存器载入和存储指令，有时可用在意想不到的地

方。例如，在存储器复制 memcpy 函数中使用一对 Qt 寄存器访问主存，可以减少需要重复存取的次数。所以，不要因为程序不使用浮点数，就认为不会使用 SIMD&FP 寄存器。

另外，AArch64 汇编程序利用文字池载入地址，提供有获取存储器地址伪指令 LDR，也支持 St、Dt 和 Qt 寄存器，格式为：

```
ldr     St|Dt|Qt, =label            // St|Dt|Qt ← label 的地址（数值）
```

为配合伪指令 LDR，对应有 PC 相对寻址的载入指令 LDR，格式如下：

```
ldr     St|Dt|Qt, label             // St|Dt|Qt ← [label]
```

这里的 label 仍是±1 MB 范围的 PC 地址偏移量。也就是说，利用 LDR 伪指令编程，而实际上是利用 LDR 指令载入 32 位（St）、64 位（Dt）或 128 位（Qt）数据。例如：

```
ldr     s1, = -15                   // 利用文字池间接为 S1 赋值
ldr     d2, = 25                    // 利用文字池间接为 D2 赋值
ldr     q3, = 0x359740              // 利用文字池间接为 Q3 赋值
```

不过，AS 汇编程序只允许赋值整数（十进制或者十六进制表达均可）。浮点寄存器只能以浮点数编码的形式赋值，不支持直接书写为带小数的实数形式。

5.3 浮点数据的传送和转换

与整数处理指令类似，浮点数据处理指令也分成浮点传送、算术运算、比较等类型指令。绝大多数浮点处理指令的助记符以字母“F”开头。注意，AArch64 执行状态（A64 指令集）的浮点处理指令和 SIMD 处理指令是一体设计的，所以有些浮点处理指令的功能将延伸到处理 SIMD 数据。SIMD 标量和 SIMD 向量处理指令将在第 6 章介绍，故本章介绍的浮点处理指令没有涉及 SIMD 操作。

注意，ARMv8 支持半精度浮点格式，也可以把半精度格式与其他浮点格式进行转换。但是，只有实现了 ARMv8.2 结构提供的 FEAT_FP16 特性，才支持半精度数据类型的数据处理指令。若要使用这些指令，应确认处理器支持，也可能需要在 AS 或 GCC 命令行添加“-march = "armv8.2-a+fp16"”选项参数表示允许支持半精度。本书主要基于 ARMv8.0 体系结构，浮点指令采用 Vn（及 Vd、Vm）表达单精度 Sn（及 Sd、Sm）或双精度 Dn（及 Dd、Dm）寄存器，虽未说明支持半精度浮点数，但提供 FEAT_FP16 特性的处理器大都可以扩展到半精度 Hn（及 Hd、Hm）寄存器。

5.3.1 浮点传送指令

浮点传送指令 FMOV 实现将浮点数在浮点寄存器、整数通用寄存器之间进行传送，但传送过程中不进行数据格式的转换。

1. 浮点寄存器之间传送

浮点寄存器传送指令在 32 个相同精度的浮点寄存器之间进行传送，指令格式是：

```
fmov     Vd, Vn                     // Vd = Vn
```

其中，Vd 和 Vn 是指 32 个 SIMD&FP 寄存器之一，但名称是浮点寄存器 Dd 和 Sd，对应的是 Dn 和 Sn。例如：

```
fmov     d0, d1                     // 双精度浮点寄存器传送：D0 = D1
fmov     s2, s3                     // 单精度浮点寄存器传送：S2 = S3
```

2．整数寄存器与浮点寄存器传送

FMOV 指令支持整数和寄存器相互传送，指令格式是：

```
fmov    Vd, Rn                          // Vd = Rn
fmov    Rd, Vn                          // Rd = Vn
```

其中，整数寄存器和浮点寄存器的相互传送是相同位数（Wn 与 Sn，或者 Xn 与 Dn）。注意，FMOV 指令是将数据逐位直接复制，没有数据类型转换（编码不变）。例如：

```
fmov    d0, x0                          // 整数寄存器传送给浮点寄存器（双精度）
// 若 X0 = 0x0002（整数：2），则 D0 = 0x0002（非规格化浮点数，约为 9.88131292e-324）
fmov    w1, s2                          // 浮点寄存器（单精度）传送给整数寄存器
// 若 S2 = 0x0080（非规格化浮点数，约为 1.79366203e-43），则 W1 = 0x0080（整数：128）
```

需要明确的是，现实中的真值在计算机内部是某种规则形成的二进制编码，整数默认采用补码（有多种位数），实数采用浮点格式（有多种精度）。因此，在整数寄存器保存的是补码，表达的是整数；而在浮点寄存器中保存的是浮点格式的编码，表达的是实数。既然都是二进制编码，抛开其代表的含义，寄存器保存的内容本质是相同的，都是 0 和 1 的位串，所以相互之间逐位复制（传送）也是很自然的。但是，整数寄存器内容通常按照补码规则理解为整数，而浮点寄存器内容按照浮点格式表示为实数。

3．立即数传送给浮点寄存器传送

FMOV 指令还支持将一个实数直接传送给浮点寄存器，指令格式为

```
fmov    Vd, fimm8                       // Vd = fimm8
```

其中，fimm8 是二进制 8 位浮点格式编码的实数常量（立即数），由一个 1 位符号、3 位指数、4 位小数构成规格化浮点数，即 $\pm M/16\times2^{E}$（$16\leqslant M\leqslant31$，$-3\leqslant E\leqslant4$），其表达的数据范围是 $\pm2^{-3}$（0.125）～±31（2^5-1）。例如：

```
fmov    s2, -1.25e1                     // S2 = -12.5
```

注意，fimm8 只能是其编码表达的实数。“-12.5”转换为二进制规格化浮点格式：

$$-12.5 = 0\text{b}\,-1100.1 = 0\text{b}\,-1.1001\times2^{3}$$

指数为 3，小数“1001”是 4 位，符合 fimm8 编码规则。同样，“6.75”也可以作为实数立即数，但“16.75”不可以，因为 $16.75 = 0\text{b}\ 10000.11 = 0\text{b}\ 1.000011\times2^{4}$。小数部分“000011”是 6 位，无法用 4 位表达，并且不进行舍入处理。

另外，fimm8 编码并不包括 0，但可以使用 ZR 传输，如

```
fmov    s1, wzr                         // S1 = 0
fmov    d0, xzr                         // D0 = 0
```

【例 5-4】 浮点变量的访问程序（e504_float.s）。

编程显示单精度浮点数以及其内部编码，以验证例 5-1、例 5-2 和例 5-3 数据。注意，浮点数值使用浮点寄存器在函数间传递参数和返回值。过程调用标准 PCS 同样对浮点寄存器有相应的使用规则，其中 V0～V7 依次用于传递前 8 个浮点参数和返回值，V8～V15 是被调用程序保存的寄存器（只需保存低 64 部分），V16～V31 则是调用程序保存的寄存器。函数参数可能既有浮点数，也有整数，所以整数和浮点寄存器需要同时使用。也就是说，前 8 个浮点参数通过 D、S 或 H 浮点寄存器传递，前 8 个整数参数通过 X 或 W 寄存器传递。若是浮点返回值，则通过 V0 传递；若是整数返回值，则通过 X0（或 W0）传递。

```
    .data
```

```
ivar:     .word     0xBE580000              // 例 5-1 数据
fvar1:    .float    100.25                  // 例 5-2 数据
fvar2:    .float    0                       // 用于验证例 5-3 数据
msg_in1:  .string   "Enter a real number:"
msg_in2:  .string   "%f"
msg_out1: .string   "Codes in machine: 0x%X\n"
msg_out2: .string   "Float data: %.8f\n"    // 修饰符“.8”控制输出小数点后 8 位精度数据
          .text
          .global   main
main:     stp       x29, x30, [sp, -16]!
main1:    // 验证例 5-1，给定单精度浮点编码，显示其表达的实数（浮点数）
          ldr       x0, =ivar               // X0 = 浮点编码的地址
          ldr       w1, [x0]                // W1 = 浮点编码
          mov       w29, w1                 // 转存入 W29
          ldr       x0, =msg_out1           // X0 = 输出编码的字符串地址
          bl        printf                  // 显示编码：0xBE580000
          fmov      s0, w29                 // S0 = W29 = 编码
          fcvt      d0, s0                  // 单精度 S0 转换为双精度 D0，传递首个浮点参数
          ldr       x0, =msg_out2           // X0 = 输出浮点数的字符串地址
          bl        printf                  // 显示实数（浮点数）：-0.2109375
main2:    // 验证例 5-2，给定实数（单精度浮点数），显示其单精度浮点编码
          ldr       x0, =fvar1              // X0 = 单精度浮点数的地址
          ldr       s0, [x0]                // S0 = 单精度浮点数
          fmov      w29, s0                 // 转存入 W29
          fcvt      d0, s0                  // 单精度 S0 转换为双精度 D0，传递首个浮点参数
          ldr       x0, =msg_out2           // X0 = 输出浮点数的字符串地址
          bl        printf                  // 显示浮点数（实数）：100.25
          mov       w1, w29                 // W1 = W29 = 单精度浮点数（实际是其编码）
          ldr       x0, =msg_out1           // X0 = 输出编码的字符串地址
          bl        printf                  // 显示编码：0x42C88000
main3:    // 可验证例 5-3，输入单精度浮点数（实数），显示其编码
          ldr       x0, =msg_in1            // X0 = 输入信息的字符串地址
          bl        printf                  // 显示输入信息
          ldr       x0, =msg_in2            // X0 = 输入浮点数格式字符串的地址
          ldr       x1, =fvar2              // X1 = 浮点变量的地址
          bl        scanf                   // 输入一个浮点数（如例 5-3 的数据：0.2）
          ldr       x0, =fvar2              // X0 = 浮点变量的地址
          ldr       s1,[x0]                 // S1 = 载入的浮点变量值
          fmov      w1, s1                  // W1 = S1 = 浮点变量值（实际是其编码）
          ldr       x0, =msg_out1           // X0 = 输出编码的字符串地址
          bl        printf                  // 显示编码（如例 5-3 的数据：0x3E4CCCCD）
          mov       x0, 0
          ldp       x29, x30, [sp], 16
          ret
```

本例程序分成 3 个片段，使用了 3 个标号以便明示，分别用于验证例 5-1、例 5-2 和例 5-3 单精度浮点数编码及其表示的实数。其中，浮点数变量需要使用浮点寄存器保存，但其编码其实可以作为整数，而浮点传送指令 FMOV 实现整数和浮点寄存器相互逐位复制。C 语言标准 printf()的输出格式符“%f”不区别单精度或双精度，而 printf()函数只输出双精度浮点数，所以

利用浮点精度转换指令 FCVT（详见 5.3.2 节）将存于 S0 的单精度浮点数转换为双精度浮点数存入 D0，以便传递第一个浮点参数（虽然是被调用函数 printf()的第 2 个参数）。

5.3.2 浮点格式转换指令

浮点格式转换指令将某种格式的浮点数（或整数）转换为另一种格式的浮点数（或整数），因为不同精度的浮点数进行运算常需要采用一致的精度类型。注意，转换的是表达数值的格式（编码），而不是数值（保持数值不变）。当高精度转换为低精度浮点数时，会存在舍入问题；还要注意是否超出了数据范围，超出范围可能溢出为无穷大。

1．浮点数精度转换

浮点精度转换指令 FCVT（Floating-point Convert precision）将源浮点寄存器的浮点数据类型转换为目的浮点寄存器的浮点数据类型，并将转换结果保存于目的浮点寄存器。

```
        fcvt      Vd, Vn                        // Vd = Vn（浮点数精度转换）
```

其中，Vd（Vn）是半精度、单精度和双精度浮点寄存器，支持 3 种精度按照舍入原则相互转换，也就是支持：

```
        fcvt      Sd, Hn                        // 半精度转换为单精度
        fcvt      Dd, Hn                        // 半精度转换为双精度
        fcvt      Dd, Sn                        // 单精度转换为双精度
        fcvt      Hd, Sn                        // 单精度转换为半精度
        fcvt      Hd, Dn                        // 双精度转换为半精度
        fcvt      Sd, Dn                        // 双精度转换为单精度
```

高精度转换为低精度时会损失精度，表达的数据也可能不同。例如，实数“-12.3”使用单精度浮点格式编码是 0xC144CCCD，实际上真值“-12.3”无法精确表达，这个编码表达的浮点数是-12.3000002。

0xC144CCCD = 0b 1100 0001 0100 0100 1100 1100 1100 1101

当其转换为半精度浮点格式时，符号位不变为 1，指数是 3，用 5 位阶码表达为“10010”，小数部分就近舍入，取单精度 23 位小数部分的前 10 位是“100 0100 110”，即：

0b 1 10010 1000100110 = 0b 1100 1010 0010 0110 = 0xCA26

所以，半精度浮点格式编码是 0xCA26，表达的浮点数是-12.296875。

2．浮点数转换为整数或定点格式数

这组浮点数转换为整数指令（FCVTxy）是将浮点寄存器的单精度或双精度浮点数转换为 32 位或 64 位整数或定点格式数，结果保存于通用寄存器。一般格式为

```
        fcvtxy    Wd|Xd, Sn|Dn                  // 浮点数转换为整数
```

其中，助记符中的 x 表示转换时采用的舍入方式，y 表示转换为有符号（S）还是无符号（U）整数，如表 5-7 所示。其中，就近向大舍入（Round to nearest with ties to away）也是就近舍入，但与默认的就近向偶舍入不同，对于多余数字正好是最低位一半的特殊情况，总是向上进位 1，取得较大数。

另外，采用向零舍入的转换指令（FCVTZS 和 FCVTZU）还支持转换为定点格式数，指令中增加了一个标明小数点后位数的操作数 fbits（转换为 32 位定点格式为 1～32，转换为 64 位定点格式为 1～64），格式为：

表 5-7　浮点数转换为整数指令

FCVTxx 指令		转换功能和舍入方式
FCVTAS	Wd|Xd, Sn|Dn	浮点数转换为有符号整数，采用就近向大舍入
FCVTAU	Wd|Xd, Sn|Dn	浮点数转换为无符号整数，采用就近向大舍入
FCVTMS	Wd|Xd, Sn|Dn	浮点数转换为有符号整数，采用向负舍入
FCVTMU	Wd|Xd, Sn|Dn	浮点数转换为无符号整数，采用向负舍入
FCVTNS	Wd|Xd, Sn|Dn	浮点数转换为有符号整数，采用就近向偶舍入
FCVTNU	Wd|Xd, Sn|Dn	浮点数转换为无符号整数，采用就近向偶舍入
FCVTPS	Wd|Xd, Sn|Dn	浮点数转换为有符号整数，采用向正舍入
FCVTPU	Wd|Xd, Sn|Dn	浮点数转换为无符号整数，采用向正舍入
FCVTZS	Wd|Xd, Sn|Dn{, fbits}	浮点数转换为有符号整数，采用向零舍入
FCVTZU	Wd|Xd, Sn|Dn{, fbits}	浮点数转换为无符号整数，采用向零舍入

```
fcvtzs   Wd|Xd, Sn|Dn, fbits          // 浮点数转换为有符号定点格式数
fcvtzu   Wd|Xd, Sn|Dn, fbits          // 浮点数转换为无符号定点格式数
```

例如：

```
fcvtzs   w1, s1                       // 单精度转换为有符号整数
// 若 S1 = 0xC144CCCD（浮点数：-12.3000002），则 W1 = 0xFFFFFFF4（整数：-12）
fcvtzs   w2, s1, 4                    // 单精度转换为有符号定点格式，小数是低 4 位部分
// 若 S1 = 0xC144CCCD（浮点数：-12.3000002），则 W2 = 0xFFFFFF3C（定点格式：-13.25）
```

注意，定点格式表达实数时分成有符号定点格式和无符号定点格式。有符号定点格式按照整数编码规则采用补码形式，包括小数部分一并进行编码。例如，“-12.3”（单精度编码是 0xC144CCCD）的二进制表达是：

$$-12.3 = 0b\ -1.100\ 0100\ 1100\ 1100\ 1100\ 1101 \times 2^3 = 0b\ -1100.01001100110011001101$$

向零舍入为整数为“-12”，即二进制“-1100”，32 位补码表达则是“0xFFFFFFF4”。

若“-12.3”向零舍入保留 4 位小数则是“-1100.0100”，其补码是“0xFFFFFF3C”。反过来，对补码“0xFFFFFF3C”进行求补（求反加 1）是“0x000000C4”，低 4 位为小数，高位为整数，故 4 位小数的定点格式表达的数值是 0b -1100.0100 = -12.25。

若“-12.3”向零舍入，保留 8 位小数，则是“-1100.01001100”，其补码是“0xFFFFFF3B4”，8 位小数的定点格式表达数值“-12.296875”。

3．整数转换为浮点数

整数转换为浮点数指令 SCVTF 和 UCVTF 分别将 32/64 位有符号或无符号整数，或定点格式数转换为等效的单精度或双精度浮点数，指令格式为

```
scvtf    Sd|Dd, Wn|Xn{, fbits}        // 有符号整数或定点格式数转换为浮点数
ucvtf    Sd|Dd, Wn|Xn{, fbits}        // 无符号整数或定点格式数转换为浮点数
```

只有定点格式数才有 fbits 操作数，用以标明小数点后的位数。例如：

```
scvtf    d1, x0                       // 有符号整数转换为双精度浮点数
// 若 X0 = 0x0002（整数：2），则 D1 = 0x4000 0000 0000 0000（浮点数：2.0）
ucvtf    s2, w2                       // 无符号整数转换为单精度浮点数
// 若 W2 = 0x00003039（整数：12345），则 S2 = 0x4640E400（浮点数：12345.0）
ucvtf    s3, w3, 8                    // 无符号定点格式（低 8 位小数）转换为单精度浮点数
// 若 W3 = 0x000010C0（定点格式表达：16.75），则 S3 = 0x41860000（浮点数：16.75）
```

其中，实数 16.75 用二进制表达是 10000.11，若采用 8 位小数定点格式，则是 00010000.110000000，

其编码是 0x10C0，使用单精度浮点格式编码，则是 0x41860000。

浮点立即数传送指令的浮点立即数范围有限，对不在范围的整数或实数，可以将其先传送给通用寄存器，然后再转换为浮点数。例如：

```
mov     X0, 100
ucvtf   d0, X0                      // D0 = 100.0
```

4. 浮点数舍入为整数

浮点数舍入为整数这一组指令将源浮点寄存器的浮点数舍入为整数，但仍保存于同类型的目的浮点寄存器（而不是整数寄存器）中，一般格式为

```
frintx   Vd, Vn                     // 浮点数舍入为整数，保存于同类型的浮点寄存器
```

其中，x 标明采用的舍入方法，如表 5-8 所示。当前正在使用的舍入方式则由浮点控制寄存器 FPCR 确定。

表 5-8　浮点数舍入为整数指令

FRINTx 指令	转换功能和舍入方式
FRINTA Vd, Vn	浮点数转换为整数，采用就近向大舍入
FRINTI Vd, Vn	浮点数转换为整数，采用当前正在使用的舍入方式
FRINTM Vd, Vn	浮点数转换为整数，采用向负舍入
FRINTN Vd, Vn	浮点数转换为整数，采用就近向偶舍入
FRINTP Vd, Vn	浮点数转换为整数，采用向正舍入
FRINTX Vd, Vn	浮点数转换为精准整数，采用当前正在使用的舍入方式
FRINTZ Vd, Vn	浮点数转换为整数，采用向零舍入

若输入为 0（或无穷大），则输出是相同符号的 0（或无穷大）；非数 NaN 则像正常浮点运算一样传送。其中，浮点数转换为精准整数指令 FRINTX 当不能转换为数值相等的结果时，会生成非精确（Inexact）异常。例如：

```
frinta   d0, d2                     // 就近向大舍入：若 D2 = 16.75，则 D0 = 17.0
frintz   d1, d2                     // 向零舍入：若 D2 = 16.75，则 D1 = 16.0
```

不同类型的数据进行转换时，要对各种数据（整数和浮点数）表达的范围和精度做到心里有数（如表 5-9 所示），尤其需要留心是否会产生溢出。

表 5-9　各种数据类型的表达范围和精度

数据类型	数据范围	精度（十进制）
单精度浮点数	$\pm2^{-126}\sim\pm(2-2^{-23})\times2^{127}$（$\pm1.18\times10^{-38}\sim\pm3.40\times10^{38}$）	7 位
双精度浮点数	$\pm2^{-1022}\sim\pm(2-2^{-52})\times2^{1023}$（$\pm2.23\times10^{-308}\sim\pm1.80\times10^{308}$）	16 位
半精度浮点数	$\pm2^{-14}\sim\pm(2-2^{-10})\times2^{15}$（$\pm6.104\times10^{-5}\sim\pm65504$）	3 位
Bfloat16 浮点数	$\pm2^{-126}\sim\pm(2-2^{-7})\times2^{127}$（$\pm1.18\times10^{-38}\sim\pm3.39\times10^{38}$）	2 位
32 位无符号整数	$0\sim2^{32}-1$（0～4,294,967,296）	/
32 位有符号整数	$-2^{31}\sim2^{31}-1$（-2,147,483,648～2,147,483,647）	
64 位无符号整数	$0\sim2^{64}-1$（0～18,446,744,073,709,551,616）	
64 位有符号整数	$-2^{63}\sim2^{63}-1$（-9,223,372,036,854,775,808～9,223,372,036,854,775,807）	

1996 年 6 月 4 日，美国阿丽亚娜（Ariana）5 火箭首次发射仅仅 37 秒后就偏离航道，然后解体爆炸了。调查发现，这是因为一个 64 位浮点数据转换为 16 位有符号整数时产生溢出导致

的。这个溢出值是火箭的平均速率，比阿丽亚娜 4 火箭所能达到的速率高出了 5 倍。而在设计阿丽亚娜 4 火箭软件时，设计者确认速率不会超过 16 位整数。但设计阿丽亚娜 5 火箭时直接使用了原来的设计，并没有重新检查。

【例 5-5】 浮点数据类型转换程序（e505_fcvt.s）。

为更好理解浮点数据相互转换指令的功能，编程显示浮点数编码和表达的实数。

```
        .data
fvar32:  .single  -12.3                     // 32 位单精度浮点数
fvar64:  .double  16.75                     // 64 位双精度浮点数
msg_out1: .ascii   "Codes in machine: 0x%X, 0x%X, 0x%X, 0x%X\n"
         .asciz   "Single-precision FP data: %.8e, %.8e, %.8e, %.8e\n"
msg_out2: .ascii   "Codes in machine: 0x%lX, 0x%lX, 0x%lX, 0x%lX\n"
         .asciz   "Double-precision FP data: %.8e, %.8e, %.8e, %.8e\n"
         .text
         .global  main
main:    stp      x29, x30, [sp, -16]!
main1:                                      // 单精度浮点数及其编码
         ldr      x0, =fvar32
         ldr      s4, [x0]                  // S4 = -12.3
         fmov     w1, s4                    // W1 = "-12.3"的单精度浮点数编码，32 位
         fcvt     d0, s4                    // D0 = "-12.3"的单精度浮点数值
         fcvt     h1, s4                    // 单精度浮点数转换为半精度浮点数
         fmov     w2, s1                    // W2 = "-12.3"半精度浮点数编码，低 16 位
         fvct     d1, h1                    // D1 = "-12.3"的半精度浮点数值
         fcvtzs   w3, s4                    // W3 = "-12.3"浮点数转换为有符号整数
         fcvtzs   w4, s4, 4                 // W4 = "-12.3"浮点数转换为有符号定点格式
         mov      w5, 0x80                  // W5 = 0x0080
         fmov     s2, w5
         fcvt     d2, s2                    // D2 = 编码 0x0080 表达的非规格化浮点数
         mov      w6, 0x10C0                // W6 = 0x000010C0（8 位小数的无符号定点格式，表达：16.75）
         ucvtf    s3, w6, 8                 // 转换为单精度浮点数，S3 = 16.75
         fcvt     d3, s3                    // D3 = 浮点数：16.75
         ldr      x0, =msg_out1             // X0 = 输出格式的字符串地址
         bl       printf                    // 显示
main2:                                      // 双精度浮点数及其编码
         ldr      x0, =fvar64
         ldr      d5, [x0]                  // D5 = 16.75
         fmov     d0, d5                    // D0 = 16.75（双精度浮点数）
         fmov     x1, d0                    // X1 = "16.75"的双精度浮点编码
         frinta   d1, d5                    // D1 = 17.0（取整，就近向大舍入）
         fmov     x2, d1                    // X2 = "17.0"的双精度浮点编码
         frintz   d2, d5                    // D2 = 16.0（取整，向零舍入）
         fmov     x3, d2                    // X3 = "16.0"的双精度浮点编码
         mov      x6, -2                    // X6 = -2
         scvtf    d3, x6                    // D3 = -2.0（双精度浮点数）
         fmov     x4, d3                    // X4 = "-2.0"的双精度浮点编码
         ldr      x0, =msg_out2             // X0 = 输出格式的字符串地址
         bl       printf                    // 显示
```

```
	mov	x0, 0
	ldp	x29, x30, [sp], 16
	ret
```

本例精心编辑了浮点数据的传送和转换指令，以便更好地理解浮点数据类型转换的结果。程序结合前述指令的数据，运行后显示的截图参见图 5-6 所示。指令注释给出了其功能和结果，详细的说明参见指令介绍。

```
Codes in machine: 0xC144CCCD, 0xCA26, 0xFFFFFFF4, 0xFFFFFF3C
Single-precision FP data: -1.23000002e+01, -1.22968750e+01, 1.79366203e-43, 1.67500000e+01
Codes in machine: 0x4030C00000000000, 0x4031000000000000, 0x4030000000000000, 0xC000000000000000
Double-precision FP data: 1.67500000e+01, 1.70000000e+01, 1.60000000e+01, -2.00000000e+00
```

图 5-6　例 5-5 程序运行截图

注意，为了表达较小或较大的数据，C 语言应采用浮点数据格式“%e”，以便能够采用指数形式输出浮点数。若仍采用“%f”输出格式符，则指数绝对值很大时将无法正确显示结果。另外，显示 64 位编码需添加“l”字母，表达采用长（Long）整型。

数据类型转换时伴随着数据格式（编码）的改变，也是深入理解各种数据编码的机会。可以将有关指令编辑成的程序载入调试程序中，单步执行，仔细查看每个改变（见附录 A 和本章有关习题）。

5.4　浮点数据的运算和比较

类似整数处理指令，浮点数据处理指令也有浮点算术运算和浮点比较指令。由于都是在浮点寄存器间进行操作，且没有像整数算术运算指令支持的扩展或移位功能，因此浮点数据处理指令的操作数寻址很简单、也容易理解。

5.4.1　浮点算术运算指令

浮点算术运算指令除了支持基本的加减乘除运算，还支持求平方根、求较小值或较大值等复合运算指令。如果有浮点异常，根据浮点控制寄存器的设置，浮点算术运算指令或设置浮点状态寄存器的相应异常标志位，或生成同步异常。

1．基本算术运算

像整数运算指令一样，浮点操作数也支持加减乘除、乘加和乘减运算，如表 5-10 所示。其中，Vd 和 Vn、Vm、Va 是同精度的浮点寄存器。在浮点数乘加和乘减运算指令中，为避免可能的精度损失，乘法结果进行加或减前并不进行舍入操作，以便融合（Fused）得到更准确结果。

浮点扩展乘法指令 FMULX（Floating-point Multiply eXtended）也进行浮点乘法操作，但与浮点乘法指令 FMUL 有一点不同：若一个操作数是 0，另一个操作数是无穷大，则结果是 2.0；此时如果有一个是负值，则结果是负值；否则，结果是正值。FMULX（和倒数运算指令 FRECPX）用于加速向量浮点数的规格化。

摄氏温度 C 转换为华氏温度 F 的公式是 $F=(9/5)\times C+32$，设温度采用双精度浮点数进行运算，C 保存于 D0，转换结果 F 也保存于 D0，汇编语言程序片段可以是：

```
	fmov	d1, 9.0			// 浮点立即数传送：D1 = 9.0
```

表 5-10　浮点基本算术运算指令

指令格式		指令功能
FADD	Vd, Vn, Vm	浮点加法：Vd = Vn + Vm
FSUB	Vd, Vn, Vm	浮点减法：Vd = Vn − Vm
FMUL	Vd, Vn, Vm	浮点乘法：Vd = Vn × Vm
FDIV	Vd, Vn, Vm	浮点除法：Vd = Vn ÷ Vm
FNMUL	Vd, Vn, Vm	浮点乘法、结果求补：Vd = −(Vn × Vm)
FMADD	Vd, Vn, Vm, Va	浮点乘加：Vd = Va + Vn × Vm
FMSUB	Vd, Vn, Vm, Va	浮点乘减：Vd = Va − (Vn × Vm)
FNMADD	Vd, Vn, Vm, Va	浮点乘加、结果求补：Vd = −(Va + Vn × Vm)
FNMSUB	Vd, Vn, Vm, Va	浮点乘减、结果求补：Vd = −(Va − (Vn × Vm))
FMULX	Vd, Vn, Vm	浮点扩展乘法：Vd = Vn × Vm

```
        fmov      d2, 5.0                    // 浮点立即数传送：D2 = 5.0
        fdiv      d1, d1, d2                 // 浮点除法：D1 = 9.0/5.0
        mov       x1, 32                     // 整数传送：X1 = 32
        ucvtf     d2, x1                     // 整数转换为浮点数：D2 = 32.0
        fmadd     d0, d0, d1, d2             // 浮点乘加：D0 = (9/5)×C + 32.0
```

2．复合算术运算

A64 指令集有 3 条只有一个源操作数的浮点指令，用于求绝对值 FABS、求补 FNEG 或计算平方根 FSQRT，以及减法后再求绝对值指令 FABD、求两个浮点数较大值 FMAX（FMAXNM）或较小值 FMIN（FMINNM）指令，如表 5-11 所示。其中，FMAXNM 和 FMINNM 指令按照 IEEE 754—2008 标准处理非数（NaN），即：若一个操作数是静态 NaN，另一个是数值，则 FMAXNM 和 FMINNM 指令返回数值；只要有一个 NaN，FMAX 和 FMIN 指令都返回 NaN。其他情况，两种求较大值、较小值指令指令返回结果相同（两个操作数都是 NaN，都返回 NaN）。

表 5-11　浮点复合算术运算指令

指令格式	指令功能
FABS Vd, Vn	浮点求绝对值：Vd = |Vn|
FNEG Vd, Vn	浮点求补：Vd = −Vn
FSQRT Vd, Vn	浮点计算平方根：Vd = $\sqrt{Vn}$
FABD Vd, Vn, Vm	浮点减法绝对值：Vd = |Vn − Vm|
FMAX Vd, Vn, Vm	浮点求较大值：Vd = 较大值(Vn, Vm)
FMIN Vd, Vn, Vm	浮点求较小值：Vd = 较小值(Vn, Vm)
FMAXNM Vd, Vn, Vm	浮点求较大值：Vd = 较大值(Vn, Vm)，按 IEEE 标准处理 NaN 值
FMINNM Vd, Vn, Vm	浮点求较小值：Vd = 较小值(Vn, Vm)，按 IEEE 标准处理 NaN 值

【例 5-6】 计算两点间的距离程序（e506_distance.s）。

对于二维坐标上的两个点 $f_1(x_1, y_1)$ 和 $f_2(x_2, y_2)$，两点的距离使用如下公式计算：

$$d = \sqrt{(x_2 - x_1)^2 + (y_2 - y_1)^2}$$

使用汇编语言编写一个计算两点距离的子程序，主程序提供坐标值参数，调用计算距离的子程序，最后显示距离。

```
        .data
```

```
points:  .float    1.3, 5.4, 3.1, -1.5          // 依次为 x1 和 y1、x2 和 y2 的坐标值
msg_out: .string   "Distance = %f\n"
         .text
         .global   main                         // 主程序
main:    stp       x29, x30, [sp, -16]!
         ldr       x0, =points                  // X0 = 坐标值的地址
         ldp       s0, s1, [x0], 8              // S0、S1 传递 x1 和 y1 坐标值
         ldp       s2, s3, [x0]                 // S2、S3 传递 x2 和 y2 坐标值
         bl        distance                     // 调用计算距离的子程序
         fcvt      d0, s0                       // 单精度 S0 转换为双精度 D0，传递首个浮点参数
         ldr       x0, =msg_out                 // X0 = 输出浮点数的字符串地址
         bl        printf                       // 显示
         mov       x0, 0
         ldp       x29, x30, [sp], 16
         ret
         .global   distance                     // 子程序
         .type     distance, %function
distance: fsub     s0, s2, s0                   // S0 = x2 - x1
         fsub      s1, s3, s1                   // S1 = y2 - y1
         fmul      s2, s0, s0                   // S2 = (x2 - x1)²
         fmul      s3, s1, s1                   // S3 = (y2 - y1)²
         fadd      s1, s3, s2                   // S1 = (x2 - x1)² + (y2 - y1)²
         fsqrt     s0, s1                       // 计算平方根
         ret                                    // 返回
```

子程序比较简单，直接实现公式的每个运算就可以了，本例显示结果：7.130919。其中，后一条浮点乘法和接着的一条加法指令可以用一条浮点乘加指令替代：

```
         fmadd     s1, s1, s1, s2               // S1 = (x2 - x1)² + (y2 - y1)²
```

3．倒数运算

加减乘除四则运算中，除法操作相对比较复杂。如果能求得除数 b 的倒数（Reciprocal），除法就可以用被除数 a 与除数的倒数（b^{-1}）的乘法实现，即 $a \div b = a \times b^{-1}$。A64 指令集有一组计算倒数相关的指令，如表 5-12 所示。

表 5-12　浮点倒数运算指令

指令格式	指令功能
FRECPE　Vd, Vn	浮点求倒数近似值：Vd = 1/Vn
FRECPX　Vd, Vn	浮点求倒数的指数近似值：Vd =(1/Vn)指数部分
FRSQRTE　Vd, Vn	浮点求平方根的倒数近似值：$Vd = 1/\sqrt{Vn}$
FRECPS　Vd, Vn, Vm	浮点倒数步进：Vd = 2.0 − Vn×Vm
FRSQRTS　Vd, Vn, Vm	浮点平方根倒数步进：Vd =(3.0 − Vn×Vm)÷2.0

浮点倒数预估指令 FRECPE（Floating-point Reciprocal Estimate）求出源操作数倒数的近似值，浮点倒数指数指令 FRECPX（Floating-point Reciprocal eXponent）求出源操作数倒数的指数近似值，浮点平方根倒数预估指令 FRSQRTE（Floating-point Reciprocal Square Root Estimate）求出源操作数平方根的倒数近似值。倒数预估指令的倒数结果只在二进制 8 位范围是精确的，所以求得的是近似值。若需要更高的精度，则需要使用牛顿迭代法（Newton-Raphson）进一步

精确化这个原始预估值。

对数值 b 求倒数的牛顿迭代公式为：

$$x_{n+1} = x_n(2 - b \times x_n)$$

其中，x_n 是上一次迭代值，而初始值必须使用 FRECPE 求出。括号内的 $2 - b \times x_n$ 可以使用浮点倒数步进指令 FRECPS（Floating-point Reciprocal Step）求得，因为它的功能就是：Vd = 2.0 - Vn×Vm。再使用一条乘法指令就可以计算最新一次的迭代值 x_{n+1}。

例如，计算除法 D1÷D2，通过两次迭代求 D2 倒数的程序片段如下：

```
        frecpe    d3, d2                      // D3 = (1/D2) 初始预估值
        frecps    d4, d2, d3                  // D4 = 2.0 - D2×(1/D2)预估值
        fmul      d3, d4, d3                  // D3 = (1/D2)一次迭代值
        frecps    d4, d2, d3                  // D4 = 2.0 - D2×(1/D2)迭代值
        fmul      d3, d4, d3                  // D3 = (1/D2)二次迭代值
        fmul      d3, d1, d3                  // D3 = D1×(1/D2)二次迭代值≈D1÷D2
```

对数值 b 的平方根求倒数的牛顿迭代公式为：

$$x_{n+1} = x_n \frac{3 - b \times x_n^2}{2}$$

其中，x_n 是上一次迭代值，而初始值必须使用 FRSQRTE 求出。接着，使用乘法指令（Xn×Xn）求得 x_n 的平方，再使用浮点平方根倒数步进指令 FRSQRTS（Floating-point Reciprocal Square Root Step）求得 $(3 - b \times x_n^2)/2$。最后，使用一条乘法指令就可以计算最新一次的迭代值 x_{n+1}。

5.4.2 浮点比较和条件选择指令

A64 浮点比较指令基于浮点数比较结果设置 NZCV 状态，条件分支指令 B.cond 可以利用这些状态表达的条件构成分支或循环程序结构，浮点条件选择指令也可以利用这些条件状态实现非此即彼的选择操作。

1. 浮点比较

浮点比较 FCMP（和 FCMPE）指令与整数比较指令 CMP 类似，都是比较两个操作数（两个浮点寄存器比较，或一个浮点寄存器与零值比较），相应设置 NZCV 状态标志。浮点比较指令的格式为

```
        fcmp|fcmpe     Vn, Vm|0.0             // 比较 Vn 浮点寄存器与 Vm 浮点寄存器或 0.0，设置标志状态
```

浮点数比较指令设置 NZCV 状态的含义，与整数略有不同，如表 5-13 所示。其中，有序（Ordered）表示操作数可以排序，无序（Unordered）意味着至少有一个操作数是 NaN。

浮点比较指令 FCMP 的一个或两个操作数是信号 NaN，则产生无效操作浮点异常。而另一条浮点比较指令 FCMPE 则是一个或两个操作数是任意 NaN，则产生无效操作浮点异常。

【例 5-7】 求解二次方程式程序（e507_root.c）。

二次方程 $ax^2 + bx + c = 0$ 的两个实根是

$$\frac{-b \pm \sqrt{b^2 - 4ac}}{2a}$$

编程在有实根时求出两个实根，无实根时显示无实根信息。编程算法很简单，首先计算 $b^2 - 4ac$，然后将结果与 0 比较。若比较结果大于等于 0，则有实根，求出并显示，否则提示无实根。

表 5-13　条件 cond 以及含义

条件符号	标志状态	整数比较含义	浮点比较含义
EQ	Z = 1	相等	相等
NE	Z = 0	不相等	不相等
MI	N = 1	负数	小于
PL	N = 0	正数或零	大于、等于或无序
VS	V = 1	溢出	无序（Unordered）
VC	V = 0	未溢出	有序（Ordered）
CS | HS	C = 1	进位	大于、等于或无序
CC | LO	C = 0	无进位	小于
HI	C = 1 与 Z = 0	无符号高于	大于或无序
LS	C = 0 或 Z = 1	无符号低于或等于	小于或等于
GE	N = V	有符号大于或等于	大于或等于
LT	N ≠ V	有符号小于	小于或无序
GT	Z = 0 与 N = V	有符号大于	大于
LE	Z = 1 或 N ≠ V	有符号小于或等于	小于、等于或无序

像学习整数处理指令一样，可以编写 C 语言程序，通过编译程序生成的汇编语言代码学习浮点处理指令。C 语言程序可以是：

```
#include <stdio.h>
#include <math.h>
int main()
{
   float  a, b, c, x1, x2, p, q;
   scanf("%f,%f,%f", &a, &b,&c);
   p = b*b – 4*a*c;
   if(p >= 0) {
      p = sqrt(p);
      x1 = (-b+p) / (2*a);
      x2 = (-b-p) / (2*a);
      printf("x1=%f, x2=%f\n", x1, x2);
   }
   else
      printf("No real roots!\n");
   return 0;
}
```

使用 GCC 进行编译连接时，需要在命令行中加入参数“-lm”，表示要连接数学库。因为程序中使用了求平方根函数 sqrt。运行程序，若输入 a、b 和 c 依次是 2、5 和 2，则输出为：x1 = −0.500000，x2 = −2.000000。

实际上，A64 具有求平方根指令 FSQRT，可以直接使用、无需调用 C 语言函数。所以，完全可以在生成的优化汇编代码中将调用函数指令（“bl sqrt”或“bl sqrtf”）替换为求平方根指令，并删改相关多余的指令，编写成汇编语言程序（e507_root.s）：

```
        .global   main
        .type     main, %function
main:   stp       x29, x30, [sp, -32]!
```

```
        adrp    x0, .LC0
        add     x0, x0, :lo12:.LC0
        add     x29, sp, 0                  // 使用堆栈帧保存局部变量 a、b 和 c
        add     x3, x29, 28                 // X3 指向浮点变量 c
        add     x2, x29, 24                 // X2 指向浮点变量 b
        add     x1, x29, 20                 // X1 指向浮点变量 a
        bl      scanf                       // 输入 a、b 和 c 变量
        ldp     s1, s2, [x29, 20]           // S1 = a, S2 = b
        ldr     s3, [x29, 28]               // S3 = c
        fmov    s4, 4.0e+0                  // S4 = 4.0
        fmul    s4, s4, s3                  // S4 = 4c
        fmul    s3, s2, s2                  // S3 = b×b
        fmul    s4, s4, s1                  // S4 = 4ac
        fsub    s4, s3, s4                  // S4 = b×b - 4ac
        fcmpe   s4, 0.0                     // 与 0.0 比较
        blt     .L6                         // 是负值，则跳转，显示无实根
        fsqrt   s4, s4                      // S4 = sqrt(b×b - 4ac)
        fneg    s2, s2                      // S2 = -b
        fadd    s1, s1, s1                  // S1 = 2a
        fadd    s3, s2, s4                  // S3 = -b + sqrt(b×b - 4ac)
        fsub    s4, s2, s4                  // S4 = -b - sqrt(b×b - 4ac)
        fdiv    s0, s3, s1                  // 实根 1：S0 = (-b + sqrt(b×b - 4ac))/2a
        fdiv    s1, s4, s1                  // 实根 2：S1 = (-b - sqrt(b×b - 4ac))/2a
        fcvt    d0, s0
        fcvt    d1, s1
        adrp    x0, .LC1                    // 指向输出实根格式符
        add     x0, x0, :lo12:.LC1
        b       .L4
.L6:    adrp    x0, .LC2                    // 指向无实根字符串
        add     x0, x0, :lo12:.LC2
.L4:    bl      printf                      // 显示
        mov     w0, 0
        ldp     x29, x30, [sp], 32
        ret
.LC0:   .string "%f,%f,%f"                  // 该字符串共 9 个字符
        .zero   7                           // 插入 7 个字节空白存储单元，对齐 16 字节边界地址
.LC1:   .string "x1=%f, x2=%f\n"            // 该字符串共 14 个字符
        .zero   2                           // 插入 2 字节空白存储单元，对齐地址边界
.LC2:   .string "No real roots!\n"
```

2．浮点条件比较

浮点条件比较指令 FCCMP（和 FCCMPE）与整数条件比较 CCMP 指令相当，比较两个浮点寄存器，在条件（cond）成立时，将基于比较结果设置状态标志，否则用指定的数值（NZCV）设置状态标志。指令 FCCMP（和 FCCMPE）的格式为：

```
        fccmp|fccmpe  Vn, Vm, nzcv, cond      // 条件成立，由 Vn - Vm 设置 NZCV，否则 NZCV = nzcv
```

类似浮点比较指令 FCMP 和 FCMPE 的差别一样，浮点条件比较指令 FCCMP 指令是一个或两个操作数是信号 NaN 会产生无效操作浮点异常，而 FCCMPE 指令是一个或两个操作数是

任意 NaN 则产生无效操作浮点异常。

还有一组浮点比较及条件设置指令，如表 5-14 所示。首先，这组指令将第 1 个源操作数（Vn）与第 2 个源操作数（Vm 或 0.0）比较，若比较的结果使得指定条件成立，则设置目的寄存器（Vd）各位均为 1，否则目的寄存器各位均被设置为 0。其中，前 2 条指令是进行浮点数据的绝对值比较 FAC（Floating-point Absolute Compare），判断的条件是大于等于 GE（Greater than or Equal）和大于 GT（Greater Than）。后 5 条指令进行两个浮点数或者浮点数与 0.0 比较，条件有等于 EQ（Equal）、大于等于 GE、大于 GT、小于等于 LE（Less than or Equal）和小于 LT（Less than）。

表 5-14　浮点比较及条件设置指令

指令格式		指令功能
FACGE	Vd, Vn, Vm	浮点绝对值比较，条件是大于或等于
FACGT	Vd, Vn, Vm	浮点绝对值比较，条件是大于
FCMEQ	Vd, Vn, Vm|0.0	浮点比较，条件是等于
FCMGE	Vd, Vn, Vm|0.0	浮点比较，条件是大于或等于
FCMGT	Vd, Vn, Vm|0.0	浮点比较，条件是大于
FCMLE	Vd, Vn, 0.0	浮点比较，条件是小于或等于 0.0
FCMLT	Vd, Vn, 0.0	浮点比较，条件是小于 0.0

3．浮点条件选择

浮点条件选择指令 FCSEL 与整数条件选择指令 CSEL 相当。该指令判断标志状态是否满足指定的条件 cond，若条件成立设置目的寄存器 Vd 为第 1 个源操作数 Vn；否则，设置 Vd 是第 2 个源操作数 Vm。指令格式如下：

```
        fcsel    Vd, Vn, Vm, cond                    // 条件成立，Vd = Vn，否则 Vd = Vm
```

【例 5-8】 浮点数相等比较（e508_equal.s）。

有些分数本身没有精确表达，如 1/3=0.333…。而由于进制不同，十进制数转换为二进制数时，很多含小数的数据都无法精确表达，因此必然带来无可避免的舍入误差。例 5-3 中实数“0.2”使用单精度浮点格式表达，采用默认的就近向偶舍入后其编码为“0x3E4CCCCD”。按照这个编码，其表达的单精度浮点数略大于 0.2。那么，将这个浮点数累加 10 次，是不是就是实数“2.0”呢？实数“2.0”用浮点数可以精确表达，其单精度浮点格式编码是“0x40000000”。

不妨使用汇编语言编程进行验证。

```
        .data
fvar:   .float   0.2                                 // 浮点数：0.20000000298023223876953125
msg1:   .string  "Equal!\n"
msg2:   .string  "Not Equal!  0x%X = %.8f\n"
        .text
        .global  main
main:   stp      x29, x30, [sp, -16]!
        ldr      x0, =fvar
        ldr      s0, [x0]                            // S0 = 0.2（浮点数）
        fmov     s1, wzr                             // S1 = 0.0
        mov      w1, 10                              // W1 = 10，用于减量计数循环控制
again:  fadd     s1, s1, s0                          // 累加：S1 = S1 + 0.2（浮点数）
```

```
        subs    w1, w1, 1
        cbnz    w1, again                   // 不为 0，继续循环
        ldr     x1, =msg1                   // X1 = 相等字符串地址
        ldr     x2, =msg2                   // X2 = 不相等字符串地址
        fmov    s0, 2.0                     // S0 = 2.0
        fcmpe   s1, s0                      // 与累加结果比较
        csel    x0, x1, x2, eq              // 相等，则 X0 = X1，否则 X0 = X2
        fmov    w1, s1                      // 用于显示累加结果的编码
        fcvt    d0, s1                      // 用于显示累加结果的数值
        bl      printf                      // 显示
        mov     x0, 0
        ldp     x29, x30, [sp], 16
        ret
```

程序运行显示的结果是：

```
Not Equal!  0x40000001 = 2.00000024
```

由此可见，浮点数的累计误差还是很大的；由于位数有限需要舍入，两个浮点数比较可能很难相等。所以，实际应用中，两个浮点数的差值只要在误差范围内，就可以认为是相等的。

同样，源于浮点运算过程的对阶、舍入、溢出等问题，浮点加法运算“x+y+z”不一定等于“x+(y+z)”，浮点乘法运算“x*y*z”不一定等于“x*(y*z)”。例如，有如下一段 C 语言代码，那么单精度浮点数 y1 和 y2 各显示多少？

```
    float  y1, y2;
    y1 = 3.14 + (1e20-1e20);
    y2 = 3.14 + 1e20-1e20;
    printf("%f\n", y1);
    printf("%f\n", y2);
```

按照人们的惯性思维，y1 和 y2 的结果很显然都应该是 3.14。但是，这是 C 语言程序，需要遵循 C 语言语法规则理解。按照运算符优先规则，括号内优先运算，“1e20-1e20”为 0，y1 确实是 3.14。而同级运算按照从左到右的顺序进行，所以 y2 表达式先进行“3.14+ 1e20”运算。因为浮点数“1e20”（10^{20}）远大于浮点数“3.14”，两者加法运算的对阶操作过程中“3.14”被移位成为了 0。因此，“3.14+ 1e20”运算的浮点数结果是“1e20”，所以 y2 的最终运算结果是 0。这就是浮点运算的“大数”吃“小数”现象。

同样，不难理解为什么单精度浮点运算“(1e20*1e20)*1e−20”的结果会是无穷大（+∞），而几乎相同的运算“1e20*(1e20*1e−20)”结果正确（1e20）。

【例 5-9】 求正弦函数值程序（e509_sine.s）。

ARM 浮点指令含有计算平方根的指令，却没有求三角函数的指令。三角函数可以使用泰勒级数展开公式，如弧度制 0～π/2 的正弦函数可以使用如下泰勒公式：

$$\sin x = \sum_{n=0}^{\infty}(-1)^n \frac{x^{2n+1}}{(2n+1)!}$$

本例取 n=3，得到近似展开式为

$$\sin x \approx x - \frac{x^3}{3!} + \frac{x^5}{5!} - \frac{x^7}{7!} = x - \frac{x^3}{6} + \frac{x^5}{120} - \frac{x^7}{5040}$$

将求正弦函数值的计算过程使用汇编语言编写一个子程序，参数是弧度制的 x，返回正弦

值（sin x）。

三角函数经常使用角度值。因此配合一个主程序从键盘输入一个角度值（0～90）、转换为弧度值（0～π/2），作为参数提供给子程序，调用子程序求出正弦值，最后显示正弦值。角度值转换为弧度值需要乘以“π/180”，可以事先计算出该值，保存于数据区。注意，本例采用单精度浮点数，对应 7 位十进制有效位数，故取 π/180≈0.01745329。

```
        .data
fvar:   .single  0
msg_in1: .string  "Enter X:"
msg_in2: .string  "%f"
msg_out: .string  "The sine(X) is: %.8f\n"
coef:   .single  1.745329e-2                    // π/180
        .text
        .global  main
main:   stp      x29, x30, [sp, -16]!
again:  ldr      x0, =msg_in1
        bl       printf                         // 提示输入X
        ldr      x0, =msg_in2                   // X0 = 输入浮点数格式字符串的地址
        ldr      x1, =fvar                      // X1 = 浮点变量的地址
        bl       scanf                          // 输入X
        ldr      x0, =fvar                      // X0 = 浮点变量的地址
        ldr      s0, [x0]                       // S0 = X（角度值）
        fcmp     s0, 0                          // 比较0度
        b.lo     again
        mov      w1, 90                         // 比较90度
        ucvtf    s1, w1
        fcmp     s0, s1
        b.hi     again                          // 输入0～90之外的值，则提示重新输入
        ldr      x1, =coef
        ldr      s1, [x1]                       // S1 = π/180
        fmul     s0, s0, s1                     // S0 = X（弧度值）
        bl       sine                           // 调用子程序：S0 = sin(X)
        fcvt     d0, s0
        ldr      x0, =msg_out                   // X0 = 输出字符串地址
        bl       printf                         // 显示sin(X)
        mov      x0, 0
        ldp      x29, x30, [sp], 16
        ret
```

泰勒公式求正弦值需要除以 6（3!）、120（5!）和 5040（7!），为提高效率，将其变成乘法。即在只读数据区定义-1/6、1/120 和-1/5040 实数，然后在计算过程中取出参与数据相乘。采用 7 位十进制有效位的单精度浮点数，这 3 个数据依次是

$$-1.666667e{-01} \qquad 8.333333e{-03} \qquad -1.984126e{-04}$$

```
        .global  sine                           // 子程序
        .type    sine, %function                // 参数：S0 = X（弧度值），返回值：S0 = sin(X)
sine:   fmul     s1, s0, s0                     // S0 = X, S1 = X^2
        ldr      x0, =facts                     // X0 = facts地址
        fmul     s2, s1, s0                     // S2 = X^3
```

```
        ldr     s3, [x0], 4                  // S3 = -1/6
        fmadd   s0, s2, s3, s0               // S0 = x - x^3/6
        fmul    s2, s1, s2                   // S2 = X^5
        ldr     s3, [x0], 4                  // S3 = 1/120
        fmadd   s0, s2, s3, s0               // S0 = x - x^3/6 + x^5/120
        fmul    s2, s1, s2                   // S2 = X^7
        ldr     s3, [x0]                     // S3 = -1/5040
        fmadd   s0, s2, s3, s0               // S0 = x - x^3/6 + x^5/120 - x^7/5040
        ret
facts:  .float  -1.666667e-01                // -1/6
        .float  8.333333e-03                 // 1/120
        .float  -1.984126e-04                // -1/5040
```

要提高正弦值的准确度，可以采用双精度浮点数，还可以取泰勒公式的更多项参与运算。

小 结

与表达整数的定点格式相比，表达实数的浮点格式比较复杂，因此本章详述了 IEEE 浮点数据格式，并结合浮点传送和转换指令介绍不同精度浮点数之间及与整数间的相互转换。除了加、减、乘、除等基本的算术运算指令，浮点数据处理单元还具有求平方根、较大/小值、倒数等较复杂的运算指令，支持编写处理实数的应用程序。ARM 体系结构对浮点数与整数采用相同的存储访问机制，因此使用浮点指令编写汇编语言程序，其结构和方法与使用整数指令相同。

ARMv8 体系结构将浮点数据和向量数据统一设计在先进 SIMD 单元中，本着由浅入深、循序渐进的教学原则，本章单独介绍浮点数据处理，而融合整数向量和浮点向量的 SIMD 数据处理将在第 6 章展开。

习 题 5

5.1 对错判断题。

（1）IEEE 754 规定的浮点数据格式的阶码与标准偏移码一样。

（2）ARM 半精度浮点数和 BFloat16 浮点数都采用同样长度的 16 位编码，但指数和尾数所占的位数各不同。

（3）128 位的 SIMD&FP 寄存器 Q10，其低 64 位可称为双精度浮点寄存器 D10，高 32 位则称为单精度浮点寄存器 S10。

（4）FMOV 指令可以把规定范围内的任何实数传送给浮点寄存器。

（5）无论进行整数比较，还是进行浮点比较，条件（cond）符号 EQ 都表示相等。

5.2 填空题。

（1）单精度浮点数据格式共__________位，其中符号位占 1 位，阶码部分占__________位，尾数部分有__________位。

（2）当表达一个负数时，其单精度浮点格式编码的最高位（位 31）可以肯定是__________。反过来，若一个双精度浮点格式编码的最高位为 0，则说明它是__________。

（3）AArch64 具有 32 个 128 位 SIMD&FP 寄存器 V0～V31。在本章介绍的浮点相关指令中，载入或存储整个寄存器的 128 位应使用名称__________。浮点数据处理指令均支持双精度和单精度浮点数操作数，保存于＿＿＿＿＿和＿＿＿＿＿浮点寄存器。有些指令还支持＿＿＿＿＿位编码的半精度浮点操作数，则使用＿＿＿＿＿浮点寄存器名称。

（4）实数绝对值太大超出浮点格式所能表达的范围时，浮点数用无穷大编码表达。上溢的正数是正无穷大（+∞），其单精度浮点编码是 0x＿＿＿＿＿；上溢的负数是负无穷大（-∞），其单精度浮点编码是 0x＿＿＿＿＿。

（5）有一个含 5 位小数的实数：0b 1.01101，但某种浮点数编码只能表达 4 位小数，于是需要舍入。若采用就近向偶舍入模式，则浮点数是＿＿＿＿＿；若采用就近向大舍入模式，则浮点数是＿＿＿＿＿；而若采用向正舍入、向负舍入和向零舍入模式，则浮点数依次是＿＿＿＿＿、＿＿＿＿＿和＿＿＿＿＿。

5.3　单项选择题。

（1）整数表达零值、无所谓正负，而浮点数可以表达正零（0.0）和负零（-0.0）。其中，负零的单精度浮点数编码是（　　）。

A．0x00000000　　B．0x80000000　　C．0xF000000　　D．0x00000001

（2）A64 浮点指令执行过程中，若指令输出结果超过输出精度的最大规格化数值，这种情况属于（　　）浮点异常。

A．除以 0（DZ）　　B．下溢（UF）　　C．上溢（OF）　　D．非精确（IX）

（3）将 D8 和 D9 寄存器内容压入栈的指令是（　　）。

A．ldr　q8, [sp], 16　　B．ldp　d8, d9, [sp], 16

C．str　q8, [sp, -16]!　　D．stp　d8, d9, [sp, -16]!

（4）将零值传送给浮点寄存器 D5，正确的浮点指令是（　　）。

A．fmov　d5, xzr　　B．fmov　d5, 0

C．fmov　x5, 0　　D．fmov　d5, wzr

（5）对于浮点数“100.475”，若采用 FCVTNS 指令进行转换，结果是（　　）。

A．100.5　　B．100　　C．99　　D．101

5.4　简答题。

（1）为什么浮点数据编码有舍入问题，而整数编码却没有？

（2）浮点数据为什么要采用规格化形式？

（3）什么是浮点数的上溢和下溢？溢出后分别成为什么？

（4）IEEE 浮点标准中的 NaN 是什么，编码有什么特点？

（5）都是将浮点数转换为整数，浮点指令 FCVTAS 和 FRINTA 有什么异同？

5.5　C 语言程序声明有如下变量初值，给出其对应的机器数（十六进制表示的编码）。

（1）　float　y1=0　　（2）　float　y2 = 28.75　　（3）　float　y3 = -1.1

5.6　有如下单精度浮点格式编码，给出其对应的浮点值。

（1）0x3F800000　　（2）0xBF000000　　（3）0xBF600000

5.7　浮点立即数传送指令中的浮点立即数 fimm8 是一个 8 位浮点数（位 7 是符号位、位 6～4 是 3 位指数、最低 4 位是小数部分），其编码规则与 IEEE 浮点规格化数类似。然而这个 8 位浮点立即数表达的实数有限。现创建一个 16 行×8 列的表格，给出所有能够表达的实数。其中，16 行依次代表低 4 位对应的小数、8 列依次代表中间 3 位对应的指数，行列交叉位置则填入相应小数和指数表达的一个可用于浮点传送指令的立即数（实数）。

5.8　参考附录 A 调试示例，编辑一段浮点处理指令程序，如使用全部舍入模式的浮点数转换为整数指令，或浮点数舍入为整数指令。然后，载入 GDB 进行单步调试，显示结果，填写表 5-15 每条指令的结果，从而更好地理解各种舍入原则。

表 5-15　习题 5.8 调试结果

指令		D1 = 32.4	D1 = 32.8643	D1 = −45.2346	D1 = −45.7
FCVTAS	X1, D1				
FCVTAU	X2, D1				
FCVTMS	X3, D1				
FCVTMU	X4, D1				
FCVTNS	X5, D1				
FCVTNU	X6, D1				
FCVTPS	X7, D1				
FCVTPU	X8, D1				
FCVTZS	X9, D1				
FCVTZU	X10, D1				
FRINTA	D0, D1				
FRINTI	D0, D1				
FRINTM	D0, D1				
FRINTN	D0, D1				
FRINTP	D0, D1				
FRINTX	D0, D1				
FRINTZ	D0, D1				

5.9　为了理解浮点数据，用汇编语言编写一个程序：

（1）使用 scanf()输入实数，用 printf()显示其双精度浮点格式编码。

（2）使用 scanf()输入双精度浮点格式编码，用 printf()显示其浮点数（实数）。

5.10　已知 D1～D4 寄存器存放的是双精度浮点数，编写 A64 汇编语言程序片段指令实现如下公式：

（1）D4 = (D1×6) / (D2 − 7) + D3　　　　（2）D1 = (D2×D3) / (D4 +8) − 47

5.11　参考本章温度转换程序片段，添加输入摄氏温度值 C 和输出华氏温度值 F 的功能，形成一个完整的可运行程序。

5.12　分别用单精度和双精度浮点数运算指令，用汇编语言编程输入如下 3 组两个实数，求和后显示结果。即求：

（1）2.343 + 5.3　　（2）3.5343425445 + 1.534443455　　（3）3.14e12 + 5.55e−10

分别说明在单精度和双精度浮点格式下的求和结果，两者相同否？为什么？

5.13　在 A64 指令集中，整数除法指令除以 0 导致生成错误的结果 0。那么，浮点除法指令除以 0，结果会是什么呢？浮点 0.0 除以 0.0 又会是什么结果？不妨编写一个程序看看。

5.14　利用求平方根指令，编写一个子程序，在主存构造一个自然数从 1 到 100 的平方根表，每个平方根采用单精度浮点数表达和存储。配合一个主程序将表地址传送给子程序，再显示这个表的内容。

5.15　数据区有一个由若干（大于 2）双精度浮点元素组成的数组 farray，编程求出最大值和最小值。求最大（小）值部分，分别采用两种指令实现：

（1）求较大（小）值浮点指令　　　　（2）浮点比较和浮点条件选择指令

5.16　若将例 5-8 中的“0.2”修改为双精度浮点数，同样进行比较看是否与双精度浮点数“2.0”

相等。注意，将不相等时的格式符修改为“%lX”和“%.16f”，以便显示 64 位双精度浮点编码和足够精度的浮点数值。程序运行的结果是什么？

5.17 采用双精度浮点数实现例 5-9 同样的要求，即求正弦值。注意，定义在数据区的 π/180、−1/6、1/120 和−1/5040 实数应保留双精度浮点数具有的 16 位十进制有效位。

5.18 爱国者导弹定位错误。

海湾战争中的 1991 年 2 月 25 日，美国在沙特阿拉伯达摩地区设置的爱国者导弹未能成功拦截伊拉克的飞毛腿导弹，致使飞毛腿导弹击中了一个美军军营。拦截失败归结于爱国者导弹系统时钟的一个软件错误，而引起这个软件错误的原因是实数表达的精度问题。

爱国者导弹系统用计数器实现内置时钟，每隔 0.1 秒计数一次。程序使用一个 24 位二进制定点小数作为 0.1 秒时间单位。而实数“0.1”转换为二进制数是“0011”的无限循环数据（与例 5-3 的“0.2”一样）：

$$0.1 = \text{0b } 0.0\ \dot{0}\dot{0}\dot{1}\dot{1} = \text{0b } 0.000\ 1100\ 1100\ 1100\ 1100\ 11\dot{0}\dot{0}\ \dot{1}\dot{1}$$

使用 24 位二进制定点小数表达 0.1，小数点后仅 23 位，超出部分直接截断，其机器数 x 为：

$$x = \text{0b } 0.000\ 1100\ 1100\ 1100\ 1100\ 1100$$

于是 0.1 的真值与机器数的误差（绝对值）是：

$$|0.1 - x|$$
$$=\text{0b } 0.000\ 1100\ 1100\ 1100\ 1100\ 11\dot{0}\dot{0}\ \dot{1}\dot{1} - \text{0b } 0.000\ 1100\ 1100\ 1100\ 1100\ 1100$$
$$=\text{0b } 0.000\ 0000\ 0000\ 0000\ 0000\ 0000\ 11\dot{0}\dot{0}\ \dot{1}\dot{1}$$
$$=2^{-20}\times(\text{0b } 0.0\ \dot{0}\dot{0}\dot{1}\dot{1})$$
$$=2^{-20}\times 0.1$$
$$\approx 9.54\times 10^{-8}$$

已知美国爱国者导弹在准备拦截伊拉克飞毛腿导弹之前已经连续工作了 100 小时，飞毛腿导弹的速度大约为 2000 米/秒。100 小时相当于计数了 $100\times60\times60\times10=36\times10^{5}$ 次，因而导弹的时钟误差是 $9.54\times10^{-8}\times36\times10^{5}\approx0.343$ 秒。这时，由于累积的时钟误差而导致的距离误差是 2000×0.343 秒，即约 687 米。所谓“差之毫厘，失之千里”，难怪没有能够拦截成功。

（1）如果采用就近舍入方法，仍使用 24 位二进制定点小数表达“0.1”，其机器数 x=0b 0.000 1100 1100 1100 1100 1101，计算在上述情况下的距离偏差？

（2）如果系统采用单精度浮点格式 float 表达实数“0.1”，给出其内部编码，在上述情况下距离偏差是多少米？

（3）使用 float 浮点格式必须把计数值进行转换，然后对两个浮点数相乘。这比直接将两个二进制数相乘要慢。所以，在实际应用中，不是遇到小数就用浮点数表示。例如，将一个整数变量乘以一个确定的小数常量，可先用一个确定的定点整数与整数变量相乘，再通过移位运算来确定小数点。若改进使用 32 位二进制定点小数 x = 0b 0.000 1100 1100 1100 1100 1100 1100 1101 表示“0.1”，则距离偏差是更大还是更小？

第 6 章　SIMD 数据处理

计算机的传统应用领域是科学计算、信息处理和自动控制，主要处理的是标量（Scalar）数据，一条指令处理一对数据得到一个执行结果。而科学研究、工程设计和多媒体技术等应用领域有许多问题处理的是向量（Vector）数据，即由一组相同类型的元素组成的数据（如数组）。向量数据往往需要进行相同处理，高性能处理器采用 SIMD 结构实现并行操作。单指令流多数据流（Single Instruction stream，Multiple Data streams，SIMD）源自一种计算机结构分类模型，表示一条指令（流）可以控制多个处理单元对多个数据（流）执行操作，也就是一条 SIMD 指令可以同时处理多对数据得到多个执行结果。

ARMv8 结构的 64 位执行状态 AArch64 包含先进的 SIMD 结构（实现该结构的品牌名称为 Neon），具有丰富的向量数据处理指令，用于提升图形图像、音频/视频、3D 模型等向量数据的处理性能。

6.1　ARMv8 的 SIMD 数据类型

ARMv8 的先进 SIMD 结构包含浮点处理单元，支持整型和浮点向量数据，也支持整型和浮点标量数据，本书统称为 SIMD 数据类型。

6.1.1　向量数据和向量寄存器

ARMv8 结构支持 8 位（字节）、16 位（半字）、32 位（字）、64 位（双字）和 128 位（4 字）整型数据类型（含无符号和有符号整数），也支持 16 位（半精度）、32 位（单精度）和 64 位（双精度）浮点数据类型，还支持 32 位和 64 位定点格式数据，以及多个相同数据类型元素组成的向量数据。

在整型数据处理指令中，31 个 64 位通用寄存器（Rn）可以作为 64 位整数寄存器（Xn）或 32 位整数寄存器（Wn）使用。在 SIMD 数据处理指令（含浮点数据处理指令）中，32 个 128 位向量和浮点（SIMD&FP）寄存器（Vn）支持 3 种数据类型，也分别使用不同的寄存器名称表达。

1. 标量数据

向量和浮点（SIMD&FP）寄存器若保存一个浮点或整型标量数据，本书称为标量寄存器，统称采用 Vn（n=0～31）、即 V0～V31 表达。标量数据可为 8 位、16 位、32 位、64 位和 128

位，其寄存器名称依次为Bn、Hn、Sn、Dn和Qn（详见第5章的浮点数据处理）。其中，Hn、Sn和Dn寄存器既可以保存16、32和64位整数，也可以保存16位半精度、32位单精度和64位双精度浮点数，本书称为浮点寄存器。

2．64位向量数据

64位向量数据是由8个8位（8B）、4个16位（4H）、2个32位（2S）、或1个64位（1D）元素组成的数据，保存于向量和浮点（SIMD&FP）寄存器的低64位（高64位未使用），参见图6-1上部。向量数据的元素既可以是8、16、32或64位整数，也可以是16位半精度、32位单精度或64位双精度浮点数。

3．128位向量数据

128位向量数据是由16个8位（16B）、8个16位（8H）、4个32位（4S）或2个64位（2D）元素组成的数据，保存于128位的向量和浮点（SIMD&FP）寄存器，见图6-1下部。向量数据的元素可以是整数或浮点数。

向量数据由多个类型相同的数据元素组成，也可称为紧缩（Packed）数据类型。本书将保存向量数据的SIMD&FP寄存器称为向量寄存器，统称采用Vn.T（n=0～31）表达。其中，Vn表达第n个SIMD&FP寄存器，小数点后的T表达向量数据类型。其中，先用一个数字表达有多少个元素（ARM称其为路，Lane），紧接的字母表达元素的位数，即后缀T分别是8B、16B，4H、8H，2S、4S，1D、2D。

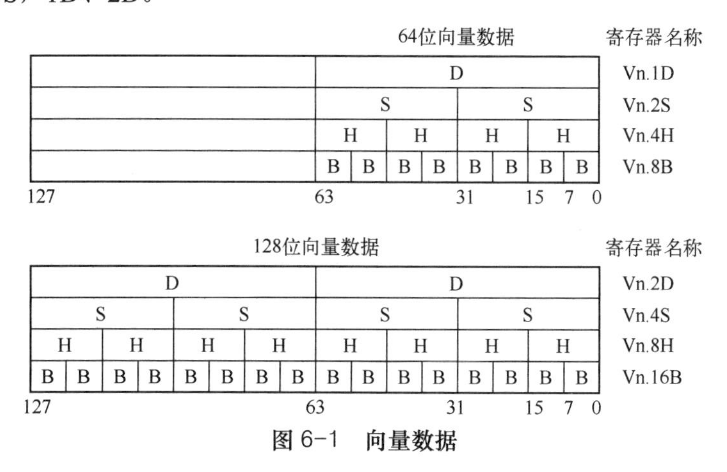

图6-1 向量数据

ARMv8的SIMD向量数据有64位和128位两种。对于只使用低64位的向量寄存器，不同元素位数的名称分别是Vn.8B、Vn.4H、Vn.2S和Vn.1D。由于Vn.1D只保存一个64位数据，本质上是标量寄存器，因此许多指令要求使用Dn形式表达。这类指令往往被归类为先进SIMD指令集的标量指令，以区别于向量指令。对于使用全部128位的向量寄存器，不同元素位数的名称分别是Vn.16B、Vn.8H、Vn.4S和Vn.2D。

另外，指定向量寄存器中的某路元素（即某个数据元素），统称格式采用Vn.Ts[i]（n=0～31）表达。其中，Vn表示第n个SIMD&FP寄存器；Ts指示数据元素的位数，对8、16、32和64位依次是符号B、H、S和D；i给出元素索引（路）编号，可称为元素i或路i，从0开始编号、最大不超过15。也就是说，向量寄存器中某元素的名称用中括号内编号表示，0表示最低一路。8、16、32和64位元素依次表达为Vn.B[i]、Vn.H[i]、Vn.S[i]和Vn.D[i]。

总之，向量和浮点（SIMD&FP）寄存器针对不同的数据类型和操作对象使用不同的名称表达，如表 6-1 所示。

表 6-1　向量和浮点（SIMD&FP）寄存器的各种名称

数据类型	统称	寄存器名称
标量数据	Vn	Bn、Hn、Sn、Dn、Qn
64 位向量数据	Vn.T	Vn.8B、Vn.4H、Vn.2S、Vn.1D
128 位向量数据		Vn.16B、Vn.8H、Vn.4S、Vn.2D
向量元素	Vn.Ts[i]	Vn.B[i]、Vn.H[i]、Vn.S[i]、Vn.D[i]

6.1.2　SIMD 数据操作

相较于以往 32 位 ARM 指令集，AArch64 执行状态的 64 位 SIMD 向量指令和浮点指令做了一些改变，以便统一 A64 基础整数处理指令、浮点处理指令与 SIMD 向量处理指令的语法。例如原 ARMv7 指令集的前缀 V 取消了，操作数不论是（标量）整数、还是向量整数，只要进行相同的处理都使用相同的指令助记符；浮点数据处理指令则添加 F 前缀，不论是（标量）浮点还是向量浮点操作数，也使用相同的指令助记符。因此，在 64 位 ARM 指令集中，相同功能的指令使用相同的助记符，前缀 F 表示进行浮点数操作，进行标量操作还是向量操作则取决于使用的寄存器名称。标量整数主要使用通用寄存器（Xn 和 Wn）、向量整数使用向量寄存器（Vn.T），标量浮点数使用浮点寄存器（Dn、Sn 和 Hn）、向量浮点数亦使用向量寄存器（Vn.T）。

1．整数运算

以基本的加法运算为例，A64 指令集使用 ADD 助记符表示整数加法运算，分为使用通用寄存器操作数的基础整数加法、使用 SIMD&FP 寄存器操作数的标量和向量整数加法。

（1）基础整数加法指令

```
    add      Rd, Rn, Rm                   // 整数加法：Rd = Rn + Rm（可选移位或扩展，或为立即数）
```

例如：

```
    add      w0, w1, w2                   // 32 位整数加法
    add      x3, x4, x5                   // 64 位整数加法
```

（2）标量整数加法指令

```
    add      Dd, Dn, Dm                   // 标量整数加法：Dd = Dn + Dm
```

例如：

```
    add      d0, d1, d2                   // 标量 64 位整数加法
```

注意，虽然这里的寄存器名 Dn 似乎是双精度浮点寄存器，但实际上 ADD 指令表明进行整数加法，Dn 此时保存的数据要作为 64 位整数理解，类似通用寄存器 Xn。

（3）向量整数加法指令

```
    add      Vd.t, Vn.t, Vm.t  // 向量整数加法：Vd.T = Vn.T + Vm.T。T是 8B|16B、4H|8H、2S|4S、2D
```

例如：

```
    add      v0.8b, v1.8b, v2.8b          // 8 路 8 位向量整数加法（64 位向量寄存器）
    add      v0.16b, v1.16b, v2.16b       // 16 路 8 位向量整数加法（128 位向量寄存器）
    add      v3.4h, v4.4h, v5.4h          // 4 路 16 位向量整数加法（64 位向量寄存器）
    add      v3.8h, v4.8h, v5.8h          // 8 路 16 位向量整数加法（128 位向量寄存器）
    add      v6.2s, v7.2s, v8.2s          // 2 路 32 位向量整数加法（64 位向量寄存器）
```

```
add      v6.4s, v7.4s, v8.4s        // 4路32位向量整数加法（128位向量寄存器）
add      v10.2d, v11.2d, v12.2d     // 2路64位向量整数加法（128位向量寄存器）
```

标量数据只有一个数值，而向量数据由多个相同类型的数值组成。标量处理指令只进行一对数值操作，获得一个执行结果。每个向量 SIMD 指令并行执行 *n* 个操作，产生 *n* 个结果，*n* 就是向量的路数（2、4、8 和 16）。从一路到另一路不存在进位或溢出，数据是相互无关的，如图 6-2 所示。

	v1.b[7]	v1.b[6]	v1.b[5]	v1.b[4]	v1.b[3]	v1.b[2]	v1.b[1]	v1.b[0]
+	v2.b[7]	v2.b[6]	v2.b[5]	v2.b[4]	v2.b[3]	v2.b[2]	v2.b[1]	v2.b[0]
+	v0.b[7]	v0.b[6]	v0.b[5]	v0.b[4]	v0.b[3]	v0.b[2]	v0.b[1]	v0.b[0]

	0x7F	0xFE	0xF0	0x00	0x00	0x03	0x12	0x34
+	0x00	0x03	0x30	0x00	0xFF	0xFE	0x43	0x21
+	0x7F	0x01	0x20	0x00	0xFF	0x01	0x55	0x55

图 6-2　**向量整数加法**（add　v0.8b, v1.8b, v2.8b）

2. 浮点运算

以最基本的加法运算为例，A64 指令集使用 FADD 助记符表示浮点加法运算，分成使用浮点寄存器的标量浮点加法、使用向量寄存器的向量浮点加法。

（1）标量浮点加法指令

```
fadd     Vd, Vn, Vm                 // 标量浮点加法：Vd = Vn + Vm
```

例如：

```
fadd     s0, s1, s2                 // 32位单精度浮点数加法
fadd     d3, d4, d5                 // 64位双精度浮点数加法
```

（2）向量浮点加法指令

```
fadd     Vd.t, Vn.t, Vm.t           // 向量浮点加法：Vd.T = Vn.T + Vm.T，T为2S|4S、2D
```

例如：

```
fadd     v0.2s, v1.2s, v2.2s        // 2路32位单精度浮点数加法（64位向量寄存器）
fadd     v0.4s, v1.4s, v2.4s        // 4路32位单精度浮点数加法（128位向量寄存器）
fadd     v3.2d, v4.2d, v5.2d        // 2路64位双精度浮点数加法（128位向量寄存器）
```

不论是整数向量还是浮点向量，向量 SIMD 指令并行执行 *n* 路操作、生成 *n* 个结果，对浮点向量来说 *n* 是 2 或 4，各路之间的数据相互无关，如图 6-3 所示。

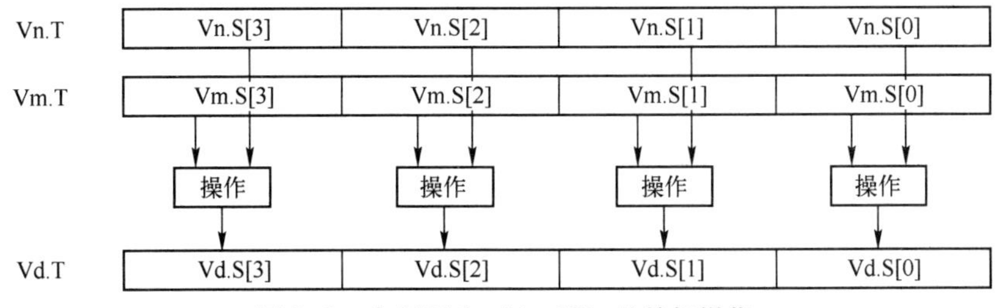

图 6-3　**向量浮点**（Vn.4S）**的并行操作**

3. 向量元素操作

除了进行向量整数或浮点数的多路并行操作，有些 SIMD 指令可以针对向量寄存器中的某路数据元素（Vn.Ts[i]），进行标量或向量操作。例如：

```
mov      v0.b[3], w0    // 标量操作：把W0最低字节传送到V0寄存器路3（V0.B[3]），即字节3位置
```

```
        // 向量操作：浮点元素 V5.S[0]同时与 V2 的 4 路元素相乘，4 个乘积保存于 V1 的 4 路中
        fmul    v1.4s, v2.4s, v5.s[0]
```

SIMD 标量可以是 8、16、32 和 64 位数据元素，访问标量元素的 SIMD 指令可以存取向量寄存器中任一路元素。

6.2 SIMD 数据的存储器访问

汇编程序没有专门的向量数据定义指示符，程序员需要根据向量数据类型的特点，采用整型或浮点定义指示符，构建类似高级语言的数组或结构类型。不过，AS 汇编程序有“.OCTA”指示符可以声明 128 位整数，可用于定义向量整数，或者以编码形式定义向量浮点数。另外，利用文字池载入伪指令，也可以为 128 位寄存器 Qt 赋值整数或浮点数编码。例如：

```
        // 声明 128 位整数变量，也可以理解为 2 个 64 位、4 个 32 位、8 个 16 位、16 个 8 位数据
var128: .octa   0x112233445566778888776655443322 1100
        ldr     q6, = 0x88770022AABB334488770022AABB3344      // 利用文字池间接为 Q6 赋值
```

访问主存数据只能使用载入和存储指令。第 2 章介绍的整数寄存器载入 LDR 和存储 STR 指令也可以应用于 SIMD&FP 寄存器。第 5 章已经介绍了 SIMD&FP 寄存器（Vt）的载入和存储指令，它们能将 128 位（Qt）、64 位（Dt）、32 位（St），或者 16 位（Ht）、8 位（Bt）标量数据，从主存取出或写入主存。除此之外，针对向量数据的载入（LD1、LD2、LD3、LD4）和存储（ST1、ST2、ST3、ST4）、载入复制（LD1R、LD2R、LD3R、LD4R）指令，如表 6-2 所示。注意，这些指令格式中，必须使用一对“{ }”将一个或多个顺序编号的向量寄存器括起（多个向量寄存器间也可以使用短划线分隔，此时只需表示首个寄存器和末尾寄存器），表示一组连续编号的向量寄存器。

表 6-2　向量数据的存储器访问指令

指令类型	指令格式	存储器寻址[address]
单体结构	LD1|ST1　{Vt.Ts}[i], [address] LD2|ST2　{Vt.Ts,Vt2.Ts}[i], [address] LD3|ST3　{Vt.Ts,Vt2.Ts,Vt3.Ts}[i], [address] LD4|ST4　{Vt.Ts,Vt2.Ts,Vt3.Ts,Vt4.Ts}[i], [address]	寄存器间接寻址：[Xn|SP] 带寄存器偏移量：[Xn|SP], Xm 带立即数偏移量：[Xn|SP], imm
多体结构	LD1|ST1　{Vt.T,Vt2.T,Vt3.T,Vt4.T}, [address] LD2|ST2　{Vt.T,Vt2.T}, [address] LD3|ST3　{Vt.T,Vt2.T,Vt3.T}, [address] LD4|ST4　{Vt.T,Vt2.T,Vt3.T,Vt4.T},[address]	
载入复制 （单体结构）	LD1R　{Vt.T}, [address] LD2R　{Vt.T,Vt2.T}, [address] LD3R　{Vt.T,Vt2.T,Vt3.T}, [address] LD4R　{Vt.T,Vt2.T,Vt3.T,Vt4.T},[address]	

向量载入和存储指令的存储器地址有多种寻址方法，存取的向量元素也有多种结构。

6.2.1 存储器的寻址方式

访问存储器数据的寻址仍然使用 64 位通用寄存器 Xn 或者栈指针 SP，并可以有偏移量，细分为 3 种寻址方式。

（1）仅基址寄存器间接寻址（无偏移量）

```
        [Xn|Sp]                                 // 访存地址 = Xn|SP
```

（2）带寄存器偏移量的后索引寻址（偏移量在 Xm 寄存器中）

```
[Xn|Sp], Xm                          // 访存地址 = Xn|SP, Xn|SP = Xn|SP + Xm
```

（3）带立即数偏移量的后索引寻址（偏移量是立即数 imm）

```
[Xn|Sp], imm                         // 访存地址 = Xn|SP, Xn|SP = Xn|SP + imm
```

其中，立即数 imm 只能是访问数据量的字节数，即 8 位是 1、16 位（含 2 个 8 位）是 2、32 位（含 4 个 8 位或 2 个 16 位）是 4、64 位（含 4 个 16 位、2 个 32 位）是 8、128 位（含 4 个 32 位、2 个 64 位）是 16、……以保证增量更新 Xn|SP 后仍对齐地址边界。

6.2.2 向量元素的访问方式

为了方便访问向量数据的各种组织结构，实现存储器向量数据的重新交叉排列，向量访存指令支持 1 组（LD1、ST1、LD1R）、2 组（LD2、ST2、LD2R）、3 组（LD3、ST3、LD3R）和 4 组（LD4、ST4、LD4R）向量元素的多种存取形式，其中助记符 LD 或 ST 后的数字表示访问的向量寄存器个数。

1．单体结构（Single structure）

单体结构是指由 1～4 个数据构成的单组向量数据结构，属于 1～4 个向量寄存器的同一路元素（Vt.Ts[i]），如图 6-4 所示。指令中的向量寄存器表达为“{Vt.Ts, Vt2.Ts, Vt3.Ts, Vt4.Ts}[i]”（也可以使用“-”表达范围：{Vt.Ts - Vt4.Ts}[i]），其中 Vt 是指 32 个向量寄存器 V0～V31 之一，Vt2、Vt3、Vt4 依次是按 Vt 顺序编号的向量寄存器（即 Vt+1、Vt+2、Vt+3。编号超过 31，需除以 32 取余，故 31 后是 0，或者说 V31 寄存器后接 V0 寄存器）；Ts 是数据元素位数，对 8、16、32 和 64 位依次采用 B、H、S 和 D 符号；i 是向量寄存器的数据元素索引编号（路号）。

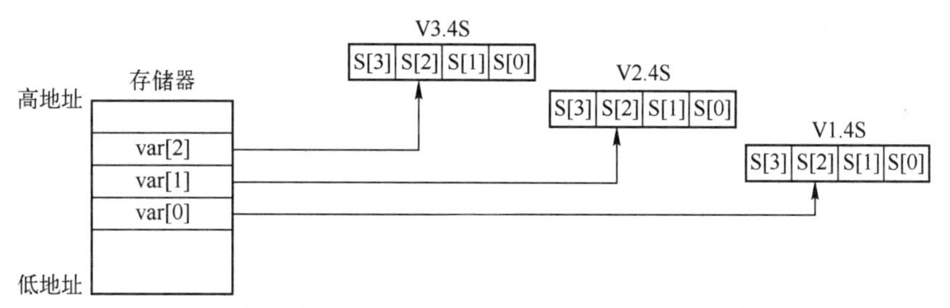

图 6-4　单体结构的存储器访问（LD3 {V1.S, V2.S, V3.S}[2], [X0]）

单体结构的 LD1、LD2、LD3 和 LD4 指令从存储器读取 1～4 个数据依次存入 1～4 个连续编号的向量寄存器路（元素）i 的位置。单体结构的 ST1、ST2、ST3 和 ST4 指令与相应的单体载入指令传输方向相反，是将连续编号的 1～4 个向量寄存器路（元素）i 的数据写入存储器。例如，单体载入 32 位数据元素指令：

```
ld1     {Vt.s}[0], [address]
// 读取 1 个 32 位数据，存入 Vt 寄存器路 0 位置
ld2     {Vt.s, Vt2.s}[1], [address]                // ld2 {Vt.S - Vt2.S}[2], [address]
// 读取 2 个 32 位数据，依次存入 Vt 和 Vt2 寄存器路 1 位置
ld3     {Vt.s, Vt2.s, Vt3.s}[2], [address]         // ld3 {Vt.S - Vt3.S}[2], [address]
// 读取 3 个 32 位数据，依次存入 Vt、Vt2 和 Vt3 寄存器路 2 位置
ld4     {Vt.s, Vt2.s, Vt3.s, Vt4.s}[3], [address]  // ld4 {Vt.S - Vt4.S}[3], [address]
// 读取 4 个 32 位数据，依次存入 Vt、Vt2、Vt3 和 Vt4 寄存器路 3 位置
```

再如，单体存储 64 位数据元素指令：

```
st1     {v0.d}[0], [x0]
// 将 V0 寄存器路 0 元素（低 64 位），存储到存储器中
st2     {v1.d,v2.d}[1], [x1]               // st2 {v1.d - v2.d}[1], [x1]
// 存储 V1 寄存器路 1 元素和 V2 寄存器路 1 元素共 2 个数据
st3     {v3.d,v4.d,v5.d}[0], [x0], x2    // st3 {v3.d - v5.d}[0], [x0], x2
// 依次存储 V3、V4 和 V5 寄存器各自路 0 的 3 个 64 位数据元素，X0 = X0 + X2
st4     {v30.d,v31.d,v0.d,v1.d}[1], [x1], 8*4     // st4 {v30.d - v1.d}[1], [x1], 8*4
// 依次存储 V30、V31、V0 和 V1 寄存器路 1 元素的 4 个 64 位数据，X1 = X1 + 32
```

2．顺序访问的多体结构（Multiple structures）

多体结构是指多组由 1～4 个数据构成的向量数据结构。顺序访问多体结构的载入 LD1 和存储 ST1 指令支持 1～4 个向量寄存器的存取，指令中的最多 4 个向量寄存器表达为“{Vt.T, Vt2.T, Vt3.T、Vt4.T}”（或{Vt.T - Vt4.T}），其中 Vt 是指 32 个向量寄存器 V0～V31 之一，Vt、Vt2、Vt3、Vt4 是按顺序编号的向量寄存器；T 表示元素数据类型，分别是 8B、16B，4H、8H，2S、4S，1D、2D。例如，LD1 指令多体载入 32 位数据元素指令：

```
ld1     {Vt.4s}, [address]
// 读取 4 个 32 位数据，依次存入 Vt 寄存器路 0～3 位置
ld1     {Vt.4s, Vt2.4s}, [address]
// 读取 2 组各 4 个 32 位数据，依次存入 Vt 和 Vt2 寄存器路 0～3 位置
ld1     {Vt.4s, Vt2.4s, Vt3.4s}, [address]
// 读取 3 组各 4 个 32 位数据，依次存入 Vt、Vt2 和 Vt3 寄存器路 0～3 位置
ld1     {Vt.4s, Vt2.4s, Vt3.4s, Vt4.4s}, [address]
// 读取 4 组各 4 个 32 位数据，依次存入 Vt、Vt2、Vt3 和 Vt4 寄存器路 0～3 位置
```

多体 LD1 和 ST1 指令的数据按组按路顺序存放，向量元素没有交织存放，如图 6-5 所示。

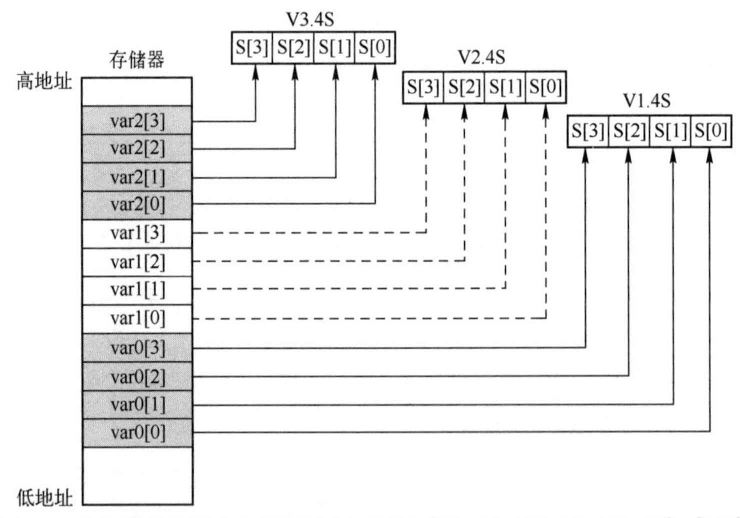

图 6-5　多体结构的顺序存储器访问（LD1 {V1.4S, V2.4S, V3.4S}, [X0]）

再如，ST1 指令多体存储 64 位数据元素指令：

```
st1     {v0.2d}, [x0]
// 将 V0 寄存器路 0 和路 1 元素，存入存储器
st1     {v1.2d,v2.2d}, [x1]
// 依次存储 V1 寄存器和 V2 寄存器各 2 路共 4 个数据
```

```
st1        {v3.2d,v4.2d,v5.2d}, [x0], x2
// 依次存储 V3、V4 和 V5 寄存器各 2 路共 6 个数据，X0 = X0 + X2
st1        {v30.2d,v31.2d,v0.2d,v1.2d}, [x1], 8*8
// 依次存储 V30、V31、V0 和 V1 寄存器各 2 路共 8 个数据，X1 = X1 + 64
```

3．交织访问的多体结构（Multiple structures）

交织访问多体结构的 LD2、LD3 和 LD4 指令从存储器读取多组 2～4 个数据，然后交织（ARM 文献称为 de-interleaving）存入 2～4 个连续编号的向量寄存器每路位置。交织访问多体结构的 ST2、ST3 和 ST4 指令将连续编号的 2～4 个向量寄存器各路元素交织（ARM 文献称为 interleaving）写入存储器。向量元素的交织访问是每组的 2～4 个数据分属 2～4 个顺序编号的向量寄存器的一路元素，如图 6-6 所示。指令表达的多个向量寄存器（Vt.T）是按顺序编号的；T 表示元素数据类型，分别是 8B、16B，4H、8H，2S、4S、2D（不包括 1D）。

例如，交织多体载入 32 位数据元素指令：

```
ld2        {Vt.4s, Vt2.4s}, [address]
// 读取 2 组各 4 个 32 位数据（共 8 个），交织存入 Vt 和 Vt2 寄存器路 0～3 位置
ld3        {Vt.4s, Vt2.4s, Vt3.4s}, [address]
// 读取 3 组各 4 个 32 位数据（共 12 个），交织存入 Vt、Vt2 和 Vt3 寄存器路 0～3 位置
ld4        {Vt.4s, Vt2.4s, Vt3.4s, Vt4.4s}, [address]
// 读取 4 组各 4 个 32 位数据（共 16 个），交织存入 Vt、Vt2、Vt3 和 Vt4 寄存器路 0～3 位置
```

再如，交织多体存储 64 位数据元素指令：

```
st2        {v1.2d,v2.2d}, [x1]
// 交织存储 V1 寄存器和 V2 寄存器各 2 路共 4 个数据
st3        {v3.2d,v4.2d,v5.2d}, [x0], x2
// 交织存储 V3、V4 和 V5 寄存器各 2 路共 6 个数据，X0 = X0 + X2
st4        {v30.2d,v31.2d,v0.2d,v1.2d}, [x1], 8*8
// 交织存储 V30、V31、V0 和 V1 寄存器各 2 路共 8 个数据，X1 = X1 + 64
```

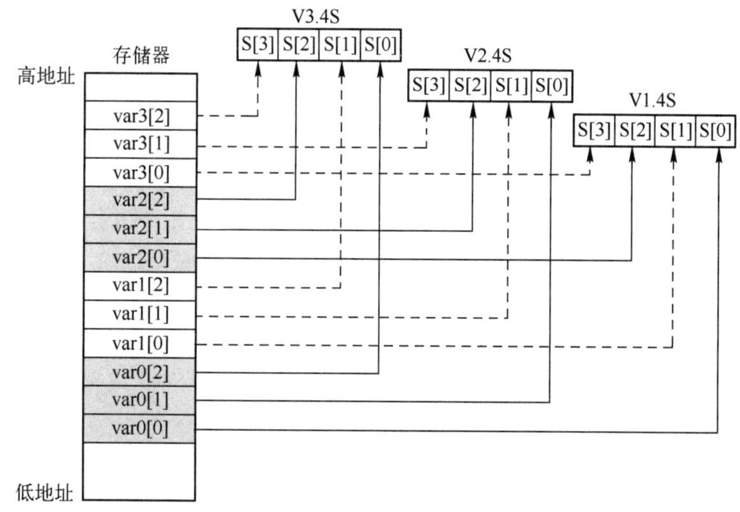

图 6-6　多体结构的交织存储器访问（LD3 {V1.4S, V2.4S, V3.4S}, [X0]）

4．多路复制的单体载入

对应单体结构的载入 LD1、LD2、LD3 和 LD4 指令，先进 SIMD 还支持单体结构的载入复制 LD1R、LD2R、LD3R 和 LD4R 指令，后者从存储器读取 1～4 个数据依次存入 1～4 个连

续编号的128位向量寄存器所有路（Vt.16B、Vt.8H、Vt.4S、Vt.2D）或低64位部分的所有路（Vt.8B、Vt.4H、Vt.2S、Vt.1D），就是使得目的向量寄存器所有（或低一半）元素都相同。多路复制的单体载入指令可用于对向量进行初始化，Vt.T、Vt2.T、Vt3.T和Vt4.T仍是按顺序编号的向量寄存器；T表示元素数据类型，分别是8B、16B，4H、8H，2S、4S、1D、2D。例如：

```
ld1r     {v0.4h}, [x1], x2
// 读取1个16位数据，存入V0寄存器低4路位置，X1 = X1 + X2
ld2r     {v1.2d,v2.2d}, [sp], 16
// 读取2个64位数据，依次存入V1和V2寄存器所有路，SP = SP + 16
ld3r     {v1.4s,v2.4s,v3.4s}, [x0]
// 读取3个32位数据，依次存入V1、V2和V3寄存器所有路位置
ld4r     {v31.16b,v0.16b,v1.16b,v2.16b}, [x1], 4
// 读取4个8位数据，依次存入V31、V0、V1和V2寄存器所有路位置，X1 = X1 + 4
```

为了能够对不同数据类型和存储结构的向量数据进行快速存取，SIMD存储器访问指令似乎比较复杂。访问存储器的向量数据，既可以是一个向量寄存器的某1路元素，也可以是所有路元素，还可以是多个（2～4）顺序编号向量寄存器的同一路或所有路，并支持多个顺序编号向量寄存器的多路交织访问。例如，图像的各色彩、立体声的2个声道、环绕声的9个声道等都需要进行交织访问。

【例6-1】 图像数据的访问程序（e601_rgb.s）。

一个图像是由大量像素组成的，在24位图像中的每个像素又由红绿蓝3色构成，所以图像数据就是由像素结构形成的数组。红绿蓝3个色彩值（RGB）是0～255，可用1字节的无符号整数表达。例如，黑色像素的红绿蓝值都是0、白色像素的红绿蓝值都是255。再如，红色像素红绿蓝色彩值依次是255、0、0，即RGB(255, 0, 0)。

汇编语言没有数组的概念，各像素、各色彩值需要依次给出，因此在主存数据区定义16个像素的变量，可以是（为方便阅读，每行给出了4个像素的红绿蓝值）：

```
        .data
rgb:    .byte  0,0,0, 255,255,255, 255,0,0, 128,128,128          // 每行4个像素的红绿蓝值
        .byte 100,100,100, 112,100,101, 115,100,101, 110,101,102
        .byte 25,12,85, 25,12,85, 25,12,85, 25,12,85
        .byte 26,13,86, 26,13,86, 26,13,86, 26,13,86
bgr:    .space  48                              // 预留16个像素的存储空间（16×8 = 48字节）
```

对上述RGB变量（假设其存储器地址由X0存储），顺序访问的多体结构LD1指令可将16个像素顺序存入V1.16B、V2.16B和V3.16B寄存器，每个寄存器存入5个像素的15个色彩值和下一个像素色彩值。

```
ld1     {v1.16b,v2.16b,v3.16b}, [x0], 48     // V1、V2和V3顺序载入16个像素的3个色彩值
```

图像处理经常需要对各像素的相同色彩值进行统一操作，因此以像素为单位连续存储的图形数据应将相同色彩值集中在同一个向量寄存器中。使用单体结构的LD3指令可以将一个像素的3色值分别载入3个向量寄存器的相同路：

```
ld3     {v1.b,v2.b,v3.b}[0], [x0], 3         // 像素0的3色值载入V1、V2和V3路0
```

不过，使用单体结构的载入指令效率不高，需要16条指令才能完成16个像素的载入。而使用一条交织访问的多体结构载入指令LD3就可以实现载入16个像素，使得V1.16B、V2.16B和V3.16B依次保存红色、绿色和蓝色值：

```
ld3     {v1.16b,v2.16b,v3.16b}, [x0], 48     // 16个像素的3色值依次载入V1、V2和V3
```

本例程序的功能是将以红绿蓝（RGB）顺序存放的16个像素，转换为以蓝绿红（BGR）顺序存储，程序的数据区如上，代码区如下：

```
        .text
        .global   main
main:   stp       x29, x30, [sp, -16]!
        ldr       x0, =rgb                                  // X0 = 图像数据（16个像素）的地址
        ld3       {v1.16b, v2.16b, v3.16b}, [x0], 48       // 红绿蓝（RGB）3色值依次载入V1、V2和V3
        mov       v4.16b, v2.16b                            // 保存绿色值的V2传送给V4
        mov       v5.16b, v1.16b                            // 保存红色值的V1传送给V5
        st3       {v3.16b, v4.16b, v5.16b}, [x0]           // 按照蓝绿红（BGR）3色值顺序存储16个像素
        mov       x0, 0
        ldp       x29, x30, [sp], 16
        ret
```

其中，向量数据的传送指令MOV详见6.3节。本例仅假设了16个像素，实际上一个图像的像素非常多，就需要采用循环结构程序实现，每个循环处理16个像素。但是，整个数据元素的个数有时并不一定正好是一次循环处理的元素个数的倍数，完成循环后可能还剩余若干元素，这时可以补充若干空白元素，使其凑成一次循环的个数；也可以把剩余的元素单独处理，甚至采用整数基础指令实现。

6.3 SIMD数据的传送和转换

向量数据类型往往是针对具体的应用场景，紧缩了不同位数的有符号或无符号整数或者不同精度的浮点数据，而且A64指令集的向量指令与浮点指令一体设计，故SIMD数据的处理指令比较复杂，显得繁杂凌乱。本章从相对熟悉的功能出发逐步深入到特色功能，先介绍基本的SIMD数据传送、算术运算类指令，再详述复杂的变体和特殊指令。注意，只涉及浮点寄存器（Hn、Sn和Dn）的标量浮点数据处理指令已在第5章学习，本章则讲述涉及向量寄存器标量元素和向量数据的处理指令。附录B将两者一并罗列，可以参照。

6.3.1 SIMD数据传送指令

为了实现灵活的传送，A64设计有多条向量寄存器相关的标量或向量数据传送指令。虽然使用了多个助记符，略显凌乱，但都符合逻辑。注意，不论是复制、插入或传送，这些指令都是数据的原样移动，没有改变数据格式（编码）。

1. 复制指令（DUP）

复制指令DUP（Duplicate）将一个数据复制到向量寄存器多路或某路，分成3种数据传送形式，如表6-3所示。

（1）通用寄存器的向量复制

```
        dup       Vd.t, Rn                        // 复制通用寄存器内容到向量寄存器所有路
```

当Rn是32位整数寄存器Wn，DUP指令将Wn的低8位数据传送到Vd.16B（Vd.8B）所有路、低16位数据传送到Vd.8H（Vd.4H）所有路、或32位数据传送到Vd.4S（Vd.2S）所有路。当Rn是64位整数寄存器Xn，则将64位数据传送到Vd.2D的2路位置。例如：

表 6-3 （部分）SIMD 数据传送指令

指令格式	操作数组合
DUP Vd.T, Rn	T 是 8B|16B|4H|8H|2S|4S，对应 Wn；T 是 2D，对应 Xn
DUP Vd.T, Vn.Ts[i]	T 是 8B|16B、4H|8H、2S|4S 和 2D，依次对应 Ts 是 B、H、S 和 D
DUP Vd, Vn.Ts[i]	Vd 是 Bd、Hd、Sd、Dd，依次对应 Ts 是 B、H、S 和 D
INS Vd.Ts[i], Rn	Ts 是 B|H|S，对应 Wn；Ts 是 D，对应 Xn
INS Vd.Ts[i1], Vd.Ts[i2]	Ts 是 B|H|S|D
UMOV Wd|Xd, Vn.Ts[i]	32 位 Wd 传送，Ts 是 B、H 和 S。64 位 Xd 传送，Ts 是 D
SMOV Wd|Xd, Vn.Ts[i]	32 位 Wd 传送，Ts 是 B、H。64 位 Xd 传送，Ts 是 B、H 和 S

```
dup     v0.16b, w0              // 将 W0 低 8 位数据传送给 V0 向量寄存器的所有 16 路
dup     v1.2s, w0               // 将 W0 的 32 位数据传送给 V1 向量寄存器的低 2 路
dup     v2.2d, x0               // 将 X0 的 64 位数据传送给 V2 向量寄存器的所有 2 路
```

（2）向量元素的向量复制

```
dup     Vd.t, Vn.ts[i]          // 复制某路元素到另一个向量寄存器所有路
```

将源向量寄存器某路元素（Vn.Ts[i]）传送到同类型目的向量寄存器所有路。例如：

```
dup     v3.4h, v0.h[0]          // 将 V0 路 0 的 16 位数据传送给 V3 向量寄存器的低 4 路
dup     v4.4s, v0.s[1]          // 将 V0 路 1 的 32 位数据传送给 V4 向量寄存器的所有 4 路
```

（3）向量元素的标量复制

```
dup     Vd, Vn.ts[i]            // 复制某路元素到另一个标量寄存器
```

将向量寄存器某路元素（Vn.Ts[i]）作为标量传送到相同位数的标量寄存器。例如：

```
dup     s5, v0.s[3]             // 将 V0 路 3 的 32 位数据传送给 S5 寄存器
dup     d6, v0.d[1]             // 将 V0 路 1 的 64 位数据传送给 D6 寄存器
```

2．插入指令（INS）

插入指令 INS（Insert）只将一个数据传送到向量寄存器的某路中（不影响其他元素）。插入指令实现标量传送，有两个数据来源，对应两种插入形式。

（1）通用寄存器插入

```
ins     Vd.ts[i], Rn            // 将通用寄存器数据插入向量寄存器某路中
```

若 Rn 是 32 位整数寄存器 Wn 时，则 INS 指令将 Wn 的低 8 位数据传送到 Vd.B 某路、低 16 位数据传送到 Vd.H 某路，或 32 位数据传送到 Vd.S 某路；若 Rn 是 64 位整数寄存器 Xn，则将 64 位数据传送到 Vd.D 某路。例如：

```
ins     v7.s[2], w3             // 把 W3 传送给 V7 路 2（V7.S[2]）
ins     v8.d[1], x5             // 把 X5 传送给 V8 路 1（V8.D[1]）
```

（2）向量元素插入

```
ins     Vd.ts[i1], Vn.ts[i2]    // 将一个向量元素插入同类型向量寄存器某路中
```

例如：

```
ins     v10.s[1], v9.s[0]       // 把 V9 路 0（V9.S[0]）传送给 V10 路 1（V10.S[1]）
```

3．无符号传送指令（UMOV）

无符号传送指令 UMOV（Unsigned Move）读取某向量元素，作为无符号整数，传送给通用寄存器：

```
umov    Rd, Vn.ts[i]            // 32 位或 64 位无符号传送
```

若目的寄存器是 64 位 Xd，则对应向量寄存器元素只能是 64 位，即 Ts 是 D；若通用寄存

器是 32 位 Wd，则向量元素（Ts）可以是 8 位（B）、16 位（H）或 32 位（S），而 8 位或 16 位无符号数需要零位扩展为 32 位再传送。例如：

```
umov    w0, v0.h[7]                         // W0 = V0.H[7]（零位扩展）
umov    x1, v1.d[1]                         // X1 = V1.D[1]
```

4. 有符号传送指令（SMOV）

有符号传送指令 SMOV（Signed Move）读取某向量元素，作为有符号整数，传送给通用寄存器：

```
smov    Rd, Vn.ts[i]                        // 32 位或 64 位有符号传送
```

SMOV 指令的通用寄存器是 Xd，Ts 可以是 B、H 和 S；若通用寄存器是 Wd，则 Ts 可以是 B、H。注意，向量元素是 8 位、16 位或 32 位整数数需要符号扩展为 32 位或 64 位再传送。例如：

```
smov    w0, v0.h[7]                         // W0 = V0.H[7]（符号扩展）
smov    x1, v1.s[1]                         // X1 = V1.S[1]（符号扩展）
```

5. 立即数传送指令（MOVI 和 MVNI）

SIMD 立即数传送指令将一个立即数或将其求反后传送给向量寄存器，属于向量传送。

（1）立即数传送

指令 MOVI（Move Immediate）将一个立即数传送给向量寄存器的所有路，分成多种数据位数：

```
movi    Vd.8b|Vd.16b, imm8{, lsl 0}         // 8 位传送
movi    Vd.4h|Vd.8h, imm8{, lsl 0|8}        // 16 位传送（立即数可逻辑左移 8 位）
movi    Vd.2s|Vd.4s, imm8{, lsl 0|8|16|24}  // 32 位传送（立即数可逻辑左移 8、16 或 24 位）
movi    Vd.2s|Vd.4s, imm8, msl 8|16         // 32 位传送（立即数可填充 1 左移 8 或 16 位）
movi    Dd, imm                             // 64 位标量传送
movi    Vd.2d, imm                          // 64 位向量传送
```

其中，imm8 是一个 8 位立即数；LSL 表示逻辑左移（留出的空位被“0”填充）；MSL 也是左移，但空位被“1”填充。64 位的立即数传送指令中，imm 是 64 位立即数，但其编码组合要求每个连续 8 位必须相同（都是 0 或者 1）。例如：

```
movi    d0, 0x0                             // D0 所有位全为 0
movi    v1.2d, -1                           // V1 所有位全为 1(-1 = 0xFFFFFFFFFFFFFFFF)
```

（2）立即数求反传送

指令 MVNI（Move inverted Immediate）将一个立即数求反后，传送给向量寄存器所有路，也分成多种数据位数：

```
mvni    Vd.4h|Vd.8h, imm8{, lsl 0|8}        // 16 位传送（立即数可逻辑左移 8 位）
mvni    Vd.2s|Vd.4s, imm8{, lsl 0|8|16|24}  // 32 位传送（立即数可逻辑左移 8、16 或 24 位）
mvni    Vd.2s|Vd.4s, imm8, msl 8|16         // 32 位传送（立即数可左移 8 或 16 位，填充 1）
```

其中，imm8、LSL 和 MSL 含义同上，选择左移时，立即数先移位、后求反、再传送。

6. 整数传送指令（MOV）

整数传送指令主要使用 MOV 助记符。MOV 助记符也可以用于表达向量寄存器的传送，但实际上是其他指令的别名：

```
mov     Vd, Vn.ts[i]              // 向量元素传送给标量寄存器，等同于：dup  Vd, Vn.ts[i]
```

```
mov     Vd.ts[i], Rn              // 通用寄存器传送给向量某路，等同于：ins  Vd.ts[i], Rn
mov     Vd.ts[i1], Vn.ts[i2]      // 向量元素传送到某路，等同于：ins  Vd.ts[i1], Vn.ts[i2]
mov     Vd.T, Vn.T                // 向量寄存器传送，等同于：orr  Vd.T, Vn.t, Vn.T
mov     Wd, Vn.s[i]               // 32位向量元素传送到wd寄存器，等同于：umov  Wd, Vn.s[i]
mov     Xd, Vn.d[i]               // 64位向量元素传送到xd寄存器，等同于：umov  Xd, Vn.d[i]
```

别名可以方便用户编程应用。在大部分情况下，只要使用MOV助记符就可以实现包括通用寄存器、SIMD向量寄存器或其元素的相互传送。

7．浮点传送指令（FMOV）

浮点传送指令FMOV除支持浮点寄存器的标量数据传送，还支持向量寄存器的传送。

（1）浮点立即数传送

FMOV指令可将浮点立即数传送到单精度或双精度向量寄存器所有路。

```
fmov    Vd.2s|Vd.4s, fimm8        // 单精度立即数向量传送（2或4路相同）
fmov    Vd.2d, fimm8              // 双精度立即数向量传送（2路相同）
```

其中，fimm8是二进制8位浮点格式编码的实数常量（立即数），由一个1位符号、3位指数、4位小数构成规格化浮点数，即：$\pm M/16\times 2E$（$16\leqslant M\leqslant 31$，$-3\leqslant E\leqslant 4$），表达的数据范围是$\pm 2^{-3}$（0.125）～$\pm 31$（$2^5-1$），详见5.3.1节。

（2）64位向量元素与通用寄存器传送

FMOV指令还支持64位通用寄存器与双精度向量寄存器的高64位相互传送。

```
fmov    Vd.d[1], Xn               // Vd.D[1] = Xn
fmov    Xd, Vn.d[1]               // Xd = Vn.D[1]
```

6.3.2　SIMD数据格式转换指令

数据格式转换指令将表达数值的格式（编码）进行转换，但（尽量）保持数值不变。对比来说，数据传送指令原样复制、不改变编码；但对同一个编码，编码规则不同，表达的数值通常也不相同。

5.3.2节介绍的不同精度浮点数相互转换指令FCVT变体为倍长（Long）和半窄（Narrow）操作的SIMD指令（FCVTL和FCVTN），详见6.5.1节。而5.3.2节介绍的浮点数转换为整数指令FCVTxy、整数转换为浮点数指令SCVTF和UCVTF也适用于对标量元素和向量数据进行格式转换（虽然寄存器不同，但其转换原理相同）。如果输入浮点数是NaN、无穷大或目的寄存器无法表达的数值，那么这些指令产生无效操作浮点异常。不同于输入的数值结果将会引起非精确浮点异常。

另外，本书主要基于ARMv8.0体系结构，其浮点数据处理指令主要针对单精度和双精度浮点数。如果处理器实现了ARMv8.2结构提供的FEAT_FP16特性，本章的浮点处理指令大都可以扩展到半精度浮点数（向量寄存器Vn.T的T增加4H和8H类型，向量寄存器元素Vn.Ts[i]的Ts增加H）。

1．浮点数转换为整数或定点格式数

这组指令将SIMD&FP寄存器的单精度或双精度浮点数转换为32位或64位整数或定点格式数，结果仍保存于SIMD&FP寄存器，一般格式为：

```
fcvtxy   Sd|Dd, Sn|Dn                    // 标量浮点数转换为整数
```

```
        fcvtxy   Vd.T, Vn.T                       // 向量浮点数转换为整数，T是2S|4S|2D
```
其中，助记符中的x表示转换时采用的舍入方式（A、M、N、P和Z依次表示就近向大、向负、就近向偶、向正和向零舍入），y表示转换为有符号（S）还是无符号（U）整数，如表6-4所示（可对比表5-7）。

表6-4　向量浮点数转换整数指令（向量）

FCVTxy 指令格式	转换功能和舍入方式
FCVTAS　Vd.T, Vn.T	浮点数转换为有符号整数，采用就近向大舍入
FCVTAU　Vd.T, Vn.T	浮点数转换为无符号整数，采用就近向大舍入
FCVTMS　Vd.T, Vn.T	浮点数转换为有符号整数，采用向负舍入
FCVTMU　Vd.T, Vn.T	浮点数转换为无符号整数，采用向负舍入
FCVTNS　Vd.T, Vn.T	浮点数转换为有符号整数，采用就近向偶舍入
FCVTNU　Vd.T, Vn.T	浮点数转换为无符号整数，采用就近向偶舍入
FCVTPS　Vd.T, Vn.T	浮点数转换为有符号整数，采用向正舍入
FCVTPU　Vd.T, Vn.T	浮点数转换为无符号整数，采用向正舍入
FCVTZS　Vd.T, Vn.T{, fbits}	浮点数转换为有符号整数，采用向零舍入
FCVTZU　Vd.T, Vn.T{, fbits}	浮点数转换为无符号整数，采用向零舍入

第5章的FCVTxy指令将浮点寄存器的浮点数转换为整数保存于整数寄存器，而本章的FCVTxy指令说明其还支持将转换的整数保存于浮点寄存器。同时，这组指令支持向量浮点数转换为整数（表6-4中仅给出向量转换的指令格式），其向量寄存器保存向量单精度浮点数（Vn.2S或Vn.4S）或向量双精度浮点数（Vn.2D），每路元素进行同样的转换操作。

其中，采用向零舍入的转换指令（FCVTZS和FCVTZU）还支持转换为定点格式数，指令中增加了一个标明小数点后位数的操作数fbits（转换为32位定点格式取值1～32，转换为64位定点格式取值1～64），格式为：

```
        fcvtzs   Sd|Dd, Sn|Dn, fbits              // 标量浮点数转换为有符号定点格式数
        fcvtzs   Vd.T, Vn.T, fbits                // 向量浮点数转换为有符号定点格式数
        fcvtzu   Sd|dd, Sn|Dn, fbits              // 标量浮点数转换为无符号定点格式数
        fcvtzu   Vd.T, Vn.T, fbits                // 向量浮点数转换为无符号定点格式数
```

2．整数转换为浮点数

SCVTF和UCVTF指令分别将32位或64位有符号或无符号整数或定点格式数转换为等效的单精度或双精度浮点数。第5章的这两条指令将保存于整数寄存器的整数进行转换，这里还可以对浮点寄存器的整数（编码）进行转换，并增加了对向量整数转换为向量浮点数的功能，指令格式为：

```
        scvtf    Sd|Dd, Sn|Dn{, fbits}            // 标量有符号整数或定点格式数转换为浮点数
        scvtf    Vd.T, Vn.T{, fbits}              // 向量有符号整数或定点格式数转换为浮点数，T是2S|4S|2D
        ucvtf    Sd|Dd, Sn|Dn{, fbits}            // 标量无符号整数或定点格式数转换为浮点数
        ucvtf    Vd.T, Vn.T{, fbits}              // 向量无符号整数或定点格式数转换为浮点数，T是2S|4S|2D
```
这里的“{}”表示可选，即只有定点格式数才有fbits操作数，标明小数点后的位数。

3．浮点数舍入为整数（向量）

这组指令将源向量寄存器的多路浮点数元素舍入为整数，仍保存于同类型的目的向量寄存器相应路中，一般格式为：

```
    frintx    Vd.T, Vn.T                    // 向量浮点数舍入为整数，T是2S|4S|2D
```

其中，x 标明采用的舍入方法，如表 6-5 所示（对比表 5-8）。当前正在使用的舍入方式则由浮点控制寄存器 FPCR 确定。

表 6-5　向量浮点数舍入为整数指令

FRINTx 指令格式	转换功能和舍入方式
FRINTA　Vd.T, Vn.T	浮点数转换为整数，采用就近向大舍入
FRINTI　Vd.T, Vn.T	浮点数转换为整数，采用当前正在使用的舍入方式
FRINTM　Vd.T, Vn.T	浮点数转换为整数，采用向负舍入
FRINTN　Vd.T, Vn.T	浮点数转换为整数，采用就近向偶舍入
FRINTP　Vd.T, Vn.T	浮点数转换为整数，采用向正舍入
FRINTX　Vd.T, Vn.T	浮点数转换为精准整数，采用当前正在使用的舍入方式
FRINTZ　Vd.T, Vn.T	浮点数转换为整数，采用向零舍入

若源操作数输入为 0（或无穷大），则目的操作数输出是相同符号的 0（或无穷大）；若是非数 NaN，则像正常浮点运算一样传送。其中，浮点数转换为精准整数指令 FRINTX 当不能转换为数值相等的结果时，会生成非精确（Inexact）异常。

6.4　SIMD 数据的运算和比较

ARMv8 体系结构的先进 SIMD 提供 100 多条指令，不仅支持浮点操作，也支持整数操作。SIMD 数据处理指令同样能够进行加、减、乘、除和比较等基本算术运算，对向量元素为整数的 SIMD 数据还支持逻辑运算、移位等操作，对向量元素为浮点数的 SIMD 数据还支持求平方根等复合运算。

大多数SIMD数据处理指令进行向量操作，其操作数都是向量数据，存于向量寄存器Vn.T。其中，T 根据指令不同，为全部向量类型 8B|16B、4H|8H、2S|4S、2D，或者是部分类型。向量操作是向量数据的各路元素同时进行操作，生成也是向量数据的多路结果。个别指令只使用 64 位寄存器 Dn（即 SIMD&FP 寄存器低 64 位）进行标量操作，有些指令则采用某路元素参与标量或向量运算。

6.4.1　SIMD 整数运算指令

SIMD 整数元素操作指令与 A64 基础指令集的整数处理指令采用相同的助记符（见第 2 章），因而其功能相同，只是操作数寄存器不同。也就是说，基本整数运算指令可以扩展支持向量数据运算，也新增了一些指令只能操作 SIMD 数据。

1. SIMD 整数算术运算

SIMD 整数算术运算有基本的加、减、乘、乘加、乘减等指令，还增加了求减法绝对值、较大值、较小值等指令，但没有除法指令，如表 6-6 所示。

（1）加减法指令

整数加法 ADD、减法 SUB、求绝对值 ABS 和求补 NEG 指令扩展支持所有类型的整数向量的加法、减法、求绝对值和求补运算，还可以进行 64 位标量整数的加减。

表 6-6　SIMD 整数算术运算指令

指令格式		指令功能	指令说明
ADD	Dd, Dn, Dm	标量加法：Dd = Dn + Dm	Dd、Dn 和 Dm 是向量寄存器低 64 位（相当于 T 为 1D）
SUB	Dd, Dn, Dm	标量减法：Dd = Dn − Dm	
ABS	Dd, Dn	标量求绝对值：Dd = |Dn|	
NEG	Dd, Dn	标量求补：Dd = -Dn	
ADD	Vd.T, Vn.T, Vm.T	向量加法：Vd.T = Vn.T + Vm.T	T：8B|16B、4H|8H、2S|4S、2D
SUB	Vd.T, Vn.T, Vm.T	向量减法：Vd.T = Vn.T − Vm.T	
ABS	Vd.T, Vn.T	向量求绝对值：Vd.T = |Vn.T|	
NEG	Vd.T, Vn.T	向量求负值：Vd.T = -Vn.T	
MUL	Vd.T, Vn.T, Vm.T	向量乘法：Vd.T = Vn.T×Vm.T	T：8B|16B、4H|8H、2S|4S
MLA	Vd.T, Vn.T, Vm.T	向量乘加：Vd.T = Vd.T + Vn.T×Vm.T	
MLS	Vd.T, Vn.T, Vm.T	向量乘加：Vd.T = Vd.T - Vn.T×Vm.T	
MUL	Vd.T, Vn.T, Vm.Ts[i]	向量元素乘法：Vd.T = Vn.T×Vm.Ts[i]	T：4H|8H、2S|4S Ts：H、S
MLA	Vd.T, Vn.T, Vm.Ts[i]	向量元素乘加：Vd.T = Vd.T + Vn.T×Vm.Ts[i]	
MLS	Vd.T, Vn.T, Vm.Ts[i]	向量元素乘减：Vd.T = Vd.T - Vn.T×Vm.Ts[i]	
SABD|UABD	Vd.T, Vn.T, Vm.T	向量减法绝对值：Vd.T = |Vn.T − Vm.T|	T：8B|16B、4H|8H、2S|4S
SABA|UABA	Vd.T, Vn.T, Vm.T	向量减法绝对值加法：Vd.T = Vd.T + |Vn.T − Vm.T|	
SMAX|UMAX	Vd.T, Vn.T, Vm.T	向量求较大值：Vd.T = 较大值(Vn.T, Vm.T)	
SMIN|UMIN	Vd.T, Vn.T, Vm.T	向量求较小值：Vd.T = 较小值(Vn.T, Vm.T)	

实际上，所谓 64 位标量寄存器 Dn 就是 Vn.1D。这与 Vn.8B、Vn.4H 和 Vn.2S 类似，都是 SIMD&FP 寄存器的低一半，也可以认为是向量数据，只不过是特例罢了。

（2）乘法指令

整数乘法 MUL、乘加 MLA 和乘减 MLS 指令支持整数向量运算，一条指令实现多路元素同时（并行）进行乘法、乘加和乘减操作，生成多路结果。这 3 条乘法相关指令的所有整数元素都是无符号数。另外，这 3 条指令还支持一路向量元素（Vm.Ts[i]），与多路向量元素（Vn.T）运算，生成多路向量结果（Vn.T）。例如：

```
mul     v8.4s, v5.4s, v6.4s           // V8.4S = V5.4S×V6.4S
// V6 的 4 路整数分别与 V5 的 4 路整数相乘，4 个乘积保存于 V8 的 4 路中
mul     v8.4h, v5.4h, v6.h[0]         // V8.4H = V5.4H×V6.H[0]
// 整数元素 V6.H[0]同时与 V5 的 4 路元素相乘，4 个乘积保存于 V8 的 4 路中
mla     v8.8h, v5.8h, v6.h[7]         // V8.8H = V8.8H + V5.8H×V6.H[7]
// 整数元素 V6.H[7]同时与 V5 的 8 路元素相乘，然后同时与 V8 的 8 路相加
mls     v8.4s, v5.4s, v6.4s           // V8.4S = V8.4S - V5.4S×V6.4S
// V6 的 4 路元素同时与 V5 的 4 路元素相乘，然后同时与 V8 的 4 路相减
```

（3）整数复合运算

SIMD 单元增加了求有符号减法绝对值指令 SABD 和求无符号减法绝对值指令 UABD，以及将减法绝对值再加上目的向量寄存器的指令 SABA（有符号整数）和 UABA（无符号整数），支持 8、16 和 32 位向量整数运算（T 是 8B|16B、4H|8H、2S|4S）。例如：

```
sabd    v3.16b, v2.16b, v1.16b // 16 个 8 位整数的向量运算：V3.16B = |V2.16B - V1.16B|
uaba    v0.2s, v1.2s, v2.2s    // 2 个 32 位整数的向量运算:V0.2S = V0.2S + |V1.2S - V2.2S|
```

浮点数据处理中有求两个数的较大值和较小值指令，但整数基础指令中并没有对整数求

较大、较小值的指令。不过，SIMD 单元增加了对向量整数求较大、较小值指令，而且区别有、无符号，分成求有符号数较大值 SMAX、最小值 SMIN 和无符号数最大值 UMAX、最小值 UMIN 指令，支持 8、16 和 32 位向量整数运算（T 是 8B|16B、4H|8H、2S|4S）。例如：

```
smax    v3.4s, v2.4s, v1.4s            // 整数向量求较大值:V3.4S = 较大值(V2.4S, V1.4S)
// 假设 V2 从高到低 4 路元素依次是：100、-25、39、-75，V1 依次是 0、-98、60、-85
// 则 V3 中 4 路元素依次是：100、-25、60、-75
```

2. SIMD 位操作

以二进制位为单位的操作主要有逻辑运算、移位、反转等，SIMD 单元既采用部分基础指令进行向量扩展，也有新增指令的位处理，如表 6-7 所示。

表 6-7　SIMD 位操作指令

指令格式		指令功能	指令说明
AND	Vd.T, Vn.T, Vm.T	逻辑与：Vd.T = Vn.T & Vm.T	T：8B|16B
ORR	Vd.T, Vn.T, Vm.T	逻辑或：Vd.T = Vn.T | Vm.T	
EOR	Vd.T, Vn.T, Vm.T	逻辑异或：Vd.T = Vn.T ^ Vm.T	
BIC	Vd.T, Vn.T, Vm.T	逻辑非与：Vd.T = Vn.T &(~Vm.T)	
ORN	Vd.T, Vn.T, Vm.T	逻辑非或：Vd.T = Vn.T | (~Vm.T)	
NOT	Vd.T, Vn.T	逻辑求反：Vd.T = ~Vn.T	
ORR	Vd.T, imm8{, LSL amount}	逻辑或：Vd.T = Vd.T | imm8	T：4H|8H，amount：0|8 T：2S|4S，amount：0|8|16|24
BIC	Vd.T, imm8{, LSL amount}	逻辑非与：Vd.T = Vd.T & (~imm8)	
SHL	Vd.T, Vn.T, imm6	向量左移：Vd.T = Vn.T<<imm6	T：8B|16B、4H|8H、2S|4S、2D imm6：0～（元素位数-1） SRI 指令的 imm6：1～元素位数
SLI	Vd.T, Vn.T, imm6	向量左移插入：见图 6-7(a)	
SRI	Vd.T, Vn.T, imm6	向量右移插入：见图 6-7(b)	
SHL	Dd, Dn, imm6	标量左移：Dd = Dn<<imm6	imm6：0～63
SLI	Dd, Dn, imm6	标量左移插入：见图 6-7(a)	
SRI	Dd, Dn, imm6	标量右移插入：见图 6-7(b)	imm6：1～64
RBIT	Vd.T, Vn.T	向量位反转：以 8 位为单位反转各位	T：8B|16B
REV16	Vd.T, Vn.T	向量 16 位反转	T：8B|16B
REV32	Vd.T, Vn.T	向量 32 位反转	T：8B|16B、4H|8H
REV64	Vd.T, Vn.T	向量 64 位反转	T：8B|16B、4H|8H、2S|4S
CLZ	Vd.T, Vn.T	向量零位统计	T：8B|16B、4H|8H、2S|4S
CLS	Vd.T, Vn.T	向量符号位统计	
CNT	Vd.T, Vn.T	向量“1”的个数统计	T：8B|16B
BIF	Vd.T, Vn.T, Vm.T	向量为假插入位	T：8B|16B
BIT	Vd.T, Vn.T, Vm.T	向量为真插入位	
BSL	Vd.T, Vn.T, Vm.T	向量位选择	

（1）逻辑运算指令

整数基础指令中的逻辑与 AND、逻辑或 ORR、逻辑异或 EOR、逻辑非与 BIC、逻辑非或 ORN 和逻辑求反 NOT 指令都可以扩展支持向量寄存器（Vn.T）。逻辑操作以位为单位，以 8 位（1 字节）为 1 路，即 T 是 16B 或 8B，表明 SIMD&FP 寄存器的 128 位全部或 64 位低一半。

源操作数的逻辑求反 NOT 指令也可以使用其别名 MVN，表示求反传送指令。逻辑或 ORR、逻辑非与 BIC 还支持与 8 位立即数的逻辑操作，立即数还可选左移。若 T 是 4H 或 8H，则左移位数 amount 可以是 8；若 T 是 2S 或 4S，则左移位数可以是 8、16 或 24。例如：

```
bic     v3.2s, 0xff                     // 将V3.S[0]和V3.S[1]最低字节清零
orr     v4.8h, 0x80, lsl 8              // 将V4中8个16位数据的最高位置位
```

（2）移位指令

SIMD 移位指令有已经熟悉的左移 SHL，只不过操作数是向量寄存器（Vn.T），每路元素独立左移指定位数（imm6）、移出的高位丢弃、空出的低位填充 0。其中，向量元素（T）可以是任意类型（8B|16B、4H|8H、2S|4S、2D）。移位指令的操作数也可以是 64 位标量（Dn）。

```
shl     Dd, Dn, imm6                    // 标量移位，移位位数imm6：0~63
shl     Vd.T, Vn.T, imm6                // 向量移位，T：8B|16B、4H|8H、2S|4S、2D
```

SIMD 指令新增左移插入指令 SLI（Shift Left and Insert）和右移插入指令 SRI（Shift Right and Insert），其左移或右移空出的位被指令执行前的目的向量寄存器的对应位填充，或者说只是把源向量寄存器指定位数左移或右移后存入目的向量寄存器，原来未受影响的位不变，如图 6-7 所示。移位插入指令 SLI 和 SRI 的操作数与左移指令 SHL 一样。另外，SIMD 单元新增了许多特色移位指令，实现了多种形式的移位操作，详见 6.5 节。

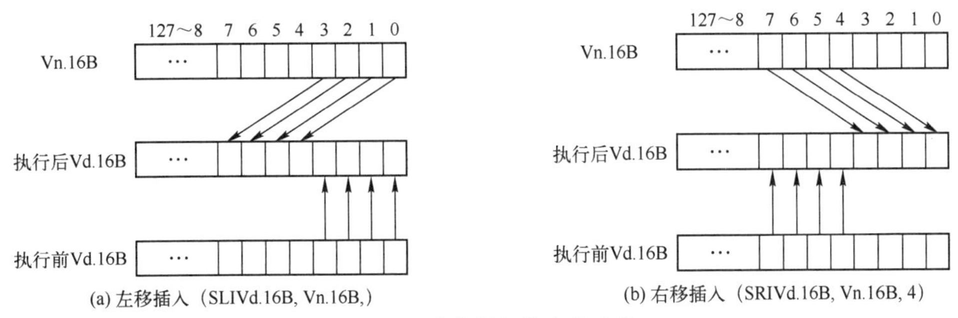

图 6-7 移位插入指令的功能

（3）反转指令

反转指令 RBIT、REV16、REV32 和 REV64 支持向量数据，将源向量寄存器（Vn.T）各路元素进行反转，存于目的向量寄存器（Vd.T）。

位反转指令 RBIT 以 8 位（字节）为单位（T 是 8B 或 16B）反转各二进制位（即位 7 与位 0、位 6 与位 1、位 5 与位 2、位 4 与位 3 互换）。16 位反转指令 REV16 以 16 位为单位互换其中 2 个字节元素（T 是 8B 或 16B）。32 位反转指令 REV32 以 32 位为单位互换 4 个字节（T 是 8B 或 16B）或 2 个半字元素（T 是 4H 或 8H）。64 位反转指令 REV64 以 64 位为单位互换 8 个字节（T 是 8B 或 16B）、4 个半字元素（T 是 4H 或 8H）或 2 个字元素（T 是 2S 或 4S）。各种反转指令形式如图 6-8 所示。

（4）位统计指令

SIMD 零位统计指令 CLZ 统计每一路向量元素 Vn.T 从高位开始第一个“1”之前“0”的个数，SIMD 符号位统计指令 CLS 统计每一路向量元素 Vn.T 从次高位开始与最高位（符号位）相同的位个数（不包括最高位，遇到不相同停止计数），传送给 Vd.T 各路。T 是 8B|16B、4H|8H、2S|4S。例如：

```
clz     v6.16b, v5.16b     // 若V5.16B = 0x78 d6…09 90，则V6.16B = 0x01 00…04 00
cls     v7.16b, v5.16b     // 若V5.16B = 0x78 d6…09 90，则V7.16B = 0x00 01…03 00
```

另外，SIMD 单元新增统计“1”的个数指令 CNT（Count），统计每字节元素（T 是 8B|16B）中包含“1”的个数，保存于目的向量寄存器各路中。例如：

```
cnt  v8.16b, v5.16b        // 若V5.16B = 0x78 d6…09 90，则V8.16B = 0x04 05…02 02
```

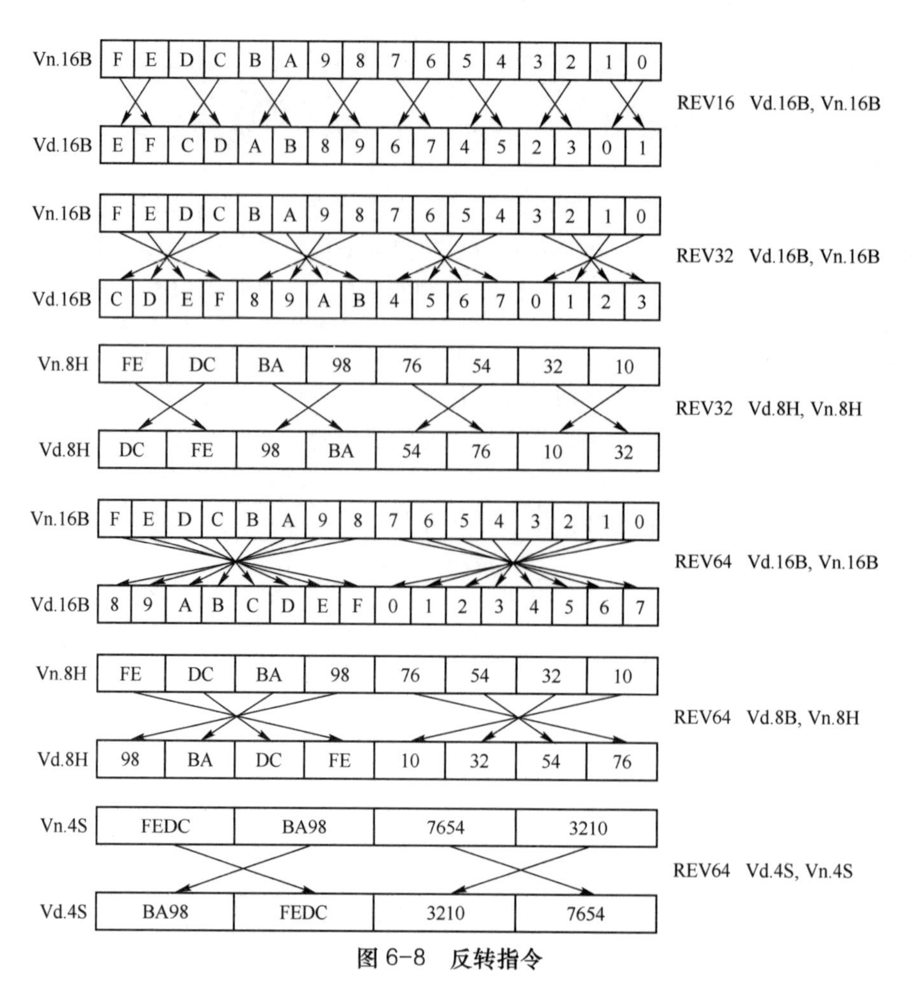

图 6-8 反转指令

第 2 章使用逻辑运算指令编写了奇偶检验程序片段，利用 SIMD 位操作指令可以同时对 16 字节数据进行奇偶校验，程序片段更加高效：

```
    // 假设 V0 寄存器含 16 个欲发送的字节数据，其中每个数据的低 7 位是数据位、高位为 0
    cnt     v1.16b, v0.16b              // V1 各路统计出 V0 各个字节数据中“1”的个数
    // 若数据位含奇数个“1”，则个数最低位为 1；若是偶数个“1”，则个数最低位为 0
    shl     v1.16b, v1.16b, 7           // V1 各路同时左移 7 位，即最低位移到位 7、其他位为 0
    // 如果采用偶校验，数据位含奇数个“1”，则最高的校验位应为 1；否则，校验位为 0
    orr     v0.16b, v1.16b, v0.16b      // 向量逻辑或运算：合并位 7 的校验位和低 7 位的数据位
    // 即形成 16 个将发送的偶校验编码数据
```

（5）位插入指令

A64 有 3 条 SIMD 位插入指令，格式如下：

```
    bif|bit|bsl    Vd.T, Vn.T, Vm.T             // 向量位插入，T 是 8B|16B
```

位为假插入指令 BIF（Bitwise Insert if False）的功能是，当第 2 个源操作数 Vm.T 中某位为 0（程序设计语言中通常用“0”表示逻辑假），则将第 1 个源操作数 Vn.T 对应位插入（替换）目的操作数 Vd.T 相应位，否则保持目的操作数相应位不变。

位为真插入指令 BIT（Bitwise Insert if True）的功能是，当第 2 个源操作数 Vm.T 中某位为 1（程序设计语言中通常用“1”表示逻辑真），则将第 1 个源操作数 Vn.T 对应位插入（替换）目的操作数 Vd.T 相应位，否则保持目的操作数相应位不变。

位选择指令 BSL（Bitwise Select）的功能是，当目的操作数 Vd.T 某位为 1，则用第 1 个

源操作数 Vm.T 中相应位替换，否则用第 2 个源操作数 Vn.T 对应位替换。例如：

```
// 若每条指令执行前：V6.16B = 0xd6…5c, V5.16B = 0x78 …09, V4.16B = 0x0f…34
bif       v6.16b, v5.16b, v4.16b            // 执行后：V6.16B = 0x76…1d
bit       v6.16b, v5.16b, v4.16b            // 执行后：V6.16B = 0xd8…48
bsl       v6.16b, v5.16b, v4.16b            // 执行后：V6.16B = 0x59…28
```

6.4.2 SIMD 浮点运算指令

浮点数处理指令的助记符都有一个字母“F”开头，操作数寄存器既可以是标量浮点寄存器（见第 5 章），也可以是向量浮点寄存器。由于浮点数主要是 32 位单精度浮点数和 64 位双精度浮点数，因此向量寄存器 Vn.T 中的 T 为 2S、4S 和 2D、向量寄存器元素 Vn.Ts[i]中的 Ts 则对应是 S 和 D（表 6-8 和 6-9 不再标注说明）。

1. SIMD 浮点数基本算术运算

浮点数据的加减乘除等基本算术运算指令支持 SIMD 浮点数据，如表 6-8 所示（对比表 5-10）。应用中，除法操作有时可以采用乘法实现。若要除以常量，可以事先计算其倒数；若要除以变量，则可以利用求倒数指令（见 6.5.2 节）。

表 6-8　向量浮点数基本算术运算指令

指令格式		指令功能
FADD	Vd.T, Vn.T, Vm.T	向量加法：Vd.T = Vn.T + Vm.T
FSUB	Vd.T, Vn.T, Vm.T	向量减法：Vd.T = Vn.T − Vm.T
FMUL|FMULX	Vd.T, Vn.T, Vm.T	向量（扩展）乘法：Vd.T = Vn.T × Vm.T
FMUL|FMULX	Vd, Vn, Vm.Ts[i]	标量元素（扩展）乘法：Vd = Vn × Vm.Ts[i]
FMUL|FMULX	Vd.T, Vn.T, Vm.Ts[i]	向量元素（扩展）乘法：Vd.T = Vn.T × Vm.Ts[i]
FMLA	Vd.T, Vn.T, Vm.T	向量乘加：Vd.T = Vd.T + Vn.T × Vm.T
FMLA	Vd, Vn, Vm.Ts[i]	标量元素乘加：Vd = Vd + Vn × Vm.Ts[i]
FMLA	Vd.T, Vn.T, Vm.Ts[i]	向量元素乘加：Vd.T = Vd.T + Vn.T × Vm.Ts[i]
FMLS	Vd.T, Vn.T, Vm.T	向量乘减：Vd.T = Vd.T − Vn.T × Vm.T
FMLS	Vd, Vn, Vm.Ts[i]	标量元素乘减：Vd = Vd - Vn × Vm.Ts[i]
FMLS	Vd.T, Vn.T, Vm.Ts[i]	向量元素乘减：Vd.T = Vd.T − Vn.T × Vm.Ts[i]
FDIV	Vd.T, Vn.T, Vm.T	向量除法：Vd.T = Vn.T ÷ Vm.T

这些 SIMD 浮点基本算术运算指令可以进行多路元素同时（并行）操作的向量运算。SIMD 浮点乘法、乘加和乘减指令还支持某个向量元素（Vm.Ts[i]）与浮点寄存器（Sn 或 Dn）的标量元素运算，以及支持某个向量元素与向量寄存器各路元素都进行的向量元素运算。

浮点扩展乘法指令 FMULX 与浮点乘法指令 FMUL 有一点不同，即前者执行 0 与无穷大相乘的结果是 2.0，详见 5.4.1 节。例如：

```
fsub      v0.4s, v5.4s, v6.4s           // 向量浮点减法：V0.4S = V5.4S - V6.4S
fmul      v0.4s, v5.4s, v6.4s           // 向量浮点乘法：V0.4S = V5.4S × V6.4S
fmul      s0, s5, v6.s[2]               // 标量元素浮点乘法：S0 = S5 × V6.S[2]
fmul      v0.4s, v5.4s, v6.s[2]         // 向量元素浮点乘法：V0.4S = V5.4S × V6.S[2]
```

2. SIMD 浮点数复合算术运算

浮点复合算术运算指令支持向量寄存器，实现向量多路元素的同时（并行）操作，生成多个运算结果，如表 6-9 所示（对比表 5-11）。其中，FMAXNM 和 FMINNM 指令按照 IEEE 754—2008 标准处理非数（NaN），见 5.4.1 节。

表 6-9　向量浮点数复合算术运算指令

指令格式		指令功能
FABS	Vd.T, Vn.T	向量求绝对值：Vd.T = |Vn.T|
FNEG	Vd.T, Vn.T	向量求补：Vd.T = −Vn.T
FSQRT	Vd.T, Vn.T	向量求平方根：Vd.T = $\sqrt{\text{Vn.T}}$
FABD	Vd.T, Vn.T, Vm.T	向量减法绝对值：Vd.T = |Vn.T − Vm.T|
FMAX|FMAXNM	Vd.T, Vn.T, Vm.T	求较大值：Vd.T = 较大值(Vn.T, Vm.T)
FMIN|FMINNM	Vd.T, Vn.T, Vm.T	求较小值：Vd.T = 较小值(Vn.T, Vm.T)

【例 6-2】 两点距离计算程序（e602_distance.s）。

第 5 章的例 5-6 利用如下公式计算两维坐标中的两个点 $f_1(x_1, y_1)$ 和 $f_2(x_2, y_2)$ 距离：

$$d = \sqrt{(x_2 - x_1)^2 + (y_2 - y_1)^2}$$

例如，数据区有两个点的坐标如下：

```
        .data
points: .float   1.3, 5.4, 3.1, -1.5          // 依次为 x1 和 y1、x2 和 y2 的坐标值
msg:    .string  "Distance = %f\n"            // 显示信息
```

尝试用 SIMD 指令编程计算、并显示两点距离，文本区代码可以是：

```
        .text
        .global  main
main:   stp      x29, x30, [sp, -16]!
        ldr      x0, =points                  // X0 = 坐标值的地址
        ld1      {v1.4s}, [x0]                // 载入 4 个坐标值
        // x1 和 y1 存于 V1 低 64 位：V1.S[0]和 V1.S[1]，x2 和 y2 存于 V1 高 64 位：V1.S[2]和 V1.S[3]
        mov      v2.d[0], v1.d[1]             // x2 和 y2 移入 V2 低 64 位：V2.S[0]和 V2.S[1]
        fsub     v0.2s, v2.2s, v1.2s          // 计算 x2 - x1 和 y2 - y1
        fmul     v0.2s, v0.2s, v0.2s          // 计算(x2 - x1)2 和(y2 - y1)2
        mov      v2.s[0], v0.s[1]   // V0.S[0] = S0 = (x2 - x1)2，V2.S[0] = S2 = (y2 - y1)2
        fadd     s0, s0, s2                   // S0 = (x2 - x1)2 + (y2 - y1)2
        fsqrt    s0, s0                       // 计算平方根
        fcvt     d0, s0                       // 单精度 S0 转换为双精度 D0，传递首个浮点参数
        ldr      x0, =msg
        bl       printf                       // 显示
        mov      x0, 0
        ldp      x29, x30, [sp], 16
        ret
```

数据密集型应用更适合 SIMD 处理，以便实现数据级并行，提高性能。本例假设有 4 组两点间距离需要计算、并显示结果，使用 SIMD 指令编程如下：

```
        .data
points: .float   1.3, 5.4, 3.1, -1.5          // 第 1 组两点：依次是 f11(x11,y11)、f12(x12,y12)坐标值
        .float   1.3, 5.4, 8.1, 6.5           // 第 2 组两点：依次是 f21(x21,y21)、f22(x22,y22)坐标值
        .float   -117.0, -5.4, -3.8, 6.5
        // 第 3 组两点：依次是 f31(x31,y31)、f32(x32,y32)坐标值
```

```
        .float   65.7, -25.9, 0.8, 88.5
        // 第4组两点：依次是f41(x41,y41)、f42(x42,y42)坐标值
msg:    .string  "Distance = %f, %f, %f, %f\n"
        .text
        .global  main                        // 主程序
main:   stp      x29, x30, [sp, -16]!
        ldr      x0, =points                 // X0 = 坐标值的地址
        ld4      {v1.4s, v2.4s, v3.4s, v4.4s},[x0]    // 8个点的16个坐标值载入V1~V4（见图6-9）
        fsub     v1.4s, v3.4s, v1.4s         // V1.4S = 4组X坐标差值，即x2 - x1
        fsub     v2.4s, v4.4s, v2.4s         // V2.4S = 4组Y坐标差值，即y2 - y1
        fmul     v4.4s, v1.4s, v1.4s         // V4.4S = 4组X坐标乘积，即(x2 - x1)2
        fmla     v4.4s, v2.4s, v2.4s         // V4.4S = 4组乘积和值，即(x2 - x1)2 + (y2 - y1)2
        fsqrt    v3.4s, v4.4s                // V3.4S = 4组平方根，即4组两点距离
        mov      s0, v3.s[0]                 // S0 = 第1组两点距离
        fcvt     d0, s0                      // 单精度转换为双精度，作为第1个浮点参数
        mov      s1, v3.s[1]                 // S1 = 第2组两点距离
        fcvt     d1, s1                      // 单精度转换为双精度，作为第2个浮点参数
        mov      s2, v3.s[2]                 // S2 = 第3组两点距离
        fcvt     d2, s2                      // 单精度转换为双精度，作为第3个浮点参数
        mov      s3, v3.s[3]                 // S3 = 第4组两点距离
        fcvt     d3, s3                      // 单精度转换为双精度，作为第4个浮点参数
        ldr      x0, =msg                    // X0 = 输出浮点数的字符串地址
        bl       printf                      // 显示
        mov      x0, 0
        ldp      x29, x30, [sp], 16
        ret
```

本例关键是如何在向量寄存器中组织各点坐标，以便能够充分利用向量指令同时并行处理这些数据。8个点分成4组，16个坐标值通过交织访问的多体结构载入指令LD4存入V1.4S～V4.4S向量寄存器，4个向量寄存器的一路保存一组两个点的4个坐标值，如图6-9所示。

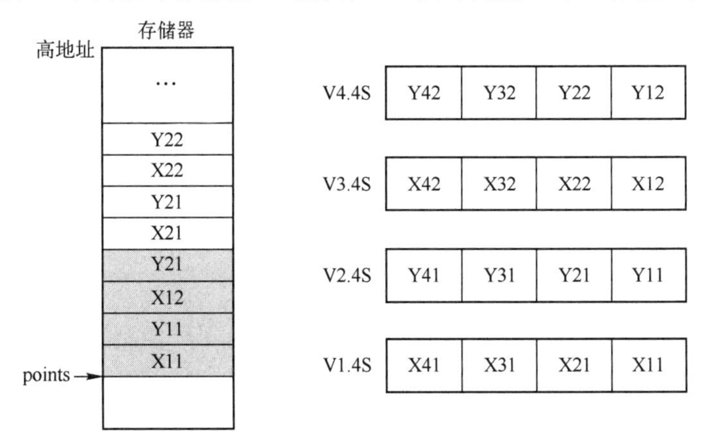

图6-9　8点16个坐标值的存储形式

然后，两条向量浮点减法指令FSUB求得4组X和Y坐标差值，一条向量浮点乘法指令FMUL求得X坐标差值平方，一条向量浮点乘加指令FMLA求得Y坐标差值平方，并与X坐标差值平方进行求和。接着，一条向量浮点平方根指令FSQRT计算得到4组的两点距离。最

后，逐个取出，转换为双精度浮点数依次存入 D0～D3，作为 printf()函数的参数进行显示。对于本例数据区的数据，程序显示结果是：7.130919，6.888396，113.823769，131.527069。

6.4.3 SIMD 比较及条件设置指令

5.4.2 节介绍了一组浮点比较及条件设置指令（见表 5-14），它们都可以扩展支持向量浮点数，据此原则进一步增加了对向量整数的比较及条件设置指令，如表 6-10 所示。因此，这些指令分成整数和浮点数（以字母 F 开头）两类，但功能都是首先同时比较两个向量寄存器多路元素，然后根据条件设置目的向量寄存器各路所有位为 1 或 0。

表 6-10 SIMD 向量比较及条件设置指令

指令格式		指令功能
FACGE	Vd.T, Vn.T, Vm.T	向量浮点绝对值比较，条件是大于或等于（GE）
FACGT	Vd.T, Vn.T, Vm.T	向量浮点绝对值比较，条件是大于（GT）
FCMEQ	Vd.T, Vn.T, Vm.T|0.0	向量浮点比较，条件是等于（EQ）
FCMGE	Vd.T, Vn.T, Vm.T|0.0	向量浮点比较，条件是大于或等于（GE）
FCMGT	Vd.T, Vn.T, Vm.T|0.0	向量浮点比较，条件是大于（GT）
FCMLE	Vd.T, Vn.T, 0.0	向量浮点比较，条件是小于或等于（LE）零（0.0）
FCMLT	Vd.T, Vn.T, 0.0	向量浮点比较，条件是小于（LT）零（0.0）
CMHS	Vd.T, Vn.T, Vm.T	向量整数比较，条件是无符号数高于或等于（HS）
CMHI	Vd.T, Vn.T, Vm.T	向量整数比较，条件是无符号数高于（HI）
CMEQ	Vd.T, Vn.T, Vm.T|0	向量整数比较，条件是等于（EQ）
CMGE	Vd.T, Vn.T, Vm.T|0	向量整数比较，条件是有符号数大于或等于（GE）
CMGT	Vd.T, Vn.T, Vm.T|0	向量整数比较，条件是有符号数大于（GT）
CMLE	Vd.T, Vn.T, 0	向量整数比较，条件是有符号数小于或等于（LT）零（0）
CMLT	Vd.T, Vn.T, 0	向量整数比较，条件是有符号数小于（LT）零（0）
CMTST	Vd.T, Vn.T, Vm.T	向量整数测试，条件是逻辑与结果不是零

1．浮点向量比较及条件设置指令

这组浮点向量比较及条件设置指令同时比较 2 或 4 路单精度、2 路双精度浮点数（T 是 2S|4S 和 2D），某路比较结果满足设定的条件，则目的向量寄存器与该组对应的路所有位为 1；否则目的寄存器该路元素为 0。浮点数都是有符号数，但其中有 2 条指令是进行绝对值比较，相当于无符号数。

2．整数向量比较及条件设置指令

比照浮点向量数据的比较及条件设置指令，同样设计了一组整数向量比较及条件设置指令，整数向量数据可以是 16、8、4 或 2 路（T 是 8B|16B、4H|8H、2S|4S、2D）。对于 Vn.1D 情况，因为只有一个元素，所以本质是标量，ARM 文献也称之为标量变体形式。Vn.1D 占用 SIMD&FP 寄存器的低 64 位，也可以使用 Dn 浮点寄存器表达，故将这组整数比较指令的操作数 Vd.T、Vn.T 和 Vm.T 依次用 Dd、Dn 和 Dm 替换，就是对应的标量变体指令。例如：

```
        cmhs     Dd, Dn, Dm                // 标量无符号整数比较，若 Dn≥Dm，Dd = 0b11…11，否则 Dd = 0
```

另外，有一条 SIMD 整数测试指令 CMTST，也分成整数向量数据 Vn.T（T 是 8B|16B、4H|8H、2S|4S、2D）和标量 Dn 两种变体：

```
        cmtst    Dd, Dn, Dm                      // 标量整数测试
        cmtst    Vd.T, Vn.T, Vm.T                // 向量整数测试
```

CMTST 指令是将两个源操作数各路进行逻辑与操作，某路逻辑与结果不是 0，则设置目的寄存器对应路所有位为 1，否则对应路均为 0。例如：

```
        // 若 V5.16B = 0x78 …09, V4.16B = 0x0f…34
        cmtst    v6.16b, v5.16b, v4.16b          // 执行后: V6.16B = 0xff…00
```

【例 6-3】 大小写字母转换程序（e603_tolower.s）。

一条 SIMD 整数处理指令最多可以处理 16 字节数据。采用 ASCII 编码的英文字符是一个字节，所以对于数据量很大的字符处理可以考虑采用 SIMD 进行优化。例如，将英文文档进行全文大小写转换。

本例假设将已知字符个数的字符串全部转换为小写字母。主程序仍然采用通用整数指令编写，将数据区的字符串地址和字符串长度（个数）传递给子程序，并显示转换为小写字母的字符串。子程序将字符串的大写字母转换为小写，使用 SIMD 指令优化。

```
        .data
msg:    .string  "DREAM it POSSIBLE!\n"
        len = .- msg                            // len 是字符串 msg 的长度（字符个数）
form:   .string  "The message is: %s\n"
        .text
        // 主程序（主函数）
        .global  main
main:   stp      x29, x30, [sp, -16]!
        ldr      x0, =msg                       // 子程序的参数 1: 字符串地址
        mov      x1, len                        // 子程序的参数 2: 字符串长度
        bl       tolower                        // 调用子程序，将字符串处理为小写字母
        ldr      x1, =msg                       // X1 = printf 的参数 1
        ldr      x0, =form                      // X0 = printf 的参数 0
        bl       printf                         // 显示字符串
        mov      x0, 0
        ldp      x29, x30, [sp], 16
        ret
        // 子程序
        .global  tolower                        // 子程序：将指定字符串的大写字母全部转换为小写
        .type    tolower, %function             // 参数：X0 = 字符串地址，返回值：X1 = 字符串长度
tolower:
        movi     v1.16b, 'A'                    // 使得 V1 所有字节元素为字符 A
        movi     v2.16b, 25                     // 使得 V2 所有字节元素为范围 25
        movi     v3.16b, 0x20                   // 使得 V3 所有字节元素为范围 0x20
toll:   cmp      x1, 16                         // 判断 X1（字符个数）是否大于等于 16
        b.lo     tol2                           // 小于 16 个，则跳转处理剩余的字符
        ld1      {v0.16b}, [x0]                 // 大于或等于 16，则取出 16 个字符进行处理
        sub      v4.16b, v0.16b, v1.16b         // 同时减字符 A
        cmhi     v4.16b, v4.16b, v2.16b         // 同时比较范围，超出的对应字节各位全为 1，否则为 0
        bic      v4.16b, v3.16b, v4.16b         // 同时逻辑非与，使大写字母对应字节位 5 为 1，其他都是 0
        orr      v0.16b, v0.16b, v4.16b         // 同时逻辑或，仅是大写字母对应字节位 5 为 1 成为小写字母
        st1      {v0.16b}, [x0], 16             // 转换处理后保存于原处
        sub      x1, x1, 16                     // 个数减 16
```

```
        b        tol1
tol2:   tbz      x1, 3, tol3              // X1 位 3 为 0，剩余字符个数不足 8 个，跳转
        ld1      {v0.8b}, [x0]            // 个数大于或等于 8 个，则取出 8 个字符进行处理
        sub      v4.8b, v0.8b, v1.8b      // 同时减字符 A
        cmhi     v4.8b, v4.8b, v2.8b      // 同时比较范围，超出的对应字节各位全为 1，否则为 0
        bic      v4.8b, v3.8b, v4.8b      // 同时逻辑非与，使大写字母对应字节位 5 为 1，其他都是 0
        orr      v0.8b, v0.8b, v4.8b      // 同时逻辑或，仅是大写字母对应字节位 5 为 1 成为小写字母
        st1      {v0.8b}, [x0], 8         // 转换处理后保存于原处
        sub      x1, x1, 8                // 个数减 8
tol3:   cbz      x1, tol5                 // 个数为 0，结束
        ldrb     w3, [x0]                 // 不为 0，循环逐个字符处理，W3 载入一个字符
        sub      w4, w3, 'A'              // 减去大写字母 A
        cmp      w4, 'Z'-'A'              // 与 'Z'-'A'（=25）比较，看是否在大写字母范围内
        b.hi     tol4                     // 不是大写字母，转下一个字符
        orr      w3, w3, 0x20             // 大写字母转换为小写字母
        strb     w3, [x0]                 // 存入原位置
tol4:   add      x0, x0, 1                // 指向下一个字符
        sub      x1, x1, 1                // 个数减 1
        b        tol3                     // 继续循环
tol5:   ret
```

大写字母判断并转换为小写字母的算法可以参考例 4-1（小写转换为大写则参考例 3-2），子程序最后处理剩余不足 8 个字符的循环程序片段就与例 4-1 相同。SIMD 整数指令可以一次处理 16 个字符，但进行范围比较后，结果只是各位全为 1 或 0，于是使用逻辑指令，仅将对应大写字母的字节位 5 设置为 1，转换为小写字母，其他不变（消除了分支，也提高了性能）。

当然，如果字符串中大写字母不多，本例也需要原样写回存储器，效率不一定理想。但如果需要将处理后的字符串保存到另一个位置，就没有这个问题了。另外，如果字符串以 0（NULL）结尾、长度未知，需要计算字符个数或判断字符串结束，问题就复杂些，此时就需要考量采用 SIMD 指令是否能取得更高性能。而且，对于剩余不足 8 个字符时采用通用整型基础指令的方法也有一个问题，就是 ARM 整型处理流水线需要等待 SIMD 流水线写入完成后才能进行写入，所以通常应该避免让通用整型代码和 SIMD 代码写入同一个存储区域，尤其这个存储区是同一个高速缓冲行的情况。

6.5 SIMD 数据的特色处理

为了应对各种各样的向量数据存储形式和处理要求，SIMD 在基本算术运算指令基础上衍生了向量数据特有的变体指令，为了满足特定应用领域的快速处理，也设计了许多专用指令。

6.5.1 SIMD 变体指令

A64 基础指令集的助记符主要针对整型操作数，如 ADD 表示整数加法指令、SUB 表示整数减法指令。个别指令使用前缀 S（Signed）和 U（Unsigned）区别有符号整数和无符号整数指令，如 SDIV 是有符号数除法，UDIV 是无符号数除法。浮点指令助记符加前缀 F（Floating-point）表示，如 FADD、FSUB、FDIV 依次表示浮点加法、减法、除法指令。SIMD 指令也是

按此原则分成 SIMD 整数指令和 SIMD 浮点指令，包括使用 S 和 U 前缀表示有符号和无符号整数指令，如 SMOV、SMAX 分别是有符号整数传送、求较大值指令，UMOV、UMAX 则分别是无符号整数传送、求较大值指令。许多整数运算和移位等指令之所以区别有符号整数和无符号整数，是因为位数增加时，有符号整数进行符号扩展、无符号整数进行零位扩展；进行右移时，有符号整数采用算术右移、无符号整数采用逻辑右移。

SIMD 变体指令主要使用后缀区别不同的衍生操作。

1．操作数倍长等操作

通常，SIMD 指令处理的各路数据要求具有相同的位数，生成相同位数的多路结果。但是，有些情况需要操作数的位数加长（Long）、变宽（Wide）或收窄（Narrow），于是有些 SIMD 指令衍生了加后缀 L、W 或 N 的变体指令，如表 6-11 所示。

表 6-11　部分支持操作数倍长等处理的 SIMD 指令

<table>
<tr><th>指令助记符</th><th>指令操作数</th><th>指令功能</th><th>指令说明</th></tr>
<tr><td>SADDL{2}|UADDL{2}</td><td rowspan="4">Vd.Ta, Vn.Tb, Vm.Tb</td><td>Vd.Ta = Vn.Tb + Vm.Tb</td><td rowspan="7">Ta：8H、4S、2D
Tb：8B|16B、4H|8H、2S|4S</td></tr>
<tr><td>SSUBL{2}|USUBL{2}</td><td>Vd.Ta = Vn.Tb − Vm.Tb</td></tr>
<tr><td>SABDL{2}|UABDL{2}</td><td>Vd.Ta = |Vn.Tb − Vm.Tb|</td></tr>
<tr><td>SABAL{2}|UABAL{2}</td><td>Vd.Ta = Vd.Ta + |Vn.Tb − Vm.Tb|</td></tr>
<tr><td>SMULL{2}|UMULL{2}</td><td rowspan="3">Vd.Ta, Vn.Tb, Vm.Tb</td><td>Vd.Ta = Vn.Tb×Vm.Tb</td></tr>
<tr><td>SMLAL{2}|UMLAL{2}</td><td>Vd.Ta = Vd.Ta + Vn.Tb×Vm.Tb</td></tr>
<tr><td>SMLSL{2}|UMLSL{2}</td><td>Vd.Ta = Vd.Ta − Vn.Tb×Vm.Tb</td></tr>
<tr><td>SMULL{2}|UMULL{2}</td><td rowspan="3">Vd.Ta, Vn.Tb, Vm.Ts[i]</td><td>Vd.Ta = Vn.Tb×Vm.Ts[i]</td><td rowspan="3">Ta：4S、2D
Tb：4H|8H、2S|4S
Ts：H、S</td></tr>
<tr><td>SMLAL{2}|UMLAL{2}</td><td>Vd.Ta = Vd.Ta + Vn.Tb×Vm.Ts[i]</td></tr>
<tr><td>SMLSL{2}|UMLSL{2}</td><td>Vd.Ta = Vd.Ta − Vn.Tb×Vm.Ts[i]</td></tr>
<tr><td>SADDW{2}|UADDW{2}</td><td rowspan="2">Vd.Ta, Vn.Ta, Vm.Tb</td><td>Vd.Ta = Vn.Ta + Vm.Tb</td><td rowspan="3">Ta：8H、4S、2D
Tb：8B|16B、4H|8H、2S|4S</td></tr>
<tr><td>SSUBW{2}|USUBW{2}</td><td>Vd.Ta = Vn.Ta − Vm.Tb</td></tr>
<tr><td>XTN{2}</td><td>Vd.Tb, Vn.Ta</td><td>抽取低半位</td></tr>
<tr><td>FCVTL{2}</td><td>Vd.Ta, Vn.Tb</td><td>浮点低精度转换为高精度</td><td rowspan="2">Ta：4S、2D
Tb：4H|8H、2S|4S</td></tr>
<tr><td>FCVTN{2}</td><td>Vd.Tb, Vn.Ta</td><td>浮点高精度转换为低精度</td></tr>
<tr><td>FCVTXN{2}</td><td>Vd.Tb, Vn.Ta, Sd, Dn</td><td>浮点高精度转换为低精度，向奇舍入</td><td>Ta：2D，Tb：2S|4S</td></tr>
</table>

（1）倍长操作

对基本指令助记符添加 L 后缀，表示该指令进行倍长操作。倍长操作是指两个相同位数的源操作数进行操作后生成一个倍长位数的目的操作数，即用 L 后缀表示操作结果的位数（长度）是源操作数位数的 2 倍。例如，16 位向量操作数生成 32 位向量结果，如图 6-10 所示。

向量整数加法（ADD）、减法（SUB）、减法绝对值（ABD）、减法绝对值加法（ABA）、乘法（MUL）、乘加（MLA）、乘减（MLS）等指令支持倍长操作。位数加长就是位扩展，为保持数值不变，无符号数应采用零位扩展、有符号数采用符号扩展。所以，整数倍长操作需要区别有符号数和无符号数。例如，加法指令 ADD 分成有符号加法倍长指令 SADDL（Signed add long）和无符号加法倍长指令 UADDL（Unsigned add long），指令格式为：

```
    saddl|uaddl   Vd.Ta, Vn.Tb, Vm.Tb          // 加法倍长操作：Vd.Ta = Vn.Tb + Vm.Tb
```

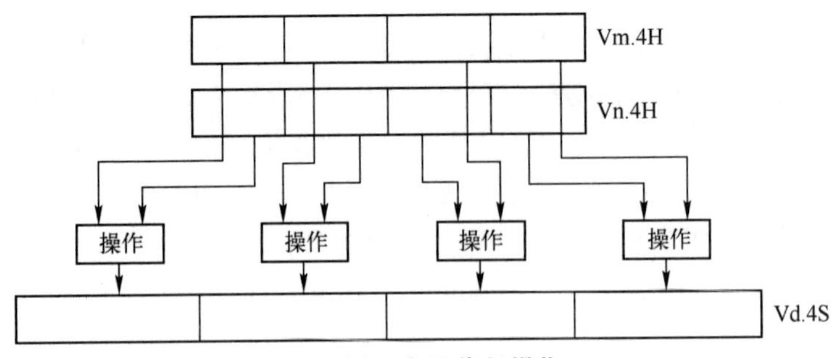

图 6-10　向量倍长操作

为了区别不同长度的向量元素，表达操作数的类型分别使用了 Ta 和 Tb。Ta 是 8H、4S 和 2D，而对应 Tb 依次是 8B、4H、2S，Ta 倍长 Tb。例如：

```
saddl    v0.4s, v1.4h, v2.4h
// 4 路 16 位有符号整数（符号扩展倍长后）同时相加，获得 4 路 32 位有符号整数和值
```

注意，整数乘法、乘加和乘减加长操作指令还支持某 16 位或 32 位向量元素（Ts 为 H 或 S）与多个向量元素（Tb 为 4H 或 2S）同时相乘、位数加长（Tb 为 4S 或 2D）。

向量浮点精度转换使用倍长（和半窄）操作实现。浮点精度转换倍长操作指令 FCVTL 实现低精度转换为高精度，即将 4 个半精度或 2 个单精度浮点数分别转换为 4 个单精度或 2 个双精度浮点数。

（2）倍宽操作

整数加法（ADD）和减法（SUB）指令支持倍宽操作，指令助记符添加 W 后缀表示，也需要区别有、无符号数。倍宽操作的第一个源操作数和目的操作数的位数是第 2 个源操作数的 2 倍，如图 6-11 所示。

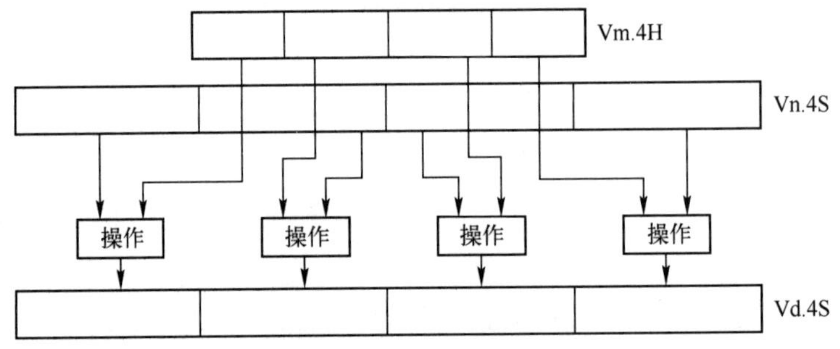

图 6-11　向量倍宽操作

例如，减法倍宽操作指令是：

```
ssubw|usubw    Vd.Ta, Vn.Ta, Vm.Tb            // 减法倍宽操作：Vd.Ta = Vn.Ta - Vm.Tb
```

注意，目的和第一个源操作数位数用 Ta（8H、4S 和 2D），第 2 个源操作数位数用 Tb（8B、4H、2S），Ta 倍长 Tb。例如，

```
usubw    v0.4s, v1.4s, v2.4h
// 4 路 32 位无符号整数同时减去经倍长扩展的 4 路 16 位无符号整数，获得 4 路 32 位差值
```

（3）半窄操作

半窄操作将指令助记符添加 N 后缀表示，其操作结果（目的操作数）的位数是源操作数的一半，图 6-12 为只有一个源操作数的半窄操作，图 6-13 为两个源操作数的半窄操作。

例如，抽取半窄指令 XTN（Extract Narrow）将源向量寄存器 Vn.Ta（Ta 为 8H、4S 和 2D）各路元素取低一半存入目的向量寄存器 Vd.Tb（对应 Ta，Tb 依次为 8B、4H 和 2S）：

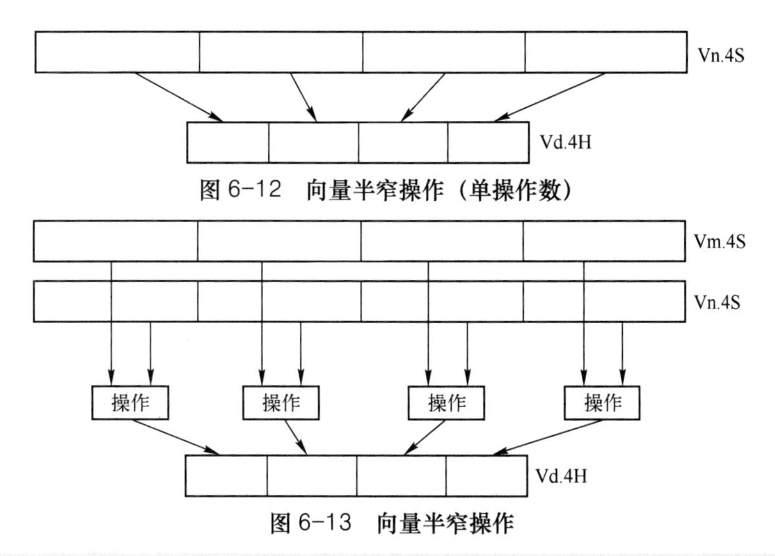

图 6-12 **向量半窄操作（单操作数）**

图 6-13 **向量半窄操作**

```
xtn     Vd.Tb, Vn.Ta                      // 抽取半窄指令
```

再如，向量浮点精度转换指令支持半窄操作：

```
fcvtn|fcvtxn  Vd.Tb, Vn.Ta               // 浮点精度转换半窄操作（高精度转换为低精度）
```

向量浮点数半窄操作实际上就是高精度转换为低精度，需要进行舍入。FCVTN 指令的舍入方法由浮点控制寄存器设置，而 FCVTXN 指令采用向奇舍入（Round to Odd）方法。向奇舍入是无法准确就近转换时让最低位强制为 1，并没有在 IEEE 754—2008 标准中定义。这种舍入模式在需要经过两次降低精度时，可以避免产生双倍误差。例如，64 位双精度浮点数转换为 16 位半精度浮点数，可以先使用 FCVTXN 指令以向奇舍入转换为 32 位单精度，再采用其他指令以需要的舍入模式转换为 16 位单精度。

（4）高位操作

128 位 SIMD&FP 寄存器可以分成高 64 位和低 64 位两部分。倍长、倍宽、半窄操作都有操作数仅使用低 64 位（Ta 或 Tb 为 8B、4H 和 2S），或仅而使用高 64 位部分（Ta 或 Tb 为 16B、8H 和 4S），后者需要在指令助记符再添加“2”后缀表示高位操作。例如：

```
saddl2   v0.2d, v1.4s, v2.4s
// V1 和 V2 高 2 路 32 位有符号整数相加，获得 64 位和值存入 V0 向量寄存器
usubw2   v0.2d, v1.2d, v2.4s
// V2 高 2 路 32 位无符号数倍宽为 64 位，与 V1 两路无符号整数相减，差值存入 V0
xtn2     v0.4s, v1.2d
// 抽取 V1 两个 64 位数据半窄为 32 位，存入 V0 高 2 路
fcvtn2   v0.4s, v1.2d
// V1 两个双精度浮点数转换为两个单精度浮点数，存入 V0 高 2 路
```

半窄操作只写入目的向量寄存器一半，低 64 位或高 64 位，若是写入低 64 位，则高 64 位被清除；若是写入高 64 位（指令助记符有“2”后缀），则低 64 位保持不变。

例如，FCVTN（和 FCVTXN）指令将收窄（降低精度）的浮点数存入向量寄存器的低 64 位，并清除高 64 位；而 FCVTN2（和 FCVTXN2）指令将收窄的浮点数存入向量寄存器的高 64 位，不影响低 64 位。

现在再看例 6-2 程序，如果采用向量浮点精度倍长指令 FCVTL{2}将单精度转换为双精度，其中 8 条指令代码可以简化为 4 条，如下所示：

```
…                                       // 见例 6-2
```

```
        fsqrt     v3.4s, v4.4s                              // V3.4S = 4组平方根，即4组两点距离
        fcvtl     v0.2d, v3.2s                              // 低2路单精度转换为双精度
        fcvtl2    v2.2d, v3.4s                              // 高2路单精度转换为双精度
        // D0 = 第1组两点距离（V0.D[0]就是D0，不需传送）
        mov       d1, v0.d[1]                               // D1 = 第2组两点距离
        // D2 = 第3组两点距离（V2.D[0]就是D2，不需传送）
        mov       d3, v2.d[1]                               // D3 = 第4组两点距离
```

SIMD还有一些支持倍长和半窄操作的指令，通常都支持高位操作，详见后续指令介绍。

2. 取半操作

向量整数加法和减法指令支持两种取半操作，如表6-12所示。

表6-12 向量整数取半操作指令

指令助记符	指令操作数	指令功能	指令说明
SHADD|UHADD|SRHADD|URHADD	Vd.T, Vn.T, Vm.T	Vd.T =(Vn.T + Vm.T)÷2	T：8B|16B、4H|8H、2S|4S
SHSUB|UHSUB		Vd.T =(Vn.T − Vm.T)÷2	
ADDHN{2}|RADDHN{2}	Vd.Tb, Vn.Ta, Vm.Ta	Vd.Tb =(Vn.Ta + Vm.Ta)高半窄	Ta：8H、4S、2D Tb：8B|16B、4H|8H、2S|4S
SUBHN{2}|RSUBHN{2}		Vd.Tb =(Vn.Ta − Vm.Ta)高半窄	

① 有符号整数加法取半操作SHADD（Signed Halving Add）、无符号整数加法取半操作UHADD（Unsigned Halving Add）、有符号整数减法取半操作SHSUB（Signed Halving Subtract）、无符号整数减法取半操作UHSUB（Unsigned Halving Subtract）指令，进行向量整数加减后，将各路结果（含进位）分别再右移1位（相当于除以2），取得半数（Half）结果保存到向量寄存器。例如：

```
        shadd|uhadd    Vd.T, Vn.T, Vm.T         // 向量加法取半操作：Vd.T = (Vn.T + Vm.T) /2
```

实现取半数，有符号整数是算术右移1位，而无符号整数是逻辑右移1位。因此，指令需要分为有、无符号数两种。SHADD和UHADD指令对和值右移1位，就是截断最低位。另外，SRHADD和URHADD指令求得加法和值右移1位时，要进行舍入处理（Rounding）。SIMD还有一些涉及右移等操作的指令，需要按照舍入原则处理数据，这些指令的助记符开头或其中含有字母“R”。

② 加法取高半窄操作ADDHN（Add returning High Narrow）、减法取高半窄操作SUBHN（Subtract returning High Narrow）指令，进行向量整数加减后，只取各路高一半位结果，即半窄处理存入向量寄存器，见图6-13。ADDHN和SUBHN取高一半时截断低位，而RADDHN和RSUBHN取高一半时舍入（Rounding）低位。

这4条取高半窄操作指令将半窄结果存入向量寄存器的低64位，高64位被清除。而添加了“2”后缀的4条半窄操作指令则将半窄结果存入向量寄存器的高64位，低64位不受影响。例如：

```
        addhn     v0.4h, v1.4s, v2.4s
        // V1和V2的4路32位整数相加，取4路结果的高16位，存入V0的低4路中
        subhn2    v0.8h, v1.4s, v2.4s
        // V1和V2的4路32位整数相减，取4路结果的高16位，存入V0的高4路中
```

3. 移位操作

除基本的移位指令（SHL、SLI和SRI）外，SIMD还有特殊的移位操作指令，如表6-13

所示。

表 6-13　SIMD 移位指令

<table>
<tr><th>指令助记符</th><th>指令操作数</th><th>指令功能</th><th>指令说明</th></tr>
<tr><td>SHLL{2}</td><td>Vd.Ta, Vn.Tb,imm</td><td>倍长左移 imm（8|16|32）位</td><td rowspan="2">Ta：8H、4S、2D
Tb：8B|16B、4H|8H、2S|4S</td></tr>
<tr><td>SSHLL{2}|USHLL{2}</td><td>Vd.Ta, Vn.Tb,imm6</td><td>倍长左移 imm6（0～元素位数-1）</td></tr>
<tr><td rowspan="2">SSHL|USHL|SRSHL|URSHL</td><td>Dd, Dn, Dm</td><td rowspan="2">正数左移、负数右移</td><td rowspan="6">T：8B|16B、4H|8H、2S|4S、2D
imm6：1～元素位数</td></tr>
<tr><td>Vd.T, Vn.T, Vm.T</td></tr>
<tr><td rowspan="2">SSHR|USHR|SRSHR|URSHR</td><td>Dd, Dn, imm6</td><td rowspan="2">右移 imm6 位</td></tr>
<tr><td>Vd.T, Vn.T, imm6</td></tr>
<tr><td rowspan="2">SSRA|USRA|SRSRA|URSRA</td><td>Dd, Dn, imm6</td><td rowspan="2">右移 imm6 位，加法</td></tr>
<tr><td>Vd.T, Vn.T, imm6</td></tr>
<tr><td>SHRN{2}|RSHRN{2}</td><td>Vd.Tb, Vn.Ta,imm6</td><td>半窄右移 imm6 位</td><td>Ta：8H、4S、2D
Tb：8B|16B、4H|8H、2S|4S
imm6：1～元素位数</td></tr>
</table>

① 倍长左移指令 SHLL{2}（Shift Left Long）对源寄存器 Vn.Tb 低 64 位或高 64 位（加有“2”后缀）各路元素左移该元素位数（即 Tb 是 8B|16B、4H|8H 或 2S|4S，依次左移的位数 imm 是 8、16 或 32），倍长各路元素后存入目的向量寄存器。例如：

```
shll    v0.2d, v1.2s, 32            // V1 低 2 路 32 位整数左移 32 位，形成 2 个 64 位数据存入 V0
shll2   v0.2d, v1.4s, 32            // V1 高 2 路 32 位整数左移 32 位，形成 2 个 64 位数据存入 V0
```

② 有符号倍长左移指令 SSHLL{2}（Signed Shift Left Long）和无符号倍长左移指令 USHLL{2}（Unsigned Shift Left Long）对源寄存器 Vn.Tb 低 64 位或高 64 位（加有“2”后缀）各路元素左移 imm6 指定位数，倍长各路元素后存入目的向量寄存器。左移位数 imm6 是 0～元素位数减 1。若左移位数为 0（即不进行移位），则 SSHLL{2}和 USHLL{2}指令可以分别使用别名指令 SXTL{2}和 UXTL{2}，位数 0 也不需表达，相当于扩展倍长位数。例如：

```
sshll   v0.4s, v1.4h, 8             // V1 低 4 路 16 位整数左移 8 位，再符号扩展为 32 位存入 V0
uxtl2   v0.4s, v1.8h                // V1 高 4 路 16 位整数，零位扩展为 32 位存入 V0
```

③ 有符号左移 SSHL（Signed Shift Left）、无符号左移 USHL、有符号舍入左移 SRSHL、无符号舍入左移 URSHL 指令，由第 2 个源操作数 Vm.T 确定第 1 个源操作数 Vn.T 进行左移或者右移，将结果存入目标向量寄存器 Vd.T。第 2 个源寄存器某路最低字节为正数（如 4），则左移该值位数（如左移 4 位）；如果为负数（如-5），则右移该值位数（如右移 5 位）。有符号右移是算术右移、无符号右移则是逻辑右移。某路数据右移，SSHL 和 USHL 指令进行截断处理，而 SRSHL 和 URSHL 指令进行舍入处理。例如：

```
sshl    d4, d5, d6                  // 标量移位，D6 的最低字节确定 D5 左移或右移
urshl   v4.4s, v5.4s, v6.4s         // 向量移位，V6 各路最低字节确定 V5 对应路左移或舍入右移
```

④ 有符号右移 SSHR（Signed Shift Right）、无符号右移 USHR、有符号舍入右移 SRSHR、无符号舍入右移 URSHR 指令，将源寄存器 Vn.T 各路数值同时右移 imm6 指定的位数，存入目的寄存器 Vd.T。右移位数 imm6 是 1～元素位数。有符号数右移指令采用算术右移，无符号数右移指令采用逻辑右移。数据右移，SSHR 和 USHR 指令进行截断处理，而 SRSHR 和 URSHR 指令进行舍入处理。例如：

```
sshr    d4, d5, 4                   // 标量右移：D5 有符号整数算术右移 4 位，存入 D4
ushr    v4.16b, v5.16b, 3           // 向量右移：V5 各路无符号整数逻辑右移 3 位，存入 V4 各路
```

⑤ 有符号右移累加 SSRA（Signed Shift Right and Accumulate）、无符号右移累加 USRA、有符号舍入右移累加 SRSRA、无符号舍入右移累加 URSRA 指令，将源寄存器 Vn.T 各路数值同时右移 imm6 指定的位数，然后再与目的寄存器 Vd.T 各路数值并行相加，并将结果存入目的寄存器。右移位数 imm6 是 1～元素位数。数据右移，SSRA 和 USRA 指令进行截断处理，而 SRSRA 和 URSRA 指令进行舍入处理。例如：

```
usra     d4, d5, 8              // D5 逻辑右移 8 位，再加 D4，结果存入 D4
srsra    v4.4h, v5.4h, 4        // V5 低 4 路舍入算术右移 4 位，再加 V4 低 4 路，结果存入 V4
```

⑥ 右移半窄 SHRN{2}（Shift Right Narrow）、舍入右移半窄 RSHRN{2}（Rounding Shift Right Narrow）指令，对源寄存器 Vn.Ta 各路无符号整数逻辑右移 imm6 指定位数，半窄操作后存入目的向量寄存器低一半或高一半各路。右移位数 imm6 是 1～元素位数。数据右移，SHRN{2}指令进行截断处理，而 RSHRN{2}指令进行舍入处理。例如：

```
shrn     v4.2s, v5.2d, 16       // V5 两路数据逻辑右移 16 位后，取 32 位存入 V4 低 2 路
rshrn2   v4.4s, v5.2d, 8        // V5 两路数据舍入逻辑右移 8 位后，取 32 位存入 V4 高 2 路
```

【例 6-4】 图像像素格式转换。

图像处理中经常需要转换色彩深度。例如，输入和输出图像数据常采用 16 位 RGB565 彩色格式，进行图像处理则使用 24 位 RGB888 彩色格式更方便，两种彩色格式如图 6-14 所示。

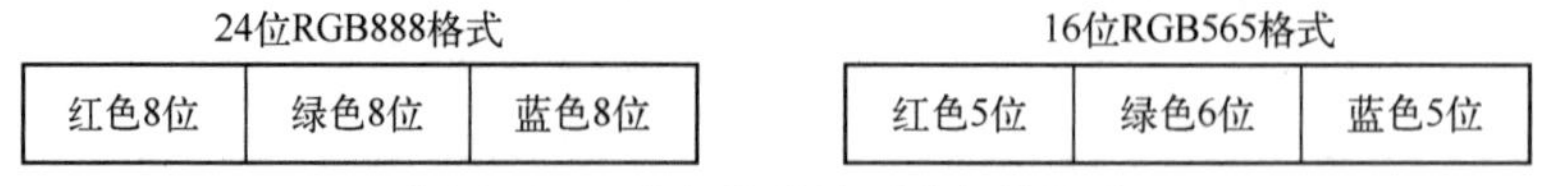

图 6-14　彩色像素的两种存储格式

（1）RGB565 转换为 RGB888 格式

假设有 8 个 16 位 RGB565 格式的像素保存于 V0.8H 寄存器，每路保存 1 个像素。现将这 8 个像素的红绿蓝三色均转换为 8 位，成为 RGB888 格式；并分拆到 V2.8B（红色）、V3.8B（绿色）、V4.8B（蓝色）保存。程序片段可以是：

```
ushr     v1.16b, v0.16b, 3          // V0.16B 无符号右移 3 位
// 在 16 路字节元素的偶数路将 5 位红色值移到低 5 位、高 3 位为 0，存入 V1.16B
shrn     v2.8b, v1.8h, 5            // V1.8H 右移 5 位、半窄操作
// 将 5 位红色值转换低字节中的高 5 位、低 3 位为 0，只取低字节的 8 位红色值存入 V2.8B
shrn     v3.8b, v0.8h, 5            // V0.8H 右移 5 位、半窄操作
// 丢弃 5 位蓝色值、6 位绿色值移入低 6 位，只取含 6 位绿色值的低字节存入 V3.8B
shl      v3.8b, v3.8b, 2            // V3.8H 左移 2 位
// 将 6 位绿色值移入高 6 位、低 2 位为 0，转换为 8 位绿色值存入 V3.8B
shl      v1.8h, v0.8h, 3            // V0.16B 左移 3 位
// 将 5 位蓝色值移高 3 位、低 3 位为 0，转换为 8 位蓝色值
xtn      v4.8b, v1.8h               // 只取 8 位蓝色值存入 V4.8B
```

在上述程序片段中，每 2 条指令转换一种颜色值，将其中 5 或 6 位颜色值转换为 8 位中的高 5 或 6 位，低 3 或 2 位移入 0。其中一条移位指令，用于将 0 移入低位；另一条半窄操作指令，只取 8 位颜色值，将 8 个像素颜色值存入向量寄存器的低 64 位。

上述像素格式转换只是补充了低位且为 0，自然会带来误差。例如，RGB888 格式的白色像素三色值均是 0xFF，即(0xFF, 0xFF, 0xFF)，而 RGB565 格式的白色像素三色值是(0x1F, 0x3F, 0x1F)。上述转换程序片段将白色像素转换为(0xF8, 0xFC, 0xF8)，并不是真正的白色。这个问题可以使用右移插入指令 SRI 将高位插入低位进行修正。

（2）RGB888 转换为 RGB565 格式

假设有 8 个采用 RGB888 格式的像素，3 种颜色值分别保存于 V0.8B（红色）、V1.8B（绿色）和 V2.8B（蓝色）向量寄存器。将这 8 个 RGB888 格式像素转换为 RGB565 格式，逐个保存于 V3.8H 向量寄存器，程序片段可以是：

```
shll     v3.8h, v0.8b, 8                // V0.8B 左移 8 位成为 16 位倍长
// 将红色值左移到 V3.8H 各路高位
shll     v4.8h, v1.8b, 8                // V1.8B 左移 8 位成为 16 位倍长
// 将绿色值左移到 V4.8H 各路高位
sri      v3.8h, v4.8h, 5                // V4.8H 右插入 5 位到 V3.8H
// 将绿色值插入到 5 位红色值之后
shll     v4.8h, v2.8b, 8                // V2.8B 左移 8 位成为 16 位倍长
// 将蓝色值左移到 V4.8H 各路高位
sri      v3.8h, v4.8h, 11               // V4.8H 右插入 11 位到 V3.8H
// 将蓝色值插入到 5 位红色值、加 6 位绿色值之后，形成 16 位 RGB565 格式
```

在上述程序片段中，先将某种颜色值倍长为 16 位，并移至高位；然后，右移插入每路（16 位 RGB565 格式）相应位置。原 8 位颜色值只保留了高 5 或 6 位，相当于对 8 位颜色值进行截断。

4. 整数饱和处理

处理器表达整数的位数有限，能够表达的整数范围也有限，所以整数运算的结果有时会超出范围，产生进位或溢出。整数饱和（Saturation）处理是当运算结果超过其数据界限时，其结果被界限的最大值或最小值替代，即发生了饱和。整数分成无符号和有符号两类，这两类能够表达的整数范围不同，即界限不同，因此饱和处理也区别有符号整数和无符号整数两类。

例如，16 位无符号整数的范围是 0～$2^{16}-1$（0xFFFF = 65535），16 位有符号整数的范围是 -2^{15}（−0x8000 = −32768）～ $2^{15}-1$（0x7FFF = 32767）。无符号整数加减超出范围就是有进位或借位，有符号整数加减超出范围就是出现溢出（上溢饱和为最大值、下溢饱和为最小值），表 6-14 为 16 位整数的饱和加法和减法运算结果。

表 6-14　16 位整数饱和加减法运算

数据运算	无符号饱和运算结果	有符号饱和运算结果
0x7FFE+0x0003	0x8001（不饱和）	0x7FFF（饱和）
0x0003+0xFFFE	0xFFFF（饱和）	0x0001（不饱和）
0x7FFE-0x0003	0x7FFB（不饱和）	0x7FFB（不饱和）
0x0003-0xFFFE	0x0000（饱和）	0x0005（不饱和）

应用程序使用饱和指令可以有效防止运算结果溢出，对许多程序非常重要。例如，图像处理软件对图像进行黑色浓淡处理时，可以防止白色（红绿蓝值都是 255）突变为黑色像素（红绿蓝值都是 0），因为饱和运算将计算结果限制到最大的白色值，绝不会溢出成黑色。

SIMD 有许多指令支持饱和处理，其助记符添加前缀 SQ 和 UQ 分别表示有符号整数饱和处理与无符号整数饱和处理，如表 6-15 所示。ARMv8 饱和处理的任何一个结果出现饱和时，都将设置浮点状态寄存器 FPSR 的饱和标志 QC 为 1（见 5.1 节）。

表 6-15　SIMD 饱和处理指令

指令助记符	指令操作数	指令功能
SQADD|UQADD	Vd, Vn, Vm Vd.T, Vn.T, Vm.T	饱和加法
SQSUB|UQSUB		饱和减法
SQABS	Vd, Vn Vd.T, Vn.T	有符号饱和求绝对值
SQNEG		有符号饱和求补
SQDMULH	Vd, Vn, Vm Vd, Vn, Vm.Ts[i]	有符号饱和标量乘法，高一半结果
SQRDMULH		有符号饱和标量乘法，舍入高一半结果
SQDMULH	Vd.T, Vn.T, Vm.Ts[i] Vd.T, Vn.T, Vm.T	有符号饱和向量乘法，高一半结果
SQRDMULH		有符号饱和向量乘法，舍入高一半结果
SQDMULL	Vd, Vn, Vm Vd, Vn, Vm.Ts[i]	有符号饱和标量乘法，倍长结果
SQDMLAL		有符号饱和标量乘加，倍长结果
SQDMLSL		有符号饱和标量乘减，倍长结果
SQDMULL{2}	Vd.Ta, Vn.Tb, Vm.Ts[i] Vd.Ta, Vn.Tb, Vm.Tb	有符号饱和向量乘法，倍长结果
SQDMLAL{2}		有符号饱和向量乘加，倍长结果
SQDMLSL{2}		有符号饱和向量乘减，倍长结果
SQSHL|UQSHL	Vd, Vn, imm6 Vd.T, Vn.T, imm6	饱和左移 imm6 位
SQSHLU		有符号数左移、无符号饱和处理
SQSHL|UQSHL	Vd, Vn, Vm Vd.T, Vn.T, Vm.T	正数左移、负数右移，饱和处理
SQRSHL|UQRSHL		正数左移、负数右移，舍入、饱和处理
SQSHRN|UQSHRN	Vd, Vn, imm6	标量右移半窄操作，饱和处理
SQRSHRN|UQRSHRN		标量右移半窄操作，舍入、饱和处理
SQSHRUN|SQRSHRUN		标量有符号右移半窄操作，无符号饱和处理
SQSHRN{2}|UQSHRN{2}	Vd.Tb, Vn.Ta, imm6	向量右移半窄操作，饱和处理
SQRSHRN{2}|UQRSHRN{2}		向量右移半窄操作，舍入、饱和处理
SQSHRUN{2}|SQRSHRUN{2}		向量有符号右移半窄操作，无符号饱和处理
SQXTN|UQXTN|SQXTUN	Vd, Vn	标量抽取半窄操作，饱和处理
SQXTN{2}|UQXTN{2}|SQXTUN{2}	Vd.Tb, Vn.Ta	向量抽取半窄操作，饱和处理

另外，虽然是在 SIMD 指令集中新增了饱和处理功能，但在标量整数中同样也有饱和处理的需求。因此，具备饱和处理功能的 SIMD 指令均支持标量操作，其操作数使用 SIMD&FP 寄存器 Vn 的低位部分，8、16、32 和 64 位操作数依次使用 Bn、Hn、Sn 和 Dn 寄存器保存。

（1）饱和加减运算

最基本的加法和减法运算支持饱和处理，分成有符号饱和加法 SQADD、无符号饱和加法 UQADD、有符号饱和减法 SQSUB、无符号饱和减法 UQSUB 指令。也就是加减法求得和值或差值后，按照有符号数或无符号数范围进行饱和处理；这也表明，对有符号整数应该采用有符号饱和处理，而对无符号整数应该采用无符号饱和处理。

例如，饱和加法指令：

```
        sqadd|uqadd    Vd, Vn, Vm                  // 标量饱和加法：Vd = Vn + Vm
        sqadd|uqadd    Vd.T, Vn.T, Vm.T            // 向量饱和加法：Vd.T = Vn.T + Vm.T
```

有符号饱和绝对值 SQABS、有符号饱和求补 SQNEG 指令支持对整数求绝对值和求补后的符号饱和处理，指令格式如下：

```
        sqabs|sqneg    Vd, Vn                      // 标量有符号饱和求绝对值、求补
```

```
        sqabs|sqneg   Vd.T, Vn.T                  // 向量有符号饱和求绝对值、求补
```

其中，标量饱和处理的寄存器是 Bn、Hn、Sn、Dn，向量饱和处理的寄存器类型是 8B|16B、4H|8H、2S|4S 和 2D。

（2）饱和乘法运算

两数相乘得到双倍长乘积，因此 SIMD 饱和乘法指令助记符含有字母 D（Double），而 SQ 前缀表示乘法操作数都是有符号整数。饱和标量乘法支持 16 或 32 位标量寄存器（Hn、Sn）之间相乘，也支持 16 或 32 位标量寄存器与向量元素（Ts 为 H、S）相乘，生成标量结果。饱和向量乘法支持 16 或 32 位某路元素（Ts 为 H、S）与同类型向量寄存器（T 是 4H|8H 或 2S|4S）多路相乘，也支持 16 或 32 位向量寄存器之间并行相乘，生成向量结果。如果某个结果超出范围上限（上溢），那么该结果被饱和处理为最大值；如果某个结果超出范围下限（下溢），那么该结果被饱和处理为最小值。

有符号饱和乘法高一半结果指令 SQDMULH（Signed saturating Doubling Multiply returning High half）进行 16 位或 32 位操作数相乘，截断双倍长乘积低一半、取高一半结果，存入目的寄存器；如果某个结果溢出，那么该结果被饱和处理。有符号饱和乘法舍入高一半结果指令 SQRDMULH（Signed saturating Rounding Doubling Multiply returning High half）相乘后，运用舍入原则取高一半结果，饱和处理溢出结果。例如：

```
        sqdmulh  h1, h2, h3              // 标量相乘，H1 = H2×H3 结果的高一半有符号饱和
        sqrdmulh s1, s2, v3.s[0]         // 标量相乘，S1 = S2×V3.S[0]结果的舍入高一半有符号饱和
        sqdmulh  v1.4h, v2.4h, v3.h[1]   // 向量 16 位相乘，截断高一半有符号饱和
        sqrdmulh v1.4s, v2.4s, v3.4s     // 向量 32 位相乘，舍入高一半有符号饱和
```

有符号饱和乘法倍长结果指令 SQDMULL{2}（Signed saturating Doubling Multiply Long）进行 16 位或 32 位操作数相乘，取得倍长乘积，饱和处理溢出，结果存入目的寄存器。有符号饱和乘加倍长结果指令 SQDMLAL{2}进行 16 位或 32 位操作数相乘，倍长乘积再与目的寄存器相加，饱和处理的结果存入目的寄存器。有符号饱和乘减倍长结果指令 SQDMLSL{2}进行 16 位或 32 位操作数相乘，再用目的寄存器减去倍长乘积，饱和处理的结果存入目的寄存器。如果助记符添加“2”后缀，那么表示从向量寄存器（Vn.Tb）高 64 位取得第一个源操作数。例如：

```
        sqdmull  s4, h5, h6              // 标量倍长乘法，S4 = H5×H6 结果的有符号饱和
        sqdmull  d4, s5, v6.s[0]         // 标量倍长乘法，D4 = S5×V6.S[0]结果的有符号饱和
        sqdmlal  v8.4s, v5.4h, v6.h[2]   // 向量 16 位乘法，倍长加法，有符号饱和 32 位结果
        sqdmlsl2 v8.2d, v5.4s, v6.4s     // 向量 32 位乘法，倍长减法，有符号饱和 64 位结果
```

（3）饱和移位运算

多种 SIMD 移位指令衍生支持对溢出结果的饱和处理，用以避免移位导致的溢出。

SIMD 左移指令 SHL 衍生有 3 条饱和处理指令。有符号饱和左移 SQSHL、无符号饱和左移指令 UQSHL 对源操作数左移立即数（imm6）指定的位数，饱和处理溢出的结果。有符号左移无符号饱和处理指令 SQSHLU（Signed saturating Shift Left Unsigned）对有符号整数左移，但将左移的结果按照无符号整数进行饱和处理。其中，源操作数可以是 8、16、32 和 64 位，标量寄存器是 Bn、Hn、Sn、Dn，向量寄存器类型是 8B|16B、4H|8H、2S|4S 和 2D。移位位数（imm6）的范围是 0～元素位数减 1。例如：

```
        sqshl    d0, d1, 10              // 标量左移 10 位，有符号饱和处理
        sqshlu   v0.4s, v1.4s, 5         // 向量左移 5 位，有符号移位、无符号饱和处理
```

4 条正数左移、负数右移 SIMD 指令 SSHL、USHL、SRSHL 和 URSHL 依次衍生对应的饱和处理指令 SQSHL、UQSHL、SQRSHL 和 UQRSHL。它们都是由第 2 个源操作数（Vm 或 Vm.T）确定对第 1 个源操作数（Vn 或 Vn.T）进行左移或者右移，饱和处理后，将结果存入目标向量寄存器（Vd 或 Vd.T）。第 2 个源寄存器某路最低字节为正数，那么左移该值位数；如果为负数，那么右移该值位数。某路数据右移，SQSHL 和 UQSHL 指令进行截断后饱和处理，而 SQRSHL 和 UQRSHL 指令进行舍入后饱和处理。源操作数可以是 8、16、32 和 64 位。例如：

```
sqshl    s0, s1, s2                  // 标量正左、负右移位，有符号饱和处理
uqrshl   v0.16b, v1.16b, v2.16b      // 向量正左、负右移位，舍入、无符号饱和处理
```

右移半窄 SHRN{2}衍生支持饱和处理，分别是有符号饱和右移半窄 SQSHRN{2}、无符号饱和右移半窄 UQSHRN{2}指令。它们对 16、32 或 64 位元素（Vn 是 Hn、Sn、Dn，Ta 是 8H、4S、2D）右移 imm6 指定位数，饱和处理截断半窄的结果后，存入目的向量寄存器低 64 位或高 64 位。同样，舍入右移半窄 RSHRN{2}指令衍生有符号饱和舍入右移半窄 SQRSHRN{2}、无符号饱和舍入右移半窄 UQRSHRN{2}指令，右移后饱和处理舍入的半窄结果。

另外，还有进行有符号右移但进行无符号饱和处理的截断和舍入半窄指令 SQSHRUN{2}和 SQRSHRUN{2}。其中，右移位数 imm6 的范围是 1～元素位数。例如：

```
sqshrn    s0, d1, 6                  // 标量右移 6 位，半窄有符号饱和处理
uqshrn2   v0.8h, v1.4s, 3            // 向量右移 3 位，半窄无符号饱和处理存入高位
```

（4）饱和抽取半窄

SIMD 抽取半窄指令 XTN{2}衍生出有符号饱和抽取半窄指令 SQXTN{2}、无符号饱和抽取半窄指令 UQXTN{2}、以及有符号抽取半窄无符号饱和指令 SQXTUN{2}。它们读取 16、32 或 64 位元素的源寄存器（Vn 或 Vn.Ta），将依次饱和处理半窄为 8、16 或 32 位元素的结果，存入目的寄存器（Vd 或 Vd.Tb）。例如：

```
sqxtn    h0, s1                      // 标量 32 位抽取，半窄有符号饱和处理
uqxtn2   v0.16b, v1.8h               // 向量 16 位抽取，半窄无符号饱和处理，存入高位
```

5. 邻对操作

SIMD 向量指令的 2 个源操作数通常来自两个向量寄存器的相同路，而邻对操作是向量寄存器相邻两路作为一对源操作数进行处理，生成结果存入目的向量寄存器，如图 6-15 所示。

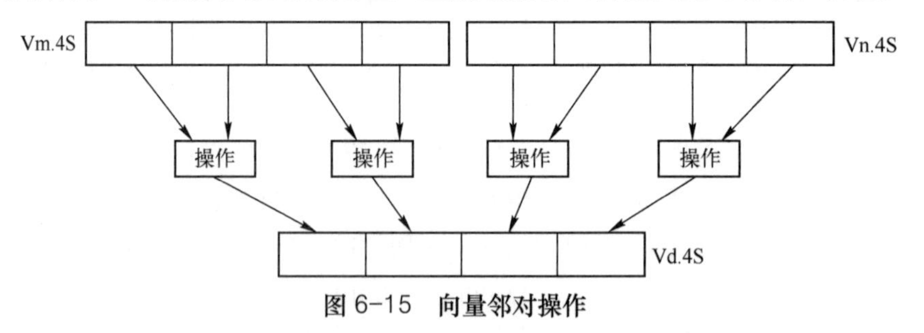

图 6-15　向量邻对操作

支持邻对操作的指令加有后缀 P（Pairwise），第一个源寄存器（Vn.T）跟在第 2 个向量寄存器（Vm.T）后。支持邻对操作的主要是加法和求较大值、较小值指令，包括整数和浮点数，如表 6-16 所示。

表 6-16　SIMD 邻对操作指令

指令助记符	指令格式	指令功能	指令说明
ADDP	Dd, Vn.2D	标量邻对加法	
ADDP	Vd.T, Vn.T, Vm.T	向量邻对加法	T：8B|16B、4H|8H、2S|4S 和 2D
SMAXP|UMAXP		向量邻对求较大值	T：8B|16B、4H|8H、2S|4S
SMINP|UMINP		向量邻对求较小值	
SADDLP|UADDLP	Vd.Ta, Vn.Tb	向量邻对倍长加法	Ta：4H|8H、2S|4S、1D|2D Tb：8B|16B、4H|8H、2S|4S
SADALP|UADALP		向量邻对倍长累加	
FADDP	Vd, Vn.T	标量邻对浮点加法	Vd：Sd|Dd，T：2S|2D
FMAXP|FMAXNMP		标量邻对浮点求较大值	
FMINP|FMINNMP		标量邻对浮点求较小值	
FADDP	Vd.T, Vn.T, Vm.T	向量邻对浮点加法	T：2S|4S|2D
FMAXP|FMAXNMP		向量邻对浮点求较大值	
FMINP|FMINNMP		向量邻对浮点求较小值	

（1）整数邻对操作指令

整数邻对加法指令 ADDP 支持一个 128 位 SIMD&FP 寄存器中 2 个 64 位整数标量相加，也支持 8、16、32 和 64 位整数向量相加，格式为：

```
addp    Dd, Vn.2D              // 64 位整数邻对标量加法
addp    Vd.T, Vn.T, Vm.T       // 向量整数邻对加法，T 为 8B|16B、4H|8H、2S|4S 和 2D
```

例如：

```
addp    v0.4s, v1.4s, v2.4s    // V1、V2 共 8 个 32 位整数邻对相加，4 个结果依次存入 V0.
```

有符号整数邻对求较大值 SMAXP、无符号整数邻对求较大值 UMAXP、有符号整数邻对求较小值 SMINP、无符号整数邻对求较小值 UMINP 指令在邻对整数中求得较大或较小值，支持 8、16 和 32 位整数，如

```
smaxp   Vd.T, Vn.T, Vm.T       // 有符号邻对求较大值，T 是 8B|16B、4H|8H、2S|4S
```

有符号整数邻对倍长加法 SADDLP、无符号整数邻对倍长加法 UADDLP 指令对源寄存器 Vn.Tb 邻对整数相加，倍长和值存于目标寄存器 Vd.Ta。有符号整数邻对倍长累加 SADALP、无符号整数邻对倍长累加 UADALP 指令是求得邻对倍长和值后，再加上目的寄存器各路元素，最终累加和值存入目的寄存器。其中，Ta 是 4H|8H、2S|4S、1D|2D，Tb 是 8B|16B、4H|8H、2S|4S。例如：

```
uadalp  v0.8h, v1.16b          // V1 邻对无符号整数相加，倍长和值与 V0 各路相加，存入 V0
```

（2）浮点邻对操作指令

浮点邻对加法 FADDP、浮点邻对求较大值 FMAXP（和 FMAXNMP）、浮点邻对求较小值 FMINP（和 FMINNMP）指令支持 32 位单精度和 64 位双精度浮点数邻对操作，获得标量和向量结果。例如，浮点邻对加法为

```
faddp   Vd, Vn.T               // 标量结果，Vd 是 Sd 或 Dd，T 是 2S 或 2D
faddp   Vd.T, vn.T, vm.T       // 向量结果，T 是 2S|4S 和 2D
```

其中，FMAXNMP 和 FMINNMP 指令按照 IEEE 754—2008 标准处理非数（NaN）。即，如果一个操作数是静态 NaN、另一个是数值，那么 FMAXNMP 和 FMINNMP 指令返回数值；而只要有一个 NaN，那么 FMAXP 和 FMINP 指令都返回 NaN。其他情况两种求较大值、较小值指令指令返回结果相同（两个操作数都是 NaN，都返回 NaN）。

6．贯穿操作

贯穿操作（Across Vector Lanes）是对源向量寄存器（Vn.T）所有路元素执行算术运算（即穿过向量所有路的水平操作），生成一个标量结果，存入目的寄存器（Vd），如图 6-16 所示。

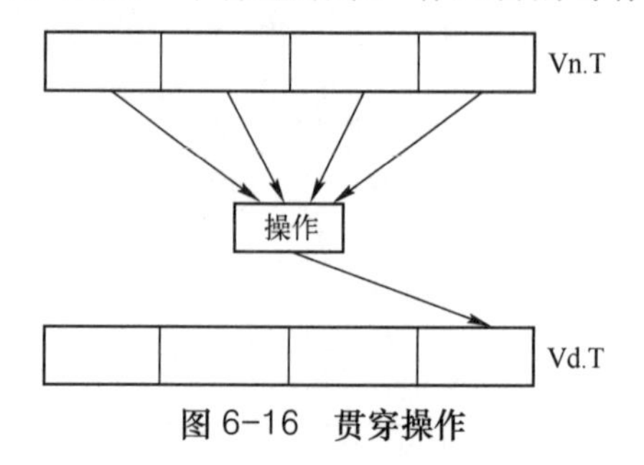

图 6-16　贯穿操作

贯穿操作指令的助记符添加后缀 V，支持邻对操作的主要是求最大值、最小值指令，包括整数和浮点数，如表 6-17 所示。整数贯穿操作还支持加法及加法倍长指令。

表 6-17　SIMD 贯穿操作指令

指令助记符	指令格式	指令功能	指令说明
ADDV	Vd, Vn.T	整数贯穿加法	Vd：B、H、S T：8B|16B、4H|8H、4S
SMAXV|UMAXV		整数贯穿求最大值	
SMINV|UMINV		整数贯穿求最小值	
SADDLV|UADDLV	Vd, Vn.T	整数贯穿倍长加法	Vd：H、S、D，T：8B|16B、4H|8H、4S
FMAXV|FMAXNMV	Sd, Vn.4S	浮点贯穿求最大值	
FMINV|FMINNMV		浮点贯穿求最小值	

（1）整数贯穿操作指令

支持贯穿操作的整数指令有加法 ADDV、有符号求最大值 SMAXV、无符号求最大值 UMAXV、有符号求最小值 SMINV、无符号求最小值 UMINV 指令。源向量寄存器类型是 8B|16B、4H|8H、4S，对应目的寄存器依次是 Bd、Hd、Sd。例如：

```
        addv    s0, v1.4s                   // V1 中 4 路 32 位整数相加，和值存于 S0 寄存器
```

支持贯穿操作的整数指令还包括有符号倍长加法 SADDLV、无符号倍长加法 UADDLV。源向量寄存器类型是 8B|16B、4H|8H、4S，对应倍长的目的寄存器依次是 Hd、Sd、Dd。例如：

```
        saddlv  d0, v1.4s                   // V1 中 4 路 32 位有符号整数相加，64 位和值存于 D0 寄存器
```

【例 6-5】 16 个元素的向量点积程序（e605_dotp.s）。

第 3 章例 3-7 实现了 16 个元素的向量点积程序，计算公式是：

$$A \bullet B = a_1 \times b_1 + a_2 \times b_2 + \cdots + a_n \times b_n$$

如果使用 SIMD 指令集编程，可以消除循环、提高效率。先假设乘积都不超过 16 位有符号整数范围。

```
        .data
vectorA: .hword   1, 3, 5, 7, 9, 2, 4, 6, 8, 10, 11, 12, 13, 14, 15, 16   // 向量 A
vectorB: .hword   1, 3, 5, 7, 9, 2, 4, 6, 8, 10, 11, 12, 13, 14, 15, 16   // 向量 B
dotpAB:  .xword   0                                                        // 存放点积结果
        .text
        .global  main
main:   stp      x29, x30, [sp, -16]!
```

```
    ldr      x2, =vectorA               // X2 = 向量A地址
    ldr      x3, =vectorB               // X3 = 向量B地址
    ld1      {v1.8h,v2.8h}, [x2]        // 取出向量A的16个元素给V1和V2
    ld1      {v3.8h,v4.8h}, [x3]        // 取出向量B的16个元素给V3和V4
    mul      v0.8h, v1.8h, v3.8h        // 前8个元素两两相乘
    mla      v0.8h, v2.8h, v4.8h        // 后8个元素两两相乘，并与前8个乘积两两相加
    saddlv   s1, v0.8h                  // 两两相加的8个和值再一并相加
    fmov     w0, s1                     // 传送到整数通用寄存器
    sxtw     x0, w0                     // 符号扩展
    ldr      x2, =dotpAB
    str      x0, [x2]                   // 保存点积结果
    mov      x0, 0
    ldp      x29, x30, [sp], 16
    ret
```

两个16位整数相乘可能是32位乘积。考虑这个实际情况，上述程序载入向量后，可以进行如下修改：

```
    smull    v0.4s, v1.4h, v3.4h        // 前4个元素两两相乘
    smlal2   v0.4s, v1.8h, v3.8h        // 其次4个元素两两相乘，并与前4个乘积两两相加
    smlal    v0.4s, v2.4h, v4.4h        // 再次4个元素两两相乘，并与前4个和值两两相加
    smlal2   v0.4s, v2.8h, v4.8h        // 后4个元素两两相乘，并与前4个和值两两相加
    saddlv   d1, v0.4s                  // 两两相加的4个和值再一并相加
    ldr      x2, =dotpAB
    str      d1, [x2]                   // 保存点积结果
```

（2）浮点贯穿操作指令

支持贯穿操作的浮点指令有求最大值指令FMAXV（FMAXNMV）和求最小值指令FMINV（FMINNMV）。其中，FMAXNMV和FMINNMV指令按照IEEE 754—2008标准处理非数（NaN），其他情况与FMAXV和FMINV指令一样。这4条浮点贯穿操作对象是32位单精度浮点数。

例如，如果对例6-2计算出的4组距离求最大值，就可以使用浮点贯穿指令：

```
    fmaxv    s0, v3.4s                  // V3中4个单精度浮点数最大值存入S0
```

6.5.2 SIMD专用指令

针对特定应用领域，ARMv8体系结构设计有专用的SIMD数据处理指令。

1. 倒数运算

除法可以通过乘以除数的倒数（Reciprocal）实现。对标量浮点操作数求倒数有一组浮点指令，它们扩展支持SIMD向量数据。

（1）浮点倒数运算

SIMD浮点倒数运算指令有浮点倒数预估FRECPE、浮点倒数步进FRECPS、浮点平方根倒数预估FRSQRTE和浮点平方根倒数步进FRSQRTS，其助记符与浮点倒数指令助记符相同，指令功能和应用详见5.4节，指令格式如下：

```
    frecpe   Vd.T, Vn.T                 // 浮点倒数预估：Vd.T = (1/Vn.T)预估值
    frecps   Vd.T, Vn.T, Vm.T           // 浮点倒数步进：Vd.T = 2.0 - Vn.T×Vm.T
    frsqrte  Vd.T, Vn.T                 // 浮点平方根倒数预估：Vd.T =(1/√Vn.T)预估值
```

```
        frsqrts  Vd.T, Vn.T, Vm.T              // 浮点平方根倒数步进：Vd.T = (3.0 - Vn.T×Vm.T)÷2.0
```
其中，T 是 2S|4S 和 2D。

（2）无符号整数倒数运算。

SIMD 向量整数没有除法运算指令，但设计了无符号整数倒数预估指令 URECPE（无符号预估）和无符号整数平方根倒数预估指令 URSQRTE，指令格式如下：
```
        urecpe   Vd.T, Vn.T                    // 无符号整数倒数预估：Vd.T = (1/Vn.T)预估值
        ursqrte  Vd.T, Vn.T                    // 无符号整数平方根倒数预估：Vd.T =(1/√Vn.T )预估值
```
其中，T 是 2S|4S，输入采用特殊定点数值格式。URECPE 指令计算出 0.5～1.0 的倒数近似值，URSQRTE 指令计算出 0.25～1.0 的平方根倒数近似值。结果存入向量元素低 9 位，代表 1.0～2.0 数值。

2．置换操作

对 SIMD 向量数据运算处理时，常需要重新排列各路元素，即进行向量元素的置换操作（Permutation）。也就是说，置换操作指令从一个或多个源寄存器读取向量元素，重新排列位置，构成一个新的向量数据写入目的寄存器。

（1）向量抽取

向量抽取指令 EXT（Extract）从第 1 个源寄存器（Vn）最高若干路抽取字节元素、从第 2 个源寄存器（Vm）最低若干路抽取字节元素，组成一个新的向量存入目的寄存器（Vd），如图 6-17 所示。也就是从 Vm 和 Vn 组成的一对向量寄存器中抽取中间连续的 8 或 16 路字节元素，组成新的向量数据。

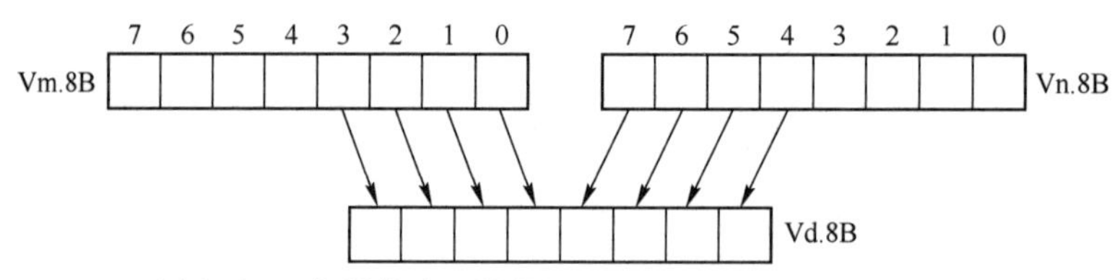

图 6-17　**向量抽取**（EXT Vd.8B, Vn.8B, Vm.8B, 4）

EXT 指令格式如下：
```
        ext      Vd.8B|16B, Vn.8B|16B, Vm.8B|16B, imm4      // 组合一对寄存器的向量元素形成新的向量
```
其中，立即数 imm4 指示抽取的最低路号。

（2）查找表

查找表 TBL 指令和查找表扩展 TBX（Table lookup extension）指令的格式为：
```
        tbl|tbx  Vd.8B|16B,{Vn.16B, Vn+1.16B, Vn+2.16B, Vn+3.16B}, Vm.8b|16B
```
它们使用 1～4 个连续编号的向量寄存器（Vn.16B～Vn+3.16B，也可以利用短划线标记起始寄存器编号，但助记符中的花括号必不可少），每个向量寄存器都是由 16 路字节元素组成，构成一个少则 16 个、多则 64 个字节元素的表格，表格元素从 Vn.16B 最低路开始编号；另有一个作为索引的向量寄存器（Vm.8B 或 Vm.16B），其每个字节元素是表格元素的编号；指令功能则是从表格中并行取出 8 或 16 个索引编号指定位置的元素形成 8 字节向量或 16 字节向量，存入目的向量寄存器（Vd.8B 或 Vd.16B），如图 6-18 所示。

例如，在图 6-18 中，V1 和 V2 构成 32 个元素的字母查找表。索引寄存器 V0 最低路元素是 3，就从表格元素 3 的位置取出字母“u”，存入目的寄存器 V5 最低路。同样，V0 最高路元素是 29，则从表格元素 29 位置取出字母“I”。对于索引编号超过表格元素编号的情况，如图

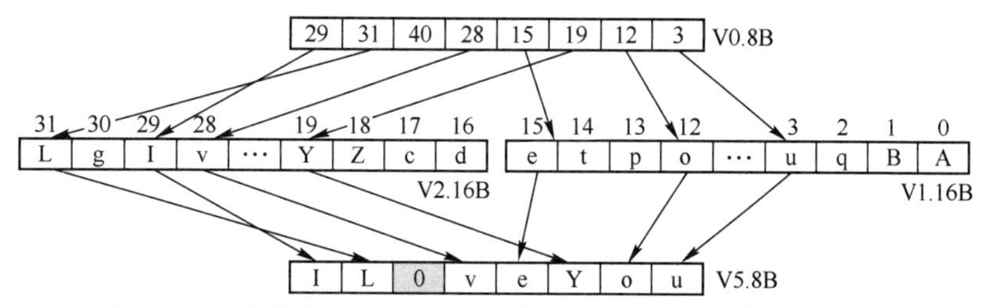

图 6-18　查找表（TBL V5.8B, {V1.16B, V2.16B}, V0.8B）

6-18 中的 40，TBL 指令是将 0 存入目的寄存器相应路，而 TBX 指令保持目的寄存器相应路内容不变。这也是指令 TBL 和 TBX 的区别所在，即处理超出范围的方法不同。

（3）矩阵转置

```
trn1|trn2      Vd.T, Vn.T, Vm.T              // T是8B|16B、4H|8H、2S|4S、2D
```

矩阵转置指令 TRN1 取两个源向量寄存器偶数路元素，指令 TRN2 取两个源向量寄存器奇数路元素，组成目的向量寄存器；其中，第 1 个源向量寄存器（Vn.T）的元素存入目的向量寄存器（Vd.T）的偶数路（从 0 开始），第 2 个源向量寄存器（Vm.T）的元素存入目的向量寄存器（Vd.T）的奇数路，如图 6-19 所示。

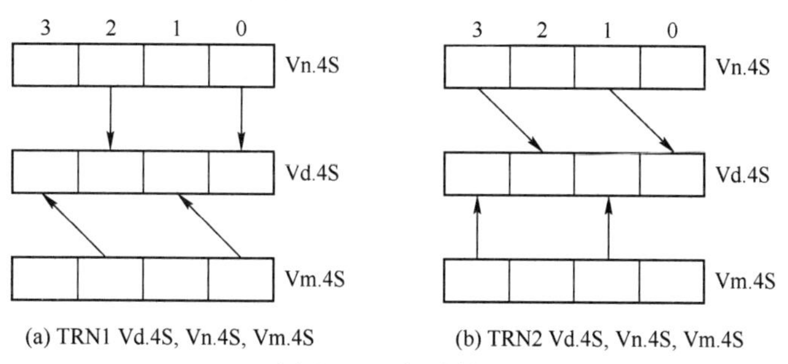

图 6-19　矩阵转置

TRN1 和 TRN2 指令可以实现 2×2 矩阵的转置（Transpose），即行变列、列变行。例如，2×2 矩阵 ***A*** 和 ***B*** 存入 V1 和 V2 寄存器，假设每个矩阵元素是 32 位数值，执行如下两条指令：

```
trn1      v5.4s, v1.4s, v2.4s               // 抽取偶数路元素组成新向量
trn2      v6.4s, v1.4s, v2.4s               // 抽取奇数路元素组成新向量
```

实现行列转置，被转存于 V5 和 V6 寄存器成为转置矩阵 $\boldsymbol{A}^{\mathrm{T}}$ 和 $\boldsymbol{B}^{\mathrm{T}}$，如图 6-20 所示。

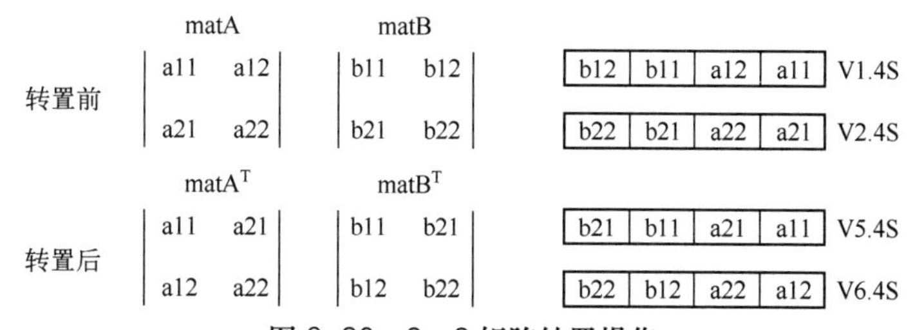

图 6-20　2×2 矩阵转置操作

（4）向量交叉

```
zip1|zip2|uzp1|uzp2      Vd.T, Vn.T, Vm.T   // T是8B|16B、4H|8H、2S|4S、2D
```

向量交叉指令 ZIP1 和 ZIP2、向量反交叉指令 UZP1 和 UZP2 均从两个源向量寄存器（Vn.T 和 Vm.T）成对交叉取出数据，形成目的向量寄存器（Vd.T）。其中，ZIP1 指令取低一半数据，ZIP2 指令取高一半数据，UZP1 指令取偶数路数据，UZP2 指令取奇数路数据，如图 6-21 所示。

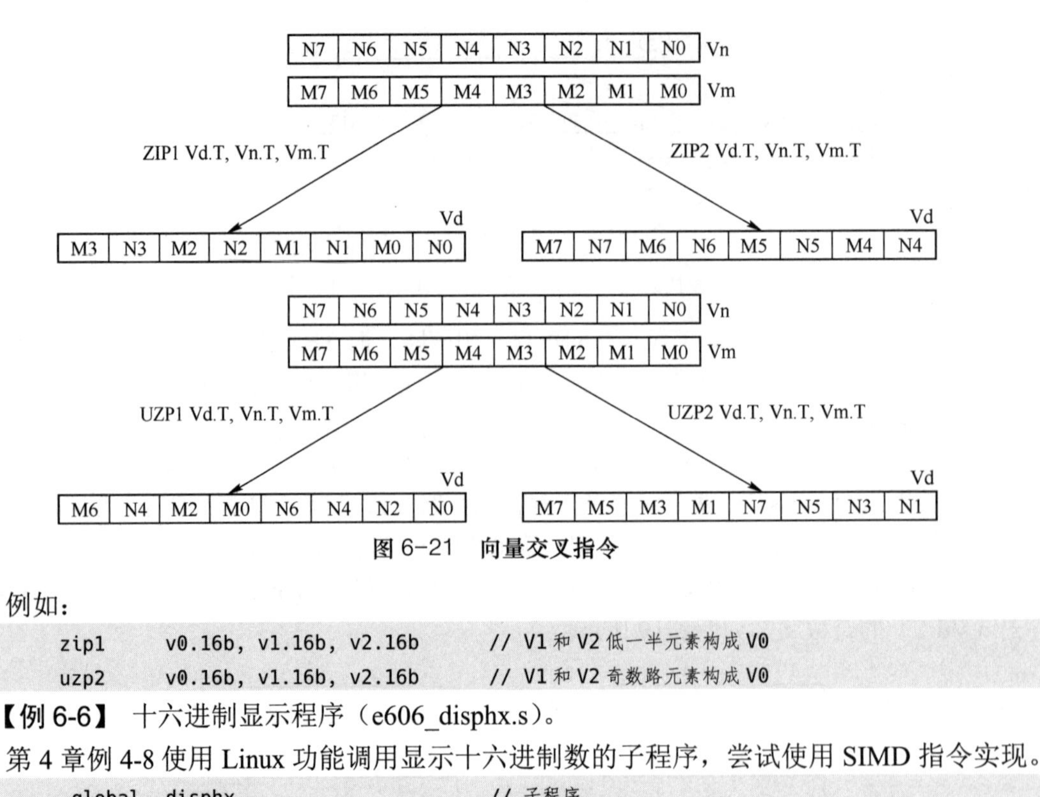

图 6-21　向量交叉指令

例如：

```
        zip1      v0.16b, v1.16b, v2.16b        // V1 和 V2 低一半元素构成 V0
        uzp2      v0.16b, v1.16b, v2.16b        // V1 和 V2 奇数路元素构成 V0
```

【例 6-6】 十六进制显示程序（e606_disphx.s）。

第 4 章例 4-8 使用 Linux 功能调用显示十六进制数的子程序，尝试使用 SIMD 指令实现。

```
        .global   disphx                        // 子程序
        .type     disphx, %function             // 参数：X0 = 要显示的十六进制数
disphx:                                         // 将 X0 每 4 位零位扩展为 8 位，存入 V2.16B
        mov       v0.d[0], x0                   // 功能等同于：fmov d0, x0
        ushr      v1.8b, v0.8b, 4               // 右移，将字节的高 4 位，存入 V1 字节的低 4 位、高 4 位为 0
        rev64     v1.8b, v1.8b                  // 反转，因高位先显示，应存入低地址
        shl       v0.8b, v0.8b, 4               // 左移
        ushr      v0.8b, v0.8b, 4               // 右移，将字节的低 4 位，存入 V0 字节的低 4 位、高 4 位为 0
        rev64     v0.8b, v0.8b                  // 反转，因高位先显示，应存入低地址
        zip1      v2.8b, v1.8b, v0.8b           // 交叉取得低一半
        zip2      v3.8b, v1.8b, v0.8b           // 交叉取得高一半
        mov       v2.d[1], v3.d[0]              // 组合到一个向量寄存器中
        // 构造 V1 作为查找表，通过表将十六进制数转换对应的 ASCII 字符，保存到显示缓冲区
        ldr       x1, =dispht                   // X1 指向十六进制数的 ASCII 表
        ld1       {v1.16b}, [x1]                // 等同于：ldr q1, [x1]，载入查找表
        tbl       v0.16b, {v1.16b}, v2.16b      // 替换十六进制数为 ASCII 字符
        ldr       x1, =wbuf                     // X1 指向存储器缓冲区
        st1       {v1.16b}, [x1]                // 等同于：str q1, [x1]，存入缓冲区
        mov       x0, 0                         // 输入参数：X0 = 第 1 个参数（0 表示显示器）
        // （已赋值）X1 = 第 2 个参数（字符串首地址）
        mov       x2, 16                        // X2 = 第 3 个参数（字符串长度）
        mov       x8, 64                        // X8 = 系统功能（write）的调用号（64）
        svc       0                             // 调用 Linux 系统功能
        ret                                     // 子程序返回
dispht: .ascii    "0123456789ABCDEF"            // 十六进制的 ASCII 转换表
```

本例主要用于演示有关 SIMD 指令的应用，对比使用通用基础指令的子程序，虽消除了分

支和循环，但指令较多、代码效率不高。

6.6 SIMD 指令的编程应用

尽管智能化编译程序能够生成优秀的指令代码，但熟练地运用汇编语言仍可以优化代码、提升性能。当然，希望利用汇编语言提升性能，应该遵循一些原则。例如，使用高效的算法和数据结构、重点优化核心代码、避免不必要的存储器访问、尽量减少使用条件分支指令、使用循环展开（Loop unrolling）技术降低循环次数等。需要重复处理大量数据的应用问题还可以考虑使用 SIMD 向量指令。

使用支持生成 SIMD 指令的编译程序，如 ARM 编译程序或 GCC 就可以利用先进 SIMD 数据处理指令。具体应用 SIMD 指令有多种方式，包括使用内建函数（Intrinsic）、启用 C 语言代码的自动向量化、采用汇编语言书写的库。内建函数是 C/C++伪函数，编译程序会使用合适的 SIMD 指令替代。

尽管直接使用 SIMD 指令进行汇编语言级的手工优化在技术上可行，但由于流水线和存储访问时序间复杂的相互依赖，导致手工优化非常困难。替代手工汇编，ARM 强烈推荐使用内建函数，因为使用内建函数比使用汇编语言更容易编程，无需担忧流水线和存储访问时序，大多数情况下性能较优，也提供了较好的跨平台开发的移植性。内建函数提供了几乎与汇编语言一样的控制能力，但把寄存器的分配让编译程序处理，程序员可以更关注算法，也比汇编语言可维护性更好。不过，只有熟悉 SIMD 指令的程序员才有较好地运用内建函数。

【例 6-7】 矩阵相乘程序（e607_matrices.s）。

要充分发挥 SIMD 向量指令效率，关键是合理安排数据和代码，使得向量各路元素能够同时操作、提高性能。

在第 3、4 章实现矩阵相乘程序需要多重循环结构，似乎比较复杂，因为其中包含有大量的乘法和加法操作。SIMD 向量指令可以同时进行多个操作，也支持乘法和乘加指令，故考虑采用 SIMD 简化循环、精炼代码、进而提升性能。

例如，求两个 3×3 矩阵相乘 $\boldsymbol{A}\times\boldsymbol{B}$ 的计算公式是

$$\begin{vmatrix} \mathrm{a}_{11} & a_{12} & a_{13} \\ a_{21} & a_{22} & a_{23} \\ a_{31} & a_{32} & a_{33} \end{vmatrix} \times \begin{vmatrix} \mathrm{b}_{11} & b_{12} & b_{13} \\ b_{21} & b_{22} & b_{23} \\ b_{31} & b_{32} & b_{33} \end{vmatrix} = \begin{vmatrix} a_{11}b_{11}+a_{12}b_{21}+a_{13}b_{31} & a_{11}b_{12}+a_{12}b_{22}+a_{13}b_{32} & a_{11}b_{13}+a_{12}b_{23}+a_{13}b_{33} \\ a_{21}b_{11}+a_{22}b_{21}+a_{23}b_{31} & a_{21}b_{12}+a_{22}b_{22}+a_{23}b_{32} & a_{21}b_{13}+a_{22}b_{23}+a_{23}b_{33} \\ a_{31}b_{11}+a_{32}b_{21}+a_{33}b_{31} & a_{31}b_{12}+a_{32}b_{22}+a_{33}b_{32} & a_{31}b_{13}+a_{32}b_{23}+a_{33}b_{33} \end{vmatrix}$$

从 SIMD 向量指令能够同时实现多个并行操作这个特点的角度，仔细观察矩阵乘积 $\boldsymbol{C}$ 结果中各点积的规律。例如，矩阵 $\boldsymbol{C}$ 第 1 列各行都是矩阵 $\boldsymbol{A}$ 第 1 列（a_{11}、a_{21}、a_{31}）先与矩阵 $\boldsymbol{B}$ 第 1 列第 1 行元素（b_{11}）相乘，然后加上矩阵 $\boldsymbol{A}$ 第 2 列与矩阵 $\boldsymbol{B}$ 第 1 列第 2 行元素（b_{21}）乘积和矩阵 $\boldsymbol{A}$ 第 3 列与矩阵 $\boldsymbol{B}$ 第 1 列第 3 行元素（b_{31}）乘积。同样，矩阵 $\boldsymbol{C}$ 第 2 列和第 3 列各行都有相同的规律，只要相应替换成矩阵 $\boldsymbol{B}$ 的第 2、3 列的各行元素即可。

例如，对于 SIMD 运算指令，不管是 SIMD 整数还是 SIMD 浮点数，都有某向量（多个元素）与某向量元素同时并行相乘和乘加指令：

```
        mul      Vd.T, Vn.T, Vm.Ts[i]              // 向量元素乘法：Vd.T = Vn.T×Vm.Ts[i]
        mla      Vd.T, Vn.T, Vm.Ts[i]              // 向量元素乘加：Vd.T = Vd.T + Vn.T×Vm.Ts[i]
```

因此，只要将矩阵按列将各行元素存入同一个向量寄存器，就可以实现这些操作。

假设矩阵 ***A*** 和 ***B*** 像例 3-12 和例 4-3 一样仍然由 32 位整数元素组成，存储在数据区，并为求得的矩阵 ***C*** 预留下存储空间，如下所示：

```
        .data
        .equ      num, 3                              // 矩阵的维数（num = 3）
        .equ      size, 4                             // 元素的字节数（size = 4）
        // 矩阵 A
matA:   .word     1, 3, 5                             // a11，a12，a13
        .word     7, 9, 2                             // a21，a22，a23
        .word     4, 6, 8                             // a31，a32，a33
        .word     0, 0, 0                             // 补充空白元素
        // 矩阵 B
matB:   .word     1, 3, 5                             // b11，b12，b13
        .word     7, 9, 2                             // b21，b22，b23
        .word     4, 6, 8                             // b31，b32，b33
        .word     0, 0, 0                             // 补充空白元素
        // 矩阵 C
matC:   .space    num*(num+1)*size                    // 为矩阵 C 预留存储空间
```

这里补充了一行，因为要将某列元素载入一个向量寄存器，而向量寄存器的元素都是偶数个。现在，编写 3×3 矩阵相乘的子程序，入口参数使用 X0、X1 和 X2 依次保存矩阵 ***A***、***B*** 和 ***C*** 的存储器地址，没有返回值。

```
        .global  mat33                                // 子程序
        .type    mat33, %function                     // X0 = 矩阵 A，X1 = 矩阵 B，X2 = 矩阵 C
mat33:  stp      d8, d9, [sp, -16]!                   // 保护 V8、V9
        ld3      {v1.4s - v3.4s}, [x0]                // V1、V2、V3 依次存放矩阵 A 第 1、2 和 3 列
        ld3      {v4.4s - v6.4s}, [x1]                // V4、V5、V6 依次存放矩阵 B 第 1、2 和 3 列
        // 求得 C 矩阵第 1 列，存于 V7
        mul      v7.4s, v1.4s, v4.s[0]                // 矩阵 A 第 1 列与 b11 相乘
        mla      v7.4s, v2.4s, v4.s[1]                // 矩阵 A 第 2 列与 b12 相乘，与上次乘积相加
        mla      v7.4s, v3.4s, v4.s[2]                // 矩阵 A 第 3 列与 b13 相乘，并前面结果相加
        // 求得 C 矩阵第 2 列，存于 V8
        mul      v8.4s, v1.4s, v5.s[0]                // 矩阵 A 第 1 列与 b21 相乘
        mla      v8.4s, v2.4s, v5.s[1]                // 矩阵 A 第 2 列与 b22 相乘，与上次乘积相加
        mla      v8.4s, v3.4s, v5.s[2]                // 矩阵 A 第 3 列与 b23 相乘，并前面结果相加
        // 求得 C 矩阵第 3 列，存于 V9
        mul      v9.4s, v1.4s, v6.s[0]                // 矩阵 A 第 1 列与 b31 相乘
        mla      v9.4s, v2.4s, v6.s[1]                // 矩阵 A 第 2 列与 b32 相乘，与上次乘积相加
        mla      v9.4s, v3.4s, v6.s[2]                // 矩阵 A 第 3 列与 b33 相乘，并前面结果相加
        st3      {v7.4s - v9.4s}, [x2]                // V7、V8、V9 依次存放矩阵 C 第 1、2 和 3 列
        ldp      d8, d9, [sp], 16                     // 恢复 V8、V9
        ret
```

由此可见，矩阵向量程序采用 SIMD 指令只要分配好元素位置，程序反而更直接、更简单，还可以消除循环。

为了验证子程序的正确性，可以使用例 4-3 的主程序调用并显示矩阵 ***C***。

【例 6-8】 求正弦函数值程序（e607_matrices.s）。

运用 SIMD 指令，需要认真研究应用问题的实现算法，发掘其中的并行性。例 5-9 求正弦

值泰勒公式中，各项都是一个乘法，尝试使用 SIMD 并行进行乘法、同时得到各项值，然后利用邻对操作将各项乘积相加。

```
        .global  sine                                    // 子程序
        .type    sine, %function                         // 参数：S0 = X（弧度值），返回值：S0 = sin(X)
sine:   fmul     s1, s0, s0                              // V0.S[0] = S0 = X, S1 = X^2
        fmul     s2, s1, s0                              // S2 = X^3
        mov      v0.s[1], v2.s[0]                        // V0.S[1] = X^3
        fmul     s2, s1, s2                              // S2 = X^5
        mov      v0.s[2], v2.s[0]                        // V0.S[2] = X^5
        fmul     s2, s1, s2                              // S2 = X^7
        mov      v0.s[3], v2.s[0]                        // V0.S[3] = X^7
        ldr      x0, =facts                              // X0 = facts 地址
        ld1      {v4.4s}, [x0]                           // V4 载入各项系数
        fmul     v0.4s, v0.4s, v4.4s                     // 同时相乘
        faddp    v0.4s, v0.4s, v0.4s                     // 邻对相加
        faddp    s0, v0.2s                               // 邻对相加
        ret
facts:  .float   1.0                                     // 1/1!
        .float   -1.666667e-01                           // -1/3!
        .float   8.333333e-03                            // 1/5!
        .float   -1.984126e-04                           // -1/7!
```

验证子程序正确性，可以使用例 5-9 的主程序，输入角度值、调用子程序、并显示对应正弦值。

小　结

本章 SIMD 单元融合了前面各章的知识，并将标量整型数据和浮点数据处理指令扩展为 SIMD 向量并行操作指令，同时提供大量 SIMD 变体指令和针对特定应用场合的专门指令，这些极大地提升了处理器对大量数据的处理能力。

行文至此，本书完成了对 64 位 ARM 指令集的介绍。限于资料和水平，虽没有能够详述每一条指令的细节和应用，但奠定了 64 位 ARMv8 体系结构和汇编语言的基础。以此作为入门知识，读者可以结合具体应用深入钻研，尝试在汇编语言层次进行编程优化，提高软件性能。在本书 ARMv8.0 体系结构版本基础上，读者还可研读 ARM 最新文献资料，继续学习 ARMv8 后续版本新增的特性和指令。

习 题 6

6.1　对错判断题。

（1）寄存器名称 V10.8H 和 V10.2D 是同一个物理寄存器。

（2）指令“add　w0, w1, w2”与“add　v0.4s, v1.4s, v2.4s”都是进行 32 位整数相加，但前者标量运算，后者是向量运算。

（3）指令“add　d0, d1, d2”与“fadd　d0, d1, d2”采用相同的寄存器操作数，都进行标量 64

位加法，故没有区别。

(4) 向量数据的存储器访问指令（LD1/ST1、LD2/ST2、LD3/ST3、LD4/ST4）只能使用通用寄存器 Xn、不能使用栈指针 SP 作为存储器地址指针。

(5) SIMD 向量浮点比较指令 FCMGE 后两个字母表达条件“大于或等于”，其判断的依据是浮点状态寄存器的 NZCV 标志状态。

6.2 填空题。

(1) 对首个 SIMD&FP 寄存器，使用 V0 符号统称表达。当仅使用其低 64 位保存 4 个 16 位整数时，应使用________名称表达。而当其保存 4 个 32 位单精度浮点数时，应使用向量寄存器名称为________。若其保存 16 个 8 位整数，指明最高一路则应使用________表达。

(2) SIMD 向量数据基本运算指令的主要操作数组合是 Vd.T、Vn.T、Vm.T，其中“T”表达数据元素类型，但在不同指令中允许的类型不仅相同。例如，在 ADD、SUB 指令中，T 可以是________；在 MUL、MLA 和 MLS 指令中，T 可以是________；在 AND、ORR、EOR 指令中，T 只能是________；而在 FADD、FSUB、FMUL、FDIV 指令，T 允许为________。

(3) 除了基本运算指令，SIMD 还支持一些变体指令，其指令助记符常使用后缀表达特殊功能。例如，L 和 W 分别表示________和________，而邻对操作和贯穿操作分别使用后缀字母________和________表示。

(4) SIMD 设计了较为丰富的移位指令。例如，将 V5.8H 各元素同时左移 4 位的结果存入 V0.8H，指令可以是________；而右移需要区别元素的有无符号，对无符号整数元素右移 4 位，指令可以是________；对有符号整数元素右移 4 位，指令可以是________。

(5) 已知 B0=0x78、B1=0xF1，4 条饱和运算指令“uqadd b3, b0, b1”“sqadd b4, b0, b1”“uqshl b5, b0, 1”和“sqshl b6, b0, 1”的结果依次是________、________、________和________。

6.3 单项选择题。

(1) 如下寄存器名表示仅使用 SIMD&FP 寄存器低 64 位部分的是（　　）。

A. Vn.8B　　B. Vn.8H　　C. Vn.4S　　D. Vn.2D

(2) 如下加法指令进行向量数据处理的指令是（　　）。

A. add s0, s1, s2　　B. add x0, x1, x2

C. add d0, d1, d2　　D. add v0.2d, v1.2d, v2.2d

(3) 将主存 2 个 32 位数据分别载入到 2 个向量寄存器所有路的指令是（　　）。

A. ld1 v0.4s, v1.4s, [x0]　　B. ld2 v0.s, v1.s[0], [x0]

C. ld2r v0.4s, v1.4s, [x0]　　D. ld2 v0.4s, v1.4s, [x0]

(4) 指令“fsub v3.2d, v5.2d, v6.2d”的结果是 2 个（　　）差值。

A. 64 位整数　　B. 双精度浮点　　C. 单精度浮点　　D. 半精度浮点

(5) 指令“smull2 v10.4s, v11.8h, v12.8h”的结果是（　　）有符号整数乘积。

A. 4 个 32 位　　B. 4 个 16 位　　C. 8 个 32 位　　D. 8 个 16 位

6.4 简答题。

(1) 对 SIMD&FP 寄存器 V1，有哪些名称都属于同一个物理寄存器？

(2) 什么是向量数据的存储器访问指令（LD1/ST1 等）的单体结构和多体结构？

(3) SIMD 指令“CMHS Vd.T, Vn.T, Vm.T”实现的功能是什么？

(4) 有些支持倍长、倍宽操作的指令最后有个后缀“2”表示什么意思？

(5) 饱和运算为什么分成有符号饱和（SQ）与无符号饱和（UQ）两种处理方式？

6.5 如下 SIMD 数据传送指令 MOV，其实都是别名，请给出其对应的原指令助记符。

（1）mov　s4, v5.s[3]　　（2）mov　v6.d[1], v5.d[0]

（3）mov　v7.s[1], w8　　（4）mov　v3.8h, v9.8h

（5）mov　w1, v7.s[1]　　（6）mov　x0, v3.d[1]

6.6　已知 V5 = 0x7766554433221100，给出如下反转指令的执行结果。

（1）rbit　v0.8b, v5.8b　// V0.8B =　　（2）rev16　v0.8b, v5.8b　// V0.8B =

（3）rev32　v0.8b, v5.8b // V0.8B =　　（4）rev32　v0.4h, v5.4h　// V0.4H =

（5）rev64　v0.8b, v5.8b // V0.8B =　　（6）rev64　v0.4h, v5.4h　// V0.4H =

（7）rev64　v0.2s, v5.2s　// V0.2S =

6.7　假设 V5 和 V6 保存的数据如下（高一半与低一半相同），给出各条加法指令的执行结果。

V5.16B = 0x1122334455667788 1122334455667788

V6.16B = 0x88770022AABB3344 88770022AABB3344

（1）add　v0.16b, v5.16b, v6.16b　// V0.16B =

（2）uaddl　v0.8h, v5.8b, v6.8b　// V0.8H =

（3）saddl　v0.8h, v5.8b, v6.8b　// V0.8H =

（4）uaddl2　v0.8h, v5.16b, v6.16b　// V0.8H =

（5）saddl2　v0.8h, v5.16b, v6.16b　// V0.8H =

（6）uaddw　v0.8h, v5.8h, v6.8b　// V0.8H =

（7）saddw　v0.8h, v5.8h, v6.8b　// V0.8H =

（8）uaddw2　v0.8h, v5.8h, v6.16b　// V0.8H =

（9）saddw2　v0.8h, v5.8h, v6.16b　// V0.8H =

6.8　假设 V5 和 V6 保存的数据如下（高一半与低一半相同），给出各条加法指令的执行结果。

V5.16B = 0x1122334455667788 1122334455667788

V6.16B = 0x88770022AABB3344 88770022AABB3344

（1）uhadd　v0.4h, v5.4h, v6.4h　// V0.4H =

（2）urhadd　v0.4h, v5.4h, v6.4h　// V0.4H =

（3）shadd　v0.4h, v5.4h, v6.4h　// V0.4H =

（4）srhadd　v0.4h, v5.4h, v6.4h　// V0.4H =

（5）addhn　v0.8b, v5.8h, v6.8h　// V0.8B =

（6）raddhn　v0.8b, v5.8h, v6.8h　// V0.8B =

（7）addhn2　v0.16b, v5.8h, v6.8h　// V0.B[15]～V0.B[8] =

（8）raddhn2　v0.16b, v5.8h, v6.8h　// V0.B[15]～V0.B[8] =

6.9　什么是饱和运算？假设进行 16 位加减法运算，给出如下结果。

（1）非饱和加：7F38H+1707H　　（2）非饱和减：1707H−7F38H

（3）无符号饱和加：7F38H+1707H　　（4）无符号饱和减：1707H−7F38H

（5）有符号饱和加：7F38H+1707H　　（6）有符号饱和减：1707H−7F38H

6.10　数据右移的截断处理和舍入处理有什么不同？假设 V5.16B = 0x76AB，则如下右移指令的结果是什么？

（1）ushr　v0.16b, v5.16b, 4　// V0.16B =　　（2）urshr　v0.16b, v5.16b, 4　// V0.16B =

（3）sshr　v0.16b, v5.16b, 4　// V0.16B =　　（4）srshr　v0.16b, v5.16b, 4　// V0.16B =

6.11　假设 V5 和 V6 保存的数据如下（高一半与低一半相同），给出各条加法指令的执行结果。

V5.16B = 0x1122334455667788 1122334455667788

V6.16B = 0x88770022AABB3344 88770022AABB3344

（1）uqadd　v0.16b, v5.16b, v6.16b　　// V0.16B =

（2）sqadd　v0.16b, v5.16b, v6.16b　　// V0.16B =

（3）addp　v0.16b, v5.16b, v6.16b　　// V0.16B =

（4）uaddlp　v0.8h, v5.16b　　// V0.8H =

（5）saddlp　v0.8h, v5.16b　　// V0.8H =

（6）addv　b0, v5.8b　　// B0 =

（7）uaddlv　h0, v5.8b　　// H0 =

（8）saddlv　h0, v5.8b　　// H0 =

6.12　假设 V5 = 0x11227700AA080066，给出如下抽取半窄操作指令的执行结果（即 V0 向量寄存器的内容）。

（1）xtn　v0.8b, v5.8h　　// V0.8B =

（2）xtn2　v0.16b, v5.8h　　// V0.B[15]～[8] =

（3）uqxtn　v0.8b, v5.8h　　// V0.8B =

（4）sqxtn　v0.8b, v5.8h　　// V0.8B =

（5）sqxtun　v0.8b, v5.8h　　// V0.8B =

6.13　参考附录 A 调试示例，选择习题 6.6 到习题 6.12 中的某些指令，编辑成一个程序。然后，载入 GDB 进行单步调试，显示结果，验证习题答案，从而更好地理解各种 SIMD 数据处理指令功能。简述调试过程和使用的主要命令。

6.14　第 4 章习题 4.8 编写有一个给定个数的存储器数据复制子程序，而操作系统常需要进行以页（4KB）为单位的存储器数据复制，其 C 语言函数声明如下：

```
void memcpyb(char * src, char * dst)
```

也就是将 4K（4×1024）字节的源存储器内容，复制到目的存储器，src 和 dst 分别是源地址和目的地址的指针。编程采用多体结构访存 SIMD 指令（LD1 和 ST1）实现该函数（子程序），并将循环展开成 4 次进行优化，减少循环次数。

6.15　向量的绝对值就是向量的长度，计算方法是向量各元素平方之和，再开平方根。例如，对三维空间的一个向量 $\boldsymbol{A}(a_1, a_2, a_3)$，其绝对值计算公式为

$$|A| = \sqrt{a_1^2 + a_2^2 + a_3^2}$$

（1）已知有一个三维向量保存于数据区，其元素是单精度浮点数，请使用 SIMD 浮点向量数据指令，编程求出这个向量的绝对值，并调用 printf 函数显示。注意，由于 SIMD 向量指令对偶数个数据更容易操作，故为这个三维向量添加了一个元素（值为 0，不影响求长度）。

```
        .data
points: .float   1.3, 5.4, 3.1, 0              // 三维向量 A(a1, a2, a3)元素值
        // 添加一个元素，形式为 4D 向量 A（a1, a2, a3, 0）
```

（2）应用中有时需要将向量进行归一化处理，就是将向量长度规格化为 1。实现方法是将向量各元素除以向量长度。对上述 3D 向量进行归一化处理，即求出各归一化的元素值存入原位置。

6.16　SIMD 向量指令处理大量数据时更能体现其优势。假设有 4 个 3D 向量如下，依次存储在数据区：

```
        .data
points: .float   1.3, 5.4, 3.1                 // 第 1 个向量 A(a1, a2, a3)元素值
        .float   1.3, 5.4, 8.1                 // 第 2 个向量 B(b1, b2, b3)元素值
        .float   -117.0, -5.4, -3.8            // 第 3 个向量 C(c1, c2, c3)元素值
```

```
        .float   65.7, -25.9, 0.8                    // 第4个向量D(d1, d2, d3)元素值
dists:  .space   4*4                                 // 预留4个长度的存储空间（4×4 = 16字节）
```

（1）编程求出这 4 个向量各自的绝对值保存指定位置。提示：利用交织访存指令将坐标值 1、2、3 分别存放在 3 个向量寄存器中。

（2）为了具有交互性，并验证计算的正确性，添加代码调用 printf()显示这 4 个长度值。

6.17　四维向量有 4 个元素，计算两个四维向量点 $f_1(x_1,x_2,x_3,x_4)$ 和 $f_2(y_1,y_2,y_3,y_4)$ 之间距离的公式是

$$d = \sqrt{(x_1 - y_1)^2 + (x_2 - y_2)^2 + (x_3 - y_3)^2 + (x_4 - y_4)^2}$$

使用 SIMD 指令（包括向量邻对操作指令），编写一个子程序计算四维向量的两点间距离。按照调用规则，子程序的输入参数使用 X0 指向缓冲区地址，其中依次保存两个点的各元素；已知向量元素是单精度浮点数，通过 S0 返回距离值。

6.18　有一个由 16 个 32 位有符号整数组成的数组 array，没有排序，分别使用 3 种 SIMD 向量指令编程求出其中的最大值和最小值，并显示。

（1）向量整数求较大值 SMAX 和较小值 SMIN 指令（不使用邻对和贯穿操作）。

（2）使用向量邻对求较大值 SMAXP 和较小值 SMINP 指令（不使用贯穿操作）优化。

（3）使用向量贯穿求最大值 SMAXV 和最小值 SMINV 指令优化。

6.19　将例 6-5 的 16 个元素向量点积编写成子程序，并配合一个主程序提供地址，保存并显示点积结果。

6.20　数据区给出两维坐标系中 5 点坐标如下，编写文本区汇编语言程序，求出某点到其余 4 点之间的最短距离并显示。

```
        .data
points: .float   1.3, 5.4                                 // 某点坐标(x0,y0)
        .float   3.1, -1.5, 8.1, 6.5, -5.4, -3.8, 0.8, 88.5   // 其余4点坐标(x1,y1)～(x4,y4)
msg:    .string  "Distance = %f\n"
```

6.21　二维坐标系中有依次相邻的 5 个点，依次保存于数据区：

```
        .data
points: .float   1.3, 5.4, 3.1, -1.5, 8.1, 6.5, -5.4, -3.8, 0.8, 88.5
        // 5个点(x, y)的10个坐标
msg:    .string  "Distance = %f\n"
```

编程计算 4 组相邻 2 点间距离、并相加，即求出这 5 个点组成的折线距离。

6.22　由例 6-7 可以看到，4×4 矩阵相乘比 3×3 矩阵相乘，实现起来更加自然。在数据区给出两个 4×4 矩阵，编写程序将这两个矩阵相乘，并显示结果。

6.23　参考例 6-8，采用双精度浮点数 SIMD 指令实现求正弦值子程序，实现习题 5.17 同样的功能。

附录A 调试程序GDB

初学编程，难免会出现各种错误。首先遇到的问题，可能就是汇编（编译）不通过，提示各种错误（Error）或警告（Warning）信息。这是因为书写了不符合语法规则的语句，导致汇编（编译）程序无法翻译，称为语法错。常见的导致语法错误的原因有符号拼写错误、多余的空格、遗忘的前后缀字母、不正确的标点、太过复杂的常量或表达式等。初学者也常因为未能熟练掌握指令功能导致操作数类型不匹配、错用寄存器等原因出现指令的语法错误，当然还会因为算法流程、非法地址等出现逻辑错误或者运行错误。

当源程序存在语法错时，编译程序会生成错误和警告两种诊断信息，并报告其所在的源程序文件名和行号。错误表示出现了比较严重的问题，导致无法进行编译。警告表示程序出现了特殊的情况，通常还可以继续编译。汇编程序AS报告警告和错误的信息格式如下：

```
file_name:NNN:Error:Warning Message Text
file_name:NNN:FATAL:Error Message Text
```

其中，NNN表示发生警告或错误的所在文件行号。可以根据提示的语句行号和错误原因进行修改。注意，汇编（编译）程序只能发现语法错误，而且提示的错误信息有时不甚准确，尤其当多种错误同时出现时。应特别留心第一个引起错误的指令，因为后续错误可能因其产生，修改了这个错误也就可能纠正了后续错误。

利用编译程序给出的诊断信息，针对相关语句，可以修正语法错误。简单的程序也可以根据显示信息判断可能的错误原因，通过仔细研读、静态分析源程序结构，改正错误。但是，对没有明示的逻辑或运行错误往往需要借助调试程序（Debug）进行动态分析了。

GCC软件开发工具包中提供GDB调试程序。查阅GDB用户手册，可以看到对调试程序作用的论述：允许程序员观察被调试程序执行时的运行情况，或者在其崩溃时被调试程序正在进行怎样的操作。接着，GDB用户手册也说明了调试程序的4项主要功能：启动被调试程序的执行，暂停被调试程序的执行，观察被调试程序暂停时的执行状态，改变被调试程序的变量值等状态，以便尝试进行错误的修改。

调试程序还有其他功能，如在汇编语言的学习中，调试程序可以帮助程序员比较直观地查看处理器指令的执行情况、指示符的汇编结果，以便程序员更好地理解其内涵。

A.1 常规操作

调试程序 GDB 是命令行操作界面，通过输入命令及其参数控制调试过程。GDB 功能强大，命令很多，尤其是命令参数比较繁杂，本附录主要介绍针对 A64 汇编语言的常规操作。

1．启动和退出

只要在 Linux 命令行输入“gdb”就可以启动调试程序 GDB，然后需要使用文件“file”或可执行文件“exec-file”命令载入被调试程序。但通常的方法是，启动 GDB 的同时载入被调试的可执行文件，命令如下：

```
gdb 被调试程序文件名
```

GDB 启动后，先显示版本等信息，可按回车键显示完。GDB 默认命令行提示符为“(gdb)”，此时等待用户输入 GDB 命令。

注：下文介绍 GDB 命令时，前面均有“(gdb)”提示符，它不是命令本身。

例如，要了解某 GDB 命令的使用说明，可以输入帮助“help”（或 h）命令：

```
(gdb)help 命令名
```

在进行调试的过程中，如果需要临时执行 Linux 命令但并不退出 GDB，可以使用外壳“shell”命令（或直接用英文“!”开头）：

```
(gdb)shell    Linux 命令名 参数
```

若仅使用“shell”（或“!”），不带 Linux 命令名，则暂时回到 Linux 命令行平台。此时，在 Linux 平台输入退出“exit”命令，则返回 GDB 调试程序。

任何时候，要退出 GDB 调试程序、返回操作系统平台，使用停止“quit”（或 q）命令。

注意，GDB 的大部分命令即可以使用其完整的英文单词，也可以使用英文单词的前一个或几个字母（只要不会与其他命令的英文单词所混淆即可），输入过程中随时可以使用制表（Tab）键让 GDB 填充命令字、选项参数，或再次按下 Tab 键，给出多个可选命令、选项参数。不输入任何内容，直接按回车键，则重复执行上一个命令。不过，有些命令（如运行“run”）不会重复执行；有些命令（如列表“list”、显示“x”）自动构建新参数执行命令；而在有多页信息需要显示时，按回车键则显示更多内容。

为了更有效地调试可执行文件，实现所谓的源代码级（Source-Level）调试，即直接利用源程序代码当中的变量、标号等标识符，程序员需要在编译时带入调试信息（即 Debug 调试版本，否则就是 Release 发布版本）。GCC 编译（AS 汇编）时，命令行加选项参数“-g”，就可以将 C 语言（汇编语言）的调试信息带进可执行文件。

2．断点调试

GDB 带入被调试程序启动后，输入运行“run”（或 r）命令，被调试程序就在 GDB 环境中开始执行。如果没有设置暂停位置或需要输入，被调试程序将执行结束。但是，进行程序调试，往往要跟踪程序的动态执行情况，这需要让被调试程序在关键位置暂停运行，以便观察其运行状态或查找运行出错的原因。

断点（Breakpoint）是程序执行时暂时停止的位置。设置程序断点后，被调试程序执行到断点就会中止，等待进一步操作，这就是最常用到的断点调试方法。

断点的设置主要使用断点“break”（或 b）命令，格式如下：

```
(gdb)break 位置
```

位置表达有多种形式，主要是行号、偏移量、函数名、标号、地址等，如表 A-1 所示。

表 A-1　常用 GDB 位置表达形式

表达形式	含　义
line	当前源程序文件的行号处
function	指定函数的开始处
label	指定标号处
-offset/+offset	当前行之前的偏移量处/当前行之后的偏移量处
*address	地址表达式指定的程序地址位置

在表 A-1 中，行号和函数名还可以添加用“:”分隔的文件名（filename:）指明源程序文件，否则就是当前源程序文件。标号前还可以指明所在的函数（function:）。注意，offset 是存储单元的字节位移量，不是指令位移量。对采用 32 位、4 字节编码的 A64 指令，偏移量应是 4 的倍数。

如果要清除某个断点，可以使用清除“clear”命令，其后跟的位置参数与“break”命令的位置形式一样。删除“delete”命令可以清除所有断点。断点还可以暂时被禁止“disable”起作用，再被允许“enable”发挥作用。另外，断点信息“info breakpoints”（或 info break）命令可以查看断点设置的情况。

让程序执行暂停，还可以使用观察点（Watchpoint）和捕捉点（Catchpoint）。观察点用于某个表达式（如变量）发生改变时暂停程序执行，捕捉点用于某种程序事件（如系统功能调用）发生时暂停程序执行。

每次进行可执行程序的调试，都需要进行断点设置。通常需要在主程序（主函数）第一条语句（指令）位置设置断点，以便了解程序初始状态，准备开始程序调试。让被调试程序启动运行后停止在第一条指令，可以使用开始“start”命令。这个命令相当于在主程序开始设置一个临时断点，然后执行运行“run”命令。

3．单步执行

使用“run”命令开始执行程序，如果遇到断点就会暂停。程序暂停后，从断点继续执行后续代码，需要使用继续“continue”（或输入 c）命令。使用跳转“jump”（或 j）命令，则可以跳转到指定的位置执行；使用杀掉“kill”命令可以停止程序执行。

在程序的关键位置，有时需要逐条分析语句的执行情况，这时候就可以使用单步（Step）执行的调试方法（单步调试）。单步执行就是执行一条语句后再次暂停（不必为此设置断点），主要有两种类型，对应两条命令。

（1）单步进入（Step into）命令

```
(gdb)step 条数
```

“step”（或 s）命令单步执行一条语句暂停，若遇到子程序（函数），则进入子程序当中进行调试（但不会进入没有调试信息的子程序当中，包括标准函数、系统功能调用等）。若不希望在子程序内部继续单步执行，可以使用结束“finish”命令执行完成当前子程序，这就是单步跳出（Step out）。若在子程序内部使用返回“return”命令，则不再执行子程序后续的语句，而是直接返回到调用函数。在高级语言的循环语句中，如果不需要继续单步执行剩余的循环体，就可以使用直到“until”（或 u）命令，执行完成整个循环语句。

（2）单步通过（Step over）命令

```
(gdb)next 条数
```

"next"（或 n）命令单步执行一条语句暂停，不进入子程序（函数）内部、直接调用完成。当遇到调用子程序指令、但并不需要调试子程序时，应该使用单步通过"next"命令。

单步进入"step"和单步通过"next"命令若带有"条数"参数，则表示执行指定条数语句后暂停。对应以高级语言语句为单位的单步执行命令"step"和"next"，还有以机器指令为单位的单步执行命令"stepi"和"nexti"。高级语言的一条语句常由许多条机器指令组成，但汇编语言的一个语句通常就是一个处理器指令。所以，进行汇编语言级调试时，"step"与"stepi"命令的作用相同，"next"与"nexti"命令的作用也一样。

4．查看数据

程序暂停就是为了观察有关执行情况。有多个命令可以实现这些要求，分别用于观察某个方面的数据。

（1）查看信息

信息"info"（或 i）命令可以查看多种内容，为此配合有多种子命令，可以使用"help info"查阅。

例如，查看除浮点寄存器和向量寄存器外的其他寄存器名称和内容的命令是

```
(gdb)info registers
```

再如，查看包括浮点寄存器和向量寄存器的所有寄存器名称和内容的命令是

```
(gdb)info all-registers
```

"info float"命令给出浮点处理单元结构，即显示浮点寄存器及其内容；"info vector"命令给出向量处理单元结构，即显示 SIMD&FP 寄存器及其内容。查看当前堆帧情况、当前函数的局部变量、断点情况等，则依次使用"info frame""info locals""info break"等命令。

（2）查看表达式

计算和显示某表达式的数值，通常使用打印"print"（或 p）命令，主要的格式是

```
(gdb)print /f 表达式
```

其中，f 用于标识数据的输出格式，用一个字母表示，主要有：x（十六进制数）、d（有符号十进制整数）、u（无符号十进制整数）、t（二进制数）、c（字符）、a（地址）、s（字符串）、f（浮点数）等。如果没有指明输出格式就按照该表达式具有的数据类型输出。

"print"命令接收所使用编程语言允许的任何有效的常量、变量或操作符等组成的表达式，计算其值。例如，"print"命令常用于查看指定寄存器内容，表达式是用"$"引导寄存器名。

```
(gdb)print /f $寄存器名
```

对大部分处理器，GDB 定义了 4 个标准寄存器名$pc、$sp、$fp 和$ps，依次表示该处理器的程序计数器、栈指针、帧指针和处理器状态寄存器。ARM 处理器则使用$cpsr 指示处理器状态，不支持符号$ps。

注意，寄存器名可以是 64 位通用寄存器 Xd、32 位通用寄存器名 Wd，以及浮点寄存器名（Dd、Sd）和向量寄存器名（Vd 等多种形式）。但是，在不同的输出格式下，显示内容有时令人迷惑，请予以留意（详见调试示例的说明）。

"print"命令可用于显示变量值，但表达式通常需要在变量名前用括号添加 C 语言的数据类型，否则提示无类型（无法显示）。

```
(gdb)print /f (数据类型)变量名
```

若表达式用"&"引导变量名，则"print"命令输出变量的存储器地址。

```
(gdb)print /f &变量名
```

如果跟踪观察某变量，就可以使用显示“display”命令设置。每次程序暂停，“display”命令列表中的变量都会自动显示。如果只是当某个变量发生变化了，才需要特别关注，可以使用观察“watch”命令设置观察点（Watchpoint）。

（3）查看存储器

查看主存区域的内容，通常使用查看“x”（取自单词“examine”）命令，主要格式是：

```
(gdb)x /nfu 地址
```

其中，选项 f 是输出格式，除了打印“print”命令支持的输出格式，还可以是 i（处理器指令）。利用 i 选项，可以得到指定地址处的反汇编指令代码。

选项 n 表示查看的存储区域数，默认是 1，以十进制数表达，负值表示地址前的存储区域。而选项 u 给出了存储区域的单位，可以是 b（1 字节）、h（半字，2 字节）、w（字，4 字节）和 g（大字，8 字节）。每次使用查看“x”命令指明的存储区域单位，就是下次使用“x”命令的默认长度。对于指令 i 输出格式，单位选项 u 无意义，可省略不写。对于字符串 s 输出格式，单位 u 默认是字节 b，也可用 h 或 w 表示临时输出 16 位或 32 位为单位的字符串。

地址参数（addr）指出查看的存储区域起始地址。若地址参数是代码区的指令标号，“x”命令将显示标号位置的内容；地址参数是“&”引导数据区变量名，则显示变量值；而地址参数若是“$”引导通用寄存器名，表示寄存器作为存储器地址指针，“x”命令显示该地址保存的内容。默认地址通常是上次查看后的位置，但有些命令设置默认地址。例如，显示断点信息“info breakpoints”命令将默认地址设置为最后列表的断点地址，语句行信息“info line”命令设置为语句行的起始地址，打印“print”命令则是其显示的存储器地址。

（4）查看源程序语句行

使用列表“list”（或 l）命令查看源程序代码，常用形式是

```
(gdb)list 位置
```

该命令显示指定位置（行号、函数、标号等）前后的 10 行源代码。可以继续使用不带参数的列表 list 命令，则接着上次显示的程序行号，继续显示 10 行源代码。若带有“-”参数，则是接着上次显示的程序行号，显示其前 10 行源代码。

显示 10 行源代码是默认设置，可以用设置行数“set listsize”命令修改。也可以使用两个位置参数，表示要显示源代码的开始和结束位置：

```
(gdb)list 首位置，末位置
```

如果省略首位置或末位置（中间的“,”不能省略），那么分别表示结束于末位置或起始于首地址。

（5）查看反汇编代码

对高级语言源程序来说，可以使用语句行信息“info line”命令查找源程序指定语句对应的机器代码起始和结束地址，命令如下：

```
(gdb)info line 位置
```

使用“info line”命令后，查看“x”命令的默认地址就是该语句的起始地址，使用“x/i”命令就可以开始查看机器指令了。

更好的查阅机器指令，可以使用反汇编“disassemble”命令。带上修饰参数“/m”（或/s）则显示源程序语句和反汇编代码，带上参数“/r”则显示反汇编代码和十六进制形式的机器代码。没有指明地址时，反汇编命令默认是反汇编当前程序计数器所在的函数；带有一个地址参

数，则反汇编该地址所在的函数；带有两个地址参数，则反汇编该存储器范围内的代码。

（6）查看栈帧

每次调用子程序（函数）都会创建一个栈帧。栈帧在主存的地址由帧指针寄存器（$fp）保存，ARMv8 体系结构的 64 位执行状态使用 X29 寄存器作为帧指针。

回溯“backtrace”（或 bt，而 info stack 和 where 是其别名）命令用于展示调用踪迹，即给出子程序调用的各级栈帧的信息，以编号开头给出该层级栈帧。其中，当前所在子程序层级编号为 0，调用当前子程序的上一级程序的栈帧为 1，以此类推，直到主程序 main 的栈帧为止。

栈帧“frame”（或 f）命令显示当前所选栈帧的简短描述；而“info frame”命令显示完整的栈帧描述，包括栈帧地址、下层级栈帧地址、上层级栈帧地址、源代码使用的编程语言、帧参数的地址，局部变量的地址、保存的程序计数器、栈帧保护的寄存器。

5．修改数据

调试过程中有时需要修改变量、存储单元或寄存器的值，GDB 主要使用设置“set variable”（或 set var）命令进行赋值。打印“print”命令可以替代“set variable”，同时会显示出更新值。

修改寄存器值（寄存器名前用$引导，支持 GDB 定义的 4 个标准寄存器名）：

```
(gdb)set var $寄存器名=表达式
```

修改指定地址位置（存储单元）的数据（地址前用“*”引导）：

```
(gdb)set var *地址=表达式
```

修改局部变量值，直接对局部变量名赋值：

```
(gdb)set var 局部变量名=表达式
```

调试程序 GDB 不允许使用“set”（或“print”）命令直接给全局变量赋值。但可以通过“print”（或“x”）命令获得其地址，然后使用“set”命令对该地址进行赋值（被调试程序需处于运行状态），从而间接给全局变量赋值。

GNU 调试程序 GDB 功能强大，这里主要针对 A64 汇编语言程序的调试，简单介绍了其基本应用和指令，限于篇幅没有给出操作截图。详尽的说明需要查阅手册和使用帮助命令，熟练掌握其操作和应用则需要较多的实践，并逐渐积累经验。

A.2 调试示例

为突出 64 位 ARM 汇编语言的主体教学内容，本书将 GDB 调试程序的内容安排在附录。建议随着各章教学内容，利用调试程序 GDB 深入理解指令功能、动态分析程序执行过程；当然，也可以在某个阶段集中精力或时间掌握 GDB 使用，回顾或巩固所学内容。本书主要针对汇编语言的学习，介绍调试程序 GDB 的常规操作，未涉及实际应用问题的调试技巧，目的也只是为读者今后实际应用 GDB 打下基础。

在学习了调试程序 GDB 的基本知识后，读者可以首先使用信息显示程序（C 语言或者汇编语言），熟悉 GDB 各种命令和操作过程。下面结合本书中若干例题程序，简单说明一般的调试过程，读者可以比照操作。第 2 章及后续各章习题中编排有各种结构程序的调试要求，读者可以进一步练习。

1. 熟悉调试程序

可以使用例 1-2 显示信息的汇编语言程序（e102_hello.s），参考如下各步骤，熟悉 GDB 调试程序的基本命令和常规操作过程。

① 带调试参数“-g”生成可执行文件。

```
gcc -g -o e102_hello e102_hello.s
```

② 启动调试程序 GDB，并带入被调试的可执行文件。

```
gdb e102_hello
```

GDB 启动后，会显示 GDB 版本等信息，最后一行提示：

```
--Type <RET> for more, q to quit, c to continue without paging--
```

表示按键盘回车键（RET）继续分页显示，按字母“q”退出，按“c”不分页显示完后续信息。通常，按回车键（或字母“c”，回车键）即进入 GDB 调试环境。

③ 在 GDB 环境中输入运行“run”（或 r）命令，被调试程序将像操作系统环境一样开始执行。若没有设置断点、程序本身没有暂停功能，则被调试程序将执行完成、正常退出。

```
(gdb) run
```

注意：“(gdb)”是 GDB 调试程序的命令提示符，不需输入（下同），若无此前缀，则是命令执行后显示的信息。另外，使用 GDB 命令的注释符“#”，说明命令功能或执行的结果，不需输入。

④ 在主程序（函数）入口处设置断点，再次执行。

```
(gdb) break main
(gdb) r
```

这两条命令等同于开始“start”命令。有关被调试程序的信息，只有在启动运行时才可以查看，否则将提示程序尚未运行、无此信息。

⑤ 尝试各种 GDB 查看数据的命令，info、print、x、list 等。例如，开始调试前，可以使用列表“list”（或 l）命令显示源程序代码，获得语句的行号，方便进行调试。因为很多调试命令都可以使用行号作为参数。

```
(gdb)list 1,                    # 从第 1 条指令开始显示
```

再如，程序进入主函数 main 暂停，反汇编命令显示处理器指令和机器代码。

```
disassemble /r main
```

也可以查看一下主程序开始的内容，指令编码、源代码等。

```
// 采用十六进制（x）显示 main 标号开始的 4 个字（w）数据，即 4 条指令的编码
(gdb)x /4xw main                # 也可以是：x /4wx main
(gdb)x /4i main                 # 显示 4 条指令（i）
(gdb)x /s &msg                  # 显示数据区的字符串 msg
```

⑥ 输入继续“continue”（或 c）命令，被调试程序从断点处继续执行。若又输入“r”命令，GDB 提示程序已经开始执行：

```
The program being debugged has been started already.
Start it from the beginning? (Y or N)
```

选择“Y”，则重新从头开始执行；选择“N”，则没有重新执行，仍处于现状。最后，输入退出“quit”（或 q），退出调试程序 GDB，返回操作系统平台。

```
(gdb) q
```

当然，读者可以按照自己的想法，尝试 GDB 的其他常用指令，感悟调试方法。

2．单步执行指令

选择例 2-1 立即数传送或例 2-2 加减法指令程序，可以单步执行指令，查看寄存器内容，理解数据传送、加减法等指令的功能。也可以结合自己的学习情况，按照自己的思路进行单步执行，随时观察有关寄存器内容。调试过程可以是：

① 带调试参数“-g”生成可执行文件，启动 GDB 程序，带入可执行文件。

② 在程序起始执行的指令位置设置第一个断点，执行运行“r”命令，在第一个断点处暂停（也可以执行“start”命令，更简单地实现这个操作）。

```
(gdb) start
```

③ 使用“info registers”（或“info r”）查看通用寄存器内容。

```
(gdb) info r
x0       0x1  1
……
x30      0xffff9f282f40     281473351954240
sp       0xfffff16a61b0     0xfffff16a61b0
pc       0x4005d4           0x4005d4 <main>
cpsr     0x60000000         [ EL=0 C Z ]
fpsr     0x0  0
fpcr     0x0  0
```

“info r”命令显示通用寄存器（X0～X30）、栈指针（SP）、程序计数器（PC）、程序状态字（CPSR）以及浮点状态寄存器（FPSR）和浮点控制寄存器（FPCR）的内容，中间是十六进制数形式，最后是十进制数形式。注意，数据默认不显示前导 0（包括十六进制数）。

④ 没有子程序调用、循环结构时，使用单步进入“step”命令，或者单步通过“next”命令，均可以单步执行一条（或多条）语句（指令）。

```
(gdb) n
10   add x10, x10, x10                // X10 = X10 + X10, 实现×2
```

⑤ 单步命令执行后暂停，会显示下条将要执行的指令（最前面的数字是源程序语句对应的行号）。此时可以使用“print”（或 p）命令查看指定寄存器内容的改变。

```
(gdb)print /x $x10                    # 十六进制形式显示寄存器 X10 的内容
$1 = 0x0
```

其中，“=”前的数字是程序调试过程中，显示寄存器的次数编号（不是固定的），本次编号对应就是寄存器 X10；等号后是其内容（0x 表示十六进制数）。

⑥ 有时在执行某条指令前(如上述单步执行显示的第 10 行指令),应通过“set”(或“print”)命令设置通用寄存器的初值。

```
(gdb)set $x10=500
```

然后，单步执行 2 条指令，观察 X10 的执行结果，命令可以是：

```
(gdb) n
11   add x10, x10, x10, LSL 2         // X10 = X10 + X10×4, 实现×10 (= 2+2×4)
(gdb)p /d $x10
$2 = 1000
(gdb) n
(gdb)p /d $x10
$3 = 5000
```

如果指令无误，结果应该是设置初值的 10 倍（如初值为 500，结果为 5000）。

⑦ 单步执行设置标志的指令（ADDS 和 SUBS）后，可以查看标志状态。

```
        (gdb)print /z $cpsr
```

其中，$CPSR 是指 32 位程序状态字，最高 4 位依次就是 NZCV 标志。而“/z”参数虽然与“/x”一样以十六进制形式显示数据，但不会省略前导 0（避免因未显示前导 0，而误判标志）。例如，N=0、Z=0、C=1、V=0 时，将显示为

```
        $4 = 0x20200000
```

等号后的数值是 CPSR 内容，高 4 位为 NZCV 状态，即：NZCV=0x2=0b0010。

⑧ 继续单步执行，设置初值、查看指令执行结果。可以在返回之前暂停，再次查看所有寄存器内容，了解整个程序最终的执行结果。可以输入继续“c”命令，将程序执行完成。再次执行开始“start”命令，设置新值，重新进行类似的调试过程。最后使用“q”命令，退出 GDB 调试程序。

3．观察分支走向

分支结构程序，可以采用调试程序 GDB 跟踪程序流程，理解分支指令和程序走向。以例 3-2 字母判断程序为例，调试过程可以如下：

① 生成含调试信息的可执行文件，启动 GDB 的同时载入被调试程序。

② GDB 中执行“start”命令，暂停在主程序首条指令位置。

③ 使用单步通过命令“n”逐条执行指令。当单步执行调用字符输入函数的指令（bl getchar）时，程序等待用户输入。例如，按任意一个小写字母键。继续单步执行，注意单步执行命令显示的下条指令（和最左边的行号），关注程序流程是否顺序正确。

④ 再次进行调试运行，这次可以输入一个非小写字母。注意执行条件分支指令时，应能观察程序流程不是顺序执行，而是发生改变、实现了跳转。

⑤ 可以在执行条件分支指令前查看 NZCV 状态，比较条件是否满足，预判程序流程。结束程序调试，使用“q”命令返回操作系统。

4．跟踪循环流程

A64 指令集没有循环指令，而是使用分支指令实现重复执行，因此跟踪循环过程的调试方法类似分支结构程序，选择例 3-6 求最大值程序（e306_max.s）为例进行说明。

① 进入 GDB 调试程序环境后，可以先显示一下源程序代码，以便后面利用语句行号设置断点等操作。

```
        (gdb)list 1,30                          # 从第 1 条指令开始显示 30 行（不足 30 行，仅显示到结束）
1               .data
                …
10              mov     x3, count-1             // x3 = 元素个数减 1 是循环次数
11    again:    ldr     w1, [x2, 4]!            // 取出下一个元素给 w1
                …
20              ldp     x29, x30, [sp], 16
21              ret
```

② 本例主要调试循环结构，可以在循环体（标号“again”）前设置断点（可用语句的行号作为参数），并直接运行到循环开始位置。

```
        (gdb) break 10                          # “10”是循环体前的语句行号
        (gdb) r
```

③ 使用单步执行命令（n 或 s），单步执行循环体的语句，在执行条件分支指令时特别关注跳转位置，观察程序的循环流程，还可以随时查看计数控制循环的循环次数。

```
        (gdb) p /d $x3                                  # X3保存剩余循环次数
```

如果不需关注后续循环过程，可以使用继续“c”将循环结构执行完成。

④ 本例求出的最大值保存于变量 max，在未保存前，查看的变量值应为初始值。

```
        (gdb) p /d (int)max                             # 显示变量max的值（十进制）
        $3 = 0
        (gdb) p /x &max                                 # 显示变量max所在的地址（十六进制）
        $4 = 0x420050
```

⑤ 程序执行结束，GDB 将恢复到被调试程序未被执行的状态，仍无法查看到最大值。因此，需要在程序最后（返回指令 RET 前）设置断点，此时查看变量 max 值。

```
        (gdb) b 20                                      # “20”是程序结束前的语句行号
        c                                               # 继续执行
        (gdb) x /d &max                                 # 列出变量max的地址，并显示变量值（十进制）
0x420050:  900
```

此时应该就是已给数组中元素的最大值（本例是 900）。

⑥ 再次运行程序，尝试修改数组某个元素值，并在运行结束前暂停，查看到最大值。

```
        (gdb) start                                     # 启动运行程序，暂停与主程序入口
        (gdb) p /x &array                               # 显示数组array起始地址
        $4 = 0x420028
        (gdb) set var *0x420028=1200                    # 给首个元素赋新值
        c                                               # 继续执行
        (gdb) x /d &max                                 # 列出变量max的地址，并显示变量值
0x420050:  1200
```

5. 调用子程序

将某个功能编写成子程序，让主程序调用是经常采用的模块化编程方法。选择例 4-1 大小写字母转换程序（e401_tolower.s），说明子程序调用和返回的调试过程。

① 如果主程序没有问题，主要是调试子程序。可以在子程序入口设置断点，直接运行到子程序处。

```
        (gdb) b tolower                                 # 在子程序入口设置断点
        (gdb) r
        Breakpoint 1, tolower () at e401_tolower.s:21
21      mov      x2, 0
```

然后，像其他程序一样单步执行指令、观察分支走向或跟踪循环流程。如果不需要继续在子程序内部调试时，就可以使用结束“finish”命令执行完成当前子程序，返回主程序。注意，使用返回“return”命令也可以返回调用程序，但并没有执行子程序剩余的语句。

```
        (gdb) finish
        Run till exit from #0  tolower () at e401_tolower.s:21
        main () at e401_tolower.s:10
10      mov      x2, x0
```

② 如果确信子程序没有问题，调试主程序部分时，遇到调用子程序（BL）指令，要使用单步通过“n”命令，直接完成子程序的调用。而如果使用单步进入“s”命令执行调用指令，就将进入子程序内部暂停，等待对子程序的调试命令。

可以查阅一下主程序调用指令（语句行号是 9）的存储器地址：

```
(gdb) info line 9
Line 9 of "e401_tolower.s" starts at address 0x400660 <main+8> and ends at 0x400664 
<main+12>.
```

可见，调用指令后地址是“0x400664”，即返回地址。子程序返回地址保存于 X30，在子程序内部可以查看其是否为主程序调用指令后下一条指令的存储器地址。

```
(gdb) p /x $x30                                 # 查看返回地址
$1 = 0x400664
```

也可以想到，如果执行返回指令前不慎修改了 X30 内容，将不能正确返回。

还可以在子程序调用前后，查阅寄存器中的入口参数和返回值，以此判断调用是否正确。

③ 在子程序内部执行时可以查看栈帧情况。栈帧“frame”（或 f）命令只给出基本的栈帧状态，而使用“info frame”命令可以显示完整的栈帧信息。

```
        (gdb) frame                             # 当前栈帧的简短信息
        #0  tol1 () at e401_tolower.s:25
25      b.lo     tol2
        (gdb) info frame                        # 显示完整的栈帧信息
        Stack level 0, frame at 0xffff16a5f40:
        pc = 0x400690 in tol1 (e401_tolower.s:25); saved pc = 0x400664
        called by frame at 0xfffff16a5f50
        source language asm.
        Arglist at 0xfffff16a5f40, args:
        Locals at 0xfffff16a5f40, Previous frame's sp is 0xfffff16a5f40
```

本例给出的栈帧信息是：① 当前栈帧地址是 0xFFFFF16A5F40；② 当前指令地址（PC）是 0x400690，保存的程序计数器（saved PC）、即返回地址是 0x400664；③ 上层级栈帧地址是 0xFFFFF16A5F50；④ 源代码使用的编程语言是汇编语言；⑤ 帧参数地址是 0xFFFFF16A5F40，⑥ 局部变量的地址、上层级栈帧的 SP 均是 0xFFFFF16A5F40。

通过 SP 或 FP 做指针，可以查看栈帧的数据。

```
(gdb) p /x $sp                                  # 显示栈指针 SP
$3 = 0xffff16a5f40
(gdb) x /2gx $sp                                # 显示栈的数据
0xffff16a5f40: 0x0000ffff16a5f50     0x0000ffff95231f40
```

当存在多级调用时，使用回溯“backtrace”（或“info stack”）命令明确各级调用的情况。

```
(gdb) info stack                                # 展示调用踪迹
#0  tol1 () at e401_tolower.s:25
#1  0x0000000000400664 in main () at e401_tolower.s:9
```

“#0”是当前所在子程序的层级编号，现正运行到被调试程序（e401_tolower.s）的语句 25 行。“#1”是调用当前子程序的层次编号，则表明主程序（main）第 9 行的指令调用了当前子程序。

6．理解浮点数

实数的浮点编码相对整数的补码来说复杂得多。为了更好地理解 IEEE 浮点数，可以使用调试程序 GDB 单步执行浮点数据处理指令，通过查看浮点寄存器的内容，掌握浮点格式和指令功能。这里用例 5-5 浮点数类型转换程序（e505_fcvt.s）作为被调试程序。

① 将被调试程序载入 GDB 环境，在标号 main1 设置断点、启动程序运行。

```
(gdb)b main1
(gdb)r
```

单步执行载入单精度浮点数指令（ldr s4, [x0]），为 S4 寄存器赋值实数“-12.3”，查看浮点单元。

```
(gdb)info float                               # 查看浮点处理单元
…
d4  {f = 0x0, u = 0xc144cccd, s = 0xc144cccd} {f = 1.6020135705094361e-314,
     u = 3242511565, s = 3242511565}
…
s4  {f = 0xfffffff4, u = 0xc144cccd, s = 0xc144cccd} {f = -12.3000002, u = 3242511565,
     s = -1052455731}
```

命令“info float”依次显示全部 32 个 64 位浮点寄存器 D0～D31 和 32 个 32 位浮点寄存器 S0～S31 的内容，上面只举例了 D4 和 S4 内容。

浮点寄存器的显示内容用花括号分成两部分，每部分依次用“f=”“u=”和“s=”引导出 3 个数据。第一个“{}”中是十六进制表达的编码，“f=”引导的是浮点数（如-12.3000002）截断小数、只保留有符号整数（如-12）的补码，“u=”和“s=”都是浮点编码。第 2 个“{}”中的是数值，“f=”引导的是浮点数，“u=”引导的是浮点编码对应的无符号整数，“s=”引导的是浮点编码对应的有符号整数。

例如，为单精度浮点寄存器 S4 赋值实数“-12.3”，S4 第一个“{}”中的“u=”和“s=”引导的 32 位单精度浮点编码是“0xc144cccd”，“f=”引导的 32 位编码“0xfffffff4”是整数“-12”的补码。32 位单精度浮点编码“0xc144cccd”实际表达的浮点数是“-12.3000002”，由第 2 个“{}”中的“f=”引导；该编码作为无符号整数是“3242511565”，由第 2 个“{}”中的“u=”引导；该编码作为有符号整数是“-1052455731”，由第 2 个“{}”中的“s=”引导。

32 位单精度浮点寄存器 S4 实际上就是 64 位双精度浮点寄存器 D4 的低 32 位，给 S4 赋值，将使得 D4 高 32 位为 0。这样，整个 64 位双精度浮点数编码仍是“0xc144cccd”，但其表达的浮点数是“f = 1.6020135705094361e-314”。这个浮点数小于 1，即整数部分为 0，所以其编码是“f=0x0”。64 位编码“0xc144cccd”的最高位是 0，表达正整数，D4 第 2 个花括号内“u=”和“s=”引导的都是“3242511565”。

再使用“print”命令查看 S4 和 D4 浮点寄存器内容。

```
(gdb) p /x $s4
$6 = {f = 0xfffffff4, u = 0xc144cccd, s = 0xc144cccd}
(gdb) p /f $s4
$7 = {f = -12.3000002, u = -12.3000002, s = -12.3000002}
(gdb) p /u $s4
$8 = {f = 4294967284, u = 3242511565, s = 3242511565}
(gdb) p /d $s4
$9 = {f = -12, u = -1052455731, s = -1052455731}
(gdb) p /x $d4
$10 = {f = 0x0, u = 0xc144cccd, s = 0xc144cccd}
(gdb) p /f $d4
$11 = {f = 1.6020135705094361e-314, u = 1.6020135705094361e-314,
     s = 1.6020135705094361e-314}
```

使用不同的数据格式显示浮点寄存器内容，其含义略有不同。使用“x”，显示十六进制表达的编码，与“info float”命令显示的第一部分相同。使用“f”，则显示浮点数（真值）。而使用“u”和“d”，则分别显示编码的无符号整数和有符号整数。

使用 S4 浮点寄存器，主要关注其单精度浮点编码和浮点数，其他可不用关心。

② 在标号 main2 设置断点，继续执行程序。

```
(gdb)b main2
(gdb)c
```

单步执行到载入双精度浮点数指令（ldr d5, [x0]），为 D5 寄存器赋值实数“16.75”。查看 D5 和 S5 浮点寄存器，进一步印证显示内容的含义。

```
(gdb)info float                                    # 查看浮点处理单元
…
d5  {f = 0x10, u = 0x4030c00000000000, s = 0x4030c00000000000} {f = 16.75,
    u = 4625407923542032384, s = 4625407923542032384}
…
s5  {f = 0x0, u = 0x0, s = 0x0} {f = 0, u = 0, s = 0}
(gdb) p /x $d5
$12 = {f = 0x10, u = 0x4030c00000000000, s = 0x4030c00000000000}
(gdb) p /f $d5
$13 = {f = 16.75, u = 16.75, s = 16.75}
(gdb) p /x $s5
$14 = {f = 0x0, u = 0x0, s = 0x0}
(gdb) p /f $s5
$15 = {f = 0, u = 0, s = 0}
```

当然，这里重点关注 D5 寄存器保存的双精度浮点编码和表达的浮点数，其他是次要的。

③ 使用“set var”命令也可以给浮点寄存器赋值，但默认是浮点编码；若赋值实数，则需要在寄存器名前添加数据类型。

```
(gdb) set var $s6= 0xc144cccd                      # 默认浮点编码
(gdb) set var (float)$s7= -12.3                    # 单精度寄存器添加 float，可直接赋值实数
(gdb) set var $d8= 0x4030c00000000000              # 默认浮点编码
(gdb) set var (double)$d9= 16.75                   # 双精度寄存器添加 double，可直接赋值实数
```

④ 掌握了浮点数及其表达，可以单步执行浮点处理指令，通过查看处理结果理解指令功能。例如：

```
19      fcvtzs w3, s4                              // W3 = “-12.3”浮点数转换为有符号整数
        (gdb) s                                    # 单步执行
20      fcvtzs w4, s4, 4                           // W4 = “-12.3”浮点数转换为有符号定点格式
        (gdb) p /x $w3                             # 十六进制显示 W3
        $25 = 0xfffffff4                           # W3 = 0xFFFFFFF4
        (gdb) p /d $w3                             # 有符号十进制显示 W3
        $25 = -12                                  # W3 = -12
```

注意，如果使用 GDB 版本较低，最后一行显示的结果可能是“4294967284”。因为此时 X3 高 32 位为 0，命令“p /d $w3”按照无符号整数显示了 W3（=0xFFFFFFF4）结果。这是低版本 GDB 存在的一个“bug”，高版本已经修正。

7．查看向量寄存器

ARMv8 体系结构的 64 位执行状态 AArch64 中，SIMD&FP 寄存器有多种应用形式，对应多种寄存器名称，可以是整数，也可以是浮点数，因此查看向量寄存器内容时应予以注意。

① 选择一个程序，进入 GDB 调试程序，使用“info vector”命令可以查看所有 SIMD&FP 寄存器的内容。

```
(gdb) set var $d0=0x1122334499887700            # 为 V0 低 64 位赋值一个编码
(gdb)info vector                                # 查看向量处理单元
v0   {d = {f = {0x0, 0x0}, u = {0x1122334499887700, 0x0}, s = {0x1122334499887700,
       0x0}}, s = {f = {0x0, 0x0, 0x0, 0x0}, u = {0x99887700, 0x11223344, 0x0, 0x0},
       s = {0x99887700, 0x11223344, 0x0, 0x0}}, h = {u = {0x7700, 0x9988, 0x3344,
       0x1122, 0x0, 0x0, 0x0, 0x0}, s = {0x7700, 0x9988, 0x3344, 0x1122, 0x0, 0x0,
       0x0, 0x0}}, b = {u = {0x0, 0x77, 0x88, 0x99, 0x44, 0x33, 0x22, 0x11, 0x0, 0x0,
       0x0, 0x0, 0x0, 0x0, 0x0, 0x0}, s = {0x0, 0x77, 0x88, 0x99, 0x44, 0x33, 0x22,
       0x11, 0x0, 0x0, 0x0, 0x0, 0x0, 0x0, 0x0, 0x0}}, q = {u = {0x1122334499887700},
       s = {0x1122334499887700}}}
q0  {u = 0x1122334499887700, s = 0x1122334499887700}
    {u = 1234605617579587328,  s = 1234605617579587328}
d0  {f = 0x0, u = 0x1122334499887700, s = 0x1122334499887700}
    {f =3.8414128816075299e-226, u = 1234605617579587328, s = 1234605617579587328}
s0  {f = 0x0, u = 0x99887700, s = 0x99887700}
    {f = -1.41101341e-23, u = 2575857408, s = -1719109888}
h0  {u = 0x7700, s = 0x7700} {u = 30464, s = 30464}
b0  {u = 0x0, s = 0x0}  {u = 0, s = 0}
```

“info vector”命令依次给出 V0～V31 向量寄存器，以及 128 位标量寄存器 Q0～Q31、64 位双精度浮点寄存器 D0～D31、32 位单精度浮点寄存器 S0～S31、以及 16 位标量寄存器 H0～H31 和 8 位标量寄存器 B0～B31（上列仅给出了 V0 向量寄存器的内容）。其中，浮点寄存器 D0～D31 和 S0～S31 的显示内容有编码和数值两部分（详见前面内容）；其他标量寄存器的显示内容也含有编码和数值两部分，但只有以“u=”和“s=”引导的无符号整数和有符号整数的编码和对应的十进制数值，没有以“f=”引导的浮点数。而向量寄存器 V0～V31 显示的内容包括上述有所形式，即用“d=”“s=”“h=”“b=”依次引导 2 个 64 位浮点寄存器（Vn.2D）、4 个 32 位浮点寄存器（Vn.4S）、8 个 16 位寄存器（Vn.8H）、16 个 8 位寄存器（Vn.16B）的编码和数值，其中浮点寄存器还包括浮点数整数部分的编码和浮点数值。

注意：有些 GDB 版本支持对 16 位寄存器 Hn（或 Vn.8H）显示半精度浮点数值。

使用“info all-registers”命令，除了像“info registers”一样显示通用寄存器内容，还像“info vector”一样显示 SIMD&FP 寄存器 V0～V31。

② 程序调试过程中，通常只是使用“print”命令查看某个寄存器。例如：

```
(gdb) p /x $v0                                  # 显示向量寄存器的第 1 部分：十六进制编码
$1 = {d = {f = {0x0, 0x0}, u = {0x1122334499887700, 0x0}, s = {0x1122334499887700, 0x0}},
     s = {f = {0x0, 0x0, 0x0, 0x0}, u = {0x99887700, 0x11223344, 0x0, 0x0}, s =
     {0x99887700, 0x11223344, 0x0, 0x0}}, h = {u = {0x7700, 0x9988, 0x3344, 0x1122, 0x0,
     0x0, 0x0, 0x0}, s = {0x7700, 0x9988, 0x3344, 0x1122, 0x0, 0x0, 0x0, 0x0}}, b = {u
     = {0x0, 0x77, 0x88, 0x99, 0x44, 0x33, 0x22, 0x11, 0x0, 0x0, 0x0, 0x0, 0x0, 0x0,
     0x0, 0x0}, s = {0x0, 0x77, 0x88, 0x99, 0x44, 0x33, 0x22, 0x11, 0x0, 0x0, 0x0, 0x0,
     0x0, 0x0, 0x0, 0x0}}, q = {u = {0x1122334499887700}, s = {0x1122334499887700}}}
```

```
(gdb) p /d $v0                                    # 显示向量寄存器的第 2 部分：十进制数值
$2 = {d = {f = {0, 0}, u = {1234605617579587328, 0}, s = {1234605617579587328, 0}},
      s = {f = {0, 0, 0, 0}, u = {-1719109888, 287454020, 0, 0}, s = { -1719109888,
      287454020, 0, 0}}, h = {u = {30464, -26232, 13124, 4386, 0, 0, 0, 0}, s =
      {30464, -26232, 13124, 4386, 0, 0, 0, 0}}, b = {u = {0, 119, -120, -103, 68,
      51, 34, 17, 0, 0, 0, 0, 0, 0, 0, 0}, s = {0, 119, -120, -103, 68, 51, 34, 17,
      0, 0, 0, 0, 0, 0, 0, 0}}, q = {u = {1234605617579587328}, s =
      {1234605617579587328}}}
(gdb)p /f $v0                                     # 显示向量寄存器各路元素对应的浮点数值
$3 = {d = {f = {3.8414128816075299e-226, 0}, u = {3.8414128816075299e-226, 0}, s =
      {3.8414128816075299e-226, 0}}, s = {f = {-1.41101341e-23, 1.27953441e-28, 0,
      0}, u = {-1.41101341e-23, 1.27953441e-28, 0, 0}, s = {-1.41101341e-23,
      1.27953441e-28, 0, 0}}, h = {u = {30464, 39304, 13124, 4386, 0, 0, 0, 0}, s =
      {30464, -26232, 13124, 4386, 0, 0, 0, 0}}, b = {u = {0, 119, 136, 153, 68, 51,
      34, 17, 0, 0, 0, 0, 0, 0, 0, 0}, s = {0, 119, -120, -103, 68, 51, 34, 17, 0,
      0, 0, 0, 0, 0, 0, 0}}, q = {u = {7.99428757726976113114152623603907998e-4948},
      s = {7.99428757726976113114152623603907998e-4948}}}
```

使用“print”命令的/x、/d、/f 输出格式，将分别显示向量寄存器的第 1 部分（十六进制编码）、第 2 部分（十进制数值）、各路元素对应的浮点数值。

③ 使用“print”命令还可以显示标量寄存器（Qn、Dn、Sn、Hn、Bn）的内容。另外，设置变量“set var”命令也支持对其进行赋值。

```
(gdb) p /x $h0
$4 = {u = 0x7700, s = 0x7700}
(gdb) p /d $h0
$5 = {u = 30464, s = 30464}
(gdb) p /u $h0
$6 = {u = 30464, s = 30464}
(gdb) set var (short)$h0=0x99aa                  # 给 H0 赋值
(gdb) p /x $b0
$7 = {u = 0xaa, s = 0xaa}
(gdb) p /d $b0
$8 = {u = -86, s = -86}
(gdb) p /u $b0
$9 = {u = 170, s = 170}
(gdb) set var (char)$b0=0x88                     # 给 B0 赋值
(gdb) p /x $b0
$13 = {u = 0x88, s = 0x88}
```

不要被 SIMD&FP 寄存器的各种各样的显示形式所迷惑，因为其实它们对应的是同一个寄存器内容，结合指令功能，只需关注其中一种显示就可以了。

A.3 常用命令

调试程序 GDB 的命令很多，表 A-2 主要分类列出了本附录使用的命令。详尽的命令使用可以阅读其使用手册（参考文献 5）。

表 A-2　常用 GDB 命令列表

命令（缩写）	命令功能
help（h）	查阅 GDB 命令的帮助信息
run（r）	启动被调试程序的运行
continue（c）	从暂停位置，继续程序的运行
step（s）	单步进入执行，进入子程序内部
next（n）	单步通过执行，不进入子程序
finish（fin）	继续执行直到当前子程序结束、返回主程序
until（u）	继续执行直到当前循环结束
start	启动程序运行，并暂停于主程序入口（即设置主程序为临时断点，并运行至此）
break（b）	设置断点
clear	清除某个断点
delete	清除所有断点
info（i）	信息查阅，包含多种子命令，可查看寄存器、堆栈帧、断点等多种信息
print（p）	显示数据，以各种进制查看某个寄存器、变量地址等内容
x	查看存储器内容
list（l）	列表源程序语句
disassemble	反汇编代码
set	修改数据，设置参数等
shell（!）	暂时退出，执行操作系统命令
quit（q）	退出 GDB，返回操作系统平台

附录B　A64 指令集

尽管 ARM 处理器基于精简指令集计算机思想进行设计，但 64 位 ARM 体系结构维持了较庞大的指令集，可以分成主要处理整型数据的通用基础指令，以及将浮点数据处理和向量数据处理合二为一的 SIMD 指令。

B.1　A64 基础指令集

表 B-1 给出了本书采用的整型操作数符号，其绝大多数与 ARM 相关文档相同，但部分符号的含义略有不同或者是本书的定义。

表 B-1　整型指令操作数

操作数符号	64 位指令的操作数含义	32 位指令的操作数含义
Rd（含 Rn、Rm、Rt 等）	64 位通用寄存器之一：X0～X30	32 位通用寄存器之一：W0～W30
SP	64 位堆栈指针：SP	32 位堆栈指针：WSP
ZR	64 位零值寄存器：XZR	32 位零值寄存器：WZR
imm	立即数，不同的指令位数不同（后跟数字表示位数）、表达的范围也不同	
amount	移位次数，不同的指令其支持的次数不同	
|	指令助记符和操作数均可能使用，表示“或者”	
{ }	表示括号里的助记符或操作数可选（可有，也可无）	
shift	移位操作符：LSL、LSR、ASR 和 ROR	
extend	位数扩展符：UXTB、UXTH、UXTW，SXTB、SXTH、SXTW	
lsb、width	位操作指令中，位段的起始位号、位段的宽度（位数）	
[address]	存储器访问指令中的地址，有多种寻址方式（详见第 2 章的表 2-9）	
label	指令的标号，表示指令的地址	
cond	分支条件（详见第 3 章的表 3-1）	

为方便编程和整体了解 64 位 ARM 指令集，表 B-2 按照本书教学顺序、分类罗列了 A64 基础指令（未包含系统类指令），并适当整合了指令助记符或操作数。整数处理指令的应用细节详见第 2 章，分支指令详见第 3 章，子程序指令详见第 4 章。

表 B-2　A64 基础指令集

指令类型	指令格式		指令功能
数据传送	MOV	Rd|SP, Rn|SP	通用寄存器传送
	MOV	Rd|SP, imm|-imm	立即数传送给 Rd 或 SP

（续）

<table>
<tr><th>指令类型</th><th colspan="2">指令格式</th><th>指令功能</th></tr>
<tr><td rowspan="3">数据传送</td><td>MOVZ</td><td>Rd, imm16{, LSL amount}</td><td>立即数左移后传送，其他位为 0</td></tr>
<tr><td>MOVK</td><td>Rd, imm16{, LSL amount}</td><td>立即数左移后传送，其他位不变</td></tr>
<tr><td>MOVN</td><td>Rd, imm16{, LSL amount}</td><td>立即数左移后、求反，再传送</td></tr>
<tr><td rowspan="4">加法</td><td>ADD{S}</td><td>Rd|SP, Rn|SP, imm12{, LSL 12}</td><td>立即数加法</td></tr>
<tr><td>ADD{S}</td><td>Rd, Rn, Rm{, shift amount}</td><td>寄存器移位加法</td></tr>
<tr><td>ADD{S}</td><td>Rd|SP, Rn|SP, Rm{,extend amount}</td><td>寄存器扩展加法</td></tr>
<tr><td>ADC{S}</td><td>Rd, Rn, Rm</td><td>带进位加法</td></tr>
<tr><td rowspan="6">减法</td><td>SUB{S}</td><td>Rd|SP, Rn|SP, imm12{, LSL 12}</td><td>立即数减法</td></tr>
<tr><td>SUB{S}</td><td>Rd, Rn, Rm{, shift amount}</td><td>寄存器移位减法</td></tr>
<tr><td>NEG{S}</td><td>Rd, Rm{, shift amount}</td><td>寄存器移位求补</td></tr>
<tr><td>SUB{S}</td><td>Rd|SP, Rn|SP, Rm{,extend amount}</td><td>寄存器扩展减法</td></tr>
<tr><td>SBC{S}</td><td>Rd, Rn, Rm</td><td>带借位减法</td></tr>
<tr><td>NGC{S}</td><td>Rd, Rm</td><td>带借位求补</td></tr>
<tr><td rowspan="3">比较</td><td>CMP|CMN</td><td>Rn|SP, imm12{, LSL 12}</td><td>立即数比较</td></tr>
<tr><td>CMP|CMN</td><td>Rn, Rm{, shift amount}</td><td>寄存器移位比较</td></tr>
<tr><td>CMP|CMN</td><td>Rn|SP, Rm{, extend amount}</td><td>寄存器扩展比较</td></tr>
<tr><td rowspan="5">乘法</td><td>MUL</td><td>Rd, Rn, Rm</td><td>32 或 64 位乘法、相同位数的乘积</td></tr>
<tr><td>UMULL</td><td>Xd, Wn, Wm</td><td>32 位无符号数乘法、64 位乘积</td></tr>
<tr><td>SMULL</td><td>Xd, Wn, Wm</td><td>32 位有符号数乘法、64 位乘积</td></tr>
<tr><td>UMULH</td><td>Xd, Xn, Xm</td><td>64 位无符号数乘法、高 64 位乘积</td></tr>
<tr><td>SMULH</td><td>Xd, Xn, Xm</td><td>64 位有符号数乘法、高 64 位乘积</td></tr>
<tr><td rowspan="2">除法</td><td>UDIV</td><td>Rd, Rn, Rm</td><td>无符号除法：Rd = Rn÷Rm</td></tr>
<tr><td>SDIV</td><td>Rd, Rn, Rm</td><td>有符号除法：Rd = Rn÷Rm</td></tr>
<tr><td rowspan="3">乘加</td><td>MADD</td><td>Rd, Rn, Rm, Ra</td><td>乘加：Rd = Ra + Rn×Rm</td></tr>
<tr><td>UMADDL</td><td>Xd, Wn, Wm, Xa</td><td>无符号乘加：Xd = Xa + Wn×Wm</td></tr>
<tr><td>SMADDL</td><td>Xd, Wn, Wm, Xa</td><td>有符号乘加：Xd = Xa + Wn×Wm</td></tr>
<tr><td rowspan="6">乘减</td><td>MSUB</td><td>Rd, Rn, Rm, Ra</td><td>乘减：Rd = Ra - Rn×Rm</td></tr>
<tr><td>UMSUBL</td><td>Xd, Wn, Wm, Xa</td><td>无符号乘减：Xd = Xa - Wn×Wm</td></tr>
<tr><td>SMSUBL</td><td>Xd, Wn, Wm, Xa</td><td>有符号乘减：Xd = Xa - Wn×Wm</td></tr>
<tr><td>MNEG</td><td>Rd, Rn, Rm</td><td>乘补：Rd = 0 - Rn×Rm</td></tr>
<tr><td>UMNEGL</td><td>Xd, Wn, Wm</td><td>无符号乘补：Xd = 0 - Wn×Wm</td></tr>
<tr><td>SMNEGL</td><td>Xd, Wn, Wm</td><td>有符号乘补：Xd = 0 - Wn×Wm</td></tr>
<tr><td rowspan="6">逻辑运算</td><td>AND{S}</td><td>Rd|SP, Rn, imm12</td><td>立即数逻辑与</td></tr>
<tr><td>AND{S}</td><td>Rd, Rn, Rm{, shift amount}</td><td>寄存器移位逻辑与</td></tr>
<tr><td>ORR</td><td>Rd|SP, Rn, imm12</td><td>立即数逻辑或</td></tr>
<tr><td>ORR</td><td>Rd, Rn, Rm{, shift amount}</td><td>寄存器移位逻辑或</td></tr>
<tr><td>EOR</td><td>Rd|SP, Rn, imm12</td><td>立即数逻辑异或</td></tr>
<tr><td>EOR</td><td>Rd, Rn, Rm{, shift amount}</td><td>寄存器移位逻辑异或</td></tr>
<tr><td rowspan="2">测试</td><td>TST</td><td>Rn, imm12</td><td>立即数测试</td></tr>
<tr><td>TST</td><td>Rn, Rm{, shift amount}</td><td>寄存器移位测试</td></tr>
<tr><td rowspan="4">逻辑非</td><td>BIC{S}</td><td>Rd, Rn, Rm{, shift amount}</td><td>逻辑非与</td></tr>
<tr><td>ORN</td><td>Rd, Rn, Rm{, shift amount}</td><td>逻辑非或</td></tr>
<tr><td>EON</td><td>Rd, Rn, Rm{, shift amount}</td><td>逻辑非异或</td></tr>
<tr><td>MVN</td><td>Rd, Rm{, shift amount}</td><td>逻辑非</td></tr>
<tr><td rowspan="4">移位</td><td>LSL</td><td>Rd, Rn, Rm|amount</td><td>逻辑左移</td></tr>
<tr><td>LSR</td><td>Rd, Rn, Rm|amount</td><td>逻辑右移</td></tr>
<tr><td>ASR</td><td>Rd, Rn, Rm|amount</td><td>算术右移</td></tr>
<tr><td>ROR</td><td>Rd, Rn, Rm|amount</td><td>循环右移</td></tr>
<tr><td rowspan="5">位扩展</td><td>UXTB</td><td>Wd, Wn</td><td>低 8 位零位扩展</td></tr>
<tr><td>UXTH</td><td>Wd, Wn</td><td>低 16 位零位扩展</td></tr>
<tr><td>SXTB</td><td>Rd, Wn</td><td>低 8 位符号扩展</td></tr>
<tr><td>SXTH</td><td>Rd, Wn</td><td>低 16 位符号扩展</td></tr>
<tr><td>SXTW</td><td>Xd, Wn</td><td>32 位符号扩展</td></tr>
<tr><td rowspan="4">位反转</td><td>RBIT</td><td>Rd, Rn</td><td>位反转</td></tr>
<tr><td>REV</td><td>Rd, Rn</td><td>字节反转</td></tr>
<tr><td>REV16</td><td>Rd, Rn</td><td>每 16 位按字节反转</td></tr>
<tr><td>REV32</td><td>Xd, Xn</td><td>每 32 位按字节反转</td></tr>
<tr><td rowspan="2">位统计</td><td>CLZ</td><td>Rd, Rn</td><td>统计高位“0”的个数</td></tr>
<tr><td>CLS</td><td>Rd, Rn</td><td>统计延续最高位状态的位数</td></tr>
</table>

（续）

<table>
<tr><th>指令类型</th><th colspan="2">指令格式</th><th>指令功能</th></tr>
<tr><td>位复制</td><td>BFI</td><td>Rd, Rn, lsb, width</td><td>最低若干位复制，其他位不变</td></tr>
<tr><td></td><td>UBFIZ</td><td>Rd, Rn, lsb, width</td><td>最低若干位复制，其他位为 0</td></tr>
<tr><td></td><td>SBFIZ</td><td>Rd, Rn, lsb, width</td><td>最低若干位复制，更低为 0，更高延续</td></tr>
<tr><td></td><td>BFXIL</td><td>Rd, Rn, lsb, width</td><td>若干位复制到最低位，其他位不变</td></tr>
<tr><td></td><td>UBFX</td><td>Rd, Rn, lsb, width</td><td>若干位复制到最低位，高位部分为 0</td></tr>
<tr><td></td><td>SBFX</td><td>Rd, Rn, lsb, width</td><td>若干位复制到最低位，更高位延续</td></tr>
<tr><td></td><td>EXTR</td><td>Rd, Rn, Rm, lsb</td><td>两个源寄存器抽取若干位组合</td></tr>
<tr><td>载入</td><td>LDR</td><td>Rt, [address]</td><td>载入字或双字数据</td></tr>
<tr><td></td><td>LDRB</td><td>Wt, [address]</td><td>载入字节数据，零位扩展</td></tr>
<tr><td></td><td>LDRH</td><td>Wt, [address]</td><td>载入半字数据，零位扩展</td></tr>
<tr><td></td><td>LDRSB</td><td>Rt, [address]</td><td>载入字节数据，符号扩展</td></tr>
<tr><td></td><td>LDRSH</td><td>Rt, [address]</td><td>载入半字数据，符号扩展</td></tr>
<tr><td></td><td>LDRSW</td><td>Xt, [address]</td><td>载入字数据，符号扩展</td></tr>
<tr><td></td><td>LDUR</td><td>Rt, [Xn|SP, imm9]</td><td>非对齐载入</td></tr>
<tr><td>非对齐载入</td><td>LDUR</td><td>Rt, [Xn|SP, imm9]</td><td>非对齐载入字或双字数据</td></tr>
<tr><td></td><td>LDURB</td><td>Wt, [Xn|SP, imm9]</td><td>非对齐载入字节数据，零位扩展</td></tr>
<tr><td></td><td>LDURH</td><td>Wt, [Xn|SP, imm9]</td><td>非对齐载入半字数据，零位扩展</td></tr>
<tr><td></td><td>LDURSB</td><td>Rt, [Xn|SP, imm9]</td><td>非对齐载入字节数据，符号扩展</td></tr>
<tr><td></td><td>LDURSH</td><td>Rt, [Xn|SP, imm9]</td><td>非对齐载入半字数据，符号扩展</td></tr>
<tr><td></td><td>LDURSW</td><td>Xt, [Xn|SP, imm9]</td><td>非对齐载入字数据，符号扩展</td></tr>
<tr><td>存储</td><td>STR</td><td>Rt, [address]</td><td>存储字或双字数据</td></tr>
<tr><td></td><td>STRB</td><td>Wt, [address]</td><td>存储最低字节数据</td></tr>
<tr><td></td><td>STRH</td><td>Wt, [address]</td><td>存储最低半字数据</td></tr>
<tr><td>非对齐存储</td><td>STUR</td><td>Rt, [Xn|SP, imm9]</td><td>非对齐存储字或双字数据</td></tr>
<tr><td></td><td>STURB</td><td>Wt, [Xn|SP, imm9]</td><td>非对齐存储最低字节数据</td></tr>
<tr><td></td><td>STURH</td><td>Wt, [Xn|SP, imm9]</td><td>非对齐存储最低半字数据</td></tr>
<tr><td>成对载入成对存储</td><td>LDP</td><td>Rt1, Rt2, [address]</td><td>载入 2 个字或双字数据</td></tr>
<tr><td></td><td>STP</td><td>Rt1, Rt2, [address]</td><td>存储 2 个字或双字数据</td></tr>
<tr><td></td><td>LDPSW</td><td>Xt1, Xt2, [address]</td><td>载入 2 个字数据，符号扩展</td></tr>
<tr><td>获取地址</td><td>ADR</td><td>Xd, label</td><td>获取 1MB 范围内的标号地址</td></tr>
<tr><td></td><td>ADRP</td><td>Xd, label</td><td>获取 4GB 范围内的标号地址高 21 位</td></tr>
<tr><td></td><td>LDR</td><td>Rd, =label</td><td>获取标号地址或数值（伪指令）</td></tr>
<tr><td></td><td>LDR</td><td>Rt, label</td><td>通过文字池载入标号地址或数值</td></tr>
<tr><td>无条件分支</td><td>B</td><td>label</td><td>跳转到 label</td></tr>
<tr><td></td><td>BR</td><td>Xn</td><td>跳转到寄存器指定的地址</td></tr>
<tr><td>条件分支</td><td>B.cond</td><td>label</td><td>条件成立，跳转到 label</td></tr>
<tr><td></td><td>CBZ</td><td>Rt, label</td><td>寄存器等于 0，跳转到 label</td></tr>
<tr><td></td><td>CBNZ</td><td>Rt, label</td><td>寄存器不等于 0，跳转到 label</td></tr>
<tr><td></td><td>TBZ</td><td>Rt, imm6, label</td><td>寄存器指定位为 0，跳转到 label</td></tr>
<tr><td></td><td>TBNZ</td><td>Rt, imm6, label</td><td>寄存器指定位不为于 0，跳转到 label</td></tr>
<tr><td>条件选择</td><td>CSEL</td><td>Rd, Rn, Rm, cond</td><td>条件成立为 Rn，否则是 Rm</td></tr>
<tr><td></td><td>CSINC</td><td>Rd, Rn, Rm, cond</td><td>条件成立为 Rn，否则是 Rm+1</td></tr>
<tr><td></td><td>CSINV</td><td>Rd, Rn, Rm, cond</td><td>条件成立为 Rn，否则是~Rm（求反）</td></tr>
<tr><td></td><td>CSNEG</td><td>Rd, Rn, Rm, cond</td><td>条件成立为 Rn，否则是-Rm（求补）</td></tr>
<tr><td></td><td>CINC</td><td>Rd, Rn, cond</td><td>条件成立为 Rn+1，否则是 Rn</td></tr>
<tr><td></td><td>CINV</td><td>Rd, Rn, cond</td><td>条件成立为~Rn（求反），否则是 Rn</td></tr>
<tr><td></td><td>CNEG</td><td>Rd, Rn, cond</td><td>条件成立为-Rn（求补），否则是 Rn</td></tr>
<tr><td></td><td>CSET</td><td>Rd, Rn, cond</td><td>条件成立为 1，否则是 0</td></tr>
<tr><td></td><td>CSETM</td><td>Rd, Rn, cond</td><td>条件成立为-1，否则是 0</td></tr>
<tr><td>条件比较</td><td>CCMP</td><td>Rn, Rm|imm5, nzcv, cond</td><td>条件成立标志由（Rn - Rm|imm5）设置</td></tr>
<tr><td></td><td>CCMN</td><td>Rn, Rm|imm5, nzcv, cond</td><td>条件成立标志由（Rn + Rm|imm5）设置</td></tr>
<tr><td>调用返回</td><td>BL</td><td>label</td><td>子程序调用（标号）</td></tr>
<tr><td></td><td>BLR</td><td>Xn</td><td>子程序调用（寄存器）</td></tr>
<tr><td></td><td>RET</td><td>{Xn}</td><td>子程序返回</td></tr>
</table>

B.2 A64 先进 SIMD 指令集

除了表 B-1 使用的整型操作数，表 B-3 给出了浮点和 SIMD 指令使用的操作数（和助记符）符号。注意，在绝大多数指令助记符和操作数中，“{}”内容表示可选，但存储访问指令和查找表指令中的“{}”是必不可少的符号（不是可选部分）。

表 B-3 SIMD 指令操作数

操作数符号	操作数含义
Vn（及 Vd、Vt 等）	可能是 Bn、Hn、Sn、Dn、Qn 全部，也可能只是 Sn、Dn 等
Vn.T（及 Vn.Ta、Vn.Tb 等）	Vn.8B|Vn.16B、Vn.4H|Vn.8H、Vn.2S|Vn.4S、Vn.2D 全部或部分
Vn.Ts[i]	Vn.B[i]、Vn.H[i]、Vn.S[i]、Vn.D[i]，i 是数字
fimm8	8 位编码的浮点立即数
fbits	定点格式的小数点所在的位数
x	类型转换指令助记符中，表达舍入模式，有 A、M、N、P 等

A64 的浮点指令和 SIMD 指令是一体设计的，故将它们按功能分类、整合罗列于表 B-4 中。只涉及浮点寄存器操作数的标量浮点指令在第 5 章已详解，SIMD 指令（涉及向量寄存器的标量指令、向量整数和向量浮点指令）在第 6 章已详解。

表 B-4 SIMD 指令集

指令类型	指令格式		指令功能
标量存储访问	LDR|STR	Vt, [address]	载入|存储
	LDUR|STUR	Vt, [address]	非对齐载入|存储
	LDP|STP	Vt1, Vt2, [address]	成对载入|存储
	LDR	Vt, [label]	通过文字池载入标号地址或整数数值
向量元素存储访问	LD1|ST1	{Vt.Ts}[i], [address]	1 个寄存器 1 路元素载入|存储
	LD2|ST2	{Vt.Ts - Vt2.Ts}[i], [address]	2 个寄存器同路元素载入|存储
	LD3|ST3	{Vt.Ts - Vt3.Ts}[i], [address]	3 个寄存器同路元素载入|存储
	LD4|ST4	{Vt.Ts - Vt4.Ts}[i], [address]	4 个寄存器同路元素载入|存储
向量存储访问	LD1|ST1	{Vt.T - Vt2.T|Vt3.T|Vt4.T}, [address]	2|3|4 个寄存器顺序载入|存储
	LD2|ST2	{Vt.T - Vt2.T}, [address]	2 个寄存器交叉载入|存储
	LD3|ST3	{Vt.T - Vt3.T}, [address]	3 个寄存器交叉载入|存储
	LD4|ST4	{Vt.T - Vt4.T}, [address]	4 个寄存器交叉载入|存储
向量元素载入复制	LD1R	{Vt.T}, [address]	1 个数据载入 1 个寄存器所有元素
	LD2R	{Vt.T - Vt2.T}, [address]	2 个数据载入 2 个寄存器所有元素
	LD3R	{Vt.T - Vt3.T}, [address]	3 个数据载入 3 个寄存器所有元素
	LD4R	{Vt.T - Vt4.T}, [address]	4 个数据载入 4 个寄存器所有元素
向量整数传送	DUP	Vd.T, Rn	通用寄存器复制给向量所有路
	DUP	Vd.T, Vn.Ts[i]	向量元素复制给向量所有路
	MOV|DUP	Vd, Vn.Ts[i]	向量元素传送标量寄存器
	MOV|INS	Vd.Ts[i], Rn	通用寄存器传送向量某路
	MOV|INS	Vd.Ts[i1], Vn.Ts[i2]	向量元素传送向量某路
	MOV	Vd.T, Vn.T	向量寄存器之间传送
	UMOV|MOV	Rd, Vn.Ts[i]	向量元素零位扩展传送通用寄存器
	SMOV	Rd, Vn.Ts[i]	向量元素符号扩展传送通用寄存器
	MOVI	Vd.T, imm{, LSL amount}	立即数复制给向量所有路
	MVNI	Vd.T, imm{, LSL|MSL amount}	立即数求反后复制给向量所有路
浮点传送	FMOV	Vd, Vn	浮点寄存器之间传送
	FMOV	Vd|Rd, Rn|Vn	浮点与通用寄存器之间传送
	FMOV	Vd.D[1]|Xd, Xn|Vn.D[1]	向量高位与通用寄存器之间传送
	FMOV	Vd|Vd.2D, fimm8	浮点立即数标量传送
	FMOV	Vd.2S|Vd.4S|Vd.2D, fimm8	浮点立即数向量传送

（续）

指令类型	指令格式		指令功能
浮点精度转换	FCVT	Vd, Vn	标量浮点精度转换
	FCVTL{2}	Vd.Ta, Vn.Tb	向量浮点低精度转换为高精度
	FCVTN{2}	Vd.Tb, Vn.Ta	向量浮点高精度转换为低精度
	FCVTXN{2}	Vd.Tb, Vn.Ta	向量浮点高精度转换为低精度，向奇舍入
	FCVTXN	Sd, Dn	标量双精度转换为单精度，向奇舍入
浮点数转换整数	FCVTxS	Rd|Vd, Vn	标量浮点转换为有符号整数
	FCVTxS	Vd.T, Vn.T	向量浮点转换为有符号整数
	FCVTxU	Rd|Vd, Vn	标量浮点转换为无符号整数
	FCVTxU	Vd.T, Vn.T	向量浮点转换为无符号整数
	FCVTZS	Rd|Vd, Vn{, fbits}	标量浮点向零舍入转换为有符号定点整数
	FCVTZS	Vd.T, Vn.T{, fbits}	向量浮点向零舍入转换为有符号定点整数
	FCVTZU	Rd|Vd, Vn{, fbits}	标量浮点向零舍入转换为无符号定点整数
	FCVTZU	Vd.T, Vn.T{, fbits}	向量浮点向零舍入转换为无符号定点整数
整数转换浮点	SCVTF	Vd, Rn|Vn{, fbits}	标量有符号定点整数转换为浮点数
	SCVTF	Vd.T, Vn.T{, fbits}	向量有符号定点整数转换为浮点数
	UCVTF	Vd, Rn|Vn{, fbits}	标量无符号定点整数转换为浮点数
	UCVTF	Vd.T, Vn.T{, fbits}	向量无符号定点整数转换为浮点数
浮点数舍入整数	FRINTx	Vd, Vn	标量浮点数舍入为整数
	FRINTx	Vd.T, Vn.T	向量浮点数舍入为整数
整数加法	ADD	Dd, Dn, Dm	标量加法
	ADD	Vd.T, Vn.T, Vm.T	向量加法
整数减法	SUB	Dd, Dn, Dm	标量减法
	SUB	Vd.T, Vn.T, Vm.T	向量减法
	ABS	Dd, Dn	标量求绝对值
	ABS	Vd.T, Vn.T	向量求绝对值
	NEG	Dd, Dn	标量求补
	NEG	Vd.T, Vn.T	向量求补
	SABD|UABD	Vd.T, Vn.T, Vm.T	向量有|无符号减法求绝对值
	SABA|UABA	Vd.T, Vn.T, Vm.T	向量有|无符号减法求绝对值后相加
整数乘法	MUL	Vd.T, Vn.T, Vm.T	向量乘法
	MUL	Vd.T, Vn.T, Vm.Ts[i]	向量元素乘法
	MLA	Vd.T, Vn.T, Vm.T	向量乘加
	MLA	Vd.T, Vn.T, Vm.Ts[i]	向量元素乘加
	MLS	Vd.T, Vn.T, Vm.T	向量乘减
	MLS	Vd.T, Vn.T, Vm.Ts[i]	向量元素乘减
求整数大小值	SMAX|UMAX	Vd.T, Vn.T, Vm.T	向量求有|无符号较大值
	SMIN|UMIN	Vd.T, Vn.T, Vm.T	向量求有|无符号较小值
逻辑运算	AND	Vd.T, Vn.T, Vm.T	向量逻辑与
	ORR	Vd.T, Vn.T, Vm.T	向量逻辑或
	ORR	Vd.T, imm8{, LSL amount}	向量所有路逻辑或立即数
	EOR	Vd.T, Vn.T, Vm.T	向量逻辑异或
	BIC	Vd.T, Vn.T, Vm.T	向量逻辑非与
	BIC	Vd.T, imm8{, LSL amount}	向量所有路逻辑非与立即数
	ORN	Vd.T, Vn.T, Vm.T	向量逻辑非或
	NOT|MVN	Vd.T, Vn.T	向量逻辑非
反转	RBIT	Vd.T, Vn.T	以 8 位为单位反转各位
	REV16	Vd.T, Vn.T	以 16 位为单位反转 2 字节
	REV32	Vd.T, Vn.T	以 32 位为单位反转 2 半字或 4 字节
	REV64	Vd.T, Vn.T	以 64 位为单位反转 2 字、4 半字或 8 字节
位统计	CLZ	Vd.T, Vn.T	向量高位“0”的个数统计
	CLS	Vd.T, Vn.T	向量延续最高位状态的个数统计
	CNT	Vd.T, Vn.T	向量“1”的个数统计
位插入	BIF	Vd.T, Vn.T, Vm.T	向量为假（0）插入位
	BIT	Vd.T, Vn.T, Vm.T	向量为真（1）插入位
	BSL	Vd.T, Vn.T, Vm.T	向量位选择
移位操作	SHL	Vd.T, Vn.T, imm6	向量左移
	SLI	Vd.T, Vn.T, imm6	向量左移插入
	SRI	Vd.T, Vn.T, imm6	向量右移插入
	S{R}SHR|U{R}SHR	Dd, Dn, imm6	标量有|无符号右移

（续）

指令类型	指令格式		指令功能
移位操作	S{R}SHR|U{R}SHR	Vd.T, Vn.T, imm6	向量有|无符号右移
	S{R}SRA|U{R}SRA	Dd, Dn, imm6	标量有|无符号右移，并相加
	S{R}SRA|U{R}SRA	Vd.T, Vn.T, imm6	向量有|无符号右移，并相加
	{R}SHRN{2}	Vd.Tb, Vn.Ta, imm6	向量半窄右移
	SHLL{2}	Vd.Ta, Vn.Tb, imm	向量倍长左移 8、16、32 位
	SSHLL{2}|USHLL{2}	Vd.Ta, Vn.Tb, imm6	向量有|无符号倍长左移
	S{R}SHL|U{R}SHL	Dd, Dn, Dm	标量正数左移、负数右移
	S{R}SHL|U{R}SHL	Vd.T, Vn.T, Vm.T	向量正数左移、负数右移
浮点加减	FADD	Vd, Vn, Vm	标量浮点加法
	FADD	Vd.T, Vn.T, Vm.T	向量浮点加法
	FSUB	Vd, Vn, Vm	标量浮点减法
	FSUB	Vd.T, Vn.T, Vm.T	向量浮点减法
浮点乘法	FMUL{X}	Vd, Vn, Vm	标量浮点乘法
	FMUL{X}	Vd, Vn, Vm.Ts[i]	标量浮点元素乘法
	FMUL{X}	Vd.T, Vn.T, Vm.Ts[i]	向量浮点元素乘法
	FMUL{X}	Vd.T, Vn.T, Vm.T	向量浮点乘法
	FMADD|FMSUB	Vd, Vn, Vm, Va	标量浮点乘加|乘减
	FNMUL	Vd, Vn, Vm	标量乘法、结果求补
	FNMADD|FNMSUB	Vd, Vn, Vm, Va	标量浮点乘加|乘减、结果求补
	FMLA|FMLS	Vd, Vn, Vm.Ts[i]	标量浮点元素乘加|乘减
	FMLA|FMLS	Vd.T, Vn.T, Vm.Ts[i]	向量浮点元素乘加|乘减
	FMLA|FMLS	Vd.T, Vn.T, Vm.T	向量浮点乘加|乘减
浮点除法	FDIV	Vd, Vn, Vm	标量浮点除法
	FDIV	Vd.T, Vn.T, Vm.T	向量浮点除法
浮点 复合运算	FABS|FNEG|FSQRT	Vd, Vn	标量浮点求绝对值|求补|求平方根
	FABS|FNEG|FSQRT	Vd.T, Vn.T	向量浮点求绝对值|求补|求平方根
	FABD	Vd, Vn, Vm	标量浮点减法绝对值
	FABD	Vd.T, Vn.T, Vm.T	向量浮点减法绝对值
	FMAX{NM}|FMIN{NM}	Vd, Vn, Vm	标量浮点求较大值|较小值
	FMAX{NM}|FMIN{NM}	Vd.T, Vn.T, Vm.T	向量浮点求较大值|较小值
浮点比较	FCMP{E}	Vn, Vm|0.0	标量浮点比较，设置标志状态
	FCCMP{E}	Vn, Vm, nzcv, cond	标量浮点条件比较
	FCSEL	Vd, Vn, Vm, cond	标量浮点条件选择
浮点 条件设置	FACGE	Vd, Vn, Vm	标量浮点绝对值大于或等于比较、设置
	FACGE	Vd.T, Vn.T, Vm.T	向量浮点绝对值大于或等于比较、设置
	FACGT	Vd, Vn, Vm	标量浮点绝对值大于比较、设置
	FACGT	Vd.T, Vn.T, Vm.T	向量浮点绝对值大于比较、设置
	FCMEQ	Vd, Vn, Vm|0.0	标量浮点等于比较、设置
	FCMEQ	Vd.T, Vn.T, Vm.T|0.0	向量浮点等于比较、设置
	FCMGE	Vd, Vn, Vm|0.0	标量浮点大于或等于比较、设置
	FCMGE	Vd.T, Vn.T, Vm.T|0.0	向量浮点大于或等于比较、设置
	FCMGT	Vd, Vn, Vm|0.0	标量浮点大于比较、设置
	FCMGT	Vd.T, Vn.T, Vm.T|0.0	向量浮点大于比较、设置
	FCMLE	Vd, Vn, 0.0	标量浮点小于或等于 0.0 比较、设置
	FCMLE	Vd.T, Vn.T, 0.0	向量浮点小于或等于 0.0 比较、设置
	FCMLT	Vd, Vn, 0.0	标量浮点小于 0.0 比较、设置
	FCMLT	Vd.T, Vn.T, 0.0	向量浮点小于 0.0 比较、设置
向量整数 条件设置	CMHS	Vd.T, Vn.T, Vm.T	向量无符号整数高于或等于比较、设置
	CMHI	Vd.T, Vn.T, Vm.T	向量无符号整数高于比较、设置
	CMEQ	Vd.T, Vn.T, Vm.T|0	向量整数等于比较、设置
	CMGE	Vd.T, Vn.T, Vm.T|0	向量有符号整数大于或等于比较、设置
	CMGT	Vd.T, Vn.T, Vm.T|0	向量有符号整数大于比较、设置
	CMLE	Vd.T, Vn.T, 0	向量有符号整数小于或等于 0 比较、设置
	CMLT	Vd.T, Vn.T, 0	向量有符号整数小于 0 比较、设置
	CMTST	Vd.T, Vn.T, Vm.T	向量整数测试，逻辑与不为 0 设置
向量整数 倍长操作	SADDL{2}|UADDL{2}	Vd.Ta, Vn.Tb, Vm.Tb	有|无符号整数倍长加法
	SSUBL{2}|USUBL{2}	Vd.Ta, Vn.Tb, Vm.Tb	有|无符号整数倍长减法
	SABDL{2}|UABDL{2}	Vd.Ta, Vn.Tb, Vm.Tb	有|无符号整数倍长减法、求绝对值
	SABAL{2}|UABAL{2}	Vd.Ta, Vn.Tb, Vm.Tb	有|无符号整数倍长减法、绝对值相加

（续）

指令类型	指令格式	指令功能
向量整数倍长操作	SMULL{2}|UMULL{2} Vd.Ta, Vn.Tb, Vm.Tb	有|无符号整数倍长乘法
	SMULL{2}|UMULL{2} Vd.Ta, Vn.Tb, Vm.Ts[i]	有|无符号整数元素倍长乘法
	SMLAL{2}|UMLAL{2} Vd.Ta, Vn.Tb, Vm.Tb	有|无符号整数倍长乘加
	SMLAL{2}|UMLAL{2} Vd.Ta, Vn.Tb, Vm.Ts[i]	有|无符号整数元素倍长乘加
	SMLSL{2}|UMLSL{2} Vd.Ta, Vn.Tb, Vm.Tb	有|无符号整数倍长乘减
	SMLSL{2}|UMLSL{2} Vd.Ta, Vn.Tb, Vm.Ts[i]	有|无符号整数元素倍长乘减
向量整数倍宽操作	SADDW{2}|UADDW{2} Vd.Ta, Vn.Ta, Vm.Tb	有|无符号整数倍宽加法
	SSUBW{2}|USUBW{2} Vd.Ta, Vn.Ta, Vm.Tb	有|无符号整数倍宽减法
向量整数取半操作	S{R}HADD|U{R}HADD Vd.T, Vn.T, Vm.T	有|无符号整数加法取半
	SHSUB|UHSUB Vd.T, Vn.T, Vm.T	有|无符号整数减法取半
	{R}ADDHN{2} Vd.Tb, Vn.Ta, Vm.Ta	整数加法取高一半结果
	{R}SUBHN{2} Vd.Tb, Vn.Ta, Vm.Ta	整数减法取高一半结果
整数加减饱和处理	SQADD|UQADD Vd, Vn, Vm	标量有|无符号整数加法饱和处理
	SQADD|UQADD Vd.T, Vn.T, Vm.T	向量有|无符号整数加法饱和处理
	SQSUB|UQSUB Vd, Vn, Vm	标量有|无符号整数减法饱和处理
	SQSUB|UQSUB Vd.T, Vn.T, Vm.T	向量有|无符号整数减法饱和处理
	SQABS|SQNEG Vd, Vn	标量有符号整数求绝对值|求补饱和处理
	SQABS|SQNEG Vd.T, Vn.T	向量有符号整数求绝对值|求补饱和处理
整数乘法饱和处理	SQ{R}DMULH Vd, Vn, Vm|Vm.Ts[i]	标量有符号整数乘法、高一半饱和处理
	SQ{R}DMULH Vd.T, Vn.T, Vm.T|Vm.Ts[i]	向量有符号整数乘法、高一半饱和处理
	SQDMULL Vd, Vn, Vm|Vm.Ts[i]	标量有符号整数乘法、倍长结果饱和处理
	SQDMULL{2} Vd.Ta, Vn.Tb, Vm.Tb|Vm.Ts[i]	向量有符号整数乘法、倍长结果饱和处理
	SQDMLAL Vd, Vn, Vm|Vm.Ts[i]	标量有符号整数乘加、倍长结果饱和处理
	SQDMLAL{2} Vd.Ta, Vn.Tb, Vm.Tb|Vm.Ts[i]	向量有符号整数乘加、倍长结果饱和处理
	SQDMLSL Vd, Vn, Vm|Vm.Ts[i]	标量有符号整数乘减、倍长结果饱和处理
	SQDMLSL{2} Vd.Ta, Vn.Tb, Vm.Tb|Vm.Ts[i]	向量有符号整数乘减、倍长结果饱和处理
整数移位饱和处理	SQSHL|UQSHL Vd, Vn, imm6	标量有|无符号整数左移、饱和处理
	SQSHL|UQSHL Vd.T, Vn.T, imm6	向量有|无符号整数左移、饱和处理
	SQSHLU Vd, Vn, imm6	标量有符号整数左移、无符号饱和处理
	SQSHLU Vd.T, Vn.T, imm6	向量有符号整数左移、无符号饱和处理
	SQ{R}SHL|UQ{R}SHL Vd, Vn, Vm	标量有|无符号整数正左移负右移、饱和处理
	SQ{R}SHL|UQ{R}SHL Vd.T, Vn.T, Vm.T	向量有|无符号整数正左移负右移、饱和处理
	SQ{R}SHRN|UQ{R}SHRN Vd, Vn, imm6	标量有|无符号整数右移、半窄饱和处理
	SQ{R}SHRN{2}|UQ{R}SHRN{2} Vd.Tb, Vn.Ta, imm6	向量有|无符号整数右移、半窄饱和处理
	SQ{R}SHRUN Vd, Vn, imm6	标量有符号整数右移、半窄无符号饱和处理
	SQ{R}SHRUN{2} Vd.Tb, Vn.Ta, imm6	向量有符号整数右移、半窄无符号饱和处理
抽取饱和处理	SQXTN|UQXTN Vd, Vn	标量抽取低一半，有|无符号饱和处理
	SQXTN{2}|UQXTN{2} Vd.Tb, Vn.Ta	向量抽取低一半，有|无符号饱和处理
	SQXTUN Vd, Vn	标量抽取有符号低一半，无符号饱和处理
	SQXTUN{2} Vd.Tb, Vn.Ta	向量抽取有符号低一半，无符号饱和处理
邻对操作	ADDP Dd, Vn.2D	标量 64 位整数邻对加法
	ADDP Vd.T, Vn.T, Vm.T	向量整数邻对加法
	SMAXP|UMAXP Vd.T, Vn.T, Vm.T	向量整数邻对求较大值
	SMINP|UMINP Vd.T, Vn.T, Vm.T	向量整数邻对求较小值
	SADDLP|UADDLP Vd.Ta, Vn.Tb	向量有|无符号整数邻对倍长加法
	SADALP|UADALP Vd.Ta, Vn.Tb	向量有|无符号整数邻对倍长加法、再累加
	FADDP Vd, Vn.T	标量浮点邻对加法
	FADDP Vd.T, Vn.T, Vm.T	向量浮点邻对加法
	FMAX{NM}P|FMIN{NM}P Vd, Vn.T	标量浮点邻对求较大值|较小值
	FMAX{NM}P|FMIN{NM}P Vd.T, Vn.T, Vm.T	向量浮点邻对求较大值|较小值
贯穿操作	ADDV Vd, Vn.T	整数贯穿加法
	SMAXV|UMAXV Vd, Vn.T	有|无符号整数贯穿求最大值
	SMINV|UMINV Vd, Vn.T	有|无符号整数贯穿求最小值
	SADDLV|UADDLV Vd, Vn.T	有|无符号整数贯穿倍长加法
	FMAX{NM}V|FMIN{NM}V Sd, Vn.4S	单精度浮点贯穿求最大值|最小值
倒数运算	FRECPE Vd, Vn	标量浮点求倒数近似值
	FRECPE Vd.T, Vn.T	向量浮点求倒数近似值
	FRECPX Vd, Vn	标量浮点求倒数的指数近似值
	FRSQRTE Vd, Vn	标量浮点求平方根的倒数近似值

（续）

指令类型	指令格式		指令功能
倒数运算	FRSQRTE	Vd.T, Vn.T	向量浮点求平方根的倒数近似值
	FRECPS	Vd, Vn, Vm	标量浮点倒数步进
	FRECPS	Vd.T, Vn.T, Vm.T	向量浮点倒数步进
	FRSQRTS	Vd, Vn, Vm	标量浮点平方根倒数步进
	FRSQRTS	Vd.T, Vn.T, Vm.T	向量浮点平方根倒数步进
	URECPE	Vd.T, Vn.T	向量无符号整数求倒数近似值
	URSQRTE	Vd.T, Vn.T	向量无符号整数求平方根的倒数近似值
置换操作	XTN{2}	Vd.Tb, Vn.Ta	向量抽取低一半
	EXT	Vd.8B|16B, Vn.8B|16B, Vm.8B|16B, imm4	向量抽取形成新向量
	TBL|TBX	Vd.8B|16B,{Vn.16B-Vn+3.16B},Vm.8B|16B	查找表
	TRN1|TRN2	Vd.T, Vn.T, Vm.T	矩阵转置
	ZIP1|ZIP2|UZP1|UZP2	Vd.T, Vn.T, Vm.T	向量交叉生成新向量

附录 C　AS 汇编程序主要指示符

GCC 开发套件中的 AS 汇编程序面向多种处理器，支持众多的指示符。基于本书内容，表 C-1 主要罗列应用于 64 位 ARM（AArch64）体系结构的汇编语言指示符。

表 C-1　AS 主要指示符

类　型	指示符格式	功　　能
区段定义	.TEXT .DATA .BSS .RODATA .SECTION　区段名, "标志"	定义只读的代码（文本）区段 定义可读可写的数据区段 定义可读可写、未初始化的数据区段 定义只读的数据区段 自定义区段
标号属性	.GLOBAL 标号 .EXTERN 标号 .TYPE 标识符, @OBJECT .TYPE 标识符, @FUNCTION	声明全局标号，允许外部模块调用 声明来自外部模块，在本模块中使用 声明标识符是数据对象 声明标识符是函数名
数据定义	变量名:　指示符 数值 1, 数值 2, … .BYTE .HWORD|.SHORT .WORD|.INT .XWORD|.LONG|.DWORD|.QUAD .OCTA .ASCII .STRING|.ASCIZ .FLOAT|.SINGLE .DOUBLE .FLOAT16	变量定义的通用表达格式 定义 8 位（字节）为单位的数据 定义 16 位（半字）为单位的数据 定义 32 位（字）为单位的数据 定义 64 位（双字）为单位的数据 定义 128 位（4 字）为单位的数据 定义字符串 定义字符串，结尾添加 0 定义单精度浮点数 定义双精度浮点数 定义 IEEE 半精度浮点数
分配空间	变量名:　.SPACE 存储单元数, 数值	分配初值相同的连续存储单元
其他	.EQU|.SET　标识符, 数值 标识符 = 数值 .ALIGN 数值 .ARCH 体系结构名称 .INCLUDE　"源文件名" .MACRO　宏名　参数 1, 参数 2, … .ENDM .END	为标识符定义常量 为标识符定义常量 地址对齐 选择体系结构，例如 ARMV8-A 源文件包含 宏定义 宏定义结束 汇编语言程序结束

参考文献

[1]　钱晓捷．汇编语言程序设计（第 5 版）．电子工业出版社，2018．

[2]　钱晓捷．32 位汇编语言程序设计（第 2 版）．机械工业出版社，2016．

[3]　ARM．ARM Architecture Reference Manual ARMv8, for ARMv8-A architecture profile．文档号：ARM DDI 0487G.b(ID072021)，2021-7-22．

[4]　GNU．Using AS．2021-01-24．

[5]　Richard S, Roland P, Stan S．Debugging with gdb,Tenth Edition，2020-10-24．

[6]　Richard M S, the GCC Developer Community．Using the GNU Compiler Collection (For gcc version 10.2.0), 2020-7-23．

[7]　Larry D P, William U．ARM 64-Bit Assembly Language．Elsevier Inc.，2020．

[8]　Stephen S．Programming with 64-Bit ARM Assembly Language．Apress，2020．